高等院校材料类创新型应用人才培养规划教材

现代材料分析测试方法

主　编　郭立伟　朱　艳　戴鸿滨
参　编　马成国
主　审　俞泽民

内 容 简 介

本书着重介绍了现代材料分析测试方法的基本原理、试验方法、仪器设备及其应用。全书内容包括X射线衍射分析原理、X射线多晶衍射方法及应用、透射电子显微分析、扫描电子显微分析与电子探针。此外，还对一些较新的其他显微分析方法的原理和应用进行了简要介绍，如离子探针、低能电子衍射、俄歇电子能谱仪、场离子显微镜与原子力显微镜、X射线光电子能谱仪。

本书可作为高等院校材料科学与工程专业的教材或教学参考书，也可供相关学科与专业的教师、研究生和科技人员使用。

图书在版编目(CIP)数据

现代材料分析测试方法/郭立伟，朱艳，戴鸿滨主编. —北京：北京大学出版社，2014.2
(高等院校材料类创新型应用人才培养规划教材)
ISBN 978-7-301-23499-0

Ⅰ.①现… Ⅱ.①郭…②朱…③戴… Ⅲ.①工程材料—分析方法—高等学校—教材②工程材料—测试技术—高等学校—教材 Ⅳ.①TB3

中国版本图书馆CIP数据核字(2013)第280320号

书　　名：现代材料分析测试方法
著作责任者：郭立伟　朱　艳　戴鸿滨　主编
策 划 编 辑：童君鑫　黄红珍
责 任 编 辑：黄红珍
标 准 书 号：ISBN 978-7-301-23499-0/TG·0048
出 版 发 行：北京大学出版社
地　　址：北京市海淀区成府路205号　100871
网　　址：http://www.pup.cn　新浪官方微博：@北京大学出版社
电 子 邮 箱：编辑部 pup6@pup.cn　总编室 zpup@pup.cn
电　　话：邮购部 010-62752015　发行部 010-62750672　编辑部 010-62750667
印　刷　者：山东百润本色印刷有限公司
经　销　者：新华书店
787毫米×1092毫米　16开本　18印张　416千字
2014年2月第1版　2025年1月第8次印刷
定　　价：45.00元

高等院校材料类创新型应用人才培养规划教材

编审指导与建设委员会

前　言

材料是制造物品的原料，是人类生产活动所必需的物质基础。材料的利用状况是人类文明的标志。随着人类文明的发展，科学技术在飞速地前进，对材料的需求提出了更高的要求，它不仅要求材料有较好的力学性能，还要求有特殊的物理性能、化学性能和其他特殊性能，如功能材料、复合材料、纳米材料等。这给材料检测提出了新的任务，不仅要精确测定材料的各种性能和组织，以满足不同的需求，还要通过材料的组织结构和成分的研究，找出材料各种性能产生的机理和材料失效的原因，为研制开发新材料和研究构件失效提供了更简捷的手段。

对材料进行检测不仅要懂得检测的原理，更重要的是掌握其实验技术，这对工科院校的学生尤为重要。因为工科院校培养的人才要面向工矿、科研院所，面向生产第一线，直接操作或指导材料检测工作，以便对材料性能进行评定和正确选用。

近代物理检测技术是 20 世纪诞生的，在 20 世纪末已日趋成熟的检测方法。它对材料的性能检测和新材料的研制起到了举足轻重的作用。21 世纪是科技突飞猛进的时代，新材料日新月异的出现，使近代物理检测更需要长足发展。为此我们编写了本书，为工科院校的本科生、研究生提供教材，也为从事检测工作的科技人员和技术人员提供参考，以提高其动手能力和理论分析能力。

本书主要讲述了三部分内容，即 X 射线衍射分析、电子显微分析和其他常用的近代物理检测分析（包括离子探针、低能电子衍射、俄歇电子能谱仪、场离子及原子力显微镜、X 射线光电子能谱仪等），对材料的表面形貌、组织、结构、成分、相转变及其能量变化等进行了各种分析。从而探讨材料的强化机理和失效原因，为发挥材料性能的潜力和开发、研制新材料奠定了理论基础。

本书是在多年教学实践的基础上，参考兄弟院校有关教学资料编写而成的。本书由哈尔滨理工大学郭立伟、戴鸿滨及黑龙江科技大学朱艳主编，其中第 9～12 章由朱艳编写，第 7、8 章由戴鸿滨编写，哈尔滨理工大学马成国参加编写第 1 章和第 2 章，其余部分由郭立伟编写并行了统稿。全书由哈尔滨理工大学俞泽民主审。

在编写本书的过程中，得到哈尔滨工业大学耿林、朱兆军和哈尔滨理工大学俞泽民、郑威等老师的亲切帮助，哈尔滨理工大学硕士研究生霍岩为本书的编写做了大量的整理工作，在此一并表示谢意。

由于编者水平有限，书中难免有不当之处，敬请读者批评指正。

编　者
2013 年 11 月

目　录

第1章 X射线的性质

知识架构

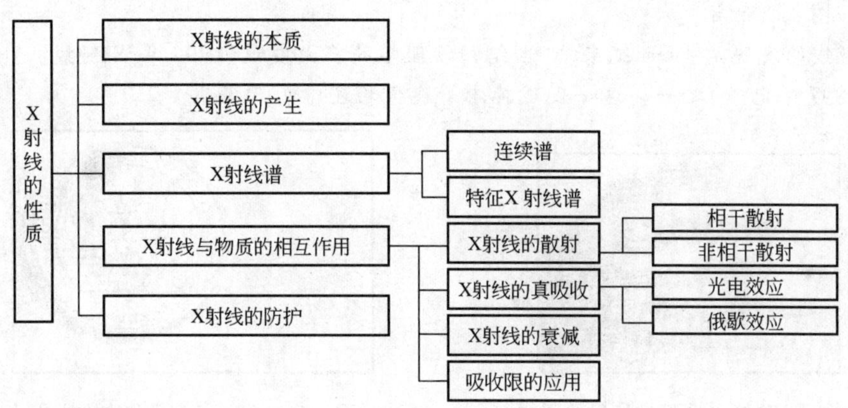

教学目标与要求

- 了解X射线的产生过程和条件，了解X射线的性质
- 了解X射线谱和特征X射线谱产生的机理
- 掌握X射线与物质间能量转换的过程以及转换产物产生的机制

导入案例

19 世纪末，阴极射线是物理学研究的课题，在许多物理实验室中都开展了这方面的研究。1984 年 11 月 8 日，德国物理学家伦琴将阴极射线管放在一个黑纸袋中，关闭了实验室灯源后，发现当开启放电线圈电源时，一块涂有氰亚铂酸钡的荧光屏发出荧光。用一本厚书或 2～3cm 厚度的木板或几厘米厚的硬橡胶插在放电管和荧光屏之间，仍能看到荧光。他又用盛有水、二硫化碳或其他液体进行实验，实验结果表明它们也是“透明的”，铜、银、金、铂、铝等金属也能让这种射线透过，只要它们不太厚。伦琴意识到这可能是某种特殊的从来没有观察到的射线，它具有特别的穿透力。他一连多天将自己关在实验室里，集中全部精力进行彻底研究。六个星期后，伦琴确认这的确是一种新的射线。

1895 年 12 月 22 日，伦琴和他夫人拍下了第一张 X 射线照片，如图 1.1 所示。1895 年 12 月 28 日，伦琴向德国维尔兹堡物理和医学学会递交了第一篇研究通信《一种新射线——初步研究》。伦琴在他的通信中把这一新射线称为 X 射线，因为当时无法确定这一新射线的本质。1895—1897 年，伦琴对 X 射线的产生、传播、穿透力等大部分特性进行了研究。伦琴的这一伟大发现使得他于 1901 年成为世界上第一位诺贝尔奖获得者，如图 1.2 所示。

X 射线的发现是 19 世纪末 20 世纪初物理学的三大发现(1896 年 X 射线、1896 年放射线、1897 年电子)之一，这一发现标志着现代物理学的产生。

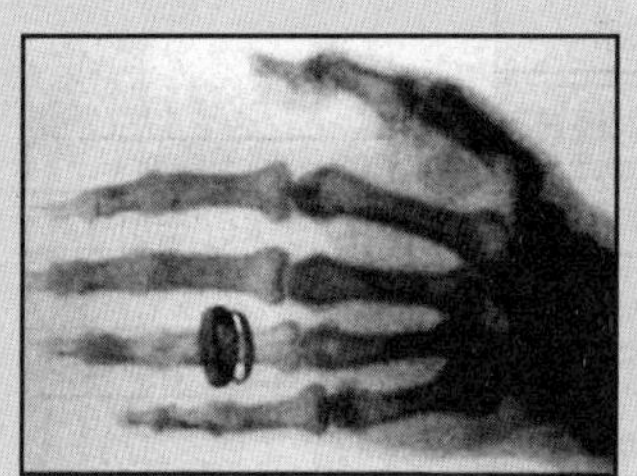

图 1.1　伦琴夫人手骨 X 射线照片

图 1.2　1901 年诺贝尔物理学奖

1.1　X 射线的本质

X 射线是一种电磁波，与无线电波、可见光、紫外线、γ 射线的区别是波长所占据的范围不同。X 射线的波长很短，一般为 0.001～10nm。在电磁波谱中，它与紫外线及 γ 射线相搭接，如图 1.3 所示。

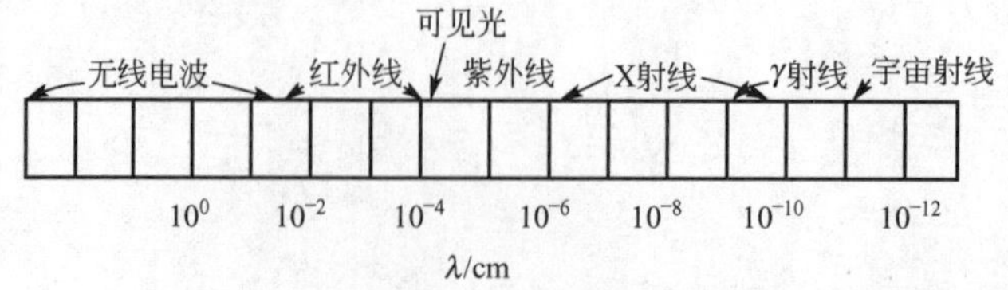

图 1.3　电磁波谱

X 射线作为一种电磁波可以用两种矢量(电场强度矢量 $\boldsymbol{E}$ 和磁场强度矢量 $\boldsymbol{H}$)的振动来表示。如图 1.4 所示，这两个矢量总是以相同的周相，在两个相互垂直的平面内作周期振动。电磁波的传播方向与矢量 $\boldsymbol{E}$ 和矢量 $\boldsymbol{H}$ 的振动方向垂直，传播速度等于光速。在 X 射线分析实验中，记录的是电场强度矢量 $\boldsymbol{E}$ 起作用的物理效应及其量。因此，以后只讨论这一矢量的变化，而不再提及磁场强度矢量 $\boldsymbol{H}$。

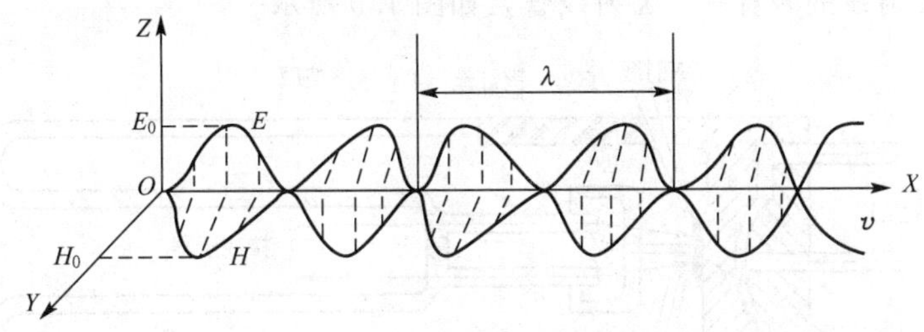

图 1.4 电磁波

与可见光、紫外线以及电子、中子、质子等基本粒子一样，X 射线也同样具有波粒二象性。当 X 射线与 X 射线间相互作用时主要表现为波动的特性，此时 X 射线是以一定的频率和波长在空间传播；而当 X 射线与电子、原子间相互作用时则主要表现为粒子的特性，此时 X 射线是由大量的不连续粒子流构成的，这些粒子流称为光子，X 射线以光子的形式辐射和吸收时具有质量、能量和动量。描述 X 射线波动性质的物理量有频率 ν、波长 λ，描述其粒子特性物理量有光量子能量 ε、动量 P，它们之间遵循爱因斯坦关系式：

$$\varepsilon=h\nu=\frac{hc}{\lambda} \tag{1-1}$$

$$P=\frac{h}{\lambda} \tag{1-2}$$

式中 h——普朗克常数，其值为 $6.626\times10^{-34}\mathrm{J\cdot s}$；

c——X 射线的速度，其值约为 $2.998\times10^{8}\mathrm{m/s}$。

X 射线在传播过程中要传递能量的，在单位时间内，通过垂直于波动传播方向的单位面积所传递过的能量，称为强度，其单位是 $\mathrm{J/(m^2\cdot s)}$。以波动形式可描述为强度与波的振幅平方成正比；以粒子形式可描述为强度在单位时间内，通过与 X 射线光量子运动方向相垂直的单位面积内的光量子数目和光量子能量的乘积。

根据我国所采用的国际单位制(SI 单位制)，X 射线的波长单位是纳米(nm)，$1\mathrm{nm}=10^{-9}\mathrm{m}$。在习惯上，波长单位用埃(Å)(非法定计量单位)，$1\text{Å}=0.1\mathrm{nm}=10^{-10}\mathrm{m}$。另外，还有一种波长单位称为晶体单位，用 kX 表示，$1\mathrm{kX}=1.002056\text{Å}$。

不同波长的 X 射线具有不同的用途。一般称波长短的为硬 X 射线，其中波长介于 0.25～0.05nm 的 X 射线可用于晶体结构分析，波长介于 0.1～0.005nm 的 X 射线用于金属部件的无损探伤；而用于医学透视上的 X 射线的波长很长，故称之为软 X 射线。

1.2 X 射线的产生

简单地说，当高速运动着的电子撞击到金属靶时，靶面上被电子撞击的部位就产生电磁辐射，电子由于被急剧地阻止，其动能发生转移，一部分变成X射线能。因此，为了获得X射线，必须具备以下条件：

(1) 用某种方法得到一定量的自由电子；

(2) 使这些电子在一定方向上做高速运动；

(3) 在电子运动的轨迹上设置一个能急剧阻止其运动的障碍物。

用来产生X射线的装置——X射线管，如图1.5所示。

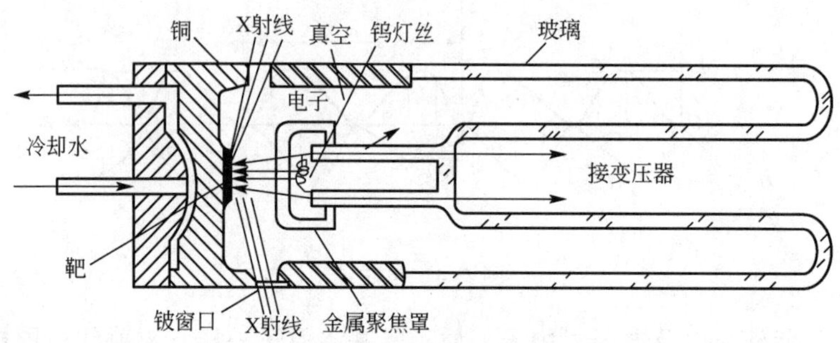

图1.5　X射线管剖面示意图

X射线管主要由以下几个部分构成。

(1) 阴极：也称为灯丝，是产生电子的装置，通常是由钨丝绕成螺旋状制成的，将其通电加热，它可以发射电子。

(2) 阳极：又称为靶，用以接受电子的撞击而发射X射线，为使从阴极发射的电子具有较高的运动速度，阴极和阳极之间通常施加几千伏特到几万伏特的电位差。由于高速运动的电子撞击阳极表面时，其动能只有1%才转化为X射线能量，而其余的99%都转化为热能，所以阳极靶要固定在高导热性的金属(黄铜或紫铜)上，并用冷却水强迫冷却以防止靶的熔化。常用的靶材主要有Cr、Fe、Co、Ni、Cu、Mo、Ag、W等。

(3) 窗口：X射线射出的通道，在X射线管的管壁的适当部位开两个或四个窗口，并用对X射线吸收少的材料(如金属铍薄片、含铍玻璃、薄云母片等)密封。管内为真空，真空度不低于1.3×10^{-2}Pa。

(4) 聚焦罩：在阴极的周围，安装一个和阴极保持相同电位的金属罩子，称为聚焦罩。它可以排斥电子，并迫使电子只能通过聚焦罩的开口处飞向阳极靶面，并使电子只能撞击到阳极上一个很小的区域，此区域称为焦点，X射线就从焦点处发射出来。

在进行X射线衍射分析时，为了提高分辨率，并缩短曝光时间，通常希望有较小的焦点和较强的X射线强度。焦点的尺寸和形状是X射线管的重要特性之一，焦点的形状取决于灯丝的形状，用螺线形灯丝则产生长方形焦点。减小焦点尺寸的最好方法是在与靶面成一定角度的位置接收X射线，如图1.6所示。由于靶面上的焦点为1mm×10mm的长方形，所以它在接收X射线方向上的投影大大地缩小了，在功率不变的情况下，X射线的强度也相应提高了。考虑到靶面的凹凸不平对发射X射线的障碍，通常在与靶面成3°～6°角的方向上接收X

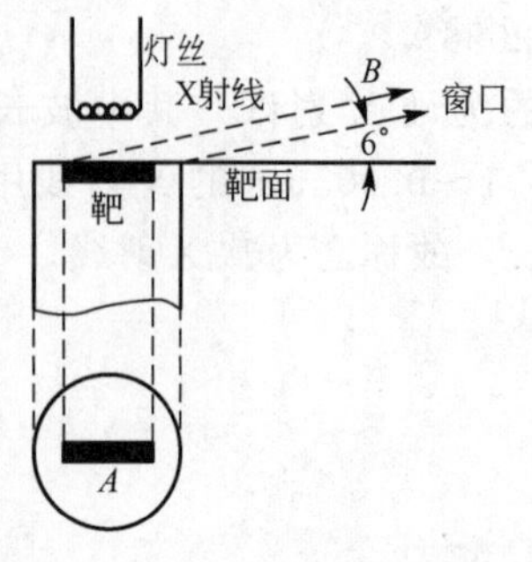

图1.6　靶的焦点开关及接收方向

射线。

对于长方形焦点的X射线管，当窗口开在与焦点短边相对应的位置时，则接收的X射线束的剖面是较小的正方形，从表观上看，X射线源呈点状，这种X射线源多用于劳厄法、粉末照相法及其他特殊用途；当窗口开在与焦点长边相对应的位置时，X射线束的剖面则是一个极狭窄的长方形或是线状，称为线状光源，多用于衍射仪。

根据X射线衍射的需要和衍射技术的发展，还出现了旋转阳极X射线管、软X射线管、微焦点X射线管、脉冲射线管等，因提高了X射线管的功率，可以满足不同测试的要求，在此不作赘述。

1.3 X 射 线 谱

1.3.1 连续谱

当X射线管的阴极与阳极之间施加不同的电压时，如果采用适当的方法去测量由X射线管发出的X射线束的波长及其强度，便会得到X射线强度与波长的关系曲线，称之为X射线谱。根据高速电子击靶产生X射线的机理，按量子理论的观点，X射线的产生源于两个物理过程，即韧致辐射和特征辐射。图1.7为钼阳极X射线管在不同管压下发射的X射线谱，由图可见，整个图谱呈现两种曲线分布特征，恰好对应这两种X射线辐射的物理过程。

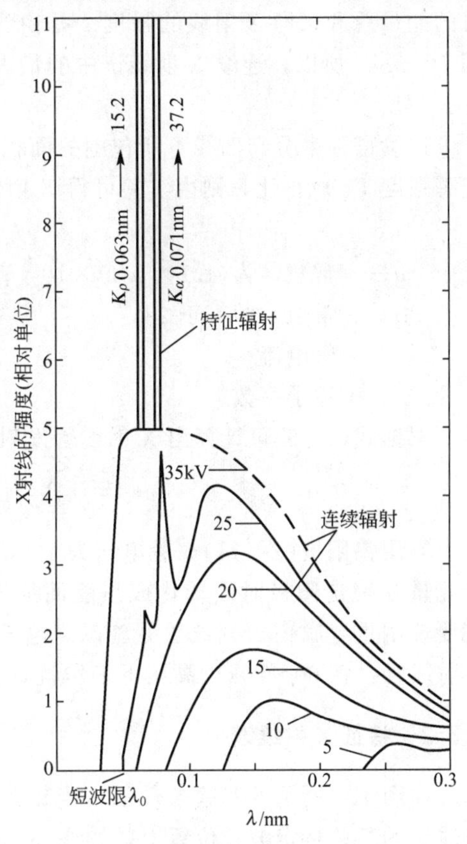

图1.7 钼阳极发出的两种X射线谱

(示意图，谱线宽度未按比例)

阴极电子束发射出的电子数目极大，1mA管电流每秒钟射到阳极上的电子数可达6.24×10^{15}个。可以想象，电子到达阳极时的碰撞过程和条件肯定是千变万化的，如它们撞击阳极时的速度、加速度以及发生连续碰撞的次数都是不同的，因此，大量电子击靶所辐射出的X射线光量子的波长必然是按统计规律连续分布，覆盖着一个很大的波长范围，故这种辐射称之为连续辐射，也称作白色X射线。

图1.7中，在不同管压下都存在的、曲线呈丘包状的X射线谱，就是连续谱。当施加不同的管压时，在每一条连续谱的短波端，都有一个突然截止的极限波长值λ_0，根据量子理论，如果在外加电压U作用下，击靶时电子最大动能是eU，极限情况是电子在一次碰撞中将全部能量转化为一个光量子，这个具有最高能量的光量子的波长就称为短波限λ_0。则由式(1-1)这个光量子满足：

$$eU=h\nu_{\max}=\frac{hc}{\lambda_0} \tag{1-3}$$

式中 e——电子电荷，其值为 1.602×10^{-19}C；

U——电子通过两极时的电压降(kV)；

h——普朗克常数，其值为 6.626×10^{-34}J·s；

c——X 射线的速度，其值约为 2.998×10^{8}m/s；

λ_0——短波限(nm)；

$\nu_{\max}$——频率。

如果 V 和 λ 分别以 kV 和 nm 为单位，将其余常数的数值代入式(1-3)，则有

$$\lambda_0=\frac{1.24}{U}(\text{nm}) \tag{1-4}$$

式(1-4)表明，连续谱的短波限 λ_0 只与管电压有关，当固定管电压，而改变管电流或改变阳极靶材的原子序数时，短波限 λ_0 不变，只是各波长的 X 射线的强度发生变化。这就解释了图 1.7 所显示的连续谱图形变化规律：随管电压增高，击靶电子的动能、电子与靶材原子碰撞次数和辐射出来的 X 射线光量子的能量都会增加，则连续谱各波长强度都相应增高，最高强度所对应的波长和短波限 λ_0 值，都向短波方向移动。

由于 X 射线的强度是指在单位时间内垂直于 X 射线传播方向的单位面积上光量子数目的能量总和，即 X 射线的强度 I 是由光子的能量 $h\nu$ 和光子的数目 n 两个因素所决定，即 $I=nh\nu$。所以，连续 X 射线谱中的最大值并不在光子能量的最大的 λ_0 处，而是在大约 $1.5\lambda_0$ 处。

连续谱强度分布曲线下所包围的面积，与在一定条件下，单位时间所发射的连续 X 射线总强度 $I_{总}$ 成正比，则由实验可得 X 射线总强度遵循下面的经验公式：

$$I_{总}=aiZV^{mi} \tag{1-5}$$

式中 a——常数，为$(1.1\sim1.4)\times10^{-9}$；

mi——常数，约等于 2；

i——管电流；

Z——原子序数。

根据式(1-5)可计算出 X 射线管发射 X 射线的效率：

$$\eta=\frac{\text{连续 X 射线总强度}}{\text{X 射线管功率}}=\frac{aiZV^2}{iV}aZV \tag{1-6}$$

当用钨阳极($Z=74$)，管电压为 100kV 时，$\eta\approx1\%$，说明效率是很低的，近 99%的电子能量在撞击阳极时因转化成热能而损失了。为提高 X 射线管发射连续 X 射线的效率，就要选用重金属靶 X 射线管并施以高电压。实验时为获得较强的连续辐射，通常选用钨靶 X 射线管，在 60～80kV 高压下工作就是这个原因。

1.3.2 特征 X 射线谱

在图 1.7 所示的实验条件下，当钼阳极 X 射线管电压超过某一临界值时，在连续 X 射线谱的某些特定波长位置上，如 0.063nm 和 0.071nm 处，就会叠加强度很高、非常狭窄而尖锐的谱线。当改变管电流、管电压时，这些谱线只改变强度，而波长值固定不变。因这些强度峰的波长反映了物质的原子序数特征，所以叫特征 X 射线，由特征 X 射线构

成的 X 射线谱叫特征 X 射线谱，而产生特征 X 射线的最低电压就是激发电压。

产生特征 X 射线的机理是，当由阴极发射来的电子的动能大于某一内层电子与原子核的结合能时，这一内层电子就可能被击出该原子系统而使原子电离，此时原子处于不稳定的高能激发态，一旦发生这种情况，外层电子便争相向内层跃迁以填补被击出电子的空位，因能量降低而辐射出一个 X 射线光量子，如图 1.8 所示。辐射出的光量子波长(频率)，由电子跃迁所跨越的两个能级的能量差来决定：

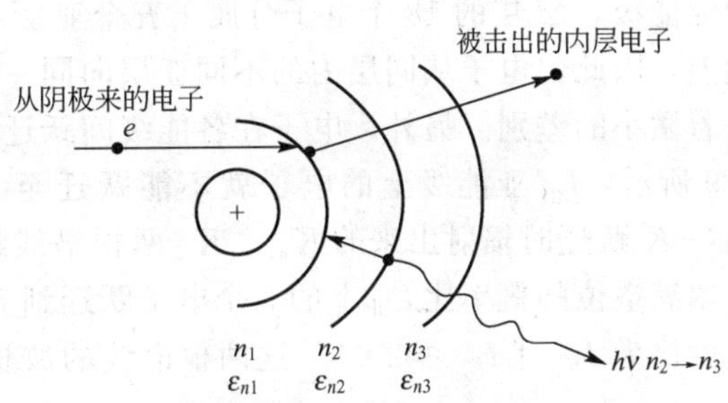

图 1.8　内层电子跃迁辐射 X 射线示意图

$$h\nu_{n_2\to n_1}=\varepsilon_{n_2}-\varepsilon_{n_1} \tag{1-7}$$

$$\lambda_{n_2\to n_1}=\frac{c}{\nu_{n_2\to n_1}}=\frac{hc}{\varepsilon_{n_2}-\varepsilon_{n_1}} \tag{1-8}$$

对于原子序数 Z 一定的原子，其各能级上的电子的能量只取决于原子对它的束缚力，故具有某一确定值；另外内层电子数目和它们所占据的能级数不多，因此内层电子跃迁所辐射出的 X 射线的波长，便是若干个特定的值。这些波长值能反映出该原子的原子序数特征，而与原子所处的物理、化学状态无关，故而称这种辐射为特征 X 射线辐射，而这些谱线则称为特征 X 射线。

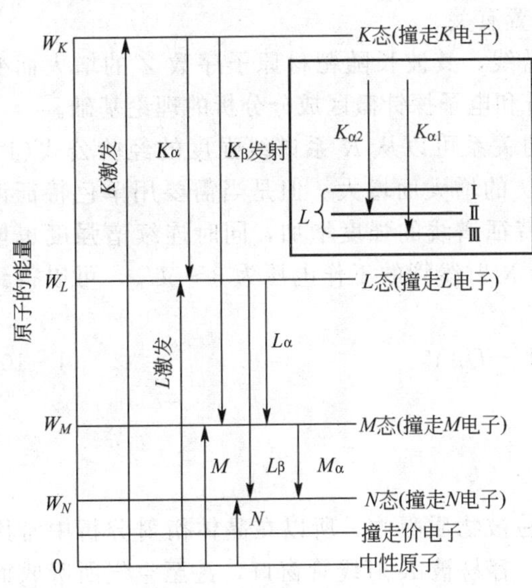

图 1.9　多电子原子能级示意图

(箭头表示电子跃迁及特征谱线辐射过程)

由不同外层上的电子跃迁至同一内层上来而辐射出的特征谱线属于同一线系，并按电子跃迁所跨越的电子能级数目，将这同一线系的谱线分别标以 α、β、γ 等符号。如图 1.9 所示，如 K 层电子，由阴极射来的电子的动能大于或至少等于 K 层电子与原子核的结合能 E_K，或 K 电子逸出原子所做的功 W_K，即 $eU_K=-E_K=W_K$，这个 U_K 就是阴极电子击出靶材原子核内 K 层电子所需的临界激发电压。由于不同内层的电子与核的结合能不同，所以击出同一靶材原子的 K、L、M 等不同内层上的电子，就需要不同的 U_K、U_L、U_M 等临界激发电压值。K 层电子逸出后，电子由 $L\to K$、$M\to K$ 跃迁，辐射出来的是 K 系特征谱线中的 K_α 和 K_β 线；$M\to L$、$N\to L$ 电子跃迁辐射出 L 系的 L_α 和 L_β 谱线，以此类推还有 M 线系等。由于电子能级间的能量差的分布是越靠近原子核的相邻能级间能量差越大，所以对某一确定材料的靶材的 K、L、M 系谱线中，K 系谱线的波长最短，能量最高，L 系次之，M 系再次之。另外，在同一线系的各谱线之间，式(1-8)和图 1.9 都表明，如在 K 系谱线中，一定满足 $\lambda_{K_\gamma}<\lambda_{K_\beta}<\lambda_{K_\alpha}$ 以及 $\varepsilon_{K_\gamma}>\varepsilon_{K_\beta}>\varepsilon_{K_\alpha}$。这说明原子中同一壳层上的电子并不处于同一个能量状态，而分属于若干个亚能级。如 L 层 8 个电子分属于三个亚能级，M 层的 18 个电子分属于五个亚能级等。由于同层的亚能级之间存在微小的能量差，因此，电子从同层内的不同亚层向同一内层能级跃迁所辐射的特征谱线波长必然也有着微小的差别。另外，电子在各能级间跃迁时也不是随意的，要符合一定的规律，如图 1.9 所示，L_{I} 亚能级上的电子就不能跃迁至 K 层上来，所以 K_α 线是电子由 $L_{\mathrm{III}}\rightarrow K$ 和 $L_{\mathrm{II}}\rightarrow K$ 跃迁时辐射出来的 $K_{\alpha1}$、$K_{\alpha2}$ 两根谱线组成的，而且 L_{III} 上的 4 个电子跃迁到 K 层并填满空位的概率比 L_{II} 上的 3 个电子跃迁到 K 层的概率大一倍，所以组成 K_α 的两根线的强度比为 $I_{K_{\alpha1}}:I_{K_{\alpha2}}\approx 2:1$，这两根谱线的波长相差很小，其 $\Delta\lambda\approx 4\times10^{-4}\,\mathrm{nm}$，所以通常情况下是很难分辨的，此时 K_α 线的波长取双线的波长的加权平均值：$\lambda_{K_\alpha}=\frac{2}{3}\lambda_{K_{\alpha1}}+\frac{1}{3}\lambda_{K_{\alpha2}}$。同样的道理，由于 $K-M$ 层上电子能量差大于 $K-L$ 层上的电子能量差，故电子由 $M\rightarrow K$ 层跃迁时所产生的 K_β 射线的波长较 $L\rightarrow K$ 层跃迁产生的 K_α 射线波长要短。另外，K_α 线要比 K_β 线的强度大 5 倍左右，这是因为电子由 $L\rightarrow K$ 层跃迁的概率比由 $M\rightarrow K$ 跃迁的概率大 5 倍左右。

特征谱线的频率或波长只取决于阳极靶物质的原子能级结构，而与其他外界因素无关。这是英国青年物理学家 H. G. J. 莫塞莱(H. G. J Moseley)在 1914 年发现的，并给出如下关系式(莫塞莱定律)：

$$\sqrt{1/\lambda}=K(Z-\sigma) \tag{1-9}$$

式中 K——与靶材物质主量子数有关的常数；

σ——屏蔽常数，与电子所在的壳层位置有关。

由式(1-9)可见，不同靶材的同名特征谱线，其波长随靶材原子序数 Z 的增大而变短，这一规律已成为现代 X 射线荧光光谱分析和电子探针微区成分分析的理论基础。

特征谱线的辐射强度与管电流、管电压的关系可以从 K 系谱线强度的经验公式(1-10)看出，辐射强度总是随管电流 i、管电压 U 的增大而增大。但是当需要用单色特征谱线进行 X 射线衍射分析时，如果管压增加，特征谱线的强度增加，同时连续谱强度也增加，这对分析工作是很不利的。所以通常选择 X 射线管的工作电压为 $3\sim5U_K$，可以得到最大的特征 X 射线与连续 X 射线的强度比。

$$I_{\text{特征}}=Ai(U-U_K)^n \tag{1-10}$$

式中 A——比例常数；

U_K——K 系谱线的激发电压；

n——常数，约等于 1.5。

由于 L 系、M 系特征谱线波长较长，容易被物质吸收，所以在晶体衍射分析中常用 K 系谱线。轻元素的 K 系辐射由于波长值大，容易被 X 射线管窗口，甚至空气所吸收而不好利用；而重元素靶材所产生的 K 系谱线，其波长又太短，且连续辐射所占比例又太大。所以，采用单色辐射的衍射实验宜用 Cr、Fe、Co、Cu、Mo 等靶材的 X 射线管。

1.4 X 射线与物质的相互作用

X 射线是在空间传播的电磁波，当遇到物质时，就会与物质发生复杂的能量转换过程。除了一部分射线可能沿原入射线束方向透过物质继续向前传播外，其余的能量在物质的相互作用的复杂物理过程中被衰减吸收，其能量转换和产物可见下面的叙述及图 1.10。

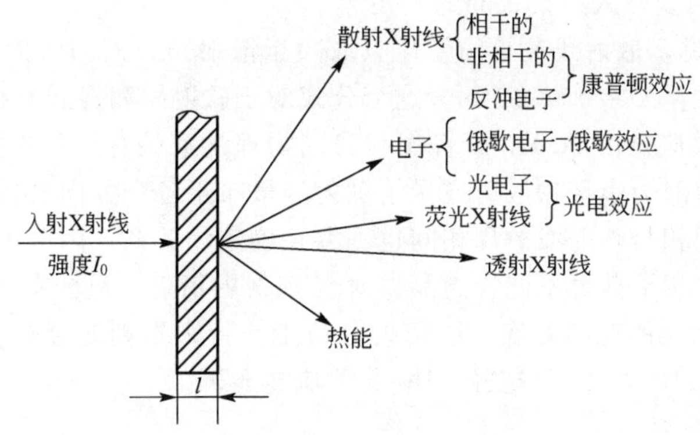

图 1.10 X 射线与物质的相互作用

1.4.1 X 射线的散射

所谓的 X 射线的散射是指沿一定方向运动的 X 射线光子流与物质中的电子相互碰撞后，向周围弹射开来。散射中除含有与入射线束波长一致的线束，还出现了随散射角增大散射线束波长增大的现象。前者波长不变的散射称为相干散射；后者移向长波的散射称为非相干散射。

1. 相干散射

当 X 射线光子与受原子核束缚很紧的内层电子相碰撞时，发生散射的 X 光子的方向虽然改变了，但能量几乎没有损失，所以产生了波长、频率都没变化的散射线。

解释相干散射的现象也可以用经典的电磁理论，原子中的电子受入射 X 射线电磁波的影响将绕其平衡位置发生受迫振动，于是变加速振动着的电子便以自身为中心，向四周辐射新的电磁波，虽然入射波是单向的，但散射波却射向四面八方，而且这些散射波之间符合振动方向相同、频率相同、位相相同、位相差恒定的光的干涉条件，所以可以发生干涉作用。晶体中呈规则排列的原子，在入射 X 射线的作用下都会产生这种相干散射。相干散射是 X 射线在晶体中产生衍射现象的基础。

2. 非相干散射

当 X 射线光子与束缚力不大的外层电子或价电子或金属晶体中的自由电子相碰撞时，电子被撞离原子并带走光子的一部分能量而成为反冲电子。而 X 射线光子也因能量损失使波长变长并改变了入射的方向而偏转了一个角度 2θ，如图 1.11 所示。根据能量和动量守恒定律，散射光子和反冲电子的能量之和等于入射光子的能量，并可以推导出散射束的波长增大值。

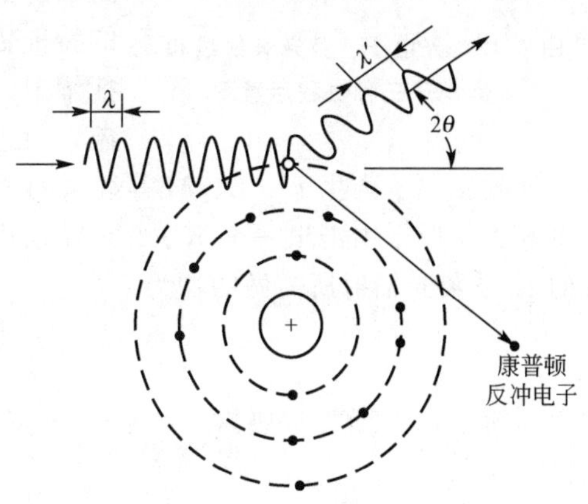

图 1.11 X 射线非相干散射示意图

$$\Delta\lambda=\Delta\lambda'-\lambda=0.00243(1-\cos2\theta) \tag{1-11}$$

式中 λ'、λ——散射线和入射线的波长(nm)；

2θ——散射线与入射线之间的夹角。

由式(1-11)可见，散射线波长的变化只取决于散射角，而与入射X射线光子的波长无关，当 $2\theta=180°$时，$\Delta\lambda=0.0024$nm。这个公式对于软射线和轻元素也都是正确的。

由于这种散射效应是由A. H. 康普顿和我国物理学家吴有训首先发现的，所以称康-吴效应，并称这种散射为康普顿散射或量子散射。散布于各个方向的量子散射波不仅波长互不相同，而且其周相与入射波的周相间也不存在确定的关系，因此不能相互干涉，所以也称非相干散射。非相干散射不能参与晶体对X射线的衍射，只会在衍射图像上形成强度随 $\sin\theta/\lambda$ 的增加而增大的连续背底，给衍射分析工作带来不利的影响。入射束波长越短、被照物质元素(如Li、C、Al等)越轻，康-吴效应越显著。

1.4.2 X射线的真吸收

当X射线穿透物质时，由于与物质相互作用产生了散射和真吸收过程，而使X射线的能量发生衰减，我们把由于光电效应、俄歇效应和热效应而消耗的那部分入射X射线能量称为物质对X射线的真吸收。X射线的衰减主要是由真吸收造成的，散射只占很小的一部分，因此在研究衰减规律时可忽略散射部分的影响。光电子、荧光X射线、俄歇电子的微观产生机制如图1.12所示。

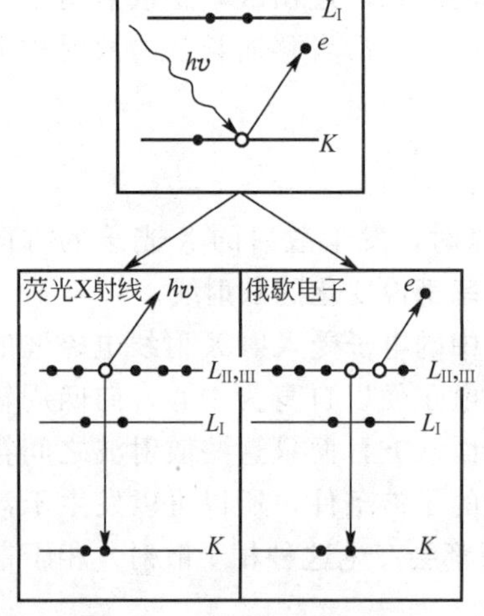

图1.12 光电子、荧光X射线和俄歇电子三种过程示意图

1. 光电效应

光电效应是入射X射线的光量子与物质原子中电子相互碰撞时产生的激发和辐射过程。当入射光量子的能量足够大时，可以从被照射物质的原子内部(如 K 层)击出一个电子，这个被击出的电子称为光电子。此时原子处于高能的不稳定的激发态，所以外层高能态电子要向内部的 K 层跃迁，释放的能量就转化为波长严格一定的特征X射线并向外辐射。为区别于电子击靶时产生的特征辐射，称由X射线激发产生的特征辐射为二次特征辐射。二次特征辐射本质上属于光致发光的荧光现象，故也称为荧光辐射。

欲激发原子产生 K、L、M 等线系的荧光辐射，入射X射线光量子的能量必须大于或至少等于从原子中击出一个 K、L、M 层电子所需做的功 W_K、W_L、W_M，例如，对于产生的 K 系荧光辐射所需做的功为

$$W_K=h\nu_K=\frac{hc}{\lambda_K} \tag{1-12}$$

式中的 ν_K、λ_K 为激发被照物质产生 K 系荧光辐射，入射X射线必须具有的频率和波长的临界值。

产生光电效应时，入射X射线光子的能量因转化为光电子的逸出功和其所携带的动能

而被大量消耗掉，也就是说，当产生 X 射线荧光辐射时，入射 X 射线的能量必定被大量吸收，所以λ_K、λ_L、λ_M等也称为被照射物质因产生荧光辐射而大量吸收入射 X 射线的吸收限。

激发不同的元素产生的荧光辐射所需要的临界能量条件是不同的，所以它们的吸收限值也是不相同的，原子序数越大，同名吸收限波长值越短。

另外，根据激发荧光辐射的能量条件，荧光辐射产生的 X 光量子的能量一定小于激发它产生的入射 X 射线光量子的能量，也就是说，荧光 X 射线的波长一定大于入射 X 射线的波长。

在 X 射线衍射分析中，X 射线荧光辐射是有害的，它增加衍射花样的背底，但在元素分析中，它又是 X 射线荧光光谱分析的基础。

2. 俄歇效应

当原子中的一个 K 层电子被击出后，它就处于激发态，此时若有一个 L_{II} 层电子跃入 K 层填补空位，其能量差为 $\Delta E=E_K-E_{L_{\text{II}}}$。这些能量在释放时往往会产生两种效应，除了上面讲述的会产生一个 K 系 X 射线光量子的荧光辐射，还有可能被包括空位层在内的邻近电子或较外层电子所吸收，促使该电子受激发逸出原子而变为二次电子，也就是 K 层的一个空位被 L 层的两个空位所代替，这就是俄歇效应。这个电子的能量有固定值，按上述举例近似地等于 $\Delta E=E_K-E_{L_{\text{II}}}-E_{L_{\text{III}}}$，这种具有特征能量的电子是 M. P. 俄歇(M. P. Auger)于 1925 年发现的，故称为俄歇电子。实验结果表明，俄歇电子的特征能量与入射 X 射线波长无关，仅与产生俄歇反应的物质的元素种类有关。而且轻元素的俄歇电子发射概率比荧光 X 射线发射概率大，所以轻元素的俄歇效应比重元素强烈。

俄歇电子能量低，一般只有几百电子伏特，因此，只有表面几层原子所产生的俄歇电子才能逸出物质表面被探测到，所以俄歇电子可带来物质表层化学成分信息，按此原理而研制的俄歇电子显微镜就是表面物理研究的重要工具之一。

1.4.3 X 射线的衰减

1. 衰减规律和线吸收系数

实验表明，当一束单色 X 射线透过一层均匀物质时，其强度将随穿透物质的深度的增加按指数规律减弱。即

$$I=I_0\mathrm{e}^{-\mu_l t} \tag{1-13}$$

$$I/I_0=\mathrm{e}^{-\mu_l t} \tag{1-14}$$

式中 I_0——入射束的强度；

I——透射束的强度；

t——物质的厚度(cm)；

μ_l——线吸收系数(cm^{-1})；

I/I_0——透射系数。

线吸收系数 μ_l表示 X 射线沿穿越方向在单位长度上的衰减程度。它不仅与 X 射线波长及吸收物质有关，而且即使是同一种物质的物态(固态、液态或气态)，μ_l 值也是不相同

的，即 μ_l 值与物质的密度有关。

2. 质量吸收系数

为了避开线吸收系数随吸收体物理状态不同而改变的困难，可以将 μ_l 用吸收物质的密度 ρ 去除，并以 μ_l/ρ 代替式(1-13)中的 μ_l，这样式(1-13)变为

$$I=I_0 e^{-\frac{\mu_l}{\rho}\cdot\rho\cdot t}=I_0 e^{-\mu_m\rho t} \tag{1-15}$$

式中　μ_m——质量吸收系数(cm^2/g)。

质量吸收系数 μ_m 表示单位质量物质对 X 射线的吸收程度。对波长一定的 X 射线和一定的物质来说，μ_m 为一定值，不随吸收体物理状态的改变而改变，应用时很方便。各种元素的质量吸收系数 μ_m 见附录 2。

1）复杂物质的质量吸收系数

当物质不是单一元素，而是由几个(两种以上)元素所组成的化合物、混合物、合金等时，则此物质的质量衰减系数 μ_m 可以用式(1-16)求出：

$$\mu_m=W_1\mu_{m1}+W_2\mu_{m2}+\cdots+W_n\mu_{mn} \tag{1-16}$$

式中　W_1，W_2，…，W_n——该物质中各组成元素的质量分数；

μ_{m1}，μ_{m2}，…，μ_{mn}——各组成元素的质量吸收系数。

2）连续谱的质量吸收系数

实验证明，连续 X 射线穿过物质时的质量吸收系数，相当于一个称为有效波长 $\lambda_{有效}$ 的波长值所对应的质量吸收系数。$\lambda_{有效}=1.35\lambda_0$，$\lambda_0$ 为连续谱的短波限。

3）质量吸收系数与波长 λ 和原子序数 Z 的关系

通常，当吸收物质一定时，X 射线的波长越长越容易吸收；当波长一定时，吸收体的原子序数越高，X 射线被吸收得越多。由实验可得质量吸收系数 μ_m 与波长 λ 和原子序数 Z 遵循如下函数关系：

$$\mu_m\approx K\lambda^3 Z^3 \tag{1-17}$$

式中，K 为常数。

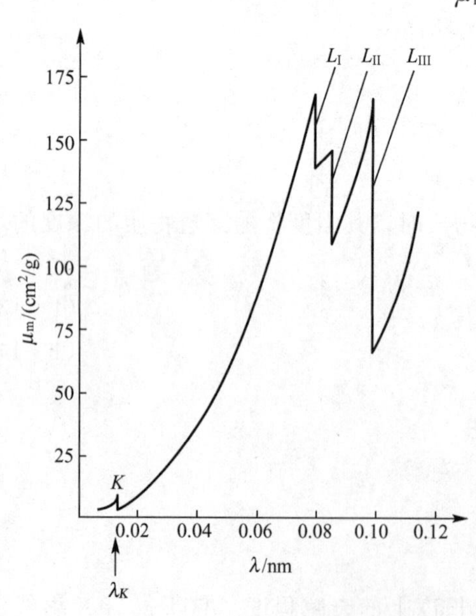

图 1.13　铅的 μ_m 与 λ 的关系曲线

根据图 1.13 所示令入射线的式中 K 为常数。图 1.13 为金属铅的 μ_m-λ 关系曲线，从曲线的趋势可以看出，它不是随着波长 λ 值的减小而单调下降。当波长减小到某几个值处质量吸收系数会骤增，因此这些跳跃台阶就将曲线分割为若干段。除了在曲线的拐点位置，每一段都遵循式(1-17)，只是 K 值不同而已。在特定的波长位置出现质量吸收系数剧增，即具有这几个特征波长值的入射 X 射线会被吸收体强烈吸收。产生这种现象的原因是吸收体因被激发产生荧光辐射而大量吸收入射 X 射线，因为对应的这几个波长的 X 射线光量子能量，刚好等于或略大于吸收体原子的某个内层电子的结合能，X 光子的能量因大量击出内层电子而消耗掉。这些吸收突增处的波长就是吸收元素

的特征量——吸收限，它不随实验条件而变，所以所有元素的 $\mu_m - \lambda$ 关系曲线都类似图 1.13，只是吸收限，即吸收突增波长位置不同而已。

1.4.4 吸收限的应用

1. 根据样品化学成分选择靶材

利用 X 射线衍射进行晶体结构分析时要求入射的 X 射线尽可能少地激发样品的荧光辐射，以降低衍射花样的背底，得到清晰的图像，所以选取的靶材的原子序数和样品的原子序数应该是不同的。如图 1.13 所示，令入射线的波长略长于样品的吸收限或比吸收限短很多，也就是说，要求所选的 X 射线管靶材的原子序数比样品稍小或者大许多，这样由 X 射线管辐射出来的 K 系谱线就不会激发样品产生荧光辐射，从而保证衍射花样图像清晰。实验证明，根据样品的化学成分选择靶材的原则是 $Z_{靶} \leqslant Z_{样}+1$ 或 $Z_{靶} \gg Z_{样}$。如图 1.14 所示，当符合这一原则时，靶材的 K_α 线的波长位置正处于样品元素的吸收限附近的质量吸收系数的最低值处或者是远离吸收限至波长更短处的曲线极低值。如果样品中含有多种元素，原则上应在含量较多的几种元素中以原子序数最轻的元素来选择阳极靶材。根据样品化学成分选择靶材的原则只是从减少荧光辐射这一方面作了考虑，而在实际工作中，还要根据其他因素的影响来选择靶材。

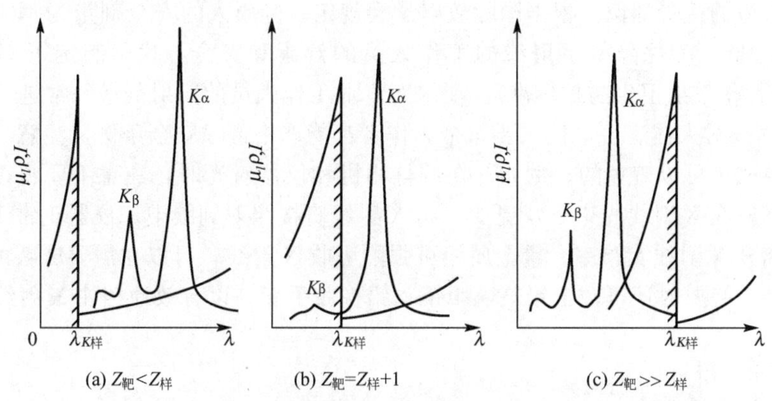

图 1.14 X 射线管靶材选择的化学成分原则

2. 滤片选择

K 系特征谱线包括 K_α、K_β 两条线，在进行样品分析时，它们将会得到两套相同的，但却重叠的晶体衍射花样，而使分析工作变得复杂，所以希望能从 K 系谱线中滤去 K_β线。根据图 1.14，可选择一种合适的材料，使其吸收限 λ_K 刚好位于由 X 射线管辐射出来的 K_α、K_β线的波长值之间，且尽可能地靠近 K_α线波长。利用这种材料制成的薄片就称为滤波片，如果将其置于入射线束或衍射线束的光路中，滤波片就会强烈吸收 K_β线，而几乎不吸收 K_α线，这样就可以得到近乎于单色的 K_α辐射。通常滤波片材料的选择原则是，滤波片的原子序数应比阳极靶材原子序数小 1 或 2，即当 $Z_{靶}<40$ 时，$Z_{滤}=Z_{靶}-1$；当 $Z_{靶}>40$ 时，$Z_{滤}=Z_{靶}-2$。

根据常用的靶材所选择的滤波片种类和各项数据见表 1-1。

表 1-1 消除 K_β 线用的滤波片材料选择

阳极靶材	波长 λ/nm		滤波片(使 $I_{K_\beta}/I_{K_\alpha}=1/600$)				I/I_0 K_α的透射因数
	K_α	K_β	元素	λ_K/nm	厚度 t mm	$\rho \cdot t$ g/cm	
银 47	0.0561	0.0497	铑 45	0.0534	0.079	0.096	0.29
钼 42	0.0711	0.0632	锆 40	0.0688	0.108	0.069	0.31
铜 29	0.1542	0.1392	镍 28	0.1488	0.021	0.019	0.40
钴 27	0.1790	0.1621	铁 26	0.1743	0.018	0.014	0.44
铁 26	0.1937	0.1757	锰 25	0.1895	0.016	0.012	0.46
铬 24	0.2291	0.2085	钒 23	0.2268	0.016	0.009	0.50

1.5 X射线的防护

人体过量接受X射线照射会引起局部组织损伤、坏死或带来其他疾患。如使人精神衰退、头晕、毛发脱落、血液的组成及性能变坏以及影响生育等。影响程度取决于X射线的强度、波长和人体的接受部位。根据国际放射学会规定，健康人的安全剂量为每工作日不超过$0.77\times10^{-4}G_y/kg$。为保障从事射线的工作人员的健康和安全，我国制定了GB 117—2006《工业X射线探伤放射卫生防护标准》。要求对专业工作人员的照射剂量经常进行监测。

虽然X射线对人体有害，但只要每个工作者都能严格遵守安全条例，注意采取安全防护措施，意外事故是可以避免的。例如，在调整相机和仪器对光时，注意不要将手或身体的任何部位直接暴露在X射线光束下，更要严防X射线直接照射到眼中。仪器正常工作后，实验人员应立即离开X射线实验室。重金属铅可强烈吸收X射线，可以在需要屏蔽的地方加上铅屏或铅玻璃屏，必要时还可戴上铅玻璃眼镜、铅橡胶手套，以有效地挡住X射线。

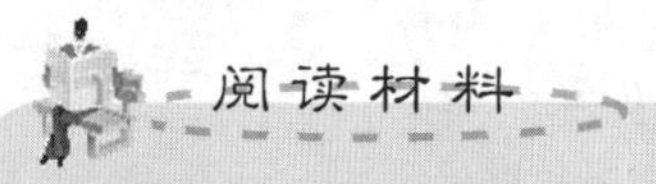

劳厄的发现

M. V. 劳厄(M. V. Laue)生于1879年，1903年在柏林获得了博士学位，他的导师就是著名的量子力学创始人之一的普朗克。劳厄毕业之后在德国各地混迹了几年，1909年在慕尼黑大学索末菲研究组谋得了一个协助撰写《数学科学百科全书》的职位。这时距伦琴发现X射线已经过去了十几年，科学家对X射线已经有了深入的研究，但是对其是一种波长极短的电磁波还是一种粒子流存在着争论。这个时期晶体学的发展也已经相当成熟，科学家已经意识到晶体可能是由周期排列的分子构成的，并且发展出了完善的空间群理论。这些都为劳厄的伟大发现打下了坚实的基础。

1912年，索末菲组里的研究生P. P. 埃瓦尔德(P. P. Ewald，1888—1985年)正在撰写他的博士论文，研究的课题是晶体光学理论。在和劳厄讨论他的论文时，劳厄突然问："如果极短波长的波穿过晶体，你觉得有可能发生什么现象?"，年轻的埃瓦尔德很认真地向劳厄解释了这个问题。埃瓦尔德很快就把其与劳厄讨论的问题忘记了，直到他后来得知劳厄的X射线衍射实验结果。

因为劳厄协助撰写《数学科学百科全书》时，就是负责波与光学部分，所以他对光学衍射非常熟悉，当听到埃瓦尔德说到晶体中谐振子(即原子)排列的间距与X射线波长可以比拟时，就敏锐地意识到具有三维周期性的晶体可以作为光栅与X射线发生衍射现象。就像所有伟大发现所具有的共同故事一样，起初人们并不看好这项研究，其中包括当时的很多大科学家，而且还包括劳厄的"老板"索末菲，还有X射线的发现者伦琴。

劳厄没有放弃，他与索末菲的一名助手Friedrich、伦琴的一位研究生Knipping一同进行试验。他们先将底片放置在X射线源及$CuSO_4$晶体之间(背射)，实验无结果。在做第二次实验时，把底片放置在晶体后面(透射)，就在透射斑点附近观察到一些粗大的、椭圆形的弱斑点(见图1.15)。两人喜出望外，立刻做了一些重复实验，确认得到的衍射结果。如侧向移动晶体总是给出相同的衍射图；转动晶体，原来的衍射斑点消失，新的衍射斑点出现；移去晶体，则一无所见；把晶体研磨成粗粉，则只见微小雀斑(尺寸与晶体颗粒相当)，等等。正如劳厄所预料的，三维周期排列的分子可以作为光栅和与之波长匹配的电磁波即X射线发生衍射现象。这项实验取得了一箭双雕的效果，不仅证明了X射线是一种波长极短的电磁波，还直接证明了晶体具有三维周期性，这是人类第一次在原子尺度上探测到了物质结构。劳厄成功了！很快，1914年劳厄便因为这项研究获得了诺贝尔物理学奖。

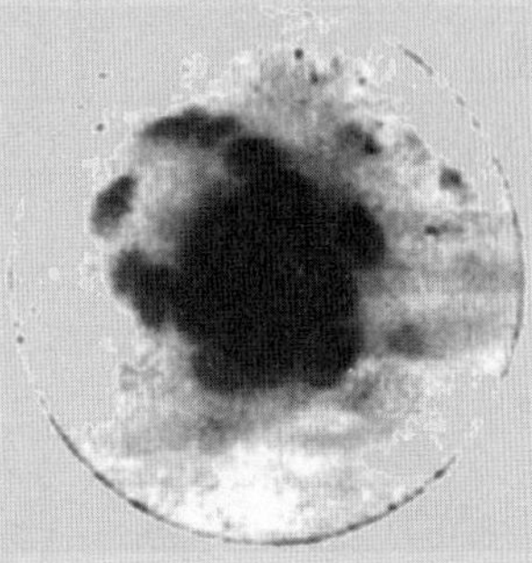

图1.15　1912年劳厄及其同事做出的第一幅衍射图样

资料来源：张涛. 纪念劳厄发现X射线衍射100周年. 物理，2012(11)：736－741.

小　　结

本章通过分析X射线的产生过程和条件，阐明了X射线的本质是一种电磁波的理论。说明了X射线谱和特征X射线谱产生的机理。阐述X射线与物质的相互作用的过程及转换产物的产生机制，重点说明了相干散射、光电效应、俄歇效应的产生机理。

关键术语

X射线　特征X射线谱　相干散射　光电效应　俄歇效应　吸收限

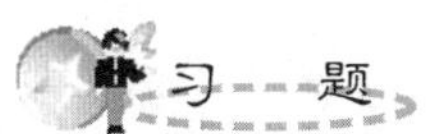

习　题

1. X射线与可见光有何异同？与可见光相比有什么特点？这些特点将带来一些什么

重要作用与用途？

2. 试计算当管电压为 50kV 时，X 射线管中电子击靶时速度与动能，以及所发射的连续谱的短波限和光子的最大动能是多少？

3. 波的干涉的基本条件是什么？为什么量子散射与二次特征射线都是不相干散射？

4. 分析下列荧光辐射产生的可能性，为什么？

1）用 CuK_{α}X 射线激发 CuK_{α}荧光辐射；

2）用 CuK_{β}X 射线激发 CuK_{α}荧光辐射；

3）用 CuK_{α}X 射线激发 CuL_{α}荧光辐射。

5. X 射线实验室中用于防护的铅屏，其厚度通常至少为 1mm。试计算这种铅屏对于 CuK_{α}、MoK_{α}和 60kV 工作条件下，从管中发射的最短波长辐射的透射因子（$I_{透射}/I_{入射}$）各为多少？

6. 试计算含 $w_{C}=0.8\%$，$w_{Cr}=4\%$，$w_{W}=18\%$的高速钢对 MoK_{α} 辐射的质量吸收系数。

第2章 晶体学基础

知识架构

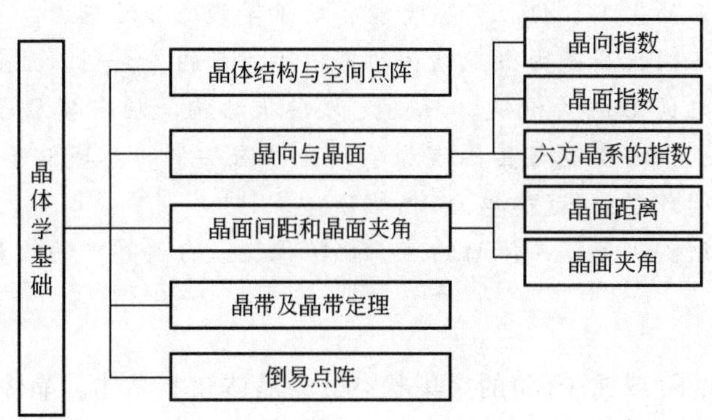

教学目标与要求

- 了解晶体结构，掌握晶体空间点阵的分类及特点
- 掌握晶体点阵中晶向和晶面的标定方法，掌握晶面间距和晶面夹角的计算
- 了解晶带定义及晶带定律，了解计算晶带轴指数的方法
- 了解倒易点阵的概念，掌握倒易矢量的标定方法

导入案例

上等无瑕的金刚石晶莹剔透，折光性好，光彩夺目，是人们喜爱的饰品，也是尖端科技不可缺少的重要材料。颗粒较小、质量略为低劣的金刚石常用在普通工业方面，如用于制作仪器仪表轴承等精密元件、机械加工、地质钻探等。钻石在磨、锯、钻、抛光等加工工艺中，是切割石料、金属、陶瓷、玻璃等所不可缺少的；用金刚石钻头代替普通硬质合金钻头，可大大提高钻进速度，降低成本；镶嵌钻石的牙钻是牙科医生得心应手的工具；镶嵌钻石的眼科手术刀的刀口锋利光滑，即使用1000倍的显微镜也看不到一点缺陷，是摘除眼内白内障普遍使用的利器。金刚石在机械、电子、光学、传热、军事、航天航空、医学和化学领域有着广泛的应用前景。

石墨是一种灰黑色、不透明、有金属光泽的晶体。天然石墨耐高温，热膨胀系数小，导热、导电性好，摩擦系数小。石墨被大量用来做电极、坩埚、电刷、润滑剂、铅笔等。具有层状结构的石墨在适当条件下使某些原子或基团插入层内与C原子结合成石墨层间化合物。这些插入化合物的性质基本上不改变石墨原有的层状结构，但片层间的距离增加，称为膨胀石墨，它具有天然石墨不具有的可绕性、回弹性等，可作为一种新型的工程材料，在石油化工、化肥、原子能、电子等领域广泛应用。

金刚石和石墨不同性质是由微观结构的不同所决定的。金刚石呈正四面体空间网状立体结构，碳原子之间形成共价键。石墨是片层状结构，层内碳原子排列成平面六边形，每个碳原子以三个共价键与其他碳原子结合，同层中的离域电子可以在整层活动，层间碳原子以分子间作用力(范德华力)相结合。

由此可见晶体结构决定了晶体的物理、化学性能，自然界中的物质都具有多少种晶体结构呢?

固态物质按其原子(或原子团)的聚集状态分为晶体和非晶体。晶体是由原子、分子或原子集团在三维空间内呈周期规则排列而构成的固体，正是这种有规则的排列决定了晶体许多特殊的性质。而研究有关原子在晶体中的排列方式和晶体的形状特点，却不涉及产生这种现象物理本质的学科称为晶体几何学。利用X射线能被晶体衍射这个物理现象，可以测定晶体中原子的排列方式和晶体形状特点以及其他晶体几何学的特征。

由于我们所涉及的X射线衍射问题是在晶体上发生的，因此在本章中，首先对晶体结构做一简单介绍(对晶体结构的详细讨论可参考有关金属学或金属物理等书籍)，然后为了将晶体结构与衍射现象联系起来，还将介绍有关倒易点阵的一些理论。

2.1 晶体结构与空间点阵

在晶体中，原子、分子或原子团的在三维空间周期重复排列而成，即晶体具有按一定几何规律排列的内部结构，晶体的内部结构就称为晶体结构，有时也称为晶体的原子结构。任何一种晶体都有它自己的特定的晶体结构，晶体结构的数目是极多的，并且不可能有两种晶体具有完全相同的晶体结构。如果两种晶体结构完全相同，则二者必定是同一种晶体物质，但是一种晶体物质却可有几种不同的晶体结构。

在实际晶体中绝对完整的晶体结构是不存在的，组成它的原子并非完全不动，而是在一个固定位置附近做热振动。但在较长时间内，原子占据着一个固定点的机会较多(即出现在该固定点的概率较大)。因此从平均的意义讲，晶体结构可看成是组成原子按一定几何规律排列的完整结构。

为了描述成千上万晶体结构的共性，即晶体内部结构的几何规律性，可以引入空间点阵的概念。空间点阵是用几何点代替原子或原子团，并将相邻结点按一定的规律用线连接起来便构成了与晶体中原子或原子团的排布完全相同的骨架。需要注意的是所有的结点的几何环境与物理环境是相同的，也就是说结点应当是等同环境的点。将晶体结构抽象成为点阵结构，一方面，它将众多的晶体结构抽象成为有限个数的点阵结构，简化了研究对象，另一方面，晶体结构的许多重要特点，点阵结构也都具有。

整个空间点阵可以由一个最简单的六面体在三维方向上重复排列而得，这最简单的六面体称为单位点阵或单胞。单胞的形状和大小的表示方法如图 2.1 所示。可取任一结点作为坐标原点，并在空间三个方向上选取重复周期 a、b、c 作为基本矢量。将这三个向量称为晶轴，这三个向量可以唯一确定单胞的大小和形状。单胞的大小和形状也可以用晶轴的长度 a、b、c 以及相应夹角 α、β、γ 来表示。这时把 a、b、c 以及 α、β、γ 叫做点阵参数或晶格常数。单位晶胞在三个方向上重复排列即可建立整个空间点阵。

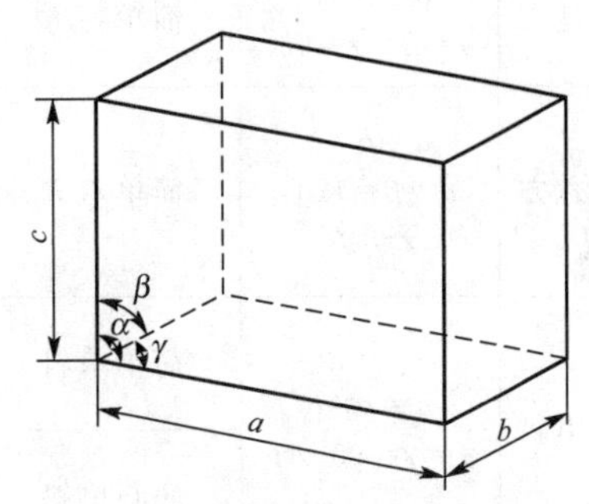

图 2.1 单位晶胞

对于同一点阵，单位晶胞的选择有多种可能性，但只有一种是最理想的。选择的依据是：晶胞应最能反映出点阵的对称特性；基本矢量长度 a、b、c 相等的数目最多，三个方向的夹角 α、β、γ 应尽可能为直角；单胞体积最小。根据这些条件选择出来的晶胞，其几何关系、计算公式均最简单，称它们为布拉菲晶胞，这是为了纪念法国结晶学家 M. A. 布拉菲(M. A. Bravais)。

按照点阵的对称性，可将自然界的晶体划分为 7 个晶系。每个晶系最多可包括 4 种点阵。如果只在晶胞的角上有结点，则这种点阵为简单点阵。如果在晶胞的面上或晶胞内部也有结点，就称为复杂点阵，它包括底心、面心及体心点阵。1848 年布拉菲证实了在 7 大晶系中，只可能有 14 种布拉菲点阵。14 种布拉菲点阵及其所属的 7 大晶系，列于表 2-1。

表 2-1 7 个晶系及其所属的布拉菲点阵

晶系	点阵常数	布拉菲点阵	点阵符号	阵胞内结点数	结点坐标
立方	$a=b=c$ $\alpha=\beta=\gamma=90°$	简单立方	P	1	000
		体心立方	I	2	000 $\frac{1}{2}\frac{1}{2}\frac{1}{2}$
		面心立方	F	4	000 $\frac{1}{2}\frac{1}{2}0$ $\frac{1}{2}0\frac{1}{2}$ $0\frac{1}{2}\frac{1}{2}$
正方	$a=b\neq c$ $\alpha=\beta=\gamma=90°$	简单正方	P	1	000
		体心正方	I	2	000 $\frac{1}{2}\frac{1}{2}\frac{1}{2}$

（续）

晶系	点阵常数	布拉菲点阵	点阵符号	阵胞内结点数	结点坐标
斜方	$a\neq b\neq c$ $\alpha=\beta=\gamma=90°$	简单斜方	P	1	000
		体心斜方	I	2	000 $\frac{1}{2}\frac{1}{2}\frac{1}{2}$
		底心斜方	C	2	000 $\frac{1}{2}\frac{1}{2}0$
		面心斜方	F	4	000 $\frac{1}{2}\frac{1}{2}0$ $\frac{1}{2}0\frac{1}{2}$ $0\frac{1}{2}\frac{1}{2}$
菱方	$a=b=c$ $\alpha=\beta=\gamma\neq 90°$	简单菱方	R	1	000
六方	$a=b\neq c$ $\alpha=\beta=120°$ $\gamma=90°$	简单六方	P	1	000
单斜	$a\neq b\neq c$ $\alpha=\gamma=90°\neq\beta$	简单单斜	P	1	000
		底心单斜	C	2	000 $\frac{1}{2}\frac{1}{2}0$
三斜	$a\neq b\neq c$ $\alpha\neq\beta\neq\gamma\neq 90°$	简单三斜	P	1	000

2.2 晶向与晶面

2.2.1 晶向指数

晶体是由质点在空间中按照一定的周期规律排列而成的。可将晶体点阵在任何方向上分解为平行的结点直线簇，质点就等距离地分布在这些直线上。不同方向的直线簇，质点密度互异，而同一线簇中的各直线，其质点分布则完全相同，故其中的任何一直线，均可充当线簇的代表。

对于一既定晶体来说，仅直线的方向有意义。在晶体几何学中习惯用［$u\ v\ w$］来表示一簇直线，称为晶向指数。u、v、w 是三个最小整数，故用直线上其他结点确定出的晶向指数，其值不变。晶向指数的确定方法如下：

（1）在一族互相平行的结点直线中引出过坐标原点的结点直线；

（2）在该直线上找出距原点最近的结点，量出此结点坐标；

（3）将三个坐标值用方括号括起，即为该族结点直线的晶向指数。

在图 2.2 中绘出立方体的几个主要晶向，并标出了它们的晶向指数。有对称关联的等同晶向用<$u\ v\ w$>表示，如立方系的四个对角线［111］［$1\bar{1}1$］［$\bar{1}\bar{1}1$］［$\bar{1}11$］均用<111>表示。

若晶体中任意两结点的坐标为已知，则过此两点的直线指数即可确定。设其坐标分别为［$X_1Y_1Z_1$］及［$X_2Y_2Z_2$］，则相应坐标差的最小整数比即为晶向指数。即$(X_2-X_1):(Y_2-Y_1):(Z_2-Z_1)=u:v:w$。

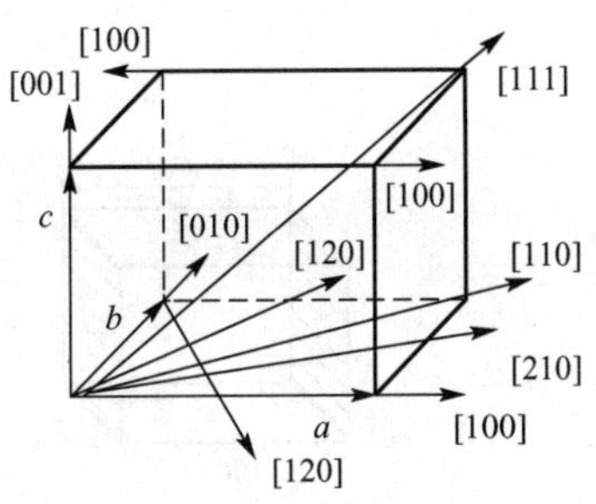

图 2.2　立方晶系中几个常见指数

2.2.2　晶面指数

空间阵点中，无论在哪个方位都可通过阵点画出许多互相平行的阵点平面，同方位的阵点平面不仅互相平行，而且等间距，各平面上的阵点分布情况也完全相同。但是，不同方位的阵点平面，其间距和阵点分布情况却完全不同。因此，阵点平面之间的差别主要取决于它们的取向。晶面指数就是描述晶面组取向情况的一组数。

在晶体几何学中习惯用(hkl)来表示一簇平行平面，称为晶面指数。实际上，h、k、l是平面在三个轴上截距倒数的互质比。晶面指数的确定方法为：

(1) 在一组互相平等的晶面中任选一个晶面，求它在三个坐标轴上的截距 m、n、p(以点阵周期 $\boldsymbol{a}$、$\boldsymbol{b}$、$\boldsymbol{c}$ 为单位矢量)。

(2) 写出三个截距的倒数比$\frac{1}{m}:\frac{1}{n}:\frac{1}{p}$，并化简为互质的整数 hkl，即$\frac{1}{m}:\frac{1}{n}:\frac{1}{p}=h:k:l$，则 hkl 为晶面指数，记为(hkl)。

如图 2.3 中的晶面 ABC，在晶轴的截距分别为$\frac{a}{2}$、$\frac{b}{3}$、$\frac{c}{2}$，如用点阵常数 $\boldsymbol{a}$、$\boldsymbol{b}$、$\boldsymbol{c}$ 为单位矢量，则截距为$\frac{1}{2}$、$\frac{1}{3}$、$\frac{1}{2}$，其倒数的互质整数比为 2∶3∶2，故晶面指数为(232)。

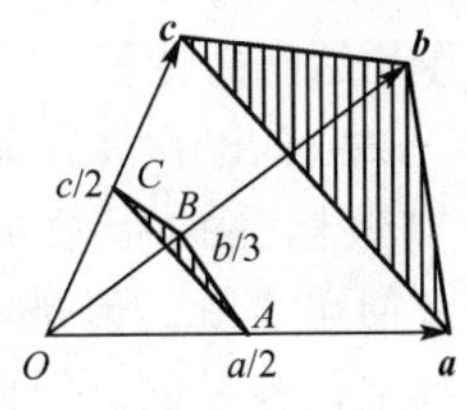

图 2.3　晶面 ABC

如果晶面与一个晶轴平行，可认为它与晶轴在无穷远处相交，即截距为无穷大，而无穷大的倒数为零，所以晶面相应于这个轴的指数为 0。之所以用截距的倒数比，而不用截距本身，就是为了避免用无穷大描述晶体取向。

在同一晶体点阵中，有若干组晶面的面间距和晶面上结点分布完全相同。这些空间位向和性质完全相同的晶面属于同一晶面族，用｛hkl｝来表示。例如，在立方晶系中｛100｝晶面族包括(100)、(010)、(001)、($\bar{1}00$)、($0\bar{1}0$)、($00\bar{1}$)六个晶面，｛110｝晶面族包括(110)、(101)、(011)、($\bar{1}10$)、($0\bar{1}0$)、($\bar{1}\bar{1}0$)、($\bar{1}01$)、($10\bar{1}$)、($\bar{1}0\bar{1}$)、($01\bar{1}$)、($0\bar{1}\bar{1}$)、($0\bar{1}1$)共 12 个晶面。但是在其他晶系中，晶面指数的绝对值相同的晶面就不一定都属于同一晶面族。

在图 2.4 中绘出了立方体的几个主要晶面，并标出了它们的晶面指数，请注意负数时的表示方法。

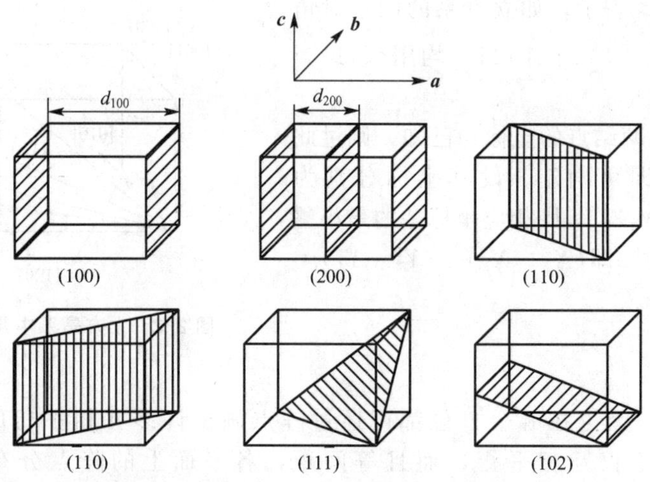

图 2.4 立方系中几个主要晶面及其晶面指数

2.2.3 六方晶系的指数

六方晶系的晶面和晶向指数同样可用三个指数标定其晶面和晶向，即取 $\boldsymbol{a}_1$、$\boldsymbol{a}_2$ 和 $\boldsymbol{a}_3$ 作为坐标轴，其中 $\boldsymbol{a}_1$ 与 $\boldsymbol{a}_2$ 轴的夹角为 90°。该法的缺点是不能显示晶体的六次对称及等同晶面关系。例如，六个柱面是等同的，但在三轴制中，其指数却分别为(100)，(010)，$(\bar{1}10)$，$(\bar{1}00)$，$(0\bar{1}0)$及$(1\bar{1}0)$。在晶向表示上也存在着同样的缺点，如［100］与［110］实际上是等同晶向。为克服此缺点可采用四轴表示方法，即令 $\boldsymbol{a}_1$、$\boldsymbol{a}_2$、$\boldsymbol{a}_3$ 三轴间交角为 120°，此外再选一与它们垂直的 $\boldsymbol{c}$ 轴。此时晶面指数用$(hkil)$来表示，其中前三个指数只有两个是独立的，它们之间存在如下关系：

$$i=-(h+k)$$

因第三个指数可以由前两个求得，故有时将 i 略去，可以写成(hkl)或$(hk\cdot l)$。

六个柱面的指数分别为$(10\bar{1}0)$，$(01\bar{1}0)$，$(\bar{1}100)$，$(\bar{1}010)$，$(0\bar{1}10)$和$(1\bar{1}00)$。这六个晶面便具有明显的等同性并可归入 $\{1\bar{1}00\}$ 晶面族。它们都是由 1、$\bar{1}$、0、0 四个数字以不同的方式排列而成。这样的晶面指数可以明显地显示出六次对称及晶面的特征。

六方晶系中四轴定向的晶向指数用［$u\ v\ t\ w$］来表示。图 2.5 中标出了六方晶系某些晶面和晶向的指数。四轴坐标晶向指数的确定，并不像确定晶面指数那么简单直观。但是，在三轴坐标系中确定它的晶向指数是很容易的。因此通常的做法是先求出三轴和四轴晶向指数之间的关系，然后再由三轴晶向指数换算出四轴晶向指数。三轴坐标系的晶向指数［$U\ V\ W$］与和四轴坐标系的晶向指数［$u\ v\ t\ w$］之间可按下列关系互换。

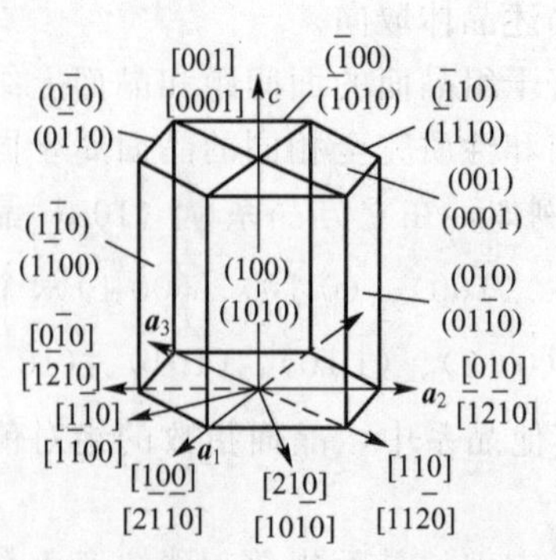

图 2.5 六方晶系的晶面与晶向指数

$$\left.\begin{aligned}U&=u-t\\V&=v-t\\W&=w\end{aligned}\right\}\tag{2-1}$$

$$
\left.\begin{aligned}
u&=\frac{2}{3}U-\frac{1}{3}V\\
v&=\frac{2}{3}V-\frac{1}{3}U\\
t&=-(u+v)=-\frac{1}{3}(U+V)\\
w&=W
\end{aligned}\right\}\tag{2-2}
$$

2.3 晶面间距和晶面夹角

2.3.1 晶面间距

平行晶面族(hkl)中两相邻晶面之间的距离称为晶面间距，常用符号d_{hkl}或简写为d来表示。对于每一种晶体都有一组大小不同的晶面间距，它是点阵常数和晶面指数的函数，随晶面指数的增加，晶面间距减小。图2.6绘出了在二维情况下的晶面指数与晶面间距的定性关系，在三维情况下也完全相同。

现以图2.7斜方晶系为例，说明晶面间距公式的推导方法。ABC面为<hkl>面族中离坐标原点最近的晶面，则坐标原点O到ABC面的距离OD就是晶面间距d。在直角三角形ODA、ODB和ODC中有以下关系：

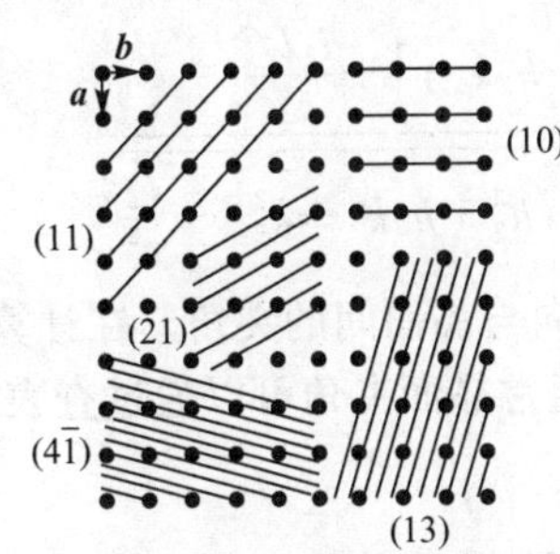

图2.6 晶面指数与晶面间距和晶面上结点密度的关系

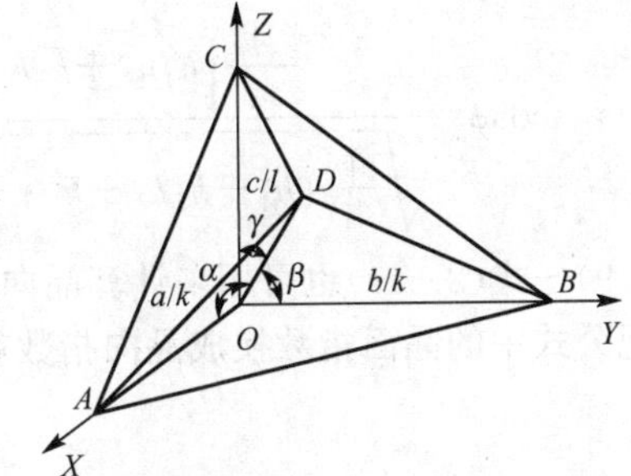

图2.7 晶面间距OD与点阵常数和晶面指数间的关系

$$
\left.\begin{aligned}
\cos\alpha&=\frac{OD}{OA}=\frac{d}{a/h}\\
\cos\beta&=\frac{OD}{OB}=\frac{d}{b/k}\\
\cos\gamma&=\frac{OD}{OC}=\frac{d}{c/l}
\end{aligned}\right\}\tag{2-3}
$$

$$\cos^2\alpha+\cos^2\beta+\cos^2\gamma=1\tag{2-4}$$

$$\left(\frac{d}{a/h}\right)^2+\left(\frac{d}{b/k}\right)^2+\left(\frac{d}{c/l}\right)^2=1,\ d=\frac{1}{\sqrt{\left(\frac{h}{a}\right)^2+\left(\frac{k}{b}\right)^2+\left(\frac{l}{c}\right)^2}}\tag{2-5}$$

对于正方晶系$a=b$，式(2-5)变为

$$d=\frac{1}{\sqrt{\frac{h^2+k^2}{a^2}+\frac{l^2}{c^2}}} \tag{2-6}$$

对于立方晶系 $a=b=c$，式(2-5)变成

$$d=\frac{a}{\sqrt{h^2+k^2+l^2}} \tag{2-7}$$

同理，可以证明，六方晶系的面间距公式化为

$$d=\frac{a}{\sqrt{\frac{4}{3}(h^2+hk+k^2)+\left(\frac{a}{c}\right)^2 l^2}} \tag{2-8}$$

2.3.2 晶面夹角

晶面之间的夹角等于晶面法线之间的夹角。立方晶系的夹角公式为

$$\cos\phi=\frac{h_1h_2+k_1k_2+l_1l_2}{\sqrt{h_1^2+k_1^2+l_1^2}\cdot\sqrt{h_2^2+k_2^2+l_2^2}} \tag{2-9}$$

正方晶系的夹角公式为

$$\cos\phi=\frac{\frac{h_1h_2+k_1k_2}{a^2}+\frac{l_1l_2}{c^2}}{\sqrt{\frac{h_1^2+h_2^2}{a^2}+\frac{l_1^2}{c^2}}\cdot\sqrt{\frac{h_2^2+k_2^2}{a^2}+\frac{l_2^2}{c^2}}} \tag{2-10}$$

六方晶系的夹角公式为

$$\cos\phi=\frac{\frac{4}{3a^2}\left[h_1h_2+k_1k_2+\frac{1}{2}(h_1k_2+h_2k_1)\right]+\frac{l_1l_2}{c^2}}{\sqrt{\frac{4}{3a^2}(h_1^2+h_1k_1+k_1^2)+\frac{l_1^2}{c^2}}\cdot\sqrt{\frac{4}{3a^2}(h_2^2+h_2k_2+k_2^2)+\frac{l_2^2}{c^2}}} \tag{2-11}$$

式(2-9)～式(2-11)也可用来计算晶向夹角以及晶向与晶面间的夹角。在计算晶向夹角时，只要把公式中的晶面指数换成晶向指数就可以了，通常晶面夹角可以通过查表求得。

2.4 晶带及晶带定理

在晶体结构和空间点阵中平行于某一轴向的所有晶面均属于同一个晶带。同一晶带中晶面的交线互相平行，其中通过坐标原点的那条平行直线称为晶带轴。晶带轴的晶向指数即为该晶带的指数。

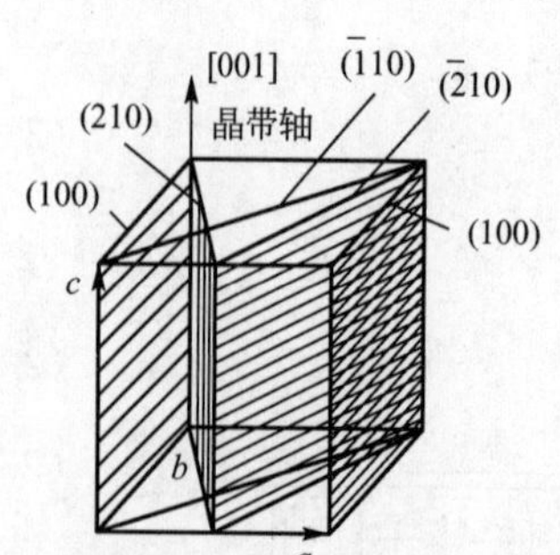

图 2.8 属于 [001] 晶带的某些晶面

在同一晶带中包括有各种不同晶面族的晶面，因为对同一晶带，晶面的唯一要求就是它们的交线平行于晶带轴。例如，在图 2.8 中画出了 [001] 晶带中所包括的晶面有(100)、(010)、(110)、(210)等。

根据晶带的定义，同一晶带中所有晶面的法线都与晶带轴垂直。可以将晶带轴 R 和晶面的法线 N 写成矢量表达式：

$$\vec{R}=u\vec{a}+v\vec{b}+w\vec{c}$$
$$\vec{N}=h\vec{a}+k\vec{b}+l\vec{c}$$

因为 R 与 N 互相垂直，所以

$$\vec{R}\cdot\vec{N}=(u\vec{a}+v\vec{b}+w\vec{c})(h\vec{a}+k\vec{b}+l\vec{c})=0$$

由此可得

$$hu+kv+lw=0 \tag{2-12}$$

这也就是说，凡是属于［$u\ v\ w$］晶带的晶面，它的晶面指数(hkl)都必须符合式(2-12)的条件。通常把这个关系式称为晶带定律。

当已知某晶带中任意两个晶面的晶面指数($h_1k_1l_1$)和($h_2k_2l_2$)时，便可以通过式(2-12)计算出晶带轴的指数，其方法如下：

利用式(2-12)，对两个已知晶面的晶面指数分别写出：

$$h_1u+k_1v+l_1w=0$$
$$h_2u+k_2v+l_2w=0$$

将这两个方程式联立求解可得

$$u:v:w=\begin{vmatrix}k_1 l_1\\ k_2 l_2\end{vmatrix}:\begin{vmatrix}l_1 h_1\\ l_2 h_2\end{vmatrix}:\begin{vmatrix}h_1 k_1\\ h_2 k_2\end{vmatrix}=(k_1l_2-k_2l_1):(l_1h_2-l_2h_1):(h_1k_2-h_2k_1)$$

或者写成：

$$\left.\begin{aligned}u&=k_1l_2-k_2l_1\\ v&=l_1h_2-l_2h_1\\ w&=h_1k_2-h_2k_1\end{aligned}\right\} \tag{2-13}$$

式(2-13)的结果可以用下面方法来简便记忆，将晶面指数($h_1k_1l_1$)顺序写两遍作为矩阵的第一行，然后将晶面指数($h_2k_2l_2$)顺序写两遍作为矩阵的第二行，去掉第一列和最后一列，按箭头所指方向依次对应的就是 u、v、w。

$$u:v:w=\begin{vmatrix}h_1 & k_1 & l_1 & h_1 & k_1 & l_1\\ h_2 & k_2 & l_2 & h_2 & k_2 & l_2\end{vmatrix}$$

同理，如果某个晶面(hkl)同时属于两个指数已知的晶带［$u_1v_1w_1$］和［$u_2v_2w_2$］时，则可以根据式(2-12)求出该晶面的晶面指数。其计算公式为

$$\left.\begin{aligned}h&=v_1w_2-v_2w_1\\ k&=w_1u_2-w_2u_1\\ l&=u_1v_2-u_2v_1\end{aligned}\right\} \tag{2-14}$$

在其他晶体几何学问题中，可以利用式(2-13)计算晶面指数已知的两个晶面交线的晶向指数，利用式(2-14)计算指数已知的两条相交直线所确定的晶面的晶面指数。

2.5 倒易点阵

倒易点阵是由空间点阵按一定的对应关系建立起来的空间图形，每一种空间点阵都有对应的倒易点阵，之所以称为倒易点阵，是因它的许多性质为晶体点阵的倒数。这一理论早在1860年就由法国结晶学家布拉菲提出并作为空间点阵理论的一部分，但除一些理论

工作外，实际应用很少。直到1921年德国物理学家埃瓦尔德把倒易点阵引入衍射领域之后，倒易点阵成了研究各种衍射问题的重要工具。用倒易点阵处理衍射问题时，能使几何概念更清楚，数学推演简化。

2.5.1 倒易点阵的定义

如果用$\boldsymbol{a}$、$\boldsymbol{b}$、$\boldsymbol{c}$表示晶体点阵的基本矢量；用$\boldsymbol{a}^*$、$\boldsymbol{b}^*$、$\boldsymbol{c}^*$来表示倒易点阵的基本平移矢量。相对倒易点阵而言，把晶体点阵称为正点阵，则倒易点阵与正点阵的基本对应关系为

$$\boldsymbol{a}^* \cdot \boldsymbol{b}=\boldsymbol{a}^* \cdot \boldsymbol{c}=\boldsymbol{b}^* \cdot \boldsymbol{a}=\boldsymbol{b}^* \cdot \boldsymbol{c}=\boldsymbol{c}^* \cdot \boldsymbol{a}=\boldsymbol{c}^* \cdot \boldsymbol{b}=0 \tag{2-15}$$

$$\boldsymbol{a}^* \cdot \boldsymbol{a}=\boldsymbol{b}^* \cdot \boldsymbol{b}=\boldsymbol{c}^* \cdot \boldsymbol{c}=1 \tag{2-16}$$

从这个基本关系出发，可以推导出倒易点阵基本平移矢量$\boldsymbol{a}^*$、$\boldsymbol{b}^*$、$\boldsymbol{c}^*$的方向和长度。从式(2-15)中的矢量“点积”关系知道，$\boldsymbol{a}^*$同时垂直$\boldsymbol{b}$和$\boldsymbol{c}$，因此，$\boldsymbol{a}^*$垂直$\boldsymbol{b}$、$\boldsymbol{c}$所在的平面，即$\boldsymbol{a}^*$垂直(100)晶面。同理可证，$\boldsymbol{b}^*$垂直(010)晶面，$\boldsymbol{c}^*$垂直(001)晶面。

从式(2-16)可以确定基本平移矢量的长度$\boldsymbol{a}^*$、$\boldsymbol{b}^*$、$\boldsymbol{c}^*$。将式(2-16)改写为

$$\left.\begin{aligned} a^* &= \frac{1}{a\cos\varphi} \\ b^* &= \frac{1}{b\cos\psi} \\ c^* &= \frac{1}{c\cos\omega} \end{aligned}\right\} \tag{2-17}$$

式中 φ——$\boldsymbol{a}^*$、$\boldsymbol{a}$间的夹角；

ψ——$\boldsymbol{b}^*$、$\boldsymbol{b}$间的夹角；

ω——$\boldsymbol{c}^*$、$\boldsymbol{c}$间的夹角。

在图2.9中绘出了$\boldsymbol{c}^*$与正点阵的关系，从图中可以看出，$\boldsymbol{c}$在$\boldsymbol{c}^*$方向的投影OP为(001)晶面的面间距，因此，$OP=c\cos\omega=d_{001}$。同理，$a\cos\varphi=d_{100}$ $b\cos\psi=d_{010}$。所以

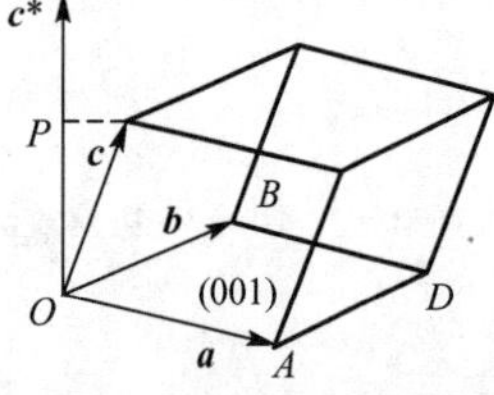

图2.9 晶体点阵基矢与倒易点阵基矢的关系

$$\left.\begin{aligned} a^* &= \frac{1}{d_{100}} \\ b^* &= \frac{1}{d_{010}} \\ c^* &= \frac{1}{d_{001}} \end{aligned}\right\} \tag{2-18}$$

在直角坐标系(立方、正方、斜方)中

$$\begin{aligned} \boldsymbol{a}^* \parallel \boldsymbol{a},\quad a^* &= \frac{1}{a} \\ \boldsymbol{b}^* \parallel \boldsymbol{b},\quad b^* &= \frac{1}{b} \\ \boldsymbol{c}^* \parallel \boldsymbol{c},\quad c^* &= \frac{1}{c} \end{aligned} \tag{2-19}$$

正点阵和倒易点阵的阵胞体积也互为倒易关系，这点在直角坐标系中很容易证明。

正点阵的阵胞体积$V=abc$，而倒易点阵的阵胞体积为$V^*=a^*b^*c^*=\frac{1}{abc}=\frac{1}{V}$，所以，$V^*V=1$。这个结论同样也适合其他晶系。

做出倒易晶胞之后，将其在空间平移便可绘制出倒易空间点阵。倒易空间点阵中的阵点称为倒易结点。从倒易点阵原点向任一个倒易结点所连接的矢量称为倒易矢量，用符号 $\boldsymbol{r}^*$ 表示。

$$\boldsymbol{r}^* = H\boldsymbol{a}^* + K\boldsymbol{b}^* + L\boldsymbol{c}^* \tag{2-20}$$

式中，H、K、L 为整数。

2.5.2 倒易矢量的性质

倒易矢量是倒易点阵中的重要参量，也是在X射线衍射中经常引用的参量。现在根据倒易点阵的基本定义来证明倒易矢量的两个基本性质：①倒易矢量 $\boldsymbol{r}^*$ 垂直于正点阵中的 HKL 晶面；②倒易矢量 $\boldsymbol{r}^*$ 的长度等于 HKL 晶面的面间距 d_{HKL} 的倒数。

如图2.10所示，ABC 为 HKL 晶面族中最靠近原点的晶面，它在坐标轴上的截距分别为

$\overrightarrow{OA}=\dfrac{\boldsymbol{a}}{H}$；$\overrightarrow{OB}=\dfrac{\boldsymbol{b}}{K}$；$\overrightarrow{OC}=\dfrac{\boldsymbol{c}}{L}$。

$$\overrightarrow{AB}=\overrightarrow{OB}-\overrightarrow{OA}=\frac{\boldsymbol{b}}{K}-\frac{\boldsymbol{a}}{H} \tag{2-21}$$

$$\overrightarrow{BC}=\overrightarrow{OC}-\overrightarrow{OB}=\frac{\boldsymbol{c}}{L}-\frac{\boldsymbol{b}}{K} \tag{2-22}$$

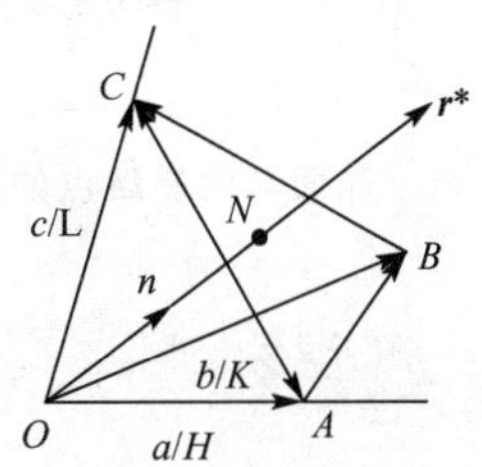

图2.10 倒易矢量与晶面的关系

式(2-21)和式(2-22)分别乘以式(2-20)得

$$\boldsymbol{r}^*\cdot\overrightarrow{AB}=(H\boldsymbol{a}^*+K\boldsymbol{b}^*+L\boldsymbol{c}^*)\left(\frac{\boldsymbol{b}}{K}-\frac{\boldsymbol{a}}{H}\right)=1-1=0$$

$$\boldsymbol{r}^*\cdot\overrightarrow{BC}=(H\boldsymbol{a}^*+K\boldsymbol{b}^*+L\boldsymbol{c}^*)\left(\frac{\boldsymbol{c}}{L}-\frac{\boldsymbol{b}}{k}\right)=1-1=0$$

两个矢量的"点积"等于零，说明 $\boldsymbol{r}^*$ 同时垂直 $\overrightarrow{AB}$ 和 $\overrightarrow{BC}$，即 $\boldsymbol{r}^*$ 垂直 HKL 晶面。在图2.10中，用 $\boldsymbol{n}$ 代表 $\boldsymbol{r}^*$ 方向的单位矢量，$\boldsymbol{n}=\dfrac{\boldsymbol{r}^*}{|\boldsymbol{r}^*|}$。$ON$ 为 HKL 晶面的面间距 d_{HKL}。由于 $\overrightarrow{ON}$ 为 $\overrightarrow{OA}$（或 $\overrightarrow{OB}$、$\overrightarrow{OC}$）在 $\boldsymbol{r}^*$ 上的投影，所以

$$ON=d_{HKL}=OA\cdot\boldsymbol{n}=\frac{\boldsymbol{a}}{H}\cdot\frac{\boldsymbol{r}^*}{|\boldsymbol{r}^*|}=\frac{\boldsymbol{a}}{H}\cdot\frac{(H\boldsymbol{a}^*+K\boldsymbol{b}^*+L\boldsymbol{c}^*)}{|\boldsymbol{r}^*|}=\frac{1}{|\boldsymbol{r}^*|}$$

即

$$|r^*|=\frac{1}{d_{HKL}} \tag{2-23}$$

从以上证明的倒易矢量的基本性质可以看出，如果正点阵与例易点阵具有共同的坐标原点，则正点阵中的晶面在倒易点阵中可用一个倒易结点来表示。倒易结点的指数用它所代表的晶面的晶面指数(干涉指数)标定。晶体点阵中晶面取向和晶面间距这两个参量在倒易点阵中只用倒易矢量一个参量就能综合地表示出来。

利用这种对应关系可以由任何一个正点阵建立起一个相应的例易点阵，反过来由一个已知的倒易点阵运用同样的对应关系又可以重新得到原来的晶体点阵。

例如，在图2.11中，画出了(100)及(200)晶面所对应的倒易结点，因为(200)的晶面间距 d_{200} 是 d_{100} 的一半，所以(200)晶面的倒易矢量长度比(100)的倒易矢量长度大一倍。

图2.12表明立方系晶体与倒易点阵的关系。可以看出，$\boldsymbol{H}$ 矢量的长度等于其对应晶面间距的倒数，且其方向与晶面相垂直。因(220)与(110)平行，故 $\boldsymbol{H}_{220}$ 亦平行于 $\boldsymbol{H}_{110}$，但

长度不相等。

倒易点阵的概念，使许多晶体几何学问题的解决变得简单，如单胞体积、晶面间距、晶面夹角的计算以及晶带定理的推导等。

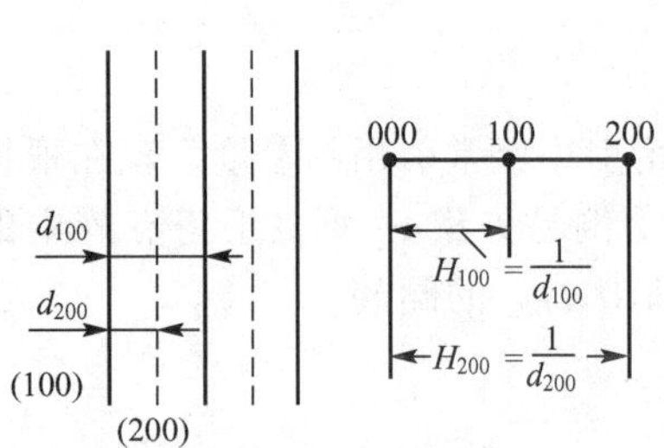

图 2.11　晶面与倒易结点的关系

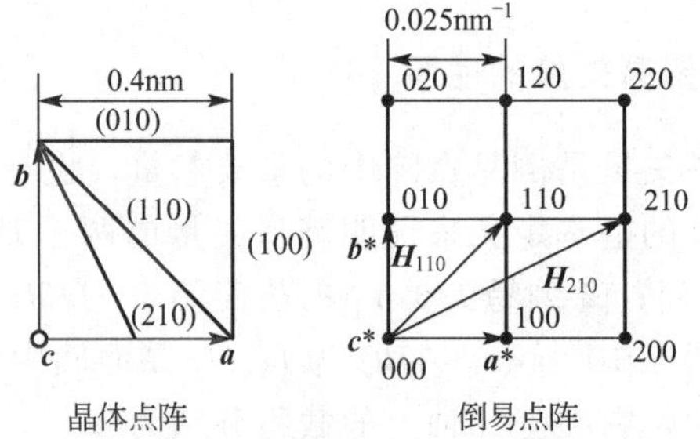

图 2.12　立方晶系晶体及其倒易点阵的关系

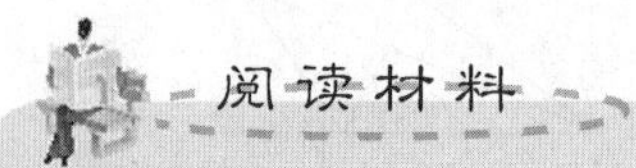

晶体的性能、应用及进展

一位物理学家曾说过“晶体是晶体生长工作者送给物理学家的最好的礼物”。这是因为，当物质以晶体状态存在时，它将表现出其他物质状态所没有的优异的物理性能，因而是人类研究固态物质的结构和性能的重要基础。此外，由于能够实现电、磁、光、声和力的相互作用和转换，晶体还是电子器件、半导体器件、固体激光器件及各种光学仪器等工业的重要材料，被广泛地应用于通信、摄影、宇航、医学、地质学、气象学、建筑学、军事技术等领域。

按功能来分，晶体有 20 种之多，如半导体晶体、磁光晶体、激光晶体、电光晶体、声光晶体、非线性光学晶体、压电晶体、热释电晶体、铁电晶体、闪烁晶体、绝缘晶体、敏感晶体、光色晶体、超导晶体以及多功能晶体等。以下简单介绍其中重要的几种。

1. 半导体晶体

半导体晶体是半导体工业的主要基础材料，从应用的广泛性和重要性来看，它在晶体中占有头等重要的地位。

半导体晶体是从 20 世纪 50 年代开始发展起来的。第一代半导体晶体是锗(Ge)单晶和硅(Si)单晶。由它们制成的各种二极管、晶体管、场效应管、晶闸管及大功率管等器件，在无线电子工业上有着极其广泛的用途。它们的发展使得集成电路从只包括十几个单元电路飞速发展到含有成千上万个元件的超大规模集成电路，从而极大地促进了电子产品的微小型化，大大提高了工作的可靠性，同时又降低了成本，进而促进了集成电路在空间研究、核武器、导弹、雷达、电子计算机、军事通信装备及民用等方面的广泛应用。

目前，除了向大直径、高纯度、高均匀度及无缺陷方向发展的硅单晶之外，人们又研究了第二代半导体晶体——Ⅲ－Ⅴ族化合物，如砷化钙(CaAs)、磷化镓(GaP)等单晶。近来，为了满足对更高性能的需求，已发展到三元或多元化合物等半导体晶体。

在半导体晶体材料中，特别值得一提的是氮化镓(GaN)晶体。由于它具有很宽的禁带宽度(室温下为3.4eV)，因而是蓝绿光发光二极管(LED)、激光二极管(LD)及高功率集成电路的理想材料，近年来在全世界范围内掀起了研究热潮，成为炙手可热的研究焦点。目前，中国科学院物理研究所在该晶体的生长方面独辟蹊径，首次利用熔盐法生长出3mm×4mm的片状晶体。一旦该晶体的质量得到进一步的提高，它将在发光器件、光通信系统、CD播放器、全色打印、高分辨率激光打印、大屏幕全色显示系统、超薄电视等方面得到广泛的应用。

2. 激光晶体

激光晶体是激光的工作物质，经泵浦之后能发出激光，所以叫做激光晶体。1960年，美国科学家Maiman以红宝石晶体作为工作物质，成功地研制出世界上第一台激光器，取得了举世瞩目的重大科学成就。

目前，人们已研制出数百种激光晶体。其中，最常用的有红宝石(Cr：Al_2O_3)、钛宝石(Ti：Al_2O_3)、掺钕钇铝石榴石(Nd：$Y_3Al_5O_{12}$)、掺镝氟化钙(Dy：CaF_2)、掺钕钒酸钇(Nd：YVO_4)、四硼酸铝钕 ($NdAl_3(BO_3)_4$)等晶体。

近年来，由于新的激光晶体的不断出现以及非线性倍频、差频、参量振荡等技术的发展，利用激光晶体得到的激光已涉及紫外、可见光到红外谱区，并被成功地应用于军事技术、宇宙探索、医学、化学等众多领域。例如，在各种材料的加工上，晶体产生的激光大显身手，特别是对于超硬材料的加工，它具有无可比拟的优越性。例如，同样是在金刚石上打一个孔，用传统方法需要两小时以上的时间，而用晶体产生的激光，连0.1s的时间都不用。此外，用激光进行焊接，可以高密度地把很多电子元件组装在一起，并能够大大提高电路的工作可靠性，从而大幅度地减小电子设备的体积。激光晶体还可以制成激光测距仪和激光高度计，进行高精度的测量。令人兴奋的是，法国天文台利用具有红宝石晶体的装置，首次实现了对同一颗人造卫星的跟踪观察实验，精确地测定了这颗卫星到地面的距离。

在医学上，激光晶体更是得到了巧妙的应用。它发出的激光通过可以自由弯曲的光导管进行传送，在出口端装有透镜和外科医生用的手柄。经过透镜，激光被聚焦成直径仅有几埃的微小斑点，变成一把无形却又十分灵巧的手术刀，不但能够彻底杀菌，而且可以快速地切断组织，甚至可以切断一个细胞。对于极其精细的眼科手术，掺铒的激光晶体是最合适不过的了。这种晶体可以产生近3pm波长的激光，由于水对该激光的强烈吸收，导致它进入生物组织后，只有几微米短的穿透深度，因此，这种激光是十分安全的，不会使患者产生任何痛苦。由于用这种激光可以快速而精确地进行切割，手术时间极短，因而避免了眼球的不自觉运动对手术的干扰，保证了手术的顺利进行。

此外，激光电视、激光彩色立体电影、激光摄影、激光计算机等都将是激动人心的激光晶体的新用途。

3. 非线性光学晶体

光通过晶体进行传播时，会引起晶体的电极化。当光强不太大时，晶体的电极化强度与光频电场之间呈线性关系，其非线性关系可以被忽略；但是，当光强很大时，如激光通过晶体进行传播时，电极化强度与光频电场之间的非线性关系变得十分显著而不能忽略，这种与光强有关的光学效应称为非线性光学效应，具有这种效应的晶体就称为非线性光学晶体。

非线性光学晶体与激光紧密相连，是实现激光的频率转换、调制、偏转和Q开关等技术的关键材料。当前，直接利用激光晶体获得的激光波段有限，从紫外到红外谱区，尚有激光空白波段。而利用非线性光学晶体，可将激光晶体直接输出的激光转换成新波段的激光，从而开辟新的激光光源，拓展激光晶体的应用范围。

常用的非线性光学晶体有碘酸锂($\alpha-LiIO_3$)、铌酸钡钠($Ba_2NaNb_5O_{15}$)、磷酸二氘钾(KD_2PO_4)、偏硼酸钡($\beta-BaB_2O_4$)、三硼酸锂(LiB_3O_5)等。其中，偏硼酸钡和三硼酸锂晶体是我国于20世纪80年代首先研制成功的，具有非线性光学系数大、激光损伤阈值高的突出优点，是优秀的激光频率转换晶体材料，在国际上引起了很大的反响。

另一种著名的晶体是磷酸钛氧钾晶体($KTiOPO_4$)，它是迄今为止综合性能最优异的非线性光学晶体，被公认为1.064μm和1.32μm激光倍频的首选材料，它可以把1.064μm的红外激光转换成0.53μm的绿色激光。由于绿光不仅能够用于医疗、激光测距，还能够进行水下摄影和水中通信等，因此，磷酸钛氧钾晶体得到了广泛的应用。

4. 压电晶体

当晶体受到外力作用时，晶体会发生极化，并形成表面电荷，这种现象称为正压电效应；反之，当晶体受到外加电场作用时，晶体会产生形变，这种现象称为逆压电效应。具有压电效应的晶体则称为压电晶体，它只存在于没有对称中心的晶类中。

最早发现的压电晶体是水晶($\alpha-SiO_2$)。它具有频率稳定的特性，是一种理想的压电材料，可用来制造谐振器、滤波器、换能器、光偏转器、声表面波器件及各种热敏、气敏、光敏和化学敏器件等。它还被广泛地应用于人们的日常生活中，如石英表、电子钟、彩色电视机、立体声收音机及录音机等。

近年来，又研制出许多新的压电晶体，如钙钛矿型结构的铌酸锂($LiNbO_3$)、钽酸钾($KTaO_3$)等，钨青铜型结构的铌酸钡钠($Ba_2NaNb_5O_{15}$)、铌酸钾锂($K_{1-x}LiNbO_3$)以及层状结构的锗酸铋($Bi_{12}GeO_{20}$)等。利用这些晶体的压电效应，可制成各种器件，广泛地用于军事和民用工业，如血压计、呼吸心音测定器、压电键盘、延迟线、振荡器、放大器、压电泵、超声换能器、压电变压器等。

5. 闪烁晶体

这种晶体在X射线激发下会产生荧光，形成闪烁现象。最早得到应用的闪烁晶体是掺铊碘化钠(TI：NaI)晶体。该晶体的发光波长在可见光区，闪烁效率高，又易于生长大尺寸单晶，在核科学和核工业上得到广泛的应用。

20世纪80年代初，中科院上海硅酸盐研究所采用坩埚下降法成功地生长了大尺寸锗酸铋($Bi_4Ge_3O_{12}$)单晶。由于这种晶体阻挡高能射线能力强、分辨率高，因而特别适合于高能粒子和高能射线的探测，在基本粒子、空间物理和高能物理等研究领域有广泛的应用，并已部分成功地用于欧洲核子研究中心L3正负电子对撞机的电磁量能器上。

此后，BaF_2晶体成为又一新型闪烁材料。除了在高能物理中应用之外，该晶体在低能物理方面已用于正电子湮没谱仪，使谱仪的分辨率和计数效率均得到很大的提高。此外，它还可用于检查隐藏的爆炸物、石油探测、放射性矿物探测、正电子发射层析照相(简称PET)等方面，具有良好的应用前景。

6. 声光晶体

当光波和声波同时射到晶体上时，声波和光波之间将会产生相互作用，从而可用于控制光束，如使光束发生偏转、使光强和频率发生变化等，这种晶体称为声光晶体，如钼酸铅($PbMoO_4$)、二氧化碲（TeO_2）、硫代砷酸铊(Tl_3AsS_4)等。利用这些晶体，人们可制成各种声光器件，如声光偏转器、声光调Q开关、声表面波器件等，从而把这些晶体广泛地用于激光雷达、电视及大屏幕显示器的扫描、光子计算机的光存储器及激光通信等方面。

7. 光折变晶体

光折变晶体是众多晶体中最奇妙的一种晶体。当外界微弱的激光照到这种晶体上时，晶体中的载流子被激发，在晶体中迁移并重新被捕获，使得晶体内部产生空间电荷场，然后，通过电光效应，空间电荷场改变晶体中折射率的空间分布，形成折射率光栅，从而产生光折变效应。

光折变效应的特点是，在弱光作用下就可表现出明显的效应。例如，在自泵浦相位共轭实验中，一束毫瓦级的激光与光折变晶体作用就可以产生相位共轭波，使畸变得无法辨认的图像清晰如初。由于折射率光栅在空间上是非局域的，它在波矢方向相对于干涉条纹有一定的空间相移，因而能使光束之间实现能量转换。如两波耦合实验中，当一束弱信号光和一束强光在光折变晶体中相互作用时，弱信号光可以增强1000倍。

此外，凭借着光折变效应，光折变晶体还具有以下特殊的性能：可以在$3cm^3$的体积中存储5000幅不同的图像，并可以迅速显示其中任意一幅；可以精密地探测出小得只有$10^{-7}m$的距离改变；可以滤去静止不变的图像，专门跟踪刚发生的图像改变；甚至还可以模拟人脑的联想思维能力。因此，这种晶体一经发现，便引起了人们的极大兴趣。

目前，有应用价值的光折变晶体有钛酸钡($BaTiO_3$)、铌酸钾($KNbO_3$)、铌酸锂($LiNbO_3$)、铌酸锶钡($Sr_{1-x}Ba_xNb_2O_6$)系列、硅酸铋($Bi_{12}SiO_{20}$)等晶体。其中，掺铈钛酸钡(Ce: $BaTiO_3$)是由中国科学院物理研究所于20世纪90年代首先研制成功的。它的优异性能，使光折变晶体在理论研究和实用化方面取得突破性进展。当前，光折变晶体已发展成一种新颖的功能晶体，在光的图像和信息处理、相位共轭、全息存储、光通信和光计算机神经网络等方面展示着良好的应用前景。

随着人们对晶体认识的不断深入，晶体研究的方向也逐步地发生着变化，其总的发展趋势：从晶态转向非晶态；从体单晶转向薄膜晶体；从通常的晶格转向超晶格；从单一功能转向多功能；从体性质转向表面性质；从无机扩展到有机，等等。

此外，鉴于充分认识到晶体结构与性能关系的重要性，人们已经开始利用分子设计来探索各种新型晶体。而且，随着光子晶体和纳米晶体的出现和发展，人类对晶体的认识更是有了新的飞跃。可以相信，在不久的将来，晶体的品种将会更多、性能将会更优异、应用范围也将会越来越广。

总之，晶体不仅是美丽的，而且也是有用的。它蕴涵着丰富的内容，是人类宝贵的财富。但迄今为止，人们对它的认识犹如冰山之一角，还有许多未知领域等待着人们去探索。

资料来源：王皖燕. 晶体学和晶体材料研究的进展. 科技导报，2002(03)：736-741.

小　结

本章主要讲述了晶体几何学方面的基础知识，主要包括晶体结构及晶体结构的空间点阵分类、晶体空间点阵中晶面与晶向的标定、晶面间距和晶面夹角的计算、晶带的定义及晶带轴指数的计算。在此基础上，本章还引入了倒易点阵的概念和倒易矢量的标定方法。

关键术语

空间点阵　晶向　晶面　晶带　倒易点阵　倒易矢量

习　题

1. 在立方晶系中画出下列晶面及晶向。

(101)，(210)，$(1\bar{1}\bar{1})$，[110]，[122]，$[\bar{1}02]$。

2. 将下面立方晶系中的晶面按晶面间距由小到大进行排列。

(101)，(220)，$(1\bar{1}\bar{1})$，(113)，(122)，(123)，$(\bar{1}02)$，(030)。

3. 判别下列哪些晶面属于 $[1\bar{1}\bar{1}]$ 晶带：(110)，(231)，(101)，$(1\bar{3}\bar{3})$，(211)，(212)，(312)，$(1\bar{1}2)$，(131)。

4. 试计算 $(\bar{3}11)$ 和 $(\bar{1}\bar{3}2)$ 的共同晶带轴。

5. 画出 Fe_2B 在平行于(010)上的部分倒易点。Fe_2B 属正方晶系，点阵参数 $a=b=0.51$nm，$c=0.424$nm。

6. 画出 *fcc*，*bcc* 晶体的倒易点阵，并标出基本矢量 $\boldsymbol{a}^*$，$\boldsymbol{b}^*$，$\boldsymbol{c}^*$。

第3章 X射线的衍射方向

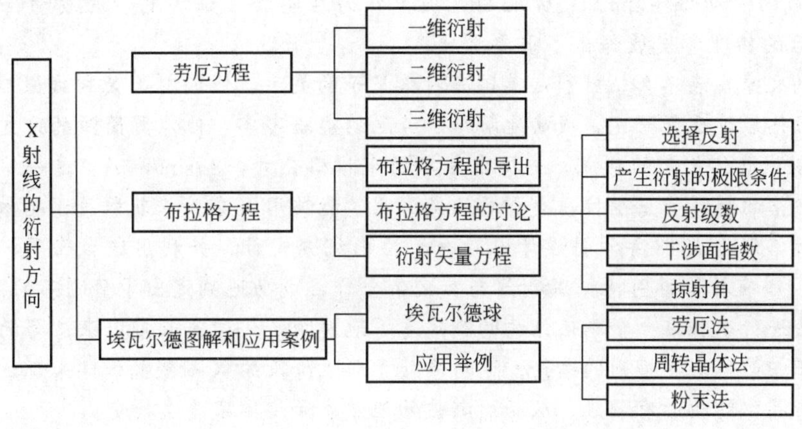

教学目标与要求

- 了解使用劳厄方程确定X射线在晶体中一维衍射、二维衍射和三维衍射的衍射方向的方法
- 掌握布拉格方程以及使用布拉格方程分析X射线在晶体中的衍射问题的方法
- 掌握埃瓦尔德图解法，以及使用埃瓦尔德图解法分析衍射现象

导入案例

自伦琴发现X射线以后，许多物理学家都在积极地研究和探索着，1905年和1909年，巴克拉曾先后发现X射线的偏振现象，但对X射线究竟是一种电磁波还是微粒辐射，仍不清楚。1912年德国物理学家劳厄认为，X射线是电磁波。劳厄在与博士研究生爱瓦耳德交谈时，产生了用X射线照射晶体以研究固体结构的想法。劳厄设想，X射线是极短的电磁波，而晶体是原子(离子)的有规则的三维排列。只要X射线的波长和晶体中原子(离子)的间距具有相同的数量级，那么当用X射线照射晶体时就应能观察到干涉现象。在劳厄的鼓励下，索末菲的助教弗里德里奇和伦琴的博士研究生克尼平在1912年开始了这项实验。他们把一个垂直于晶轴切割的平行晶片放在X射线源和照相底片之间，结果在照相底片上显示出了有规则的斑点群。后来，科学界称其为“劳厄图样”。劳厄设想的证实一举解决了X射线的本性问题，并初步揭示了晶体的微观结构。爱因斯坦曾称此实验为“物理学最美的实验”。随后，劳厄从光的三维衍射理论出发，以几何观点完成了X射线在晶体中的衍射理论，成功地解释了有关的实验结果。但由于他忽略了晶体中原子(离子)的热运动，这个理论还只是近似的。到1931年，劳厄终于完成了X射线的“动力学理论”。劳厄的这项工作为在实验上证实电子的波动性奠定了基础，对此后的物理学发展作出了重要贡献。

劳厄的文章发表不久，就引起英国布拉格父子的关注，他们都是X射线微粒论者，年轻的小布拉格经过反复研究，成功地解释了劳厄的实验事实。他以更简洁的方式，清楚地解释了X射线晶体衍射的形成，并提出著名的布拉格公式：$2d\sin\theta=n\lambda$。这一结果不仅证明了小布拉格的解释的正确性，更重要的是证明了能够用X射线来获取关于晶体结构的信息。老布拉格则于1913年元月设计出第一台X射线分光计，并利用这台仪器，发现了特征X射线。小布拉格再用特征X射线与其父亲合作，成功地测定出了金刚石的晶体结构，并用劳厄法进行了验证。金刚石结构的测定完美地说明了化学家长期以来认为的碳原子的四个键按正四面体形状排列的结论。这对尚处于新生阶段的X射线晶体学来说，证明该方法用于分析晶体结构的有效性，从而逐渐被物理学家和化学家普遍接受。

在X射线物理基础和晶体学基础上，这一章开始研究X射线照射到晶体上产生衍射的问题。X射线照射到晶体上产生的衍射花样，除与X射线有关外，主要是受晶体结构的影响。晶体结构与衍射花样之间有一定的内在联系。通过衍射花样的分析，就能测定晶体结构和研究与结构相关的一系列问题。

X射线衍射理论将晶体结构与衍射花样有机地联系起来，通过对衍射线束方向的研究，可以测定晶胞的形状大小。本章讨论的衍射束的方向可分别用劳厄方程、布拉格方程(布拉格定律)和衍射矢量方程描述。

3.1 劳厄方程

当一束X射线照射到晶体上时，电子将产生相干散射和非相干散射，成为晶体内的散射波源。在原子系统中，所有电子的散射波都可近似看成由原子中心发出，故原子是散射波的中心。因晶体中原子的排列具有周期性，周期排列的散射波中心发出的相干散射波将互相干涉，结果某些方向加强，出现衍射线；另一些方向抵消，没有衍射线产生。所以，X射线通过晶体时的衍射现象，实质上是大量原子散射波干涉的结果。

我们最终要考察的是晶体对X射线的衍射。这种衍射是很复杂的，因为原子本身就包含着众多的电子，同一原子内各电子散射波就存在周相差，而晶体又是原子的三维集合。幸而我们所关心的仅仅是晶体对X射线衍射的总结果，所以可将很多琐碎复杂的问题简化掉。例如，忽略了同原子中电子散射波的周相差，将晶体看成具有无缺陷的理想结构，而X射线束也被认为是严格单色和平行的。

下面将依次讨论，当原子的排列属一维、二维及三维时，所引起的X射线衍射情况。

3.1.1 一维衍射

由于上述的假设，当X射线照射到整齐排列的原子列时，由原子散射出来的X射线，在某方向上一致加强的条件是：相邻原子在该方向上散射线的波程差为波长的整数倍。这表明衍射线只发生在空间某几个特定的方向上。

图3.1所示为一维原子列对X射线的衍射方向。设无穷长的原子列的点阵常数为a，两束平行入射的X射线M_1、M_2的波长为λ，与原子列所成的夹角为α_0，它们照射在相邻的原子A、B上，此时每个原子都是相干散射波波源。与原子列成α角的方向上是否有衍射线，关键在于相邻两个原子在该方向的散射线的程差是否为入射X射线波长的整数倍。从A作垂直于入射线束的波阵面，并交M_2B于D点，同样过B作垂直于衍射束的波阵面，交AN_1于C点，则在该散射线方向上的波程差$\delta=AC-DB$，因在AD之前和CB之后均为同光程。由图可知：

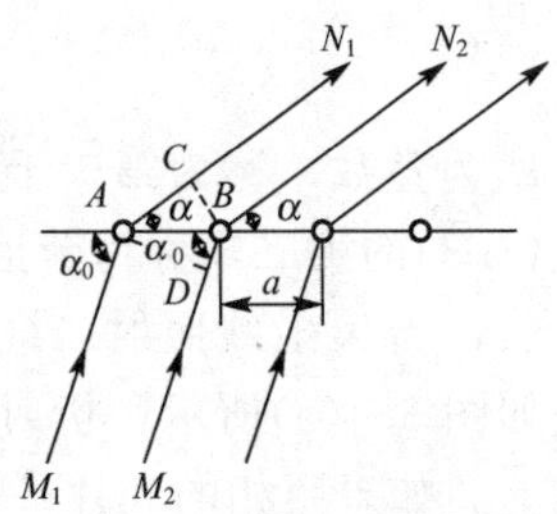

图3.1 一维原子列的衍射条件

$$\delta=a\cos\alpha-a\cos\alpha_0=a(\cos\alpha-\cos\alpha_0) \tag{3-1}$$

当散射线干涉加强时

$$a(\cos\alpha-\cos\alpha_0)=H\lambda \tag{3-2}$$

式(3-2)称为劳厄第一方程，可用来求出散射线加强的方向。式中λ为入射X射线波长。H称为劳厄第一干涉指数，可取0，±1，±2，±3等整数，但它不是无限的。例如，用FeK_α线($\lambda=0.1937$nm)垂直照射$a=0.4$nm的原子列时，$\cos\alpha_0=0$，$\cos\alpha=H\lambda/a=0.484H$。$H$可以取0，±1，±2共五个值。当$H=\pm3$时，$|\cos\alpha|=1.453>1$，表明不能产生衍射。若采用较短波长的X射线，$H$的数目将增加。式(3-2)也可用图3.2来描述，由图可见，当单色X射线照射原子列时，各原子向空间各个方向散射的X射线，在与原子列成α角，满足劳厄第一方程的方向发生衍射，所以衍射线分布在一个圆锥面上，锥面的顶角为2α。由于H可以取若干个值，

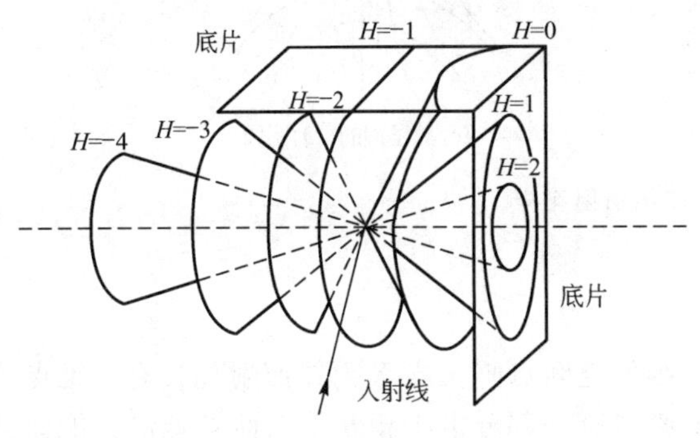

图3.2 衍射圆锥

而使 a 也有不同的值，因而可得到一组同轴的衍射圆锥，此轴就是原子列。如图 3.2 所示，当照相底片垂直于原子列时，可记录出一系列同心圆；如果底片平行于原子列时，则衍射花样为一系列双曲线。

3.1.2 二维衍射

由一系列平行的原子列组成二维排列的原子网，图 3.3 所示即为若干平行于 X 晶轴的原子列。当 X 射线照射到原子网时，每个原子列的衍射线均分布在自身的同轴圆锥簇上。各系列之间具有相同衍射角的圆锥面上的衍射线，即使是相互平行的，也并不都能一致加强，因为它们的光程不同，这一点从 $O1$ 和 $O'1'$ 就可以看出。显然它们的波程差与 Y 晶轴方向上的点阵周期 b 有关，也和入射线、衍射线与 Y 晶轴的夹角(β 及 β_0)有关。与分析 X 晶轴方向上的原子列的情形相似，Y 晶轴方向上的那些同轴的圆锥面上的衍射线要能够加强，就必须同时满足下面的公式。

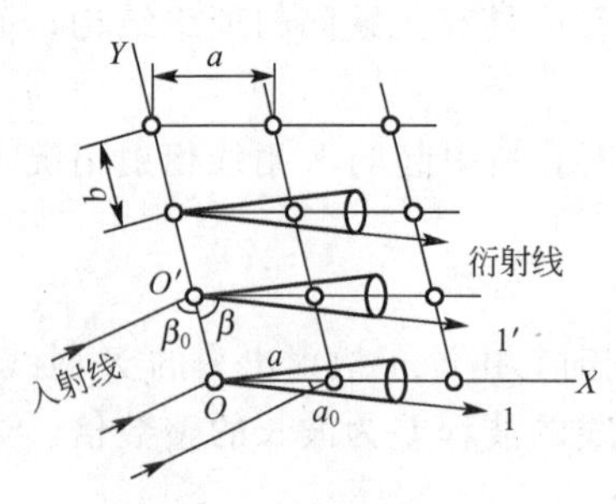

图 3.3 原子网的衍射

$$\left.\begin{aligned} a(\cos\alpha-\cos\alpha_0)=H\lambda \\ b(\cos\beta-\cos\beta_0)=K\lambda \end{aligned}\right\} \quad (3-3)$$

式中，K 为整数，称为第二干涉指数。

式(3.3)的第二式称为劳厄第二方程。

显然，当 X 射线照射二维原子网时，只有同时满足劳厄第一和第二方程，才能发生衍射。正如图 3.4(a)所示，衍射线只能出现在沿 X 晶轴方向及 Y 晶轴方向的两系列圆锥簇的交线上。如果照相的底片平行于原子网，圆锥在底片上的迹线为双曲线。每对双曲线的交点即为衍射斑点，也相当于圆锥的交线在底片上的投影。不同的 H、K 值，可得到不同的斑点。图 3.4(b)示意地表明了这一情况。

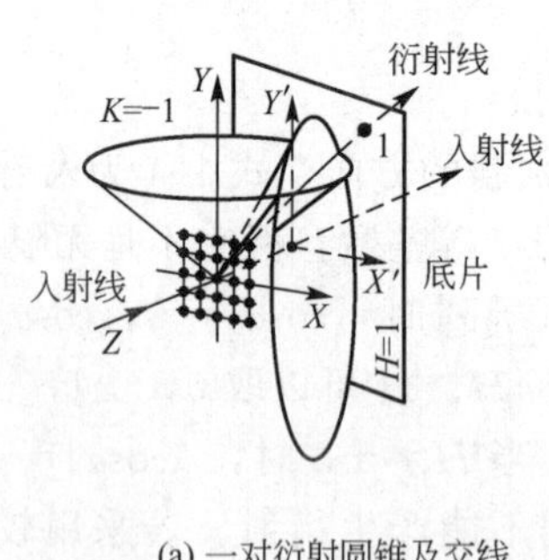

(a) 一对衍射圆锥及交线

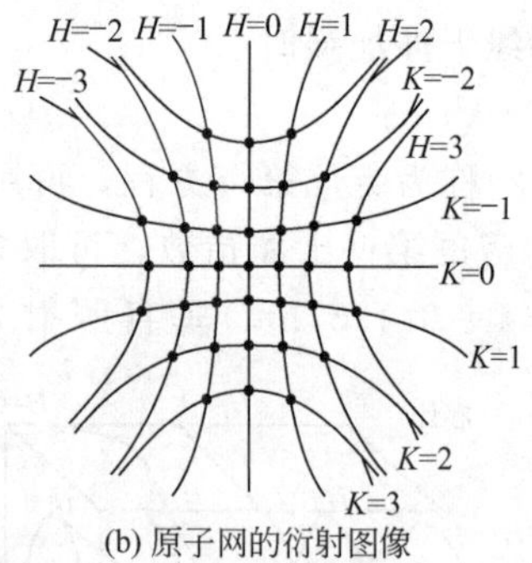

(b) 原子网的衍射图像

图 3.4 二维衍射花样

3.1.3 三维衍射

由一系列的平行的原子网就可以组成三维的空间点阵。当 X 射线照射到具有三维点阵的理想晶体时，各层原子网产生的衍射线，必然有一部分由于相互干涉而被抵消，能保留下来的衍射线必然是那些相邻原子在第三个 Z 晶轴方向上波程差为波长的整数倍的散射线。即保留下来的衍射线必须同时满足以下三个方程：

$$\left.\begin{aligned} a(\cos\alpha-\cos\alpha_0)=H\lambda \\ b(\cos\beta-\cos\beta_0)=K\lambda \\ c(\cos\gamma-\cos\gamma_0)=L\lambda \end{aligned}\right\} \quad (3-4)$$

式中 c——第三个方向上的点阵周期；

γ_0——入射线与 Z 晶轴的夹角；

γ——为衍射线与 Z 晶轴的夹角；

L——整数，称第三干涉指数。

式(3－4)的第三式就称为劳厄第三方程。

劳厄方程解决了X射线衍射方向的问题。当单色X射线照射到晶体时，其中的原子便向空间各个方向发射散射线，保留下来的衍射线必须满足在晶体三个重复周期的相邻原子，其散射线在三个方向上的波程差同时为波长的整数倍，即满足劳厄方程的三个方程式。在这三个方程式中，除 α、β、γ 外，其余各量均为常数，似乎方程组会有唯一的解，但实际上 α、β、γ 之间尚有一个约束方程。如果对于直角坐标系，这个约束方程是

$$\cos^2\alpha+\cos^2\beta+\cos^2\gamma=1$$

因为欲从四个方程中解出三个变量，一般是不可能的。这表明，用单色X射线照射不动的单晶体，一般是不能获得衍射的。如图3.5(a)所示，三个圆锥只能两两相交，而无法一同相交。但如果改变入射线束与晶轴的夹角，或者改变波长，均会使式(3－4)的三个方程同时满足，此时以三晶轴为轴的三个圆锥面交于同一直线，该直线的方向，即为衍射线束方向，图3.5(b)为入射线与某晶轴方向一致、三晶轴互相正交、X射线与照相底片垂直的情况下得到的衍射花样。

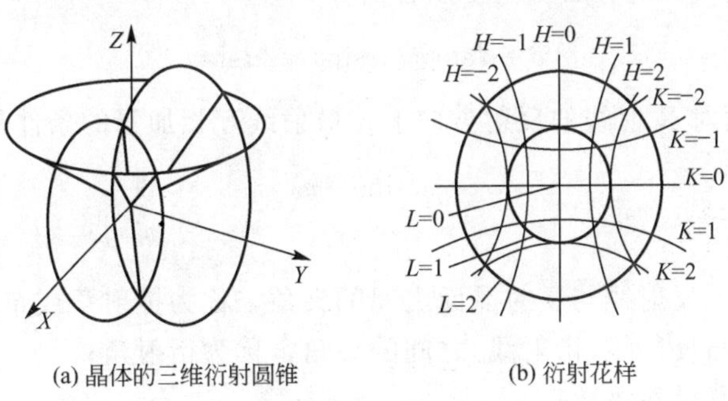

(a) 晶体的三维衍射圆锥　　(b) 衍射花样

图3.5　三维晶体的衍射和衍射花样

3.2　布拉格方程

用劳厄方程描述X射线被晶体的衍射现象时，入射线、衍射线与晶轴的六个夹角不易确定，用该方程组求点阵常数比较困难。所以劳厄方程虽能解释衍射现象，但使用不便。将衍射当成反射，是导出布拉格方程的基础。这一方程首先由英国的物理学家布拉格在

1912 年提出。次年，俄国的结晶学家吴里夫也独立地推导出了这一方程。根据衍射几何的具体情况，也为了便于分析、讨论布拉格方程，故将晶体、X 射线以及衍射几何关系作了适当必要的简化。

3.2.1 布拉格方程的导出

正如前面所分析的，当 X 射线照射到晶体上时，各原子周围的电子将产生相干散射和不相干散射，相干的散射线会发生干涉，使合成波的强度随着方向而出现固定的增强和减弱。而只有当相邻的散射线波程差为波长的整数倍的方向上，才会出现衍射线。

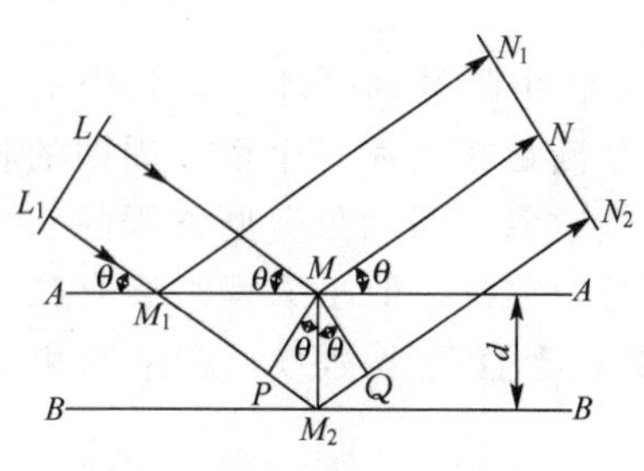

图 3.6 布拉格的导出

首先考虑在同一晶面上的相邻原子的散射线发生干涉的情况。如图 3.6 所示，当一束平行的单色 X 射线以 θ 角照射到原子面 AA 上，如果入射线 LL_1 在该处为同周相，则面上的原子 M 和 M_1 的散射线中，处于反射线方向的 MN 和 M_1N_1 在到达 NN_1 时为同光程。这说明同一晶面上的原子的散射线，在原子面的反射线方向上是可以互相加强的。

X 射线具有强的穿透能力，在 X 射线的作用下晶体的散射线之间还要互相干涉。根据图 3.6 所示，通过讨论相邻原子面的散射波的干涉条件，可以得到多层原子面之间散射波的干涉条件。入射线 LM 照射到 AA 晶面后，反射线为 MN；另一条平行的入射线 L_1M_2 照射到相邻的晶面 BB 后，反射线为 M_2N_2。这两束 X 射线到达 NN_2 处的波程差为

$$\delta = PM_2 + QM_2$$

如果晶面间距为 d，则从图 3.6 可以看出

$$\delta = d\sin\theta + d\sin\theta = 2d\sin\theta$$

因此，在这个原子面对 X 射线的反射方向上，散射线互相加强的条件是

$$2d\sin\theta = n\lambda \tag{3-5}$$

式中 d——晶面间距；

θ——入射线、反射线与反射晶面之间的夹角，称为掠射角或布拉格角；

2θ——入射线与反射线(衍射线)之间的夹角，称为衍射角；

n——整数，称反射级数；

λ——入射线波长。

式(3-5)就是著名的布拉格方程(布拉格定律)。

从图 3.6 中，同样可以证明，X 射线束 L_1M_2 在照射 AA 后，反射线到达 N_1 点；同一线束照射到相邻的晶面 BB 后，反射线到达 N_2 点。在 N_1、N_2 处，两束反射 X 射线的波程差即为 $2d\sin\theta$。

由此可以得出，当一束单色且平行的 X 射线照射到晶体时，同一晶面上的相邻原子的散射线，在晶面反射线方向上是同周相的，因而可以叠加的；不同晶面的反射线若要加强，必要的条件是相邻晶面反射线的波程差为波长的整数倍。

3.2.2 布拉格方程的讨论

布拉格定律是X射线在晶体中产生衍射的必须满足的基本条件，它反映了衍射线方向(用θ描述)与晶体结构(用d代表)之间的关系。或者，该定律巧妙地将便于测量的宏观量θ与微观量d联系起来，通过θ的测定，在已知λ的情况下可以求d，或者在已知d的情况下求λ。因此，布拉格定律是X射线分析中非常重要的定律，以下对其作进一步的讨论。

1. 选择反射

X射线在晶体中的衍射，实质上是晶体中各原子相干散射波之间互相干涉的结果。但因衍射线的方向恰好相当于原子面对入射线的反射，故可用布拉格定律代表反射规律来描述衍射线束的方向。在后面的关于衍射问题的讨论，常把“反射”和“衍射”作为同义词，即用“反射”来描述关于晶体衍射的问题。但应强调指出，X射线从原子面的反射和可见光的镜面反射不同，前者是有选择地反射，其选择条件为布拉格定律；而镜面反射是可以任意角度反射可见光，即反射不受条件限制。因此，将X射线的晶面反射称为选择反射，反射之所以有选择性，是晶体内若干原子面反射线干涉的结果。

2. 产生衍射的极限条件

由布拉格方程$2d\sin\theta=n\lambda$，$\sin\theta=\frac{n\lambda}{2d}$，因$|\sin\theta|\leqslant 1$，故$\frac{n\lambda}{2d}\leqslant 1$，由公式可以看出，当$n=1$(即1级反射)的情况，此时$\frac{\lambda}{2}\leqslant d$，这就是产生衍射的限制条件，它说明用波长为$\lambda$的X射线照射晶体时，晶体中只有面间距$d\geqslant\frac{\lambda}{2}$的晶面才能产生衍射。例如，α-Fe的一组面间距从大至小的顺序为0.202nm、0.143nm、0.017nm、0.101nm、0.090nm、0.083nm、0.076nm…当用波长为$\lambda_{K_\alpha}=0.194$nm的铁靶照射时，因$\frac{\lambda_{K_\alpha}}{2}=0.097$nm，只有前四个$d$大于它，故产生衍射的晶面组只有四个。如用铜靶进行照射时，因$\frac{\lambda_{K_\alpha}}{2}=0.077$nm，故前六个晶面组都能产生衍射。

3. 反射级数

布拉格方程中的n称为反射级数。它表示在相邻的两个平行晶面反射出的X射线束，其波程差是X射线波长的n倍。在实际使用过程中，并不赋予n以1，2，3等数值，而是采用另一种方式。

如图3.7所示，如果X射线照射到晶体的(100)，而且刚好能发生二级反射，则相应的布拉格方程为

$$2d_{100}\sin\theta=2\lambda \tag{3-6}$$

假设在每两个(100)中间均插入一个原子分布与之完全相同的面。此时面簇中最近原点的晶面在X轴上截距已变为1/2，故面簇的指数可写作(200)。又因面间距已为原来的一半，相邻晶面反射线的波程差便只有一个波长，此种情况相当于(200)发生了一级反射，其相应的布拉格方程为

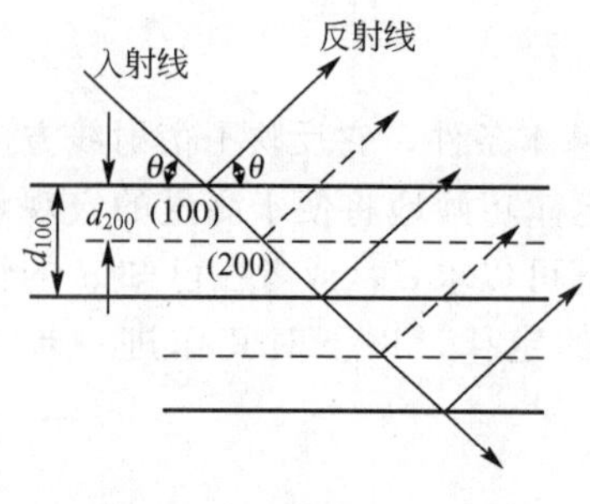

图 3.7　二级反射示意图

$$2d_{200}\sin\theta=\lambda$$

该式又可写作

$$2(d_{100}/2)\sin\theta=\lambda \tag{3-7}$$

通过比较式(3-6)和式(3-7)，可以将(100)的二级反射，看成是(200)的一级反射，也就是说，通常把(hkl)的 n 级反射，看做 n(hkl)一级反射。如果(hkl)的面间距是 d，则 n(hkl)的面间距是 d/n。因此布拉格方程可能写成以下形式：

$$2\frac{d}{n}\sin\theta=\lambda$$

或者是

$$2d\sin\theta=\lambda \tag{3-8}$$

式(3-8)是把反射级数包含在 d 中，认为反射级数永远等于 1，所以在使用时极为方便。也就是说把(hkl)的 n 级反射，看成是来自某种虚拟的晶面的一级反射。

4. 干涉面指数

晶面(hkl)的 n 级反射面 n(hkl)，用符号(HKL)表示，称为反射面或干涉面。其中 $H=nh$，$K=nk$，$L=nl$，(hkl)晶体中实际存在的晶面，(HKL)只是为了使问题简化而引入的虚拟晶面。干涉面的晶面指数称为干涉指数，一般有公约数 n。当 $n=1$ 时，干涉指数即变为晶面指数。对于立方晶系，其晶面间距为

$$d_{hkl}=\frac{a}{\sqrt{h^2+k^2+l^2}}$$

故干涉面晶面间距为

$$d_{HKL}=\frac{a}{\sqrt{H^2+K^2+L^2}}$$

对于斜方晶系，其晶面间距为

$$d_{hkl}=\frac{1}{\sqrt{\frac{h^2}{a^2}+\frac{k^2}{b^2}+\frac{l^2}{c^2}}} \tag{3-9}$$

故干涉面晶面间距为

$$d_{HKL}=\frac{d_{hkl}}{n}=\frac{1}{n\sqrt{\frac{h^2}{a^2}+\frac{k^2}{b^2}+\frac{l^2}{c^2}}}=\frac{1}{\sqrt{\frac{(nh)^2}{a^2}+\frac{(nk)^2}{b^2}+\frac{(nl)^2}{c^2}}}=\frac{1}{\sqrt{\frac{H^2}{a^2}+\frac{K^2}{b^2}+\frac{L^2}{c^2}}} \tag{3-10}$$

即

$$H=nh,\ K=nk,\ L=nl \tag{3-11}$$

在 X 射线衍射线结构分析中，如无特别说明，所用的晶面间距一般指干涉面晶面间距。

5. 掠射角

掠射角 θ 是入射线或反射线与晶面的夹角，通常可用来表示衍射的方向。由布拉格方程得出 $\sin\theta=\lambda/2d$，这一表达式可以有两个方面的物理意义：①当波长 λ 一定时，晶面间距 d 相同的晶面，必然在掠射角 θ 相同的情况下才能同时获得反射。当使用单色 X 射线照射多晶体时，即波长 λ 一定时，各晶粒中 d 相同的晶面，其反射线都有着各自确定的方向。这里所指的 d 相同的晶面当然也包括等同晶面；②当波长 λ 一定时，随着 d 减小，θ 就要增大。这说明晶面间距 d 小的晶面，其掠射角 θ 必然是较大的，近于与晶面垂直，否则它们的反射线就无法加强。这一理论尤其适合于粉末法对晶体结构的测试。

3.2.3 劳厄方程与布拉格方程的一致性

劳厄方程和布拉格方程均可确定衍射线的方向。前者是根据晶体中的原子对 X 射线的散射以及散射线的干涉来考虑的，而后者是将复杂的衍射转化为晶面对 X 射线的反射。实际上衍射和反射是一致的，布拉格方程是劳厄方程的简化形式，并可以从劳厄方程推导出来。

图 3.8 表示用波长为一定值的单色 X 射线照射到晶体之上。当晶体处于某一位置时，即可产生指数为 H、K、L 的衍射线。衍射线的方向由三个劳厄方程式(3-4)决定。

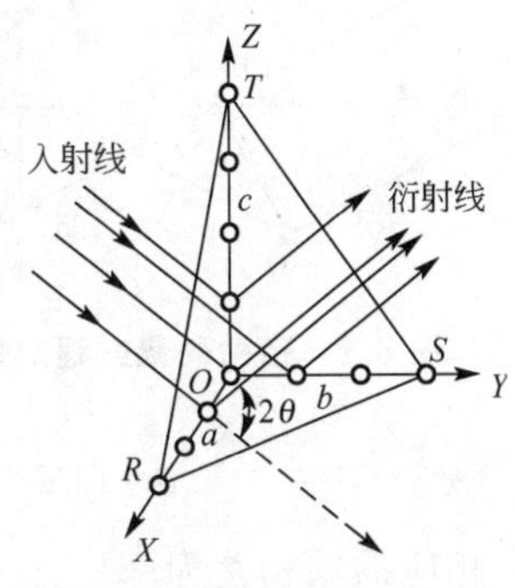

图 3.8 衍射与反射一致性

假定 2θ 为入射线延长方向与衍射线方向的夹角，$\vec{S}$ 和 $\vec{S}_0$ 分别为入射线方向和衍射线的单位矢量。

$\vec{S}=\cos\alpha\,\vec{i}+\cos\beta\,\vec{j}+\cos\gamma\,\vec{k}$，$\vec{S}_0=\cos\alpha_0\,\vec{i}+\cos\beta_0\,\vec{j}+\cos\gamma_0\,\vec{k}$

则 $\vec{S}$ 和 $\vec{S}_0$ 的数量积为

$$
\begin{aligned}
\vec{S}\cdot\vec{S}_0 &= |\vec{S}|\cdot|\vec{S}_0|\cos 2\theta \\
&= (\cos\alpha\,\vec{i}+\cos\beta\,\vec{j}+\cos\gamma\,\vec{k})\cdot(\cos\alpha_0\,\vec{i}+\cos\beta_0\,\vec{j}+\cos\gamma_0\,\vec{k}) \\
&= \cos\alpha\cos\alpha_0+\cos\beta\cos\beta_0+\cos\gamma\cos\gamma_0
\end{aligned}
$$

即

$$\cos 2\theta=\cos\alpha\cos\alpha_0+\cos\beta\cos\beta_0+\cos\gamma\cos\gamma_0 \tag{3-12}$$

如为立方点阵，其点阵常数 $a=b=c$；将式(3-4)三个方程平方后相加得

$$
\begin{aligned}
a^2[&(\cos^2\alpha-2\cos\alpha\cos\alpha_0+\cos^2\alpha_0)+(\cos^2\beta-2\cos\beta\cos\beta_0+\cos^2\beta_0) \\
&+(\cos^2\gamma-2\cos\gamma\cos\gamma_0+\cos^2\gamma_0)]=\lambda^2(H^2+K^2+L^2)
\end{aligned} \tag{3-13}
$$

因

$$\left.\begin{aligned}\cos^2\alpha+\cos^2\beta+\cos^2\gamma=1\\ \cos^2\alpha_0+\cos^2\beta_0+\cos^2\gamma_0=1\end{aligned}\right\} \tag{3-14}$$

将式(3-12)、式(3-14)代入式(3-13)，得

$$a^2(2-2\cos 2\theta)=\lambda^2(H^2+K^2+L^2) \tag{3-15}$$

因 $1-\cos 2\theta=2\sin^2\theta$，故式(3-15)可以化简为

$$4a^2\sin^2\theta=\lambda^2(H^2+K^2+L^2) \tag{3-16}$$

考虑到 H、K、L 有公约数 n，则 $H=nh$，$K=nk$，$L=nl$，将式(3-16)开平方有

$$2a\sin\theta=\lambda n\sqrt{h^2+k^2+l^2} \tag{3-17}$$

由于 $d=\dfrac{a}{\sqrt{h^2+k^2+l^2}}$，式(3-17)可整理为

$$2d\sin\theta=n\lambda \tag{3-18}$$

这就是布拉格方程。

3.2.4 衍射矢量方程

X 射线照射晶体产生的衍射线束的方向，不仅可以用劳厄方程、布拉格定律来描述，在引入倒易点阵后也能用衍射矢量方程来描述。

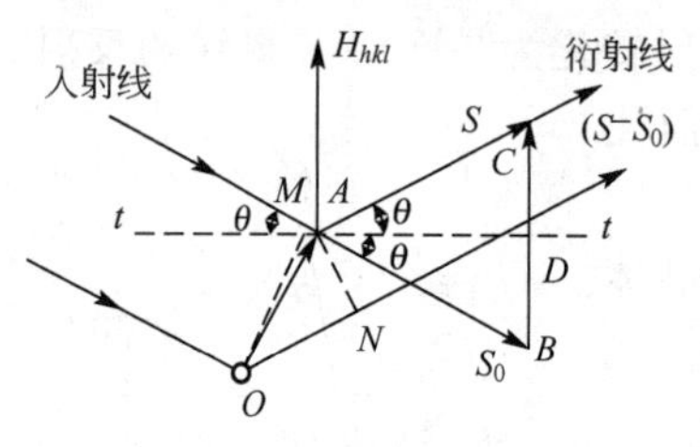

图 3.9 衍射矢量方程的推导

在图 3.9 中，t-t 为原子面，当一束波长为 λ 的 X 射线被晶面反射，入射线方向的单位矢量为$\vec{S}_0$，衍射线方向的单位矢量为$\vec{S}$，S 及$\vec{S}_0$ 的长度为 1。在$\vec{S}$方向出现衍射的条件是，相邻两个原子的散射线的波程差为波长的整数倍，或者说周相差为 2π 的整数倍。图中过原子 O 作垂直于$\vec{S}_0$ 的波阵面交于 M 点，过 A 作垂直$\vec{S}$的波阵面交于 N 点。则波程差为

$$\delta=ON-AM=\overrightarrow{OA}\cdot\vec{S}-\overrightarrow{OA}\cdot\vec{S}_0=\overrightarrow{OA}\cdot(\vec{S}-\vec{S}_0)$$

相应的周相差为

$$\phi=\frac{2\pi}{\lambda}\delta=2\pi\left(\frac{\vec{S}-\vec{S}_0}{\lambda}\right)\cdot\overrightarrow{OA} \tag{3-19}$$

在式(3-19)中$\overrightarrow{OA}$是晶体点阵中的一个矢量，令

$$\overrightarrow{OA}=p\boldsymbol{a}+q\boldsymbol{b}+r\boldsymbol{c}\quad(\text{其中 } p\text{、}q\text{、}r \text{ 为整数})$$

因$(\vec{S}-\vec{S}_0)$也是一个矢量，假设$(\vec{S}-\vec{S}_0)/\lambda$ 为倒易点阵中的一个矢量，令

$$\frac{(\vec{S}-\vec{S}_0)}{\lambda}=h\boldsymbol{a}^*+k\boldsymbol{b}^*+l\boldsymbol{c}^*\quad(h\text{、}k\text{、}l \text{ 尚未明确一定是整数})$$

进一步整理式(3-19)，得

$$\begin{aligned}\phi&=2\pi\left(\frac{\vec{S}-\vec{S}_0}{\lambda}\right)\cdot\overrightarrow{OA}=2\pi(h\boldsymbol{a}^*+k\boldsymbol{b}^*+l\boldsymbol{c}^*)\cdot(p\boldsymbol{a}+q\boldsymbol{b}+r\boldsymbol{c})\\&=2\pi(hp+kq+lr)\end{aligned} \tag{3-20}$$

显然，只有 h、k、l 均为整数时才能使周相差为 2π 的整数倍，即满足衍射条件。这一关系说明倒易点阵中确实存在着坐标为 h、k、l 的倒易点，它对应着晶体正点阵中的 (hkl) 晶面。因此，(hkl) 晶面获得衍射的必要条件为，矢量$(\vec{S}-\vec{S}_0)/\lambda$ 的端点为倒易点阵的原点，终点为代表正点阵中 (hkl) 晶面的坐标为 h、k、l 的结点，即

$$\frac{\vec{S}-\vec{S}_0}{\lambda}=h\boldsymbol{a}^*+k\boldsymbol{b}^*+l\boldsymbol{c}^*=\boldsymbol{H}_{hkl} \tag{3-21}$$

式中，h、k、l是获得衍射必要条件的矢量方程。在X射线衍射理论中的基础方程——劳厄方程和布拉格方程均可由衍射矢量方程导出。

将式(3-21)两边分别和晶体点阵的三个方向矢量作数量积即可得到劳厄方程。例如，用a分别与式(3-21)两边作矢量积，即

$$\boldsymbol{a}\cdot\frac{\vec{S}-\vec{S}_0}{\lambda}=\boldsymbol{a}\cdot(h\boldsymbol{a}^*+k\boldsymbol{b}^*+l\boldsymbol{c}^*)=h$$

得到

$$\boldsymbol{a}\cdot(\vec{S}-\vec{S}_0)=h\lambda \tag{3-22}$$

同理有

$$\boldsymbol{b}\cdot(\vec{S}-\vec{S}_0)=k\lambda \tag{3-23}$$

$$\boldsymbol{c}\cdot(\vec{S}-\vec{S}_0)=l\lambda \tag{3-24}$$

式(3-22)～式(3-24)就是劳厄方程的矢量形式。

在△ABC中，因$|\vec{S}|=|\vec{S}_0|=1$，故△ABC为等腰矢量三角形，BC垂直于AD，即衍射矢量$\vec{S}-\vec{S}_0$垂直于原子面$t-t$，而其大小$|\vec{S}-\vec{S}_0|=2\sin\theta$。根据式(3-21)，有

$$\frac{\vec{S}-\vec{S}_0}{\lambda}=\boldsymbol{H}_{hkl}=\frac{1}{d_{hkl}}=\frac{2\sin\theta}{\lambda}$$

于是可得布拉格方程$2d\sin\theta=\lambda$。

3.3 埃瓦尔德图解和应用举例

3.3.1 埃瓦尔德球

一个晶体中有许许多多的晶面，在给定的实验条件下，并不是所有的晶面都可以产生衍射，只有那些能满足布拉格方程的晶面才能有衍射线产生。利用埃瓦尔德作图法，可以用几何作图方式，非常方便地求出晶体中哪些晶面能够产生衍射，并可绘出衍射线的方向，即绘出衍射角的大小。

若采用反射面间距，布拉格方程可改写成

$$\sin\theta_{hkl}=\frac{\lambda}{2d_{hkl}}=\frac{1}{d_{hkl}}/2\left(\frac{1}{\lambda}\right) \tag{3-25}$$

式(3-25)可以用二维简图来表达，如图3.10所示。设入射线的波长为λ，它照射到一个晶体上，在晶体上选定一个原点O'，以O'为圆心，以$1/\lambda$为半径作圆，令X射线沿直径AO'方向入射并透过圆周上的O点，取OB的长度为$1/d_{hkl}$，则△AOB是以圆直径为斜边的内接直角三角形。若斜边AO与直角边AB的夹角为θ，则△AOB满足式(3-19)的布拉格方程。再从圆心O'向OB作垂线交于C点，则$O'C$即为反射晶面(hkl)的几何位置，而$O'B$即为(hkl)所产生的反射线束的方向。

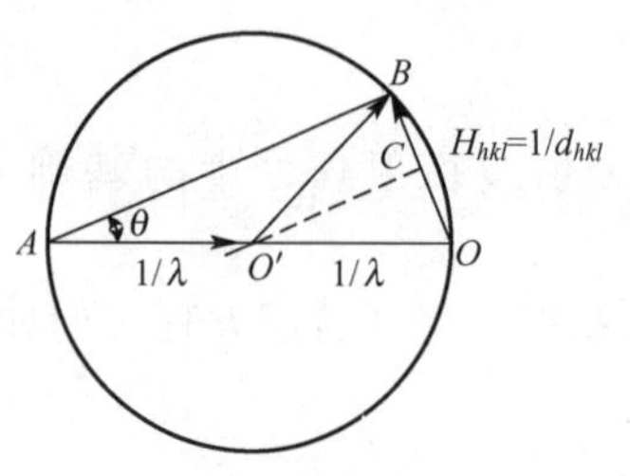

图 3.10 布拉格方程的二维几何示意图

可以将 $1/d_{hkl}$ 即 OB 视为一个倒易矢量 $\boldsymbol{H}_{hkl}$，其倒易点阵的原点在 O 点。任一从 O 点出发的倒易矢量，只要其终点触及圆周，即可发生衍射。在三维空间中，倒易矢量可终止于半径为 $1/\lambda$ 的球面上。也就是说，若 X 射线沿着球的直径入射，则球面上所有倒易点均满足布拉格方程，而球心和倒易点的连线即为衍射方向。因此这个球被逻辑地命名为“反射球”。由于这种表示方法首先由埃瓦尔德提出，故也称为埃瓦尔德球。

显然，埃瓦尔德球作图法实质上就是布拉格方程的几何图形的表示方法。利用这种方法既可以根据晶体结构和反射线的波长及入射方向得到晶体的衍射花样，同样也能根据 X 射线的衍射花样求出各衍射线的衍射角 2θ，也就可以求出晶体结构。

埃瓦尔德作图法，几何图像十分清楚直观，反映了衍射现象的几何原理。但是所得的精确度是不够高的。为了求得精确结果，要利用布拉格方程进行计算。埃瓦尔德作图法在 X 射线衍射实验工作中用得较少，但在有关衍射理论分析，以及在电子衍射实验工作中用得较多。下面运用埃瓦尔德球图解原理对常用的三种 X 射线衍射方法作出分析。因粉末法将在后面作详细讨论，这里只作简单讨论。

3.3.2 应用举例

1. 劳厄法

劳厄法是采用连续 X 射线垂直射不动的单晶体，在垂直于入射线的底片上得到衍射斑点的实验方法。

晶体固定不动，其对应的倒易点阵也是固定的，即入射线与晶体各晶面族的夹角 θ 不变。由于 X 射线波长在 λ_0 和 λ_{max} 之间连续变化，虽然，反射球的球心各不相同，但反射球的半径也从 $1/\lambda_{max}$ 连续变化到 $1/\lambda_0$（图 3.11）。所以，凡是落在这两个球面间的倒易点都满足衍射条件，它们将与对应某一波长的反射球面相交而获得衍射。

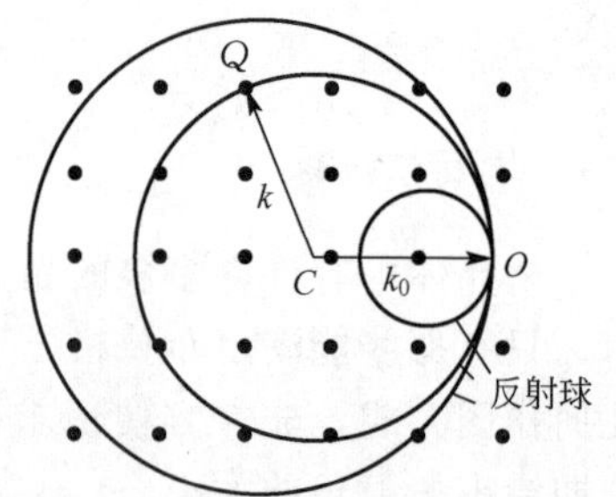

图 3.11 劳厄法的埃瓦尔德图

劳厄法主要用于测定晶体的取向；研究晶体的对称性和相邻近晶粒间的取向关系。此外，对于晶体中由于生长和受外力作用而产生缺陷等的情况，也可用劳厄法加以观察。

2. 周转晶体法

周转晶体法采用单色 X 射线照射转动的单晶体，采用圆筒形底片包围处于圆桶轴线位置的晶体来记录，所得的衍射花样为层线，图 3.12 是实验原理示意图。

将单晶体的某根晶轴或某个重要晶向垂直于单色 X 射线束，摄照时，晶体围绕着选定的晶轴旋转，并使入射波的波长 λ 固定不变(即反射球不变)，而靠旋转单晶体，以连续改变各晶面族的 θ 角，从而满足衍射条件。即相当于倒易点阵也绕选定的轴旋转，以此来使倒易阵点落到反射球上。凡是能与反射球面相交的倒易阵点，代表了能参与反射的晶面。

周转晶体法主要用来确定对称性较小的晶体(如斜方、单斜等晶系的晶体)的晶胞尺度。

3. 粉末法

粉末法是将单色X射线入射到粉末状的多晶体试样上的一种衍射方法。多晶体是由许多取向完全按无规则排列的单晶原粒所组成，即相当于一个单晶体绕所有可能取向的轴转动。或者说，其对应的倒易点阵对入射X射线呈一切可能的取向，其中倒易矢量等长的倒易点(相当于晶面间距相同的晶面)将落在同一个以倒易原点为心的球面上，这个球称为倒易球。一系列的倒易球与反射球相交，其交线是一系列的小圆。其衍射线束分布在以入射线方向为轴，且通过上述交线圆的圆锥面上，如图3.13所示。

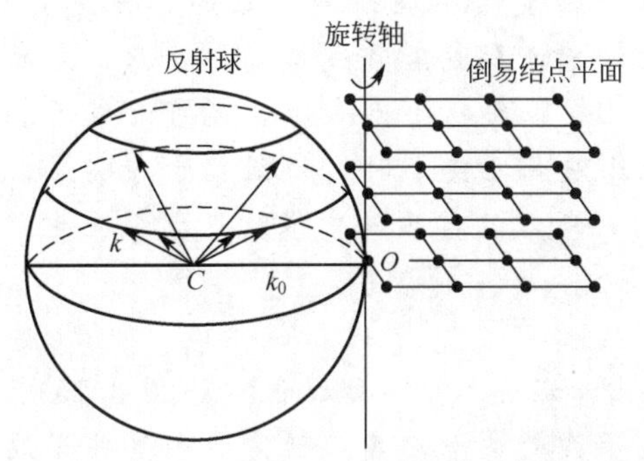

图3.12 周转晶体法的埃瓦尔德图

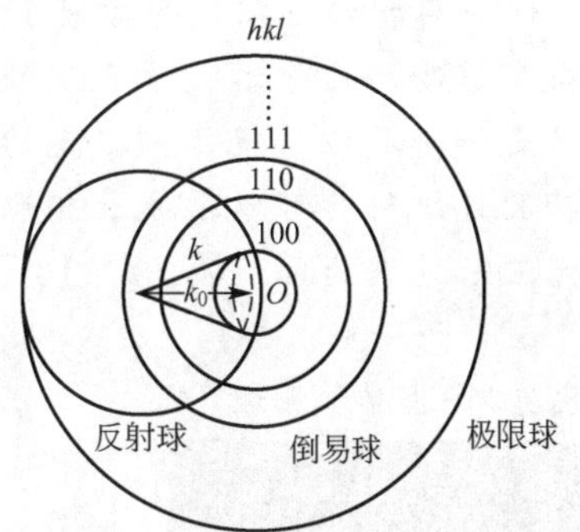

图3.13 粉末法的埃瓦尔德图

粉末法主要用来测定晶体结构、进行物相分析(定性、定量)、精确测定点阵参数，以及应力、晶粒度测量等。

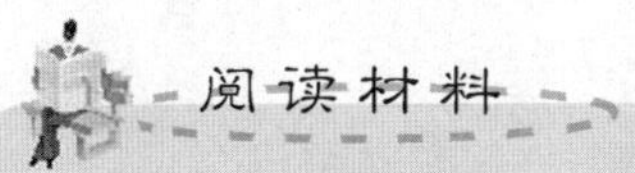

光的衍射

衍射(Diffraction)又称为绕射，波遇到障碍物或小孔后通过散射继续传播的现象。衍射现象是波的特有现象，一切波都会发生衍射现象。衍射图样如图3.14所示。如果采用单色平行光，则衍射后将产生干涉结果。相干波在空间某处相遇后，因位相不同，相互之间产生干涉作用，引起相互加强或减弱的物理现象。衍射的结果是产生明暗相间的衍射花纹，代表着衍射方向(角度)和强度。根据衍射花纹可以反过来推测光源和光栅的情况。为了使光能产生明显的偏向，必须使“光栅间隔”具有与光的波长相同的数量级。用于可见光谱的光栅每毫米要刻有约500条线。

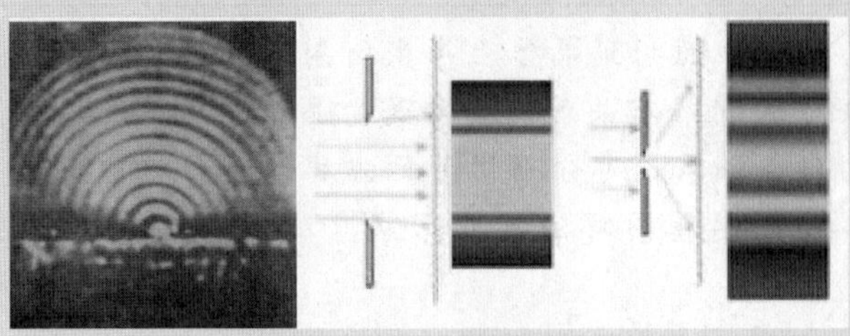

图3.14 衍射图样

1913年，劳厄想到，如果晶体中的原子排列是有规则的，那么晶体可以当做是X射线的三维衍射光栅。X射线波长的数量级是10^{-8}cm，这与固体中的原子间距大致相同。试验取得了成功，这就是最早的X射线衍射。显然，在X射线一定的情况下，根据衍射的花样可以分析晶体的性质。但为此必须事先建立X射线衍射的方向和强度与晶体结构之间的对应关系。

产生衍射的条件是，由于光的波长很短，只有十分之几微米，通常物体都比它大得多，但是当光射向一个针孔、一条狭缝、一根细丝时，可以清楚地看到光的衍射。用单色光照射时效果好一些，如果用复色光，则看到的衍射图案是彩色的。

任何障碍物都可以使光发生衍射现象，但发生明显衍射现象的条件是“苛刻”的。当障碍物的尺寸远大于光波的波长时，光可看成沿直线传播。注意，光的直线传播只是一种近似的规律，当光的波长比孔或障碍物小得多时，光可看成沿直线传播；在孔或障碍物可以跟波长相比，甚至比波长还要小时，衍射就十分明显。由于可见光波长范围为$(4\sim7.7)\times10^{-7}$m之间，所以日常生活中很少见到明显的光的衍射现象。

惠更斯-菲涅尔原理

图3.15　衍射斑点

惠更斯提出，媒质上波阵面上的各点(图3.15)，都可以看成是发射子波的波源，其后任意时刻这些子波的包迹，就是该时刻新的波阵面。惠更斯-菲涅尔原理能定性地描述衍射现象中光的传播问题。菲涅尔充实了惠更斯原理，他提出波面上每个面源都可视为子波的波源，在空间某点P的振动是所有这些子波在该点产生的相干振动的叠加，称为惠更斯-菲涅尔原理。

衍射的种类：

(1) 菲涅尔衍射：光源和观察点距障碍物为有限远的衍射称为菲涅尔衍射。

(2) 夫琅和费衍射：光源和观察点距障碍物为无限远，即平行光的衍射为夫琅和费衍射。其包括单缝衍射、圆孔衍射、圆板衍射及泊松亮斑。

小　　结

本章主要研究X射线照射到晶体上产生衍射的问题。X射线照射到晶体上产生的衍射花样，除与X射线有关外，主要是受晶体结构的影响。晶体结构与衍射花样之间有一定的内在联系，可分别用劳厄方程、布拉格方程和衍射矢量方程描述衍射束的方向。埃瓦尔德图解法可以形象直观地解释X射线在晶体中的衍射现象。

关键术语

衍射方向　劳厄方程　布拉格方程　衍射矢量方程　埃瓦尔德球

1. 当X射线在原子列中衍射时，相邻原子散射线在某个方向上的波程差不为波长的整数倍，则该方向必然不存在衍射线，这是为什么？

2. 当波长为λ的X射线照射到晶体并出现衍射线时，相邻两个(hkl)反射线的波程差是多少？相邻两个(HKL)反射线的波程差又是多少？

3. 铝为面心立方点阵，$a=0.4049$nm。用CrK_α($\lambda=0.2029$nm)摄照周转晶体相，X射线垂直于[001]。试用埃瓦尔德图解法原理判断下列晶面有无可能参加衍射：(111)，(200)，(220)，(311)，(222)，(400)，(331)，(420)。

4. 用埃瓦尔德图解法证明布拉格定律。

第4章 X射线的衍射强度

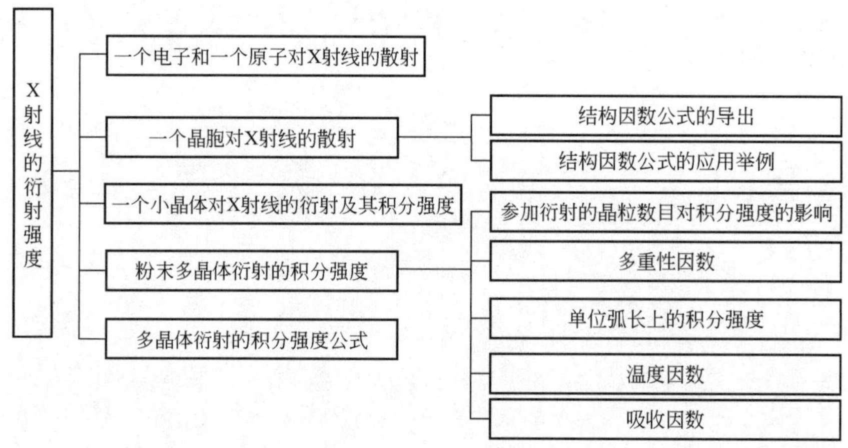

教学目标与要求

- 了解电子和原子对X射线衍射强度的影响
- 掌握结构因数公式，以及用结构因数分析X射线在不同结构的晶体中的衍射强度的方法
- 了解影响多晶体衍射强度的因素
- 掌握多晶体衍射的积分强度的计算

导入案例

很多年过去了，劳厄以及布拉格父子的发现已经如同伽利略那台望向星空的望远镜一样深深改变了人类科学进展以及人类对自身、对自然的认识，其在物理、化学、生物等领域都产生了重大的影响。如果详细论述X射线衍射分析对20世纪科学的影响，恐怕需要一本大部头的专著，下面仅举几个例子来说明X射线衍射分析的贡献。

1927年，小布拉格成功地测定了NaCl的晶体结构，他发现在一个面心立方晶格中，金属离子占据一套面心立方位置，卤素离子占据另一套面心立方位置，两套离子穿插在一起，每个金属离子与六个卤素离子等距；反之，每个卤素离子与六个金属离子等距。这说明在NaCl中并不存在NaCl分子，氯元素和钠元素是以离子的形式结合在一起的。这直接动摇了当时占统治地位的分子化学的基础，使人们第一次认识到离子晶体的存在。随着100多年来不断有分子结构被解析出，使化学的研究进入到了原子—分子水平，产生了结构化学。

1953年，美国科学家Watson和英国科学家Crick在卡文迪什实验室看到了Franklin关于DNA晶体的X射线衍射照片。随后，在Crick的帮助下Watson利用其衍射分析基础敏锐地判断出了DNA双螺旋的结构。DNA双螺旋结构的解析，开启了分子生物学时代，使遗传的研究深入到分子层面，“生命之谜”被打开，人们清楚地了解到遗传信息的构成和传递的途径。在之后的近50年里，分子遗传学、分子免疫学、分子生物学等新学科如雨后春笋般出现，一个又一个生命的奥秘从分子角度得到了更清晰的阐明。

1982年，Daniel Shechtman在美国霍普金斯大学工作时发现了准晶体，这种新的结构因为缺少空间周期性而不是晶体，但又不像非晶体。准晶体展现了完美的长程有序，这个事实给晶体学界带来了巨大的冲击，它对长程有序与周期性等价的基本概念提出了挑战。尽管有关准晶体的组成与结构规律尚未完全阐明，它的发现在理论上已对经典晶体学产生很大冲击，以致国际晶体学联合会把晶体定义为衍射图谱呈现明确图案的固体来代替原先的微观空间呈现周期性结构的定义。在实际中，准晶体已被开发为有用的材料。例如，人们发现组成为铝—铜—铁—铬的准晶体具有低摩擦系数、高硬度、低表面能以及低传热性，正被开发为炒菜锅的十分耐磨的镀层$Al_{65}Cu_{23}Fe_{12}$。

第3章讨论的劳厄方程、布拉格方程和埃瓦尔德图解，只能解决X射线的衍射方向的问题，并在波长一定的情况下可以求得晶面间距。但是在X射线衍射分析中，经常会涉及衍射强度的问题。例如，在进行物相定量分析、固溶体有序度测定、内应力以及织构测定时，都必须进行衍射强度的准确测定。

X射线衍射强度在照相底片上反映为黑度，而在衍射仪上反映的是衍射峰的高低(或积分强度——衍射峰轮廓所包围的面积)，也可以严格地定义为单位时间通过与衍射方向相垂直的单位面积上的X射线光量子数目。由于对光量子数目的绝对值测量既困难又没有实际意义，故我们所说的衍射强度通常是指在同一衍射图中各衍射强度(积分强度或峰高)的相对比值即相对强度。

影响衍射强度的因素有多种，本章主要分析这些影响因素的来源和对衍射强度的影响规律。因此将从一个电子到一个原子，再到一个晶胞讨论衍射强度，最后总结归纳出粉末多晶体的衍射强度及影响因素。

4.1 一个电子和一个原子对X射线的散射

4.1.1 一个电子对X射线的散射

假设一束偏振X射线的路径上有一电子e，在X射线的电场的作用下，这个电子有可能会绕其平衡位置产生受迫振动，并作为新的波源向四周辐射出与入射线频率相同并具有确定周相关系的电磁波，也就是说X射线在电子上产生了波长不变的相干散射。

被电子散射的X射线强度I的大小与入射束的强度I_0和散射的角度θ有关。一个电荷为e、质量为m的自由电子，在强度为I_0且偏振化了的X射线(电场矢量始终在一个方向振动)作用下，在距离电子为R处的强度可表示为

$$I_e = I_0\left(\frac{e^2}{4\pi\varepsilon_0 mRc^2}\right)\sin2\theta \tag{4-1}$$

式中 I_0——入射X射线强度；

e——电子电荷；

m——电子质量；

c——光速；

ε_0——真空介电常数；

θ——散射方向与入射X线电场矢量振动方向间的夹角；

R——电场中任一点P到发生散射的电子的距离。

式(4-1)说明，电子在P点的散射强度与X射线的入射强度和角度θ有关。由于从X射线管中发出的X射线是非偏振的，所以入射线的电场强度振幅E的方向是随时改变的，而且角也会相应改变。为使问题简化，如图4.1所示，让OP位于XOZ平面内，因电磁波的电场强度矢量垂直于传播方向，故E位于YOZ平面内，现将E_0分解成沿Y轴的分量E_Y和沿Z轴的分量E_Z。因E在各方向出现的概率是相等的，故$E_Y = E_Z$。显然：

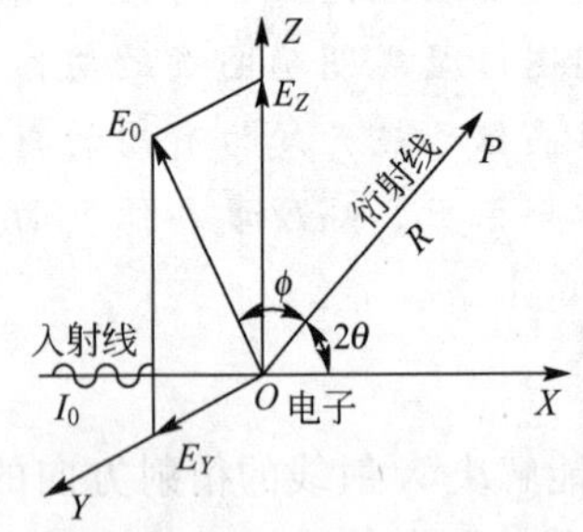

图4.1 一个电子的散射

$$E^2 = E_Y^2 + E_Z^2 = 2E_Y^2 = 2E_Z^2$$

因X射线散射强度I与振幅E的平方成正比，所以有

$$I_0 = I_{0Y} + I_{0Z} = 2I_{0Y} = 2I_{0Z}$$

或者

$$I_{0Y} = I_{0Z} = \frac{1}{2}I_0 \tag{4-2}$$

假设入射X射线方向OX与散射线方向OP的夹角为2θ，E_Z与OP的夹角为$90°-2\theta$，因此，在E_Z作用下，电子在P点的散射波强度I_{PZ}为

$$I_{PZ}=I_{0Z}\left(\frac{e^2}{4\pi\varepsilon_0 Rmc^2}\right)^2\sin^2\left(\frac{\pi}{2}-2\theta\right)=\frac{I_0}{2}\left(\frac{e^2}{4\pi\varepsilon_0 Rmc^2}\right)\cos^2 2\theta \tag{4-3}$$

E_Y与OP的夹角为90°，因此，在E_Z作用下，电子在P点的散射波强度I_{PY}为

$$I_{PY}=I_{0Y}\left(\frac{e^2}{4\pi\varepsilon_0 Rmc^2}\right)^2\sin^2\frac{\pi}{2}=\frac{I_0}{2}\left(\frac{e^2}{4\pi\varepsilon_0 Rmc^2}\right) \tag{4-4}$$

所以在入射线的作用下，电子在P点处的散射强度I为

$$I=I_{PY}+I_{PZ}=I_0\left(\frac{e^2}{4\pi\varepsilon_0 Rmc^2}\right)^2\frac{1+\cos^2 2\theta}{2} \tag{4-5}$$

式(4-5)称为汤姆孙(Thomson)公式，它说明电子散射强度随2θ而变，$\frac{1+\cos^2 2\theta}{2}$项称为偏振因数或极化因数，它表明电子散射非偏振化X射线的经典散射波的强度在空间的分布是有方向性的。

若将式(4-5)中有关物理常数按SI单位代入，则$I_e=3.97\times10^{-30}m^2 I_0\cdot\frac{1+\cos^2 2\theta}{R^2}$，可见，一个电子对X射线的散射本领是很小的，在实验中观察到的衍射线，是大量的电子散射波干涉叠加的结果，相对于入射的X射线强度，电子的散射强度仍然是很弱的。

4.1.2 一个原子对X射线的散射

原子是由原子核及核外电子组成的。当一束X射线与一个电子相碰时，原子的所有电子将产生受迫振动而辐射电磁波，由于原子核中一个质子的质量是一个电子质量的1840倍，因此一个原子的散射强度也只有一个电子散射强度的$\frac{1}{1840^2}$。因此，在计算原子的散射时，可以忽略原子核对X射线的散射，而只考虑核外电子的散射X射线的结果。如果入射X射线的波长比原子的直径大得多，则原子序数为Z的原子周围的Z个电子可以看成集中在一点，它们的总质量为Zm，总电量为Ze，它们产生的散射X射线是同相的，因此，该原子散射X射线也是同相的，故这个原子散射X射线的强度I_a为一个电子散射强度的Z^2倍，即$I_a=Z^2I_e$。但是如果用于衍射分析的X射线波长与原子尺度为同一数量级，而且实际原子中的电子是按电子云状态分布在核外空间的，那么不同位置电子散射波间存在周相差，如图4.2所示，并且这个周相差是不可忽略的。

由于在不同的散射方向上不可能产生波长的整数倍的位相差，这就导致了电子波合成要有所损耗，即原子散射波强度$I_a\leqslant Z^2I_e$。为评价原子对X射线的散射本领，引入系数f，称系数f为原子散射因子(atomic scattering factor)，它是考虑了各个电子散射波的位相差之后原子中所有电子散射波合成的结

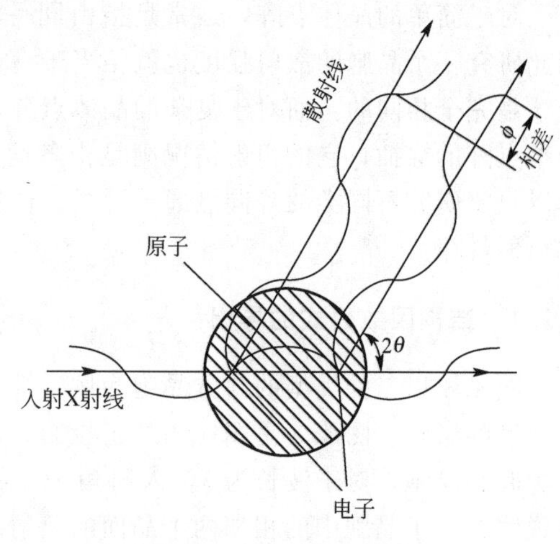

图4.2 一个原子的散射

果；表示在某个方向上原子的散射波振幅与一个电子散射波振幅的比值，即

$$f=\frac{A_a}{A_e}=\left(\frac{I_a}{I_e}\right)^{\frac{1}{2}} \tag{4-6}$$

式中　A_a——一个原子相干散射波的振幅；

A_e——一个电子相干散射波的振幅。

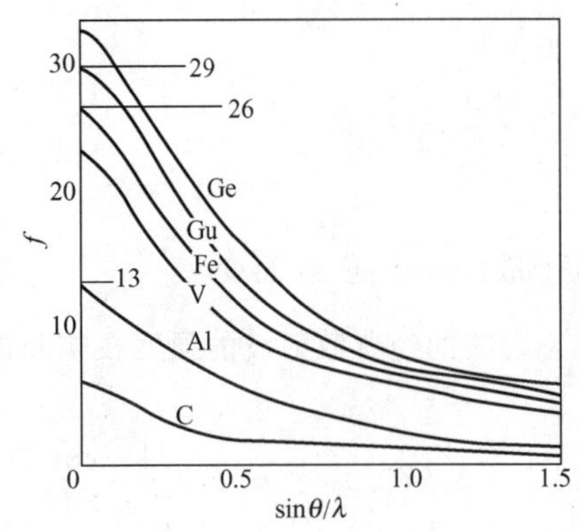

图 4.3　原子散射因数曲线

散射因子 f 也可理解为是以一个电子散射波振幅为单位度量的一个原子的散射波振幅，反映了一个原子将 X 射线向某个方向散射时的散射效率，其大小与 $\sin\theta$ 和 λ 有关。随着 θ 角增大，在这个方向上的电子散射波间周相差加大，f 减小；当 θ 角固定时，波长越短，周相差越大，f 越小。f 将随 $\sin\theta/\lambda$ 增大而减小。图 4.3 为 $f-\frac{\sin\theta}{\lambda}$ 曲线，由图可见，只有在 $\frac{\sin\theta}{\lambda}=0$ 处，即沿着入射线方向时，$f=Z$，在其他的散射方向，总是 $f<Z$。使用时可查表，见附录 3。

上述讨论是在假定电子处于无束缚、无阻尼的自由电子状态。实际原子中，电子受原子核束缚力越弱的电子所占的比例越多，非相干散射和相干散射的强度比值越大，故原子序数越小，非相干散射越强，所以在实验中很难得到含有碳、氢、氧等轻元素有机化合物的满意的衍射花样。但在一般条件下，这个作用可以忽略不计，实验表明，只有在入射 X 射线的波长接近于被研究物质的吸收限 λ_K 时，才会产生不可忽略的反常散射效应。

4.2　一个晶胞对 X 射线的散射

对于简单的晶体点阵，通常是指由同一种类的原子组成的，且每个晶胞有一个原子，因此研究一个晶胞的散射强度也就相当于一个原子的散射强度，即各简单点阵的衍射方向应该是完全相同的。而对于复杂的晶体点阵，则可以假设是由几类等同点分别构成的几个简单点阵的穿插，它的衍射情况则是由各简单点阵相同方向的衍射线相互干涉而决定的。所以只要研究不同类的等同点原子种类、位置对衍射强度的影响，就能得到复杂结构晶体的衍射规律。

4.2.1　结构因数公式的导出

图 4.4 以三种类型的斜方晶胞为例定性地说明晶胞中原子的种类和位置对 X 射线衍射束强度的影响。图 4.5 是图 4.4 的正投影，用它讨论对(001)晶面的反射。设图 4.5(a)所示为底心晶胞，对于波长为 λ，入射角为 θ 的 X 射线因刚好满足布拉格定律而发生衍射，这说明在这个晶胞中的相邻两个晶面的反射线的程差为一个波长，因此在 1′方向能观察到衍射线。同理在图 4.5(b)的体心立方晶胞中，光束 11′和 22′也是同相的，波程差也同样

是一个波长，如果无其他原子的影响，在 $1'$方向也应该能观察到反射线。但是，由于晶胞内存在体心原子，并且过体心有一个与晶胞上下原子面平行并等间距的原子面，因此光束 $11'$与 $33'$的波程差是半个波长，故 $11'$与 $33'$是完全反相的，这两束反射线会互相抵消，因此在体心点阵中不会有(001)反射出现。这种原子在晶胞中的位置不同而引起的某些方向衍射线消失的现象称为系统消光。在图 4.5(c)中，虽然在体心位置也有一个原子，$11'$与 $33'$也反相，但因两相邻原子面的原子种类不同，故合成波不为 0，即在(001)晶面有衍射存在，只是衍射线的强度比图 4.5(a)的情况要弱。

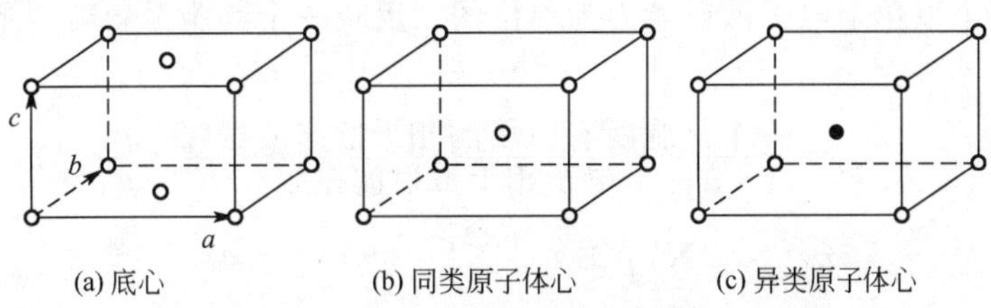

图 4.4 斜方点阵单位晶胞

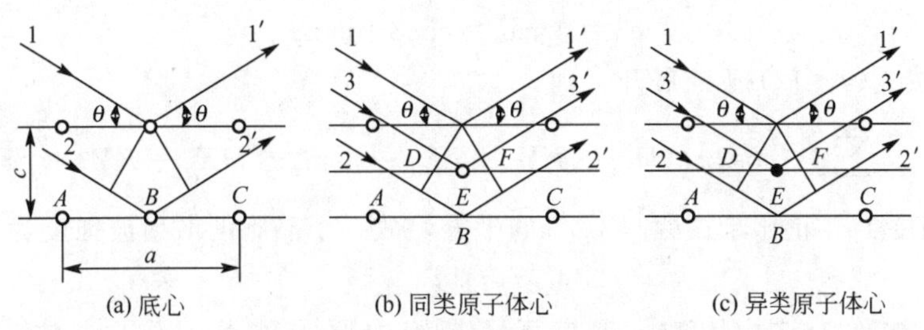

图 4.5 (001)晶面上的衍射

上述例子说明，改变单位晶胞中原子位置，或者原子种类不同，可使某些衍射光束的强度减弱，甚至完全消失，下面就来分析这种复杂结构晶体的衍射规律。设复杂点阵晶胞有 n 个原子，如图 4.6 所示，某一原子位于晶胞顶点 O，同时取其为坐标原点，A 为晶胞中任一原子 j，因此两原子的散射波程差 δ_j 为

$$\delta_j = OB - AC = \vec{r}_j \cdot \vec{S} - \vec{r}_j \cdot \vec{S}_0$$

式中，$\vec{r}_j$ 为 A 原子的位置矢量，且 $\vec{r}_j = X_j\vec{a} + Y_j\vec{b} + Z_j\vec{c}$，此时位相差 ϕ_j 为

$$\phi_j = \frac{2\pi}{\lambda}\delta_j = 2\pi\,\vec{r}_j \cdot \frac{\vec{S} - \vec{S}_0}{\lambda} \quad (4-7)$$

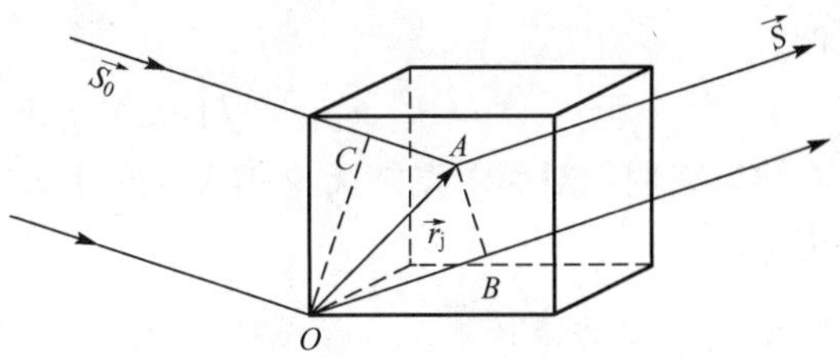

图 4.6 晶胞内任意两原子间的程差

由衍射矢量方程可知，当满足干涉加强条件时，应该有

$$\frac{\vec{S} - \vec{S}_0}{\lambda} = H\vec{a}^* + K\vec{b}^* + L\vec{c}^*$$

故

$$\begin{aligned}\phi_j &= 2\pi(X_j\vec{a} + Y_j\vec{b} + Z_j\vec{c}) \cdot (H\vec{a}^* + K\vec{b}^* + L\vec{c}^*) \\ &= 2\pi(X_jH + Y_jK + Z_jL)\end{aligned} \quad (4-8)$$

显然，只有 ϕ_j 为 2π 的整数倍时，散射波才能干涉加强，因为 HKL 为整数，ϕ_j 是否为 2π 的整数倍，主要是由原子的位置 $X_jY_jZ_j$ 决定的。若晶胞内各原子在所讨论方向上的散射振幅分别为 f_1A_e，f_2A_e，…，f_jA_e，…，f_nA_e，各原子的散射波与入射波的周相差分别为 ϕ_1，ϕ_2，…，ϕ_j，…，ϕ_n，则这些原子散射振幅的合成就是一个晶胞的散射振幅 A_b：

$$A_b = A_e \sum_{j=1}^{n} f_j e^{i\phi_j} \tag{4-9}$$

我们引入一个以单个电子散射能力为单位的、反映一个晶胞散射能力的参量——结构振幅 F_{HKL}，即

$$F_{HKL} = \frac{\text{一个晶胞所有原子的相干散射波振幅}}{\text{一个电子相干散射波振幅}} = \frac{A_b}{A_e}$$

$$F_{HKL} = \sum_{j=1}^{n} f_j e^{i\phi_j} = \sum_{j=1}^{n} f_j e^{i2\pi(HX_j+KY_j+LZ_j)} \tag{4-10}$$

由结构振幅的表达式可以看出，在一般情况下是一个复数，它表达一个晶胞散射波的振幅和位相。由于

$$e^{i\phi} = A + iB = \cos\phi + i\sin\phi \tag{4-11}$$

将式(4-11)按式(4-12)把 $e^{i\phi}$ 展开，则

$$F_{HKL} = \sum_{j=1}^{n} f_j [\cos 2\pi(HX_j + KY_j + LZ_j) + i\sin 2\pi(HX_j + KY_j + LZ_j)] \tag{4-12}$$

因衍射强度 I_{HKL} 正比于振幅 $|F_{HKL}|$ 的平方，故一个晶胞的散射波强度为

$$I_{HKL} = I_e |F_{HKL}|^2 \tag{4-13}$$

$|F_{HKL}|^2$ 被称为结构因数，它表征了晶胞内原子种类、原子个数、原子位置对 (HKL) 晶面衍射方向上的衍射强度的影响。

4.2.2 结构因数公式的应用举例

1. 简单点阵

简单点阵每个晶胞只含一个原子，其坐标为 000，原子散射因数为 f，根据式(4-12)可得

$$F_{HKL} = f[\cos 2\pi(0) + i\sin 2\pi(0)] = f$$

结果表明，对简单点阵无论 HKL 取什么值，$|F_{HKL}|^2$ 都等于 f^2，故所有晶面都能产生衍射。

2. 体心立方点阵

体心立方点阵的每个晶胞中有两个原子，其坐标为 000，$\frac{1}{2}\frac{1}{2}\frac{1}{2}$，原子散射因数为 f，其结构因数为

$$\begin{aligned} F_{hkl} &= f\left[\cos 2\pi(0) + \cos 2\pi\left(\frac{H}{2} + \frac{K}{2} + \frac{L}{2}\right)\right] + f\left[i\sin 2\pi(0) + i\sin 2\pi\left(\frac{H}{2} + \frac{K}{2} + \frac{L}{2}\right)\right] \\ &= f[1 + \cos(H+K+L)\pi] \end{aligned}$$

(1) 当 $H+K+L$ = 偶数时，$|F_{HKL}|^2 = 4f^2$；

(2) 当 $H+K+L$=奇数时，$|F_{HKL}|^2=0$。
即体心立方点阵只能在 $H+K+L$=偶数的晶面上产生衍射。

3. 面心立方点阵

面心立方点阵的每个晶胞含有四个同类原子，其坐标是000，$\frac{1}{2}\frac{1}{2}0$，$\frac{1}{2}0\frac{1}{2}$，$0\frac{1}{2}\frac{1}{2}$，原子散射因数为 f，其结构因数为

$$
\begin{aligned}
F_{HKL} &= f\left[\cos 2\pi(0)+\cos 2\pi\left(\frac{H+K}{2}\right)+\cos 2\pi\left(\frac{H+L}{2}\right)+\cos 2\pi\left(\frac{K+L}{2}\right)\right] \\
&\quad + f\left[i\sin 2\pi(0)+i\sin 2\pi\left(\frac{H+K}{2}\right)+i\sin 2\pi\left(\frac{H+L}{2}\right)+i\sin 2\pi\left(\frac{K+L}{2}\right)\right] \\
&= f\left[1+\cos 2\pi\left(\frac{H+K}{2}\right)+\cos 2\pi\left(\frac{H+L}{2}\right)+\cos 2\pi\left(\frac{K+L}{2}\right)\right]
\end{aligned}
$$

(1) 当 H、K、L 同为奇数或同为偶数时，$|F_{HKL}|^2=16f^2$；

(2) 当 H、K、L 奇偶混杂时，$|F_{HKL}|^2=0$。

即面心立方只能在(111)，(200)，(220)，(311)，(222)，(400)，…这些同奇同偶的晶面上产生衍射。

4. $AuCu_3$ 无序-有序固溶体

很多合金在一定的热处理条件下，可以发生无序→有序转变。例如，$AuCu_3$ 在 395℃左右的临界温度以上就是完全无序的面心立方点阵，在每一个结点上发现 Au 原子和 Cu 原子的概率分别为 0.25 和 0.75，这个平均原子的原子散射因数 $f_{平均}=0.25f_{Au}+0.75f_{Cu}$。在 395℃以下，快冷将保留无序态；若经较长时间保温后缓冷，便是有序态。当处于无序态时，Au 原子占据晶胞顶角位置，Cu 原子则占据面心位置，属面心立方结构，因此遵循面心立方点阵的消光规律，即在衍射只发生在全奇或全偶指数的晶面上。而在处于完全有序态时，Au 原子占据 000 位置，而 Cu 原子占据$\frac{1}{2}\frac{1}{2}0$，$\frac{1}{2}0\frac{1}{2}$和 $0\frac{1}{2}\frac{1}{2}$位置，其结构因数为

$$
F_{HKL}=f_{Au}+f_{Cu}\left[\cos 2\pi\left(\frac{H+K}{2}\right)+\cos 2\pi\left(\frac{H+L}{2}\right)+\cos 2\pi\left(\frac{K+L}{2}\right)\right]
$$

(1) 当 H，K，L 同为奇数或同为偶数时，$|F_{HKL}|^2=(f_{Au}+3f_{Cu})^2$；

(2) 当 H，K，L 奇偶混杂时，$|F_{HKL}|^2=(f_{Au}-f_{Cu})^2$。

计算表明，有序-无序转变伴随着布拉菲点阵的转变，有序固溶体的布拉菲点阵为简单立方点阵，而无序固溶体的布拉菲点阵为面心立方点阵。有序化使无序固溶体因消光而失去的衍射线复又出现，这些线条称之为超点阵线条，它的出现是固溶体有序化的证据。当固溶体处于完全有序状态时，超点阵线条的强度最强，在完全无序的状态下，超点阵线条消失。根据超点阵线条的强度，可以测定合金的长程有序度。

从以上的几种情况分析和具体计算可知，在满足布拉格方程的方向上，若要产生可以记录到的衍射线，还必须同时满足$|F_{HKL}|^2\neq0$，把由于原子在晶胞中的位置不同而引起的某些方向上衍射线的消失称为系统消光。系统消光具有普适性，可适合各种布拉菲点阵。因为在结构因数公式中不含关于晶胞形状和大小的参量，所以也与它们无关。附录 4 列出了几种布拉菲点阵系统消光规律及其相应的结构因数$|F_{HKL}|^2$值。

4.3 一个小晶体对X射线的衍射及其积分强度

实际的多晶体并不如假设的那样是理想而完整的，而是由许许多多取向无规则的亚晶结构组成，即晶粒的大小约 10^{-5}cm 数量级，取向相差数秒至数分。图 4.7 为这种亚晶结构的示意图。

在进行实际晶体的衍射分析时，由于亚晶尺度并非足够大、入射线并非严格单色(具有一个狭小的波长范围)、也不严格平行，所以具有亚晶结构的晶体的衍射强度，除在布拉格角位置出现峰值外，在偏离布拉格角一个小范围内也有一定的衍射强度，衍射强度的曲线如图 4.8 所示。此外，在进行衍射实验时，为了增加衍射发生的概率，往往会令晶体转动，因此，当晶体通过某个(HKL)晶面的布拉格反射位置时，取向合适的晶粒内，微有取向差的各个亚晶块就会在某个范围内有机会参加反射，并且随晶体的转动，各个亚晶的反射晶面将在这个小角度范围由弱到强、再到弱地产生衍射线。因此在布拉格角附近记录到的将是取向合适的晶粒内，各个亚晶块的晶面产生衍射的总能量，即它们的积分强度。图 4.8 所示的衍射峰的面积描绘的正是这一积分强度。

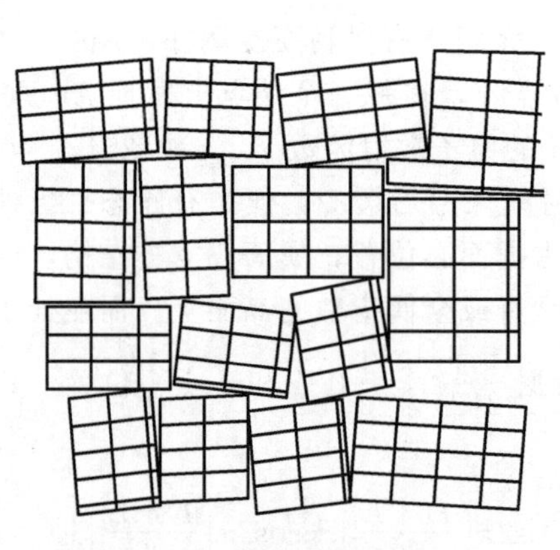

图 4.7 亚晶结构示意图

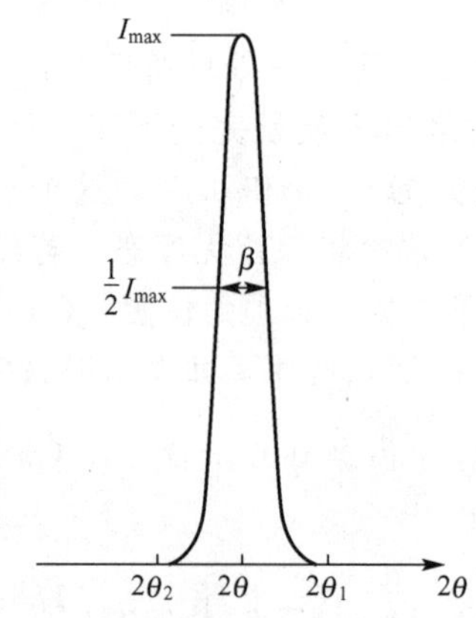

图 4.8 实际晶体的衍射强度曲线

假设忽略晶体对X射线的吸收，即X射线进入上下晶块时的强度是一样的；由于取向差，各亚晶块间的衍射线互不影响，每一个晶块产生的衍射强度共同组成了一个晶粒和衍射强度。在这种情况下，晶粒的积分强度将与晶粒的体积成正比，而衍射峰的宽度，主要反映了在亚晶块的反射晶面上能在布拉格角附近多大角度范围内产生衍射线，这取决于亚晶块三维方向上的尺度以及入射线束的发散度等条件。

4.3.1 沿反射晶面法线方向的亚晶块尺度对衍射强度的影响

假设亚晶块是由正交晶系晶胞堆垛的平行六面体，而且沿基矢 $\boldsymbol{a}$、$\boldsymbol{b}$、$\boldsymbol{c}$ 三个方向上有 $N_1 \times N_2 \times N_3 = N$ 个晶胞。假设 $\boldsymbol{c}$ 是反射晶面的法线方向，且有 N_3 层反射晶面。当X射线沿严格的布拉格角入射时，因在相邻晶面波程差为波长的整数倍，所以在第 0 层，第 1 层……第 N 层产生的衍射线 A'、D'、M' 的衍射强度对应于图 4.9 的 I_{max} 处的强度。当入射X射线与布拉格角θ偏离$\Delta\theta$时，相邻晶面间的反射线的波程差不是波长的整数倍，所以在这些方向上的衍射线没有完全干涉加强，因而形成了如图4.9所示的偏离并低于峰值强度I_{max}的非布拉格角衍射。衍射峰的根部，即衍射强度降为0时所对应的X射线衍射角的范围为$\theta_1 \sim \theta_2$，当X射线以$\Delta\theta$偏离布拉格角θ并分别以θ_1、θ_2方向入射时，恰好使图4.9中的第1层晶面的反射束BB'、CC'和第N_3层晶面的对应的反射束JJ'和KK'之间累加的波程差为$(N_3 \pm 1)\lambda$，这样才能使亚晶块中间晶面相对应的反射束与上下晶面的波程差刚好为$\frac{1}{2}\lambda$，因而可使上半部分晶体和下半部分晶体的各层反射束依次对应相消。若以图4.8中的峰的半高宽度β表示峰的宽度，故可近似地表示β与入射角θ_1、θ_2的关系为

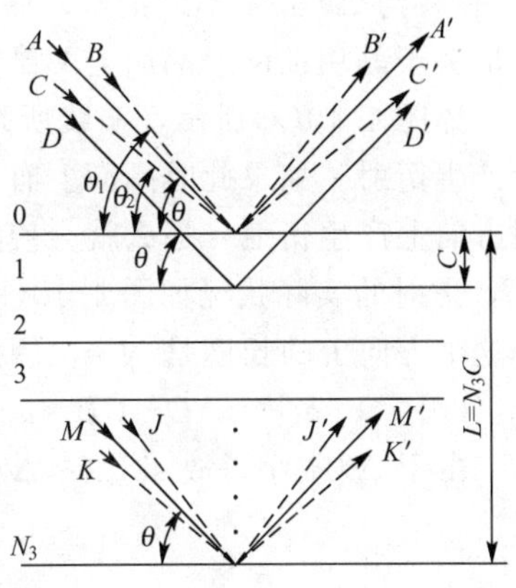

图4.9 晶块大小对衍射强度的影响

$$\beta=\frac{1}{2}(2\theta_1-2\theta_2)=(\theta_1-\theta_2) \tag{4-14}$$

以θ_1角入射产生的累加的波程差为

$$2L\sin\theta_1=(N_3+1)\lambda$$

以θ_2角入射产生的累加的波程差为

$$2L\sin\theta_2=(N_3-1)\lambda$$

两式相减

$$L(\sin\theta_1-\sin\theta_2)=\lambda$$

经过和差化积整理

$$2L\cos\left(\frac{\theta_1+\theta_2}{2}\right)\sin\left(\frac{\theta_1-\theta_2}{2}\right)=\lambda \tag{4-15}$$

由于$\Delta\theta$值很小，可以近似认为

$$\theta_1+\theta_2\approx 2\theta$$

$$\sin\left(\frac{\theta_1-\theta_2}{2}\right)\approx\frac{\theta_1-\theta_2}{2}$$

因而，式(4-15)可以写成

$$2L\left(\frac{\theta_1-\theta_2}{2}\right)\cos\theta=\lambda$$

再将式(4-14)及$L=N_3C$代入，则得

$$\beta=\frac{\lambda}{N_3C\cos\theta}=\frac{\lambda}{L\cos\theta} \tag{4-16}$$

式中 L——亚晶块的厚度；

C——每一个晶胞的厚度。

式(4-16)是有名的谢乐公式，说明衍射线的宽度与晶块在反射法线方向上的尺度成反比，实验中可根据衍射峰的宽度测定晶块的大小。

4.3.2 亚晶块的二维尺度对强度的影响

从上面的分析可知衍射会发生在$\theta+\Delta\theta$范围内，并具有连续的衍射强度。而衍射峰的

I_{max}值将与$\Delta\theta$值大小成正比，而$\Delta\theta$的允许值除了受到晶面法线方向晶块尺度的影响，还要取决于晶块在反射晶面上两维方向上的尺度。

如图 4.10(a)所示，实线所画的是晶体的某晶面，当 X 射线刚好以布拉格角θ入射时，会产生衍射。如果此时晶面上有一个晶块转过一个微小的$\Delta\theta$角以后，若仍能在原来的衍射方向上产生衍射，那么就会使反射晶面与入射线变为$\theta+\Delta\theta$，与衍射线的夹角变为$\theta-\Delta\theta$，衍射的实际状况如图 4.10(b)所示。假设研究的是基矢a方向，原子间距是a，晶块在这个方向上的长度是N_1a。因此相邻的A、B两原子的散射线$1'$、$2'$间的波程差为

$$\delta_{1'2'}=AD-CB=a\cos\theta_2-a\cos\theta_1=a[\cos(\theta-\Delta\theta)-\cos(\theta+\Delta\theta)]$$

由于$\Delta\theta$很小，故$\sin\Delta\theta\approx\Delta\theta$，这样在展开余弦后整理可得

$$\delta_{1'2'}=2a\Delta\theta\sin\theta$$

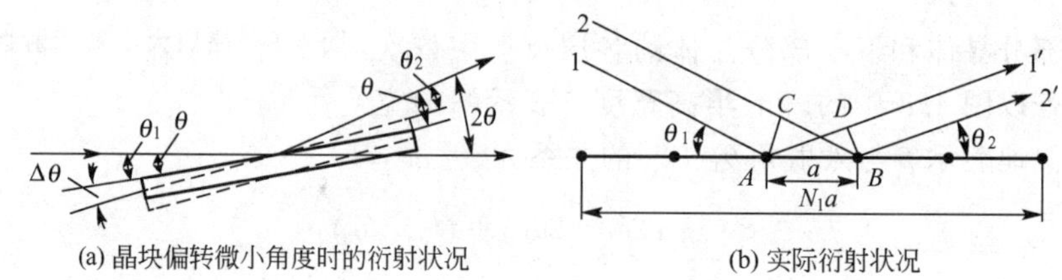

(a) 晶块偏转微小角度时的衍射状况　　(b) 实际衍射状况

图 4.10　晶块的 HKL 晶面通过布拉格位置前后在某个固定方向上的散射

所以沿基矢a方向整个原子列的波程差则为$N_1\delta_{1'2'}$，参考谢乐公式的推导过程，当晶面两端原子散射线的波程差为$(N_1\pm1)\lambda$，所以在a方向上反射线会相消，强度等于零。此时所对应的$\Delta\theta$角是允许的最大值，可由下式求出：

$$2N_1a\Delta\theta\sin\theta=\lambda$$

即

$$\Delta\theta=\frac{\lambda}{2N_1a\sin\theta}$$

同理，晶块若在晶面的b方向上转过一个角度$\Delta\theta$，则

$$\Delta\theta=\frac{\lambda}{2N_2b\sin\theta}$$

因此，可以推导出在整个晶块尺寸对衍射峰的空间强度最大值I_{max}的影响与$\frac{\lambda^2}{N_1a\cdot N_2b\cdot\sin\theta}\cdot\frac{\lambda}{N_3c\cdot\cos\theta}$成正比。因为亚晶块的体积$V_c=N_1a\cdot N_2b\cdot N_3c$，所以亚晶块的积分强度应正比于$\frac{\lambda^3}{V_c}\cdot\frac{1}{\sin2\theta}$。

假设亚晶块的体积为V_c，亚晶块中有N个晶胞，$N=\frac{V_c}{V_{胞}}$($V_{胞}$为晶胞体积)，则亚晶块的衍射强度为$I_e\left(\frac{V_c}{V_{胞}}\right)^2|F_{HKL}|^2$。如果考虑实际晶体结构及入射线束并不严格平行单色的条件，小晶体的积分强度应在此基础上乘以$\frac{\lambda^3}{V_c}\cdot\frac{1}{\sin2\theta}$这一影响因子。另外，当整个晶粒都浸没在入射 X 射线中时，即一个晶粒中又含有多个独立的亚晶块时，则把小晶块的体积V_c换成晶粒的体积ΔV，故一个晶粒的衍射强度为

$$I_{晶粒}=I_c\frac{\Delta V}{V_{胞}^2}\cdot\frac{\lambda^3}{\sin2\theta}\cdot|F_{HKL}|^2 \tag{4-17}$$

4.4 粉末多晶体衍射的积分强度

在研究一个小晶体积分强度的基础上，现在进一步讨论粉末法衍射线的积分强度。粉末法衍射线的强度与偏振因数、结构因数、洛伦兹因数、多重性因数、吸收因数和温度因数有关，其中偏振因数和结构因数已经讨论。洛伦兹因数为三角函数，在讨论小晶体的积分强度时，已引入它的一部分，即$\frac{1}{\sin 2\theta}$，在下面讨论单位弧长上的强度还将引入另一部分，即$\frac{\cos\theta}{\sin 2\theta}$。

4.4.1 参加衍射的晶粒数目对积分强度的影响

由于多晶试样内各晶粒取向不定，各晶粒中具有相同晶面指数的(HKL)的晶面的倒易矢量端点的集合，将布满一个倒易球面。不同的晶面指数其倒易矢量的大小是不同的，因而构成了直径不同的倒易球，这一系列直径不同的球与反射球相交，就形成了以入射线为公共轴线，以反射球心为公共顶点的衍射圆锥，它们都是从倒易球心指向这些交线圆的方向，形成满足布拉格条件的反射晶面的法线圆锥。

如前所述，实际发生衍射时，除了与入射线呈严格的布拉格角的晶面外，如果略偏离一个小角度$\Delta\theta$的晶面也可以参加衍射。因此实际参加衍射的晶面的法线圆锥是在倒易球面上具有一定宽度的环带。只要晶面法线指向这个环带的晶粒都能参加衍射，而晶面法线指向环带外面的晶粒则不能参加衍射。因此粉末晶体中参加衍射的晶粒数的百分比可用圆环面积与倒易球的表面积之比。因此参加衍射晶粒百分数为

$$\frac{2\pi r^* \sin(90°-\theta) r^* \Delta\theta}{4\pi r(r^*)^2}=\frac{\cos\theta}{2}\Delta\theta \tag{4-18}$$

式中 r^*——倒易球半径。

4.4.2 多重性因数

在晶体中有许多等同晶面，它们的晶面指数类似，晶面间距相等，晶面上原子排列相同。由布拉格方程知它们具有相同的2θ，其衍射线构成同一衍射圆锥的母线。通常将同一晶面族中等同晶面的组数p称为衍射强度的多重性因数。当其他条件完全相同的情况下，多重性因数越大，则参与衍射的晶粒数越多，即每一晶粒参与衍射的概率越多。如立方晶系的(100)，(010)，(001)，($\bar{1}$00)，(0$\bar{1}$0)，(00$\bar{1}$)属于{100}等同晶面族，这组等同晶面的个数为6。各晶系、各晶面族的多重性因数列于附录5。

式(4-17)已给出的一个晶粒的积分强度，考虑多重性因素，再乘以多晶试样实际参加衍射晶粒数，即可得到整个衍射环的积分强度公式

$$\begin{aligned} I_{环} &= I_e \frac{1}{\sin 2\theta}\cdot\frac{\lambda^3}{V_{胞}^2}|F_{HKL}|^2 VP\,\frac{\cos\theta}{2} \\ &= I_e\frac{\lambda^3}{V_{胞}^2}\cdot\frac{1}{4\sin\theta}|F_{HKL}|^2 VP \end{aligned} \tag{4-19}$$

4.4.3 单位弧长上的积分强度

在多晶衍射分析中，数量极大、取向任意的晶粒中晶面指数相同的晶面的衍射线构成一个衍射圆锥。在实际测量时，并不测量整个衍射圆环的总积分强度，而是测定单位弧长上的积分强度。由图 4.11 可以看出，若衍射圆环至试样距离为 R，则衍射圆环的半径为 $R\sin 2\theta$，周长为 $2\pi R\sin 2\theta$，因此单位弧长的积分强度应为 $I_{单位}=\dfrac{I_{单位}}{2\pi R\sin 2\theta}$。将一个电子的散射强度 I_e 的表达式(4-5)代入，则得

$$I=I_0\frac{\lambda^3}{32\pi R}\left(\frac{e^2}{4\pi\varepsilon_0 mc^2}\right)^2\frac{V}{V_{胞}^2}P|F_{HKL}|^2\frac{1+\cos^2 2\theta}{\sin^2\theta\cos\theta} \tag{4-20}$$

式(4-20)中的 $\dfrac{1+\cos^2 2\theta}{\sin^2\theta\cos\theta}$ 被称为角因数。它由两部分组成：$\dfrac{1+\cos^2 2\theta}{2}$ 是研究电子散射强度时引入的偏振因数；而 $\dfrac{1}{\sin^2\theta\cos\theta}$ 是晶块尺寸、参加衍射晶粒个数对强度的影响以及计算单位弧长上的积分强度时引入的三个与 θ 角有关的参数，把这些因数归并在一起称为洛伦兹因数，即

$$洛伦兹因数=\frac{1}{\sin 2\theta}\cdot\cos\theta\cdot\frac{1}{\sin 2\theta}=\frac{1}{4\sin^2\theta\cos\theta}$$

角因数也称洛伦兹-偏振因数，它随 θ 角变化的曲线示于图 4.12，具体值见附录 6。

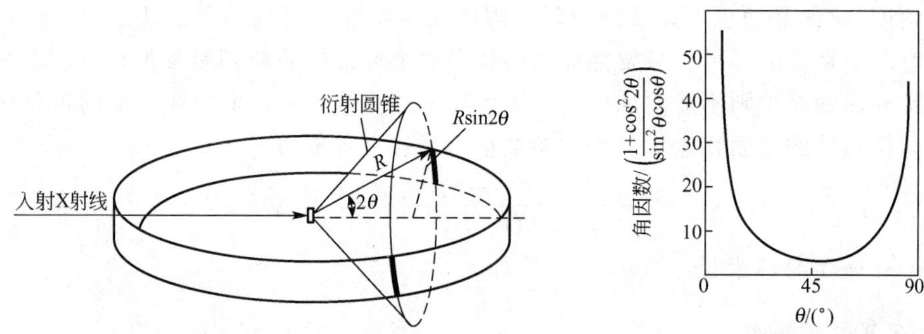

图 4.11　粉末照相法圆柱窄条底片与衍射圆锥的交截花样

图 4.12　角因数与 θ 角关系

4.4.4 温度因数

晶体中的原子(或离子)只要不是在绝对零度都始终会围绕其平衡位置振动，其振动的幅度，随温度升高而加大。由于这个振幅与原子间距相比不可忽略的，所以原子的热振动使晶体点阵原子排列的周期性受到破坏，这使原来严格满足布拉格条件的相干散射产生附加的周相差，从而使衍射强度减弱。

例如，在室温下，铝原子偏离平衡位置可达 0.017nm，这一数值相当于原子间距的 6%。为了能更准确地表达衍射强度的大小，就要考虑实验温度给衍射强度的影响，并在积分强度公式中乘以温度因数 e^{-2M}。温度因数是由德拜提出后经瓦洛校正，故称德拜因数或德拜-瓦洛因数，其物理意义是，一个在温度 T 下热振动的原子的散射因数(散射振幅)等于该原子在绝对零度下原子散射因数的 e^{-M} 倍。由固体物理理论导出

$$M=\frac{6h^2}{m_a k\Theta}\cdot\left[\frac{\phi(\chi)}{\chi}+\frac{1}{4}\right]\cdot\frac{\sin^2\theta}{\lambda^2} \tag{4-21}$$

式中 h——普朗克常数；

m_a——原子的质量；

k——玻耳兹曼常数；

Θ——以热力学温度表示的晶体的特征温度平均值；

χ——特征温度与实验时试样的热力学温度之比，即 $\chi=\frac{\Theta}{T}$；

$\phi(\chi)$——德函数，$\left[\frac{\phi(\chi)}{\chi}+\frac{1}{4}\right]$；

θ——半衍射角；

λ——X射线波长。

由式(4-21)可以看出，当反射晶面的面间距越小或衍射级数 n 越大时，温度因数的影响也越大，即是说，在一定温度下当掠射角 θ 越大时，由于热振动使衍射强度的降低也越大。

4.4.5 吸收因数

前面讨论的衍射强度公式中，没有考虑到试样本身对X射线的吸收。实际由于试样的形状、密度不同，造成衍射线在试样中穿行路径的差异和衰减程度不同，使衍射强度的实测值与计算值不符，为了减小吸收所带来的影响，需要在强度公式中乘以吸收因数 $A(\theta)$。

图4.13表示X射线穿过吸收系数大的圆柱状试样时，入射线和衍射线被吸收的情况。若试样的半径 r 和线吸收系数 μ_1 较大时，则入射线透过试样的大部分被吸收；只有表面有阴影的那一小部分参与衍射，同时衍射线也经过比较强烈的吸收。因透射衍射线束在试样中经过的路程长，故强度衰减很厉害，而背射衍射线束在试样中经过的路程短，强度衰减也比较小。由此可见，当试样 μ 和 r 一定时，如其他因数相等，则 θ 角越大，吸收越少，衍射线条的强度越大，$A(\theta)$越大。

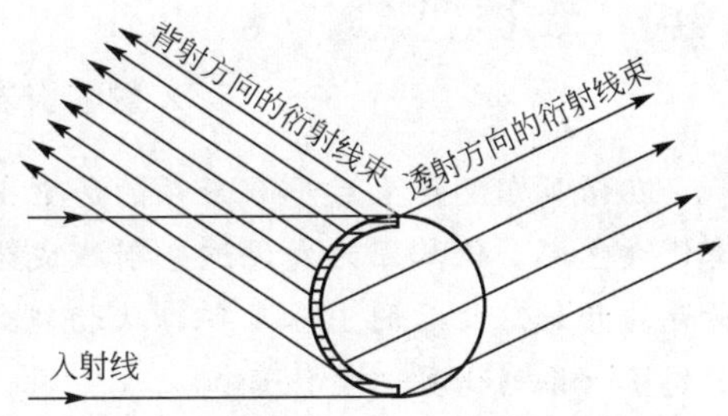

图4.13 圆柱试样对X射线吸收情况

使用平板试样做衍射实验，通常是使入射线与衍射线位于平板试样同一侧，且与板面呈相等的夹角，称为对称布拉格配置(衍射仪的几何关系就大多如此)。此时吸收因数 $A(\theta)=\frac{1}{2\mu_1}$。

4.5 多晶体衍射的积分强度公式

综合前面各节所述，将多晶体衍射的积分强度公式总结如下：

若以波长为 λ、强度为 I_0 的X射线，照射到单位晶胞体积为 $V_{胞}$ 的多晶(粉末)试样上，被照射晶体的体积为 V，在与入射线方向夹角为 2θ 方向上产生了指数为(HKL)晶面

衍射，则在距试样为 R 处记录到的单位长度上衍射线的积分强度公式为

$$I=I_0\frac{\lambda^3}{32\pi R}\left(\frac{e^2}{mc^2}\right)\frac{V}{V_{胞}^2}P\,|F_{HKL}|^2\frac{1+\cos^2 2\theta}{\sin^2\theta\cos\theta}A(\theta)e^{-2M} \tag{4-22}$$

式中　P——多重性因数；

$|F_{HKL}|^2$——结构因数(包括原子散射因数)；

$\frac{1+\cos^2 2\theta}{\sin^2\theta\cos\theta}$——角因数(包含偏振因数及洛伦兹因数)；

$A(\theta)$——吸收因数；

e^{-2M}——温度因数。

式(4-22)表述了各种因素对入射束强度在透过试样时的影响，是绝对积分强度。在实际晶体分析时无需测量 I_0 值，通常只需考虑强度的相对值。对同一衍射花样中的同一物相的各衍射线相互比较时，可以看出 $I_0\frac{\lambda^3}{32\pi R}\left(\frac{e^2}{mc^2}\right)\frac{V}{V_{胞}^2}$是相同的，所以它们的相对积分强度为

$$I_{相对}=P\,|F_{HKL}|^2\frac{1+\cos^2 2\theta}{\sin^2\theta\cos\theta}A(\theta)e^{-2M} \tag{4-23}$$

如果比较的是同一衍射花样中不同物相的衍射线，则还要考虑各物相的被照射体积和它们的单胞体积，即$\frac{V}{V_{胞}^2}$。

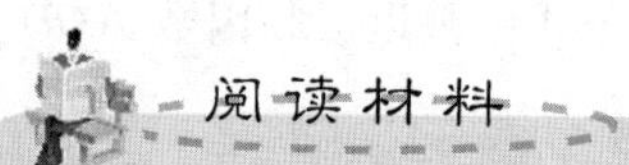

阅读材料

X射线引发的诺贝尔奖传奇

在诺贝尔奖产生后100余年的历史上，好像没有哪个科学的发现如同X射线那样具有传奇色彩。伦琴因为发现这一射线成为第一个诺贝尔物理学奖得主，但这仅仅是百年传奇的开始。此后的100多年，从物理到化学再到生理医学领域，X射线被广泛应用，引发了一系列诺贝尔奖传奇。

1895年11月8日，德国维尔茨堡大学校长伦琴在进行阴极射线实验时，观察到放在射线管附近涂有氰亚铂酸钡的屏幕上发出微光，最后他确信这是一种尚未为人所知的新射线，并将其称为“X射线”。经过几周的紧张工作，伦琴发现X射线除了能引起氰亚铂酸钡发出荧光外，还能引起许多其他化学制品发出荧光。X射线能穿透许多普通光所不能穿透的物质，特别是能直接穿过肌肉但却不会透过骨骼，伦琴把手放在阴极射线管和荧光屏之间，就能在荧光屏上看到自己的手骨。X射线沿直线运行，与带电粒子不同，X射线不会因磁场的作用而发生偏移。X射线发现仅4天，美国医生就用它找出了病人腿上的子弹。于是，企业家蜂拥而至，出高价购买X射线技术。50万元，100万元，出价越来越高。“哪怕是1000万元，”伦琴淡淡地一笑，说道：“我的发现属于全人类。但愿这一发现能被全世界的科学家所利用。这样，就会更好地服务于人类……”因此，伦琴没有申请专利权。他知道，如果这项技术被一家大公司独占，穷人就出不起钱去照X光照片。因为发现X射线，伦琴获得了1901年诺贝尔物理学奖。

诺贝尔物理奖上的赢家

恐怕伦琴自己也无法预见，他的这一伟大发现将成就多少诺贝尔奖得主。在伦琴X射线的启发下，法国物理学家贝克勒尔于1896年发现了铀射线。这一现象引起了青年居里夫妇的极大兴趣，二人决心研究这一不寻常现象的本质，并最终导致放射性元素钋和镭的发现，为人们认识原子结构提供了可靠的试验依据。贝克勒尔和居里夫妇因此分享了1903年的诺贝尔物理学奖。1897年，英国的汤姆孙在关于气体导电性的研究中，借助X射线最终发现了电子，这一发现有力地证明了原子的可分性，汤姆孙因此荣获了1906年的诺贝尔物理学奖。

在X射线发现之初有许多人想证明X射线属于电磁波，并采用传统的光栅技术进行实验，但都无果而终。德国科学家劳厄认为，如果X射线属于电磁波，应该是波长极短的电磁波。传统的光栅因缝隙过大无法产生干涉现象，应该使用更加精细的光栅，他推测有规则原子三维排列的晶体可能具有这样的作用。劳厄根据这个判断推测，只要X射线的波长和晶体中原子的间距具有相同的数量级，那么当用X射线照射晶体时就可以观察到干涉现象。显然，劳厄只是利用晶体这种材料来证明X射线属于电磁波。劳厄的设想很快就被实验证实了，一举解决了X射线的本性问题，意外的收获是，这种方法为研究晶体的微观结构提供了一个强有力的工具，从而揭开了更多“诺贝尔级”研究的序幕。随后从光的三维衍射理论出发，劳厄根据几何学理论迅速完成了X射线在晶体中的衍射理论，成功地解释了实验结果。劳厄的这项工作为在实验上证实电子的波动性奠定了重要基础，对此后的物理学发展做出了卓越贡献。爱因斯坦曾称劳厄的实验为“物理学最美的实验”。因证明X射线属于电磁波，劳厄获得了1914年的诺贝尔物理学奖。

利用劳厄发现的X射线通过晶体可发生衍射现象，英国学者布拉格父子对晶体结构进行了深入研究。小布拉格提出，晶体对X射线的衍射在形式上可视为晶体中原子面对X射线的反射。利用其父老布拉格发明的电离室，1913年小布拉格证实了这一观点，并导出了X射线反射存在条件的方程，即著名的布拉格公式。1914年，布拉格父子率先测定出了氯化钠、氯化钾和金刚石等晶体的结构。利用X射线衍射的结果，他们能够分析晶体内部原子的排列方式、离子团结构、原子大小及核间距等。根据对晶体密度的研究，布拉格父子精确测定了阿伏伽德罗常数，并因此获得了1915年的诺贝尔物理学奖。

在化学与生理学领域夺魁

1916年，荷兰科学家德拜发展了劳厄用X射线研究晶体结构的方法，采用粉末状晶体代替较难制备的大块晶体。经X射线照射后，粉末状晶体样品在照相底片上可得到同心圆环衍射图样，该技术可用来鉴定样品的成分，并可决定晶胞大小。1936年德拜获得诺贝尔化学奖，其中X射线晶体制备技术是获奖的部分原因。

利用X射线衍射技术，小布拉格的学生霍金奇测定出生物大分子的空间结构，获得1964年的诺贝尔化学奖。小布拉格刚开始只是用X射线确定了简单晶体的结构，而他的学生霍金奇则成功采用小布拉格建立的技术确定了胰岛素和胃蛋白酶的结构，成为第一个用X射线结晶学成功解析生物化学结构的学者，并因此获得诺贝尔化学奖。

玻尔、薛定谔和小布拉格的得意门生鲍林，也利用了X射线衍射作用，研究化学键的性质和复杂的分子结构而获得了1954年诺贝尔化学奖。鲍林不仅是化学领域的超级明星，还在1962年获得诺贝尔和平奖。

小布拉格的另一位高徒佩鲁茨改进了X射线的分辨率，运用重原子技术发现了血红蛋白的结构，从而获得了1962年诺贝尔化学奖。佩鲁茨是发现DNA双螺旋结构的沃森和克里克的实验室导师，事实上DNA双螺旋结构的提出也是因为采用了X射线衍射技术，从而看清了DNA结构。

米歇尔和胡伯尔同样是利用X射线结晶分析法测定出蛋白质复合体结构，也就是细菌的光合作用中心的蛋白质复合体的三维空间结构，共享了1988年的诺贝尔化学奖。1979年的诺贝尔医学或生理学奖，由柯麦科和豪恩斯弗尔德分享，以表彰他们发明了计算机X射线断层摄影术(CT)。因为在核磁共振成像领域的成就，美国科学家劳特布尔和英国科学家曼斯菲尔德获得2003年诺贝尔医学或生理学奖。实质上，核磁共振成像的技术思路正是来自X射线断层摄影术。

一个基本物理现象的发现，引发了10余次诺贝尔奖，这样的情况或许是空前绝后的。如果伦琴依旧在世，这个不愿意为自己的发现申请专利，只希望自己的发现能为全人类造福的科学巨人，真应该心满意足了。也许伦琴大师根本不在意这些，其对人类的巨大贡献也绝非是一枚诺贝尔奖章就可以诠释的。

资料来源：孙学军. X射线引发的诺贝尔奖传奇. 百科知识，2011(21)：27-28.

小　　结

本章从一个电子到一个原子，再到一个晶胞讨论衍射强度，最后总结归纳出粉末多晶体的衍射强度及影响因素。影响衍射强度的因素有多种，本章主要分析了这些影响因素的来源和对衍射强度的影响规律。

关键术语

衍射强度　结构因数　多晶体　衍射峰　积分强度

1. 试述原子散射因数 f 和结构因数 $|F_{hkl}|^2$ 的物理意义。结构因数与哪些因素有关？

2. 当体心立方点阵的体心原子和顶点原子种类不相同时，关于 $H+K+L=$ 偶数时，衍射存在，奇数时，衍射相消的结论是否仍成立？

3. 今有一张用 CuK_α 辐射摄得的钨(体心立方)的粉末图样，试计算出前4根线条的相对积分强度(不计温度因数和吸收因数)或以最强的一根强度为100，其他线强度各为多少？

这些线条的 θ 值见表 4－1。

表 4－1 不同线条的 θ 值

线条	θ/(°)
1	20.3
2	29.2
3	36.4
4	43.6

第5章 多晶体分析方法

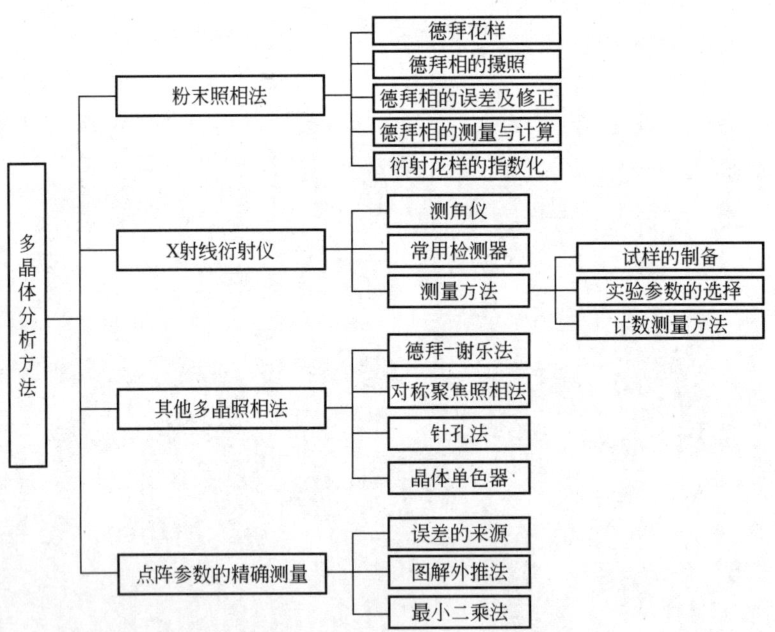

教学目标与要求

- 了解粉末照相法，重点掌握德拜-谢乐法
- 了解X射线衍射仪，掌握X射线衍射仪的测量方法
- 了解点阵参数的精确测量方法

导入案例

在产品检验、原材料的质量标准或生产过程的中间控制分析中，读者可能已经注意到要求进行“XRD分析”的地方日渐多起来了。在耐火材料厂的化验室里可能就有一台X射线衍射仪，因为定量测定耐火硅砖里鳞石英、方石英和残余石英(它们的化学式都是SiO_2)的含量必须使用X射线衍射仪。球状氢氧化镍是生产镍镉电池的原料，它的一项重要的质量指标也必须使用X射线衍射仪测定，这项指标是氢氧化镍101衍射峰的半高宽。在钛白粉厂，钛白粉的XRD分析是例行分析。钢铁材料中残余奥氏体的测定标准方法是X射线衍射法。道路或工程基础施工、地质勘探、石油找油打井都需要对地质岩心进行X射线衍射分析。翡翠、田黄的鉴定X射线衍射仪方法是权威的方法。这样的实例，举不胜举。

第一台X射线衍射仪的设计是美国海军研究室的Friedman于1945年发表的，随后，PHILIPS公司在美国制造销售，至今已经走过半个世纪的发展历程。现在X射线衍射仪依然是十分具有活力的仪器，其应用范围早已走出科学研究的实验室，渗透到广泛的应用领域和众多的行业，发展成为一种应用甚广的、重要的分析仪器。

美国国家航空航天局(NASA)“火星科学实验室”(MSL)将Innov-x X射线衍射仪Terra放置在火星探测器上，用于采集火星土壤样本和岩石样本，以确定火星的地质形成过程，并对可能支持微生物存在的有机化合物和环境条件进行分析。Innov-x Terra曾先后搭载“勇气号”和“机遇号”，成功地完成了对火星表面的考察，于2009年军转民用。Innov-x Terra目前被广泛地使用于地质矿产、石油化工、医药、材料、水泥、刑侦、环境、考古、海关、教育科研、食品安全等领域，主要为晶体物质提供物相分析。

工程材料大多数是在多晶形式下使用的，故研究多晶体X射线衍射分析方法对于新材料的分析具有很大的实用价值。这种方法使用的试样一般为材料粉末，故也称之为“粉末法”。粉末法是由德国的德拜(Debye)和谢乐(Scherrer)于1916年提出的。粉末法是所有衍射方法中最为方便的分析方法，可以分为照相法和衍射仪法。照相法中根据试样和底片的相对位置不同可以分为三种：①德拜-谢乐法(Debye-scherrer method)，底片位于圆筒内表面，试样位于中心轴上；②聚焦照相法(focusing method)，底片、试样、射线源均位于圆筒上；③针孔法(pinhole method)，底片为平板形与X射线均垂直放置，试样放在二者之间适当位置。衍射仪法因具有速度快、强度相对精确、信息量大、精度高、分析方便、试样制备简便等优点，是目前进行晶体结构分析的最主要设备。近年由于衍射仪与电子计算机结合，令其从操作、测量到数据处理实现了自动化，使衍射仪进一步发挥其方便、快捷的优势。

德拜-谢乐法是照相法中最重要的，是多晶分析法的基础，本章将主要介绍这一方法。

5.1 粉末照相法

5.1.1 德拜花样

德拜法是采用一细束单色X射线垂直照射的多晶粉末圆柱试样，用以试样为轴线的圆

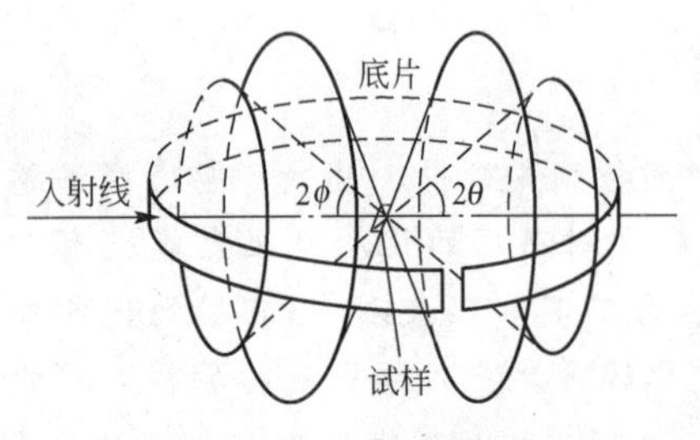

图 5.1　德拜法衍射几何

筒状底片来记录衍射花样。图 5.1 所示为德拜法的衍射几何。将细长的照相底片围成圆筒，使试样(通常为细棒状)位于圆筒的轴心，入射 X 射线与圆筒轴相垂直地照射到试样上，衍射圆锥的母线与底片相交成圆弧，这些衍射环或弧线通常称为德拜环或德拜线。图 5.2 所示为纯铝多晶体经退火处理后的衍射照片，这种照片也叫德拜相，相应的相机叫做德拜相机。德拜相的花样在 $2\theta=90°$ 时为直线，其余角度下均为曲线且对称分布。根据在底片上测定的衍射线条的位置可以确定衍射角 θ，如果知道 λ 的数值就可以推算产生本衍射线条的反射面的晶面间距。反之，如果已知晶体的晶胞的形状和大小就可以预测可能产生的衍射线在底片上的位置。

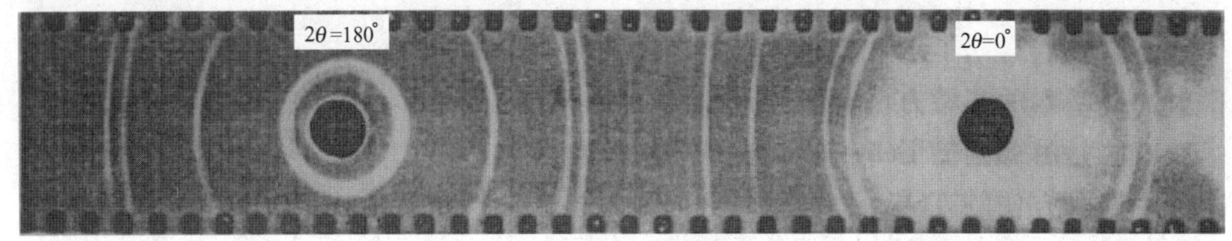

图 5.2　纯铝多晶体德拜相

5.1.2　德拜相的摄照

1. 德拜相机的构造

图 5.3 所示为典型德拜相机的结构示意图。由于从多晶衍射圆锥簇可以看出，采用平底片是无法记录全部衍射线的，故德拜相机是圆筒形的，X 光底片紧贴在筒内壁上，相机中心有一根安置试样并可调节试样位置的中心轴，该轴可使试样中心与相机中心一致，并使试样绕中心轴旋转时，无任何偏斜。从 X 射线管窗口射出的 X 射线先经过滤光片，再通过光阑系统准直后，即可获得一小束单色平行的 X 射线，照射到试样上，穿透试样的 X 射线进入出光套管，经过一层黑纸及荧光屏(纸)后被铅玻璃所吸收。荧光屏是用来调准 X 射线射入相机和观察其照射试样的情况。德拜相机的直径一般选为 57.3mm 或 114.6mm，如此选择是为了使底片的长度为 1mm 时正好分别对应 2°或 1°的圆心角。为了减少相机中空气的散射，德拜相机可抽成真空，也可使相机内充以原子散射因数较小的氢气和氦气。

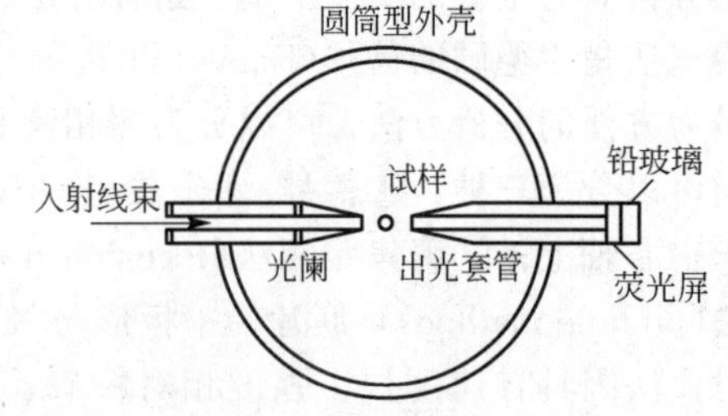

图 5.3　德拜相机结构示意图

2. 试样的制备

为获得适用粒度(10^{-3}mm)，在制成粉末时，其粒度以能通过 250～325 目的筛孔为标准(一般手摸无粗糙感)，使照片上产生的德拜线的黑度均匀而连续，以利于准确测量衍射线条的位置(2θ)和强度。晶粒粗大或过于细小，都会造成衍射线条出现麻点状或宽化(即线条变宽)。对于延性材料，可将材料锉成细粉过筛后使用；对于脆性材料，可将材料用玛瑙研钵研细后使用；对于电解萃取而得的粉末，要将粉末经过清洗和真空干燥后才能使用。为了消除试样的加工应力，研得的细粉在过筛后还应在真空和保护气氛下进行退火。对于吸收系数很大的试样，应加入适当的“冲淡”物质，以减少吸收对试样强度的影响。应注意，对试样的任何处理均不能影响分析结果为原则。例如，做物相分析时，必须使全部粉末过筛。而不能抛弃筛剩粉末，以防丢掉某些成分的相。

将粉末处理好之后，制成直径为 0.5mm，长 10mm 左右的圆柱试样。制备圆柱试样的方法很多，其中常用的方法有以下几种：

(1) 在很细的玻璃丝(最好是硼酸锂玻璃丝)上涂一层胶水或其他粘接剂，然后在粉末中滚动，做成粗细均匀的圆柱试样。

(2) 将粉末填充在硼酸锂玻璃、醋酸纤维(或硝酸纤维)或石英等制成的毛细管中，制成所需尺寸的试样，其中石英毛细管可用于高温照相。

(3) 将粉末用胶水调好填入金属毛细管中，然后用金属细棒将粉末推出 2～3mm 长，作为摄照试样，余下部分连同金属毛细管一起作为支承柱，以便在试样台上安装。

(4) 金属细棒可以直接用来做试样。但由于拉丝时产生择优取向，因此衍射线条往往是不连续的。

3. 底片的安装

德拜相机采用长条底片，安装前在光阑和承光管的位置处打好孔。安装时应将底片紧靠相机内壁，并用压紧装置使底片固定不动。底片的安装方式根据圆筒底片开口处所在位置的不同，可分为以下几种：

(1) 正装法。X 射线从底片接口处入射，照射试样后从中心孔穿出，如图 5.4(a)所示。这样，低角的弧线接近中心孔，高角线则靠近端部。由于高角线有较高的分辨本领，有时能将 K_α 双线分开。正装法的几何关系和计算均较简单，可用于物相分析等工作。

(2) 反装法。几何关系如图 5.4(b)所示。X 射线从底片中心孔射入，从底片接口处穿出。高角线条集中于孔眼附近，衍射线中除 θ 角极高的部分被光阑遮挡外，其余几乎全能记录下来。由于高角线对的距离较短，则因底片收缩所造成的误差必然较小，故适用于点阵参数的测定。

(3) 偏装法(不对称装法)。如图 5.4(c)所示，底片上有两个孔，分别对装在光阑和承光管的位置，X 射线先后从这两个孔中通过，衍射线条形成进出光孔的两组弧对。这种安装底片的方法具有反装法的优点，此外还可以直接由底片上测算出真实的圆周长，因此，消除了由于底片收缩、试样偏心以及相机半径不准确所产生的误差(见 5.1.3 节)。这是目前最常用的底片安装方法。

4. 摄照规程的选择

为了保证分析结果的准确性，必须要根据试样及工作要求，选取合适的摄照规程，包括选择阳极、滤片、管压、管流及曝光时间等，这样才能得到一张满意的德拜相。

1) 阳极

应使阳极元素所发射的特征 X 射线不激发出试样元素的二次特征 X 射线。一般原则

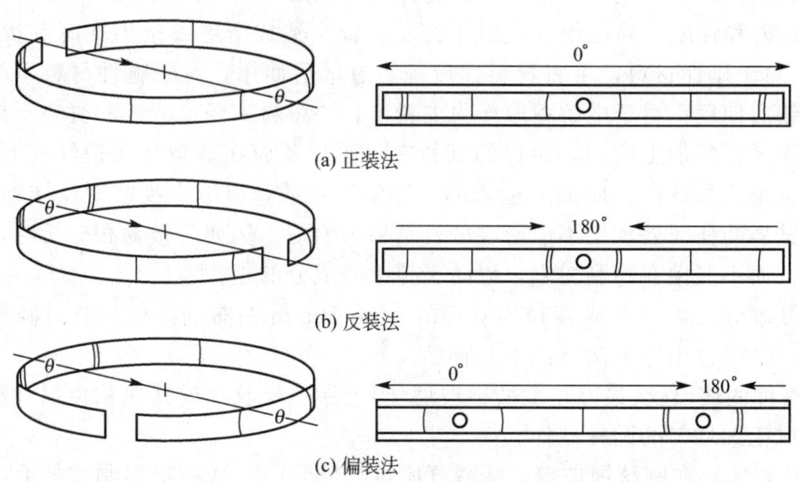

图 5.4　底片安装法

为 $Z_{阳} \leqslant Z_{样}+1$，这样会尽可能少地激发样品的荧光辐射，从而降低衍射花样的背底，使图像清晰。如果样品中含有多种元素，原则应在含量较多的几种元素中以原子序数最轻的元素来选择阳极靶材，另外除了要考虑减少荧光辐射，在选择阳极时还要顾及其他方面。例如，欲获得较多的衍射线须采用短波辐射；欲使衍射线间距较大则应用长波；需获得极高 θ 角的线条则应考虑 d 与 λ 的配合，等等。

2）α 滤片

选择某种元素(或其氧化物)，使其 K 系吸收限刚好处于入射 X 射线的 K_α 与 K_β 线波长之间，于是 K_β 线及部分连续辐射就能被强烈吸收，而获得近乎单色的 K_α 辐射。选择滤片的原则是，滤片的原子序数应比阳极靶材原子序数小 1 或 2，即当 $Z_{靶}<40$ 时，$Z_{滤}=Z_{靶}-1$；当 $Z_{靶}>40$ 时，$Z_{滤}=Z_{靶}-2$。

应该指出，选择阳极和滤波片必须同时兼顾。应先根据试样选择阳极，再根据阳极选择滤波片，而不能孤立地选择哪一方。例如，拍摄钢铁材料，可选用 Cr、Cr 或 Co 靶，与此对应，必须选择 V、Mn 及 Fe 滤波片等。

3）管电压

实验证明，当管电压为阳极元素 K 系临界激发电压的 3～5 倍时，特征谱与连续谱的强度比可达最佳值，工作电压就选择在这一范围；例如，Cu 的 K 系临界激发电压为 3.86V，靶最适宜的工作管压为 30～40kV。

4）管电流

X 射线管的额定功率除以管电压便是许用的最大管流，工作管电流不得超过此数值。

5）曝光时间

曝光时间与试样、相机、底片以及摄照规程等许多因素有关，变化范围很大，所以要通过试验来确定。例如，用 Cu 靶和小相机拍摄 Cu 试样时，30min 左右即可，而用 Co 靶拍摄 α-Fe 试样时，约需 2h，选用大直径相机时摄照时间须大幅度地增加。拍摄结构复杂的化合物需要六七小时甚至十几小时。

5. 德拜相机的分辨本领

德拜相机的分辨本领是指：当一定波长的 X 射线照射到两个间距相近的晶面上时，底片上两根相应的衍射线条分离的程度。也可以表示为，当两种波长相近的X射线照射到同一晶面上时，底片上两根衍射线条分离的程度。假如，面间距 d 发生微小改变值 Δd，而在衍射花样中引起线条位置的相对变化为 ΔL，则相机的分辨本领 φ 可以表示为

$$\varphi=\Delta L/\frac{\Delta d}{d} \tag{5-1}$$

按德拜相机的几何关系，如图5.5所示，若相机的半径为 R，某衍射圆锥的顶角为 4θ，弧对间距为 $2L$，则

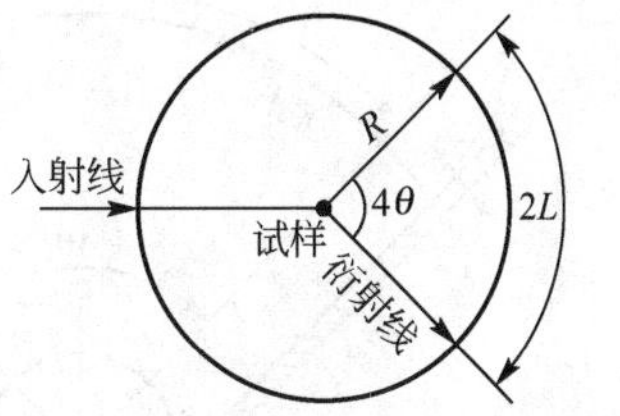

图5.5 德拜相机的几何关系

$$2L=R\cdot 4\theta$$

即

$$L=2R\theta$$

故

$$\Delta L=2R\Delta\theta$$

将布拉格方程写成

$$\sin\theta=n\lambda/2d$$

方程两侧微分得

$$\cos\theta\cdot\Delta\theta=-\frac{n\lambda}{2d^2}\Delta d=-\sin\theta\frac{\Delta d}{d}$$

即

$$\frac{\Delta d}{d}=-\cot\theta\cdot\Delta\theta$$

或

$$\frac{\Delta d}{d}=-\frac{\sqrt{1-\sin^2\theta}}{\sin\theta}\cdot\Delta\theta$$

$$=2R\frac{\sqrt{1-\left(\frac{n\lambda}{2d}\right)^2}}{\frac{n\lambda}{2d}}\cdot\Delta\theta \tag{5-2}$$

将数值代入式(5-1)，并略去无实际意义的负号，得

$$\varphi=2R\cdot\frac{n\lambda}{\sqrt{4d^2-(n\lambda)^2}} \tag{5-3}$$

从式(5-3)分析可得，相机的半径越大，X射线的波长越长，其相机的分辨本领越高。因此，在相机半径不变的情况下，在条件允许时，应尽量采用波长较长的X射线，以提高分辨本领。在X射线波长不变的情况下。由布拉格方程可看到，晶面间距小时布拉格角大，相机的分辨本领高。对于大晶胞的试样，会出现低指数衍射线分辨本领低的现象。出现这种现象时，可选用较长波长的X射线，将低指数的衍射线移到布拉格角大的位置上，以得到较高的分辨本领。

5.1.3 德拜相的误差及修正

影响德拜相衍射线位置产生偏差的原因很多，这里介绍两种主要原因。

1. 试样吸收误差

试样对 X 射线的吸收作用会使衍射线偏离理论位置，材料的原子序数越大，吸收越强烈。这种误差在计算德拜相时应予以纠正。

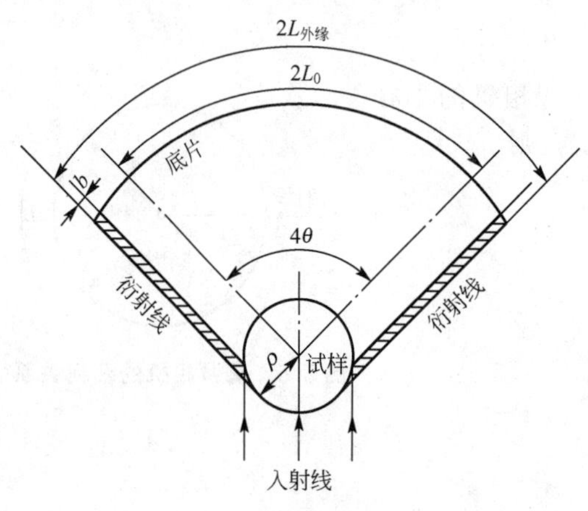

图 5.6　试样吸收误差

当入射 X 射线照射到半径为 ρ 的金属试样后，如图 5.6 所示，会产生一个顶角为 4θ 的衍射圆锥，在底片上记录的弧对的理论距离为 $2L_0$。但是当试样的材料对 X 射线的吸收较为强烈时，X 射线就只能照射到试样的半个圆柱表面，因此入射线和衍射线就会由圆柱面的两根切线所限定，即此时衍射线弧对距离已较理论值为大。假设衍射线的宽度为 b，则从底片上直接测得的弧对外缘距离 $2L_{外缘}$ 与理论值 $2L_0$ 和试样半径 ρ 有着简单的关系：

$$2L_{外缘}=2L_0+2\rho \tag{5-4}$$

利用式(5-4)即可修正由试样吸收引起的衍射线位置的误差。这种修正方法不仅适用于金属，也适用于对 X 射线吸收较弱的其他物质。

2. 底片收缩误差

掠射角 θ，可以根据弧对间距 $2L$ 直接测量而求得。由图 5.5 可得出关系：

$$\frac{4\theta}{360^\circ}=\frac{2L}{2\pi R}$$

或

$$2\theta=2L\cdot\frac{180}{\pi}\cdot\frac{1}{2R}=2L\cdot 57.3\cdot\frac{1}{2R}$$

若相机直径 $2R$ 为 57.33mm，则在量度 $2L$ 之后便可得 2θ 数值。但若底片的尺寸 $2L$ 值已改变，则这一关系便不能精确维持。

由于相机直径制造不准确，或因底片未能紧贴相机内腔或者底片在显影定影及干燥过程中收缩或伸长(在大多数情况下表现为收缩)，致使底片所围成的直径不等于 57.3mm 或 114.6mm。

采用底片的不对称安装法可以纠正这种误差。如图 5.7 所示，在不对称的底片上，有效周长等于高低角区任弧对内外弧距之和，即

$$C_{有效}=A+B \tag{5-5}$$

式中　$C_{有效}$——底片所围成的实际圆周长，称为有效周长。

在测量 A、B 尺寸时，为了保证测量精度，可以测量多组弧线并求取平均值。按照有效周长就可计算较准确的 θ 角，因为可假定弧对距离与底片长度按照同一关系收缩，这种变化将不会影响到所测得的 θ 角。由图 5.5 可得知

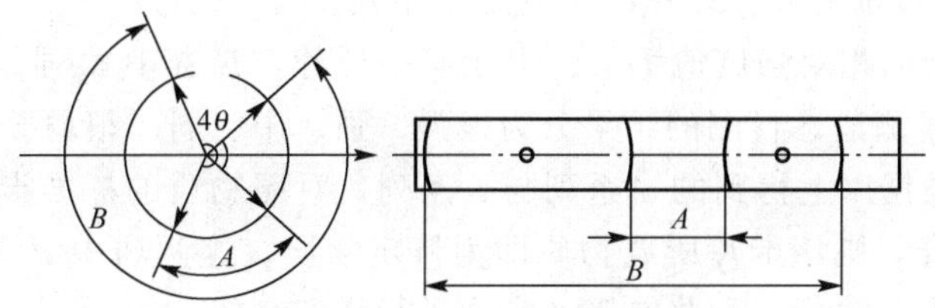

图 5.7 有效周长的测量

$$\frac{2L_0}{C_{有效}}=\frac{4\theta}{360^\circ}$$

$$\theta=\frac{90^\circ}{C_{有效}}\cdot 2L_0=K\cdot 2L_0 \qquad (5-6)$$

式(5-6)中的 K 值对于某一底片是恒定的。

5.1.4 立方系物质德拜相的测量与计算

由一张德拜照片所记录的衍射线条的数目、分布特征，以及衍射线条的强度、宽度、背底等，可得到试样的物相、点阵类型、点阵参数等微观信息。这些衍射分析工作都是以晶面间距 d 值为根据，通过测量弧对距离 $2L$ 计算出掠射角 θ，再由布拉格方程求得 d 值。在分析德拜照片之前，必须对其衍射线条的位置进行测量，并推算出它与布拉格角之间的相互关系。

如图 5.8 所示为相机半径为 R，用不对称装片法所拍摄的铝的德拜照片示意图。首先区别德拜照片上高、低角衍射线束。一般低角度区强线多、背底深；高角度区强线少、背底浅。另外，由于 $K_{\alpha1}$ 的强度比 $K_{\alpha2}$ 的强度大一倍左右，两谱线所产生的衍射线条在粉末相中同时出现，但在低角度区，因它们分不开而合成一条线，在高角度区才分开。2θ 角越大，线条分得越开。测试分析步骤如下：

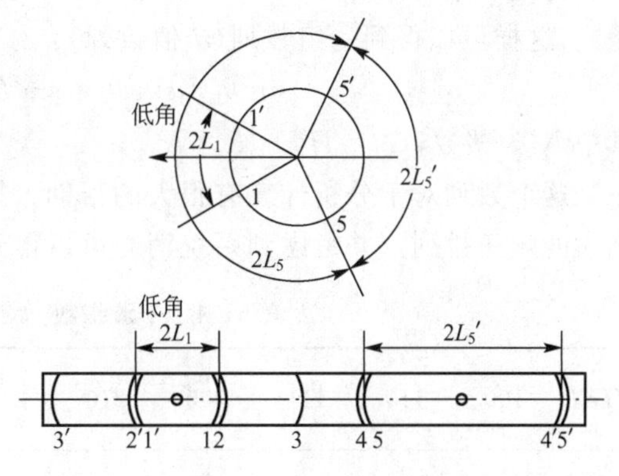

图 5.8 德拜相的测量

(1) 对各弧对标号。过图 5.7 中底片中心画一基准线，从低角区起按 θ 角递增顺序标上 1，2，3，…。

(2) 测量有效周长 $C_{有效}$。在高低角区分别选出一个弧对按图 5.8 所示测量 A、B 并按式(5-5)计算。

(3) 测量并计算弧对间距。测量底片上全部弧对距离如 $2L_1$、$2L_2$、$2L_3$ 等。对于低角区的第 1～3 弧对，只要测得外缘距离即可。对于高角区因测 $2L_5$ 有困难，故可改测 $2L_5'$，并且要量度 $2L_5'$的内缘距离，因为这就相当于测量 $2L_5$ 的外缘距离，再利用式(5-5)即可算出 $2L_5=(C_{有效}-2L_5')$。对测量结果再进行吸收校正。

(4) 计算 θ。按式(5-6)计算出对应的 $2L$ 系列的 θ 系列。

(5) 计算 d。按布拉格方程计算出相应的 d 系列。

(6) 估计各线条的相对强度值 I/I_1。对于某一照片，I_1 指其最强线的强度，I 为任一线的强度。也可用目测法。目测的结果分为很强、强、中、弱、很弱 5 级。

(7) 查卡片。根据以上得到的 d 系列与 I 系列，对照物质的标准卡片，如果这两项与某一卡片很好地符合，则该卡片所载物质即为待定物质。这两项中 d 系列是主要的依据，具体的物相分析和卡片检索过程将在第 6 章中进行详细介绍。

5.1.5 衍射花样的指标化

通过上述步骤，即可以进行物相鉴定，如果该物质属立方晶系，还可以用简单的方法标注晶面指数，判别点阵类型和计算点阵参数。衍射花样的指数化就是确定每个衍射圆环所对应的干涉指数。不同晶系的指数化方法不是相同的，在金属及其合金的研究中经常遇到的是立方、六方和正方晶系的衍射花样。这里以立方晶系为例，介绍指数化方法。

将立方晶系的面间距公式 $d_{hkl}=\dfrac{1}{\sqrt{H^2+K^2+L^2}}$代入布拉格公式得到

$$\sin^2\theta=\frac{\lambda^2}{4a^2}(H^2+K^2+L^2)$$

这里存在 α 和 hkl 两组未知数，用一个方程是不可解的。可以寻找同一性，消掉某一个参数。这里由于对任何线条所反映的点阵参数 α 和摄照条件均相同，所以可以考虑消掉。为此，把得到的几个 $\sin^2\theta$ 都用 $\sin^2\theta_1$ 来除(式中下脚标 1 表示第 1 条(θ 最小)衍射线条)。这样可以得到一组数列(d 值数列)：

$$\sin^2\theta_1 : \sin^2\theta_2 : \sin^2\theta_3 \cdots = N_1 : N_2 : N_3 \cdots$$

其中 N 为整数，$N=H^2+K^2+L^2$。

这个数列对于分析计算有很大的帮助，把全部的干涉指数 HKL 按 $H^2+K^2+L^2$ 由小到大的顺序排列，并考虑到系统消光可以得到下面的结果，具体见表 5-1。

表 5-1 干涉指数 HKL 考虑系统消光所得结果

HKL	100	110	111	200	210	211	220	221 300	310	11	…	点阵
N	1	2	3	4	5	6	8	9	10	11	…	简单
N	—	2	—	4	—	6	8	—	10	—	…	体心
N	—	—	3	4	—	—	8	—	—	11	…	面心

这些特征反映了系统消光的结果，即晶体结构的特征间接反映到 $\sin^2\theta$ 的连比数列中来了。对于体心立方点阵，这一数列为 2：4：6：8：10：12：14：16：18…。而面心立方点阵的特征是 3：4：8：11：12：16：19：20：24…。在进行指数化时，只要首先算出各衍射线条的 $\sin^2\theta$ 顺序比，然后与上述顺序比相对照，便可确定晶体结构类型和推断出各衍射线条的干涉指数。

表 5-2 列出了几种立方晶体前 10 条衍射线的干涉指数、干涉指数的平方和以及干涉指数平方和的顺序比(等于 $\sin^2\theta$ 的顺序比)，更详细的数据可查表。

表 5-2 衍射线的干涉指数

衍射线序号	简单立方			体心立方			面心立方			金刚石立方		
	HKL	N	N_i/N_1	HKL	N	N_i/N_1	HKL	N	N_i/N_1	HKL	N	N_i/N_1
1	100	1	1	110	2	1	111	3	1	111	3	1
2	110	2	2	200	4	2	200	4	1.33	220	8	2.66
3	111	3	3	211	6	3	220	8	2.66	311	11	3.66
4	200	4	4	220	8	4	311	11	3.66	400	16	5.33
5	210	5	5	310	10	5	222	12	4	331	19	6.33
6	211	6	6	222	12	6	400	16	5.33	422	24	8
7	220	8	8	321	14	7	331	19	6.33	333，5	27	9
8	300，211	9	9	400	16	8	420	20	6.66	11	32	10.66
9	310	10	10	411，330	18	9	422	24	8	440	35	11.66
10	311	11	11	420	20	10	333，5	27	9	531	40	13.33
							11			621		

从表 5-2 中可以看出，四种结构类型的干涉指数平方的顺序比是各不相同的，在算出 $\sin^2\theta$ 的连比后，就容易判断出物质的点阵类型。但有时也会遇到一些困难，例如，要判别简单立方与体心立方点阵，如果线目多于 7 根，则间隔比较均匀的是体心立方，而出现线条空缺的为简单立方，因为后者不可能出现在指数平方和 7，15，23 等数值的线条。当衍射线数较少时，可以用前两根线的衍射强度作为判别。由于相邻线条 θ 角相差不大，在衍射强度诸因数中，多重性因数将起主导作用。简单立方的前两根线的指数分别为 100 及 110，而体心立方则为 110 和 200。100 与 200 的多重性因数为 6，而 110 的多重性因数为 12，故简单立方花样中第二线应较强，而体心立方花样中第一线应较强。例如，CsCl 为简单立方结构，其前两根线的强度比为 45∶100，而体心立方结构的 α-Fe，其前两根线的强度比则为 100∶19。

在摄照衍射相时如未采用滤波片，则在入射束中将同时存在 K_α 及 K_β 两种特征辐射，因而造成两套衍射花样。其中 K_β 线条强度较低，且 θ 角较小，稍做仔细观察即能判别；在某些高角度的线条，还能区分出 $K_{\alpha1}$ 及 $K_{\alpha2}$ 双线，它们相距很近，其中角度稍小而强度较大的为 $K_{\alpha1}$ 线。

对一个未知结构的衍射花样指数化之后，便可确定晶体结构类型，并且可以利用立方晶系的布拉格方程对每条衍射线计算出一个 α 值，即 $\alpha=d\sqrt{H^2+K^2+L^2}$，原则上讲，这些数值应该相同，但是由于实验误差的存在，这些数值之间是稍有差别的。点阵常数的精确测定还需要一系列的试验方法和误差消除方法保证，这一点将在后面中详述。

5.2 X 射线衍射仪

X 射线衍射仪是一种最常见、应用面最广的 X 射线衍射分析仪器。X 射线衍射仪的较确切的名称是多晶 X 射线衍射仪或称粉末 X 射线衍射仪。运用它可以获得分析对象的粉末 X 射线衍射图谱。只要样品是可以制成粉末的固态样品或者是能够加工出一处小平面的块状样品，都可以用它进行分析测定。这种方法主要应用于样品的物相定性或定量分析，晶体结构分析，材料的织构分析，宏观应力或微观应力的测定，晶粒大小测定，结晶度测定，等等，因此，在材料科学、物理学、化学、化工、冶金、矿物、药物、塑料、建材、陶瓷等，以及考古、刑侦、商检等众多学科、相关的工业、行业中都有重要的应用。

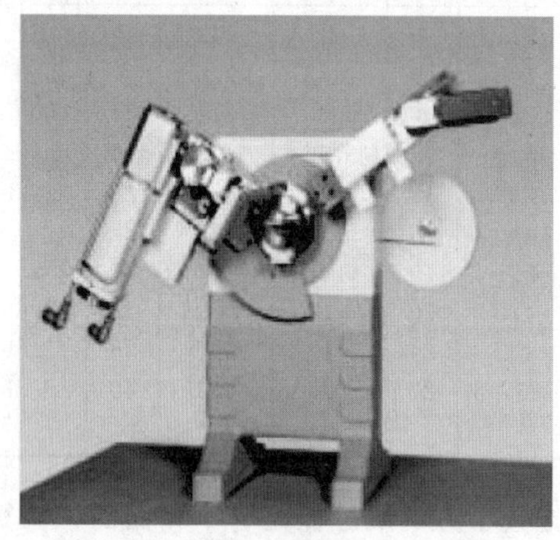

图 5.9　X 射线衍射仪 D/maxUltima III

绝大部分固态物质都是晶体或准晶体，它们能够对 X 射线产生各具特征的衍射。随着 X 射线衍射理论的日臻成熟以及相关技术的发展，特别是计算技术、微电子学、各种新型射线检测器等高新技术的发展，日益受到重视。如图 5.9 所示为目前最先进的 X 射线衍射仪 D/maxUltima III，适用于粉末、薄膜、大分子材料、纳米等所有材料。

X 射线衍射仪的基本构成包括高稳定度 X 射线发生器、精密测角台、X 射线强度测量系统和安装有专用软件的计算机系统等 4 大部分。X 射线衍射仪使用的 X 射线强度测量系统即 X 射线检测器一般是 NaI 闪烁检测器或正比检测器，已经有将近半个世纪的历史了。现在，还有一些高性能的 X 射线检测器可供选择。如半导体制冷的高能量分辨率硅检测器、正比位敏检测器、固体硅阵列检测器、CCD 面积检测器等，都是高档衍射仪的可选配置。计算机系统是现代 X 射线衍射仪的不可缺少的部分，系统中装备的专用软件成为了仪器的灵魂，使仪器智能化。它的基本功能是按照指令完成规定的控制操作、数据采集，并成为操作者的得力的数据处理、分析的助手。

5.2.1　测角仪

测角仪是衍射仪的核心部件，其功能相当于粉末法中的相机，有立式测角仪和卧式测角仪，如图 5.10 所示。

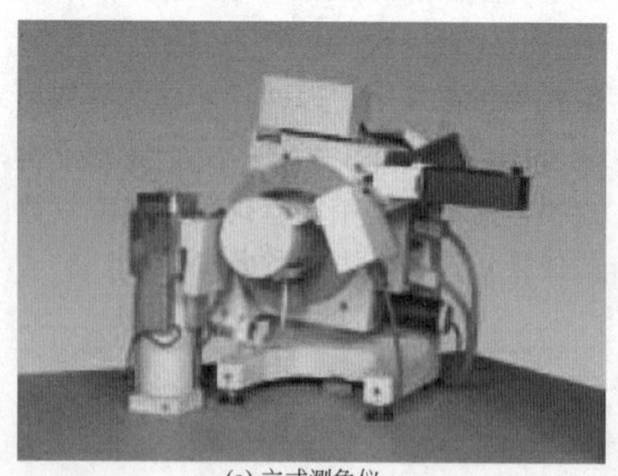

(a) 立式测角仪

(b) 卧室测角仪

图 5.10　测角仪

测角仪的基本工作原理的构造示意图如图 5.11 所示。样品台 H 位于测角仪中心，可以绕 O 轴旋转，O 轴与纸面垂直，平板状试样 C 置于样品台上，并保证与中心重合，误差

≤0.1mm；X射线源是由X射线管的靶 T 上的线状焦点 S 发出的，S 也垂直于纸面，位于以 O 为中心的圆周上，并与 O 轴平行。在测角仪中，发散的X射线由 S 发出，投射到试样上，衍射线中可以收敛的部分在光阑 F 处形成焦点，然后进入计数管 G。A 和 B 是为获得平行的入射线和衍射线而特制的狭缝，实质上是只让水平方向X射线通过狭缝，将其余方向的遮挡住。光学布置上要求 S、G(实际是 F)位于同一圆周上，这个圆周叫测角仪圆。当使用滤波片时，可将其放置在衍射光路而不是入射线光路中。这是为了一方面限制的 K_β 线强度，另一方面则能减少由试样散射出来的背底强度。狭缝 B、光阑 F 和计数管 G 固定于测角仪台 E 上，测角仪台面可以绕 O 轴转动(即与样品台的轴心重合)，其角位置可以直接从刻度盘 K 上读取。在进行测量时，样品台 H 和测角仪台 E 可以分别绕 O 轴转动，也可机械连动。此时，样品台转过 θ 角时计数管则转过 2θ 角，这样设计的目的是使X射线在板状试样表面的入射角等于反射角，常称这一动作为 $\theta-2\theta$ 连动。在进行分析工作时，计数管沿测角仪圆移动，逐一扫描整个衍射花样。计数器的转动速率可在0.125°/min～2°/min之间根据需要调整，衍射角测量的精度为0.01°，测角仪扫描范围在顺时针方向 2θ 为165°，逆时针时为100°。

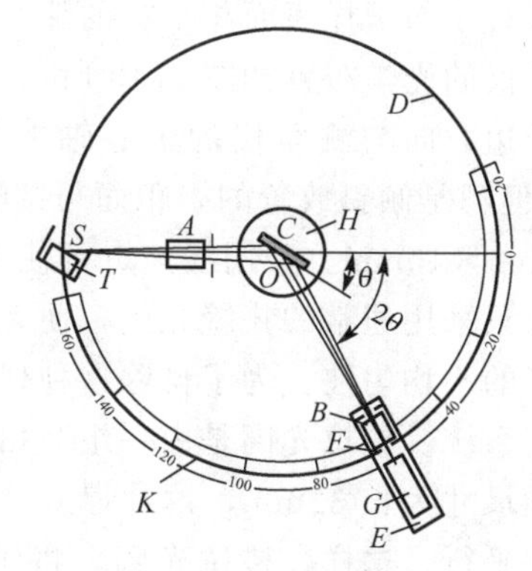

图5.11　测角仪构造示意图

D—测角仪圆　S—X射线源　C—试样
H—样品台　F—接收狭缝　G—计数管
E—支架　K—刻度尺

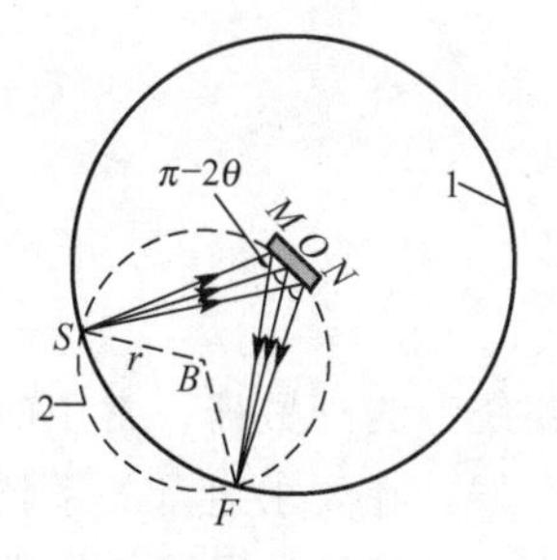

图5.12　测角仪的聚焦几何

1—测角仪圆　2—聚焦圆

图5.12所示为测角仪衍射几何的示意图。衍射几何的关键问题是一方面要满足布拉格方程反射条件，另一方面要满足衍射线的聚焦条件。即光源 S，试样上被照射的表面 MON，反射线的会聚点 F 必落到同一聚焦圆上。在运转过程中，聚焦圆时刻变化着，它的半径 r 随 θ 角的增大而减小，其定量关系为

$$r=R/2\sin\theta$$

式中　R——测角仪圆半径。

在理想情况下，试样是弯曲的，聚焦几何应保证试样曲率与聚焦圆相同。对于粉末多晶体试样，在任何方位上总会有一些(hkl)晶面满足布拉格方程产生反射，而且反射是向四面八方的，但是，那些平行于试样表面的(hkl)晶面满足入射角＝反射角＝θ 的条件，此时反射线夹角为 $\pi-2\theta$，$\pi-2\theta$ 正好为聚焦圆的圆周角，由平面几何可知，位于同一圆弧上的圆周角相等。所以，位于试样不同部位 M、O、N 处，只要是平行于试样表面的(hkl)晶面，就可以把各自的反射线会聚到 F 点(由于 S 是线光源，所以 F 点得到的也是线光源)，这样便达到了聚焦的目的。但实际操作时，衍射仪习惯采用平板试样，在运转过程中始终与聚焦圆相切，但实际上只有 O 点在这个圆上。因此，衍射线并非严格地聚焦在 F 点上，而是分散在一定的宽度范围内，只要宽度不大，在应用中是可行的。由此可以看出，衍射仪的衍射

花样均来自于与试样表面相平行的那些反射面的反射，这一点与粉末照相法是不同的。

测角仪的光学布置如图 5.13 所示。测角仪要求与 X 射线管的线状焦点连接使用，线焦点的长边方向与测角仪的中心轴平行。X 射线管的线焦点 S 的尺寸一般为 1.5mm×10mm，但靶是倾斜放置的，靶面与接收方向夹角为 30°，这样在接收方向上的有效尺寸变为 0.08mm×10mm。采用线焦点可使较多的入射线能量照射到试样。但是，在这种情况下，如果只采用通常的狭缝光阑，便无法控制沿窄缝长边方向的发散度，从而会造成衍射圆环宽度的不均匀性。为了排除这种现象，在测角仪中采用由窄缝光阑与梭拉光阑组成的联合光阑系统。梭拉光阑是由一组互相平行、间隔很密的重金属(Ta 或 Mo)薄片组成。它的代表性尺寸为长 32mm，薄片厚 0.05mm，薄片间距 0.43mm。安装时，要使薄片与测角仪平面平行。这样，梭拉光阑可将倾斜的 X 射线遮挡住，使垂直测角仪平面方向的 X 射线束的发散度控制在 1.5°左右。狭缝光阑 a 的作用是控制与测角仪平面平行方向的 X 射线束的发散度。狭缝光阑 b 还可以控制入射线在试样上的照射面积。狭缝光阑 F 是用来控制衍射线进入计数器的辐射能量，选用较宽的狭缝时，计数器接收到的所有衍射线的确定度增加，但是清晰度减小。

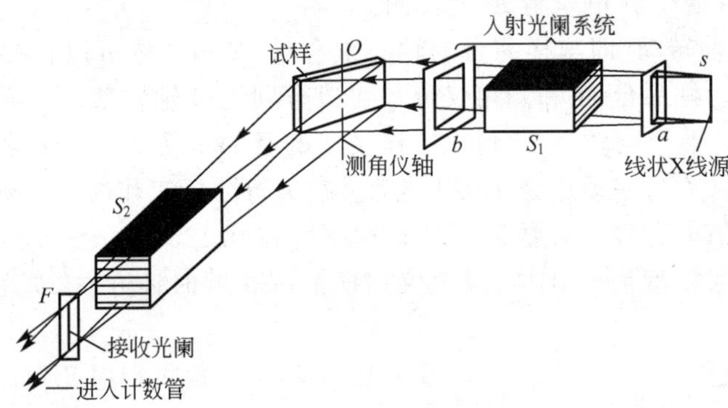

图 5.13 测角仪的光学布置

5.2.2 常用检测器

在衍射仪中，X 射线的检测元件——计数管及其附属电路统称为计数器。常用的计数器有正比、盖革、闪烁计数器等。应用最为普遍的是闪烁计数器，在要求定量关系较为准确的场合下习惯使用正比计数器。盖革计数器目前已逐渐减少。近年又发展了较先进的 Si(Li)检测器。

1. 正比计数器、盖革计数器

图 5.14 所示的为充气计数管(正比或盖革管)的结构及其基本电路示意图。计数管有玻璃外壳，壳内常充填自猝式混合气体，主要成分是惰性气体及少量有机物气体。管内有一接地金属圆筒，为阴极；阳极为与圆筒同轴的金属丝。X 射线入射窗口由云母或铍等具有低吸收系数的材料制成，位于管子一端。

X 射线光量子能使气体电离，所产生的电子在电场的作用下便向阳极做加速运动。当施加在阴极与阳极之间的电压为 600～900V 时，由于电场很强，电离的电子可获得足以使其他中性气体原子继续电离的动能，新产生的电子又可引起更多的气体分子电离，于是出现了电离过程的连锁反应，形成“电子雪崩”。在极短时间内，产生的大量电子会涌向阳极金属丝，从而出现一个可以测量到的电流脉冲。如果一个 X 射线光量子能使 n 个分子电离，则整个累积过程中所电离的分子数为 An(A 为气体放大因数)。图 5.15 所示为气体放大因数 A 随所施加的电压 U 而变化的情况。当电压处于 600～900V 时，A 值可达 10^3～10^5。在一定电压下，其脉冲的大小与每个 X 射线光量子所形成的初次电离原子数 n 成正比，即与光量子能量成正比。此时充气计数管称为正比计数管。正比计数器所给出的脉冲大小和它所吸收的 X 射线光子能量成正比，故用作衍射线强度测定比较可靠，而且可与脉冲高度分析器联用。正比计数器反应极快，由于“雪崩”仅发生在局部区域内，因此对两个连续到来的脉冲的分辨时间只需 10^{-6}s。此外，它的性能稳定，能量分辨率高，背底脉冲极低，光子计数率很高，在理想情况下可认为没有计数损失。但对温度较敏感，因此正比计数器需高度稳定的电压。

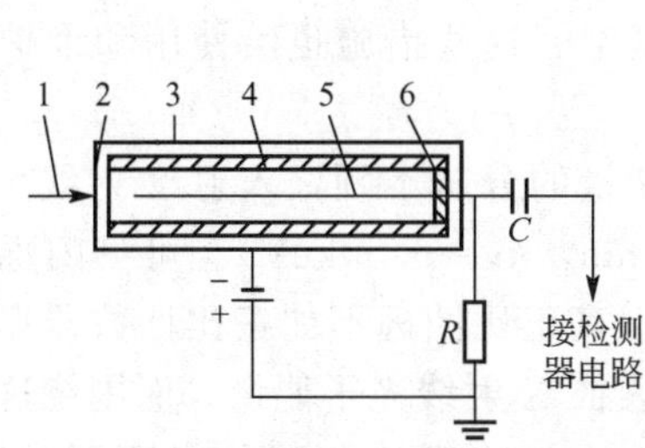

图 5.14 充气计数管及基本电路

1—X 射线 2—窗口 3—玻璃壳

4—阴极 5—阳极 6—绝缘体

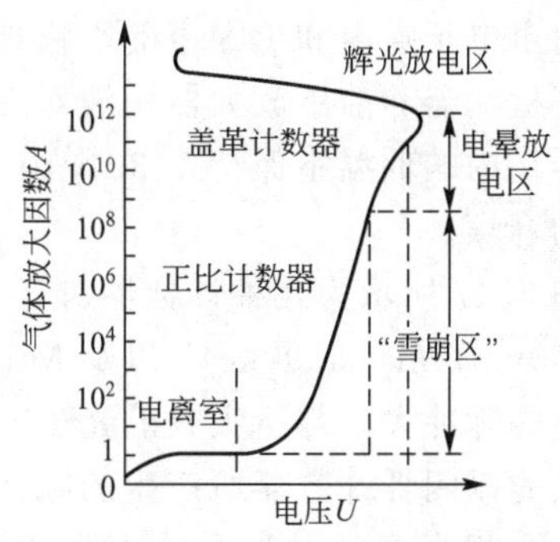

图 5.15 电压对气体放大因数的影响

当充气计数管阴极和阳极之间的电压在 1～1.7kV 时，任何一个 X 射线光量子进入计数管内，就会立即触发整个阳极线上的“雪崩”。于是得到的脉冲幅度一样大，它与光量子能量无关，此时充气计数管称为盖革计数管。盖革计数管的气体放大因数非常大，可达到 10^8～10^9，直接输出的脉冲可达 1～10V。盖革计数器的结构简单，价格低廉，使用方便，性能稳定，曾经普遍使用过。其缺点是虽然理论分辨本领为 1000 次/s，但当计数率超过 600 次/s 时有计数损失，又因盖革脉冲幅度与入射 X 射线光子的能量无关，故无法使用脉冲高度分析器，因此它已被正比计数器所取代。

2. 晶体闪烁计数器

晶体闪烁计数器的主要结构示意图如图 5.16 所示。它由闪烁晶体、光电倍增管及其他辅助部件组成，并一起置于密封套子内，以防可见光进入。闪烁晶体常用 0.5%的 Ti 激活的 NaI 晶体，它的作用是将入射的每个 X 射线光子转换成突发的可见光子群。光电倍增管

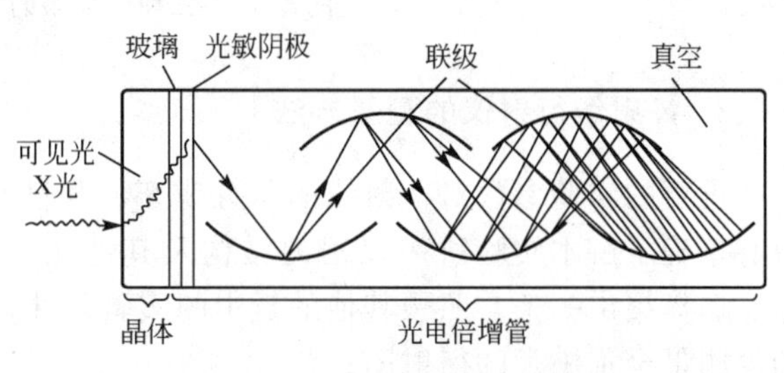

图 5.16 闪烁计数器示意图

的作用是将这些光子转换成光电子并经过联极倍增而形成一个电脉冲，测定脉冲数目，就可得到衍射线的强度。光电倍增管中通常有十个以上的联极，一个电子可倍增到 10^6～10^7 个电子，于是在不到一微秒内就能产生一个很大的电流脉冲。闪烁管反应快，其分辨时间可达 10^{-8}s 数量级，当计数率在 10^5 次/s 以下时，不至于有计数损失。闪烁计数器输出的脉冲像正比计数器一样，其大小与所吸收的光子能量成正比，但其正比性远不及正比计数器那样界线分明。其不足之处是，背底脉冲过高，即使在没有 X 射线光量子射进计数器内时，也会产生“无照电流”的脉冲，其来源为光敏阴极因热离子发射而产生的电子。此外，它价格昂贵，对温度敏感，受振动易损坏。

3. 锂漂移硅半导体检测器

锂漂移硅半导体检测器是原子固体探测器，通常表示为 Si(Li)半导体检测器。Si(Li)半导体检测器的优点是分辨能力高、分析速度快、检测效率 100%(即无漏计损失)。但在室温下由于电子噪声和热噪声的影响难以达到理想的分辨能力。为了降低噪声和防止锂扩散，要将检测器和前置放大器用液氮冷却。检测器的表面对污染十分敏感，所以，要将包括检测器在内的低温室保持 1.33×10^{-4} Pa 以上的真空。这些措施也给使用和维护方面带来一定的麻烦。

如图 5.17 所示为几种计数器对 X 射线光量子能量的分辨本领，入射 X 射线为 MnK_α (λ=0.210nm，$h\nu$=5.90keV)以及 MnK_β(λ=0.191nm，$h\nu$=6.50keV)。可见闪烁计数器中所产生的脉冲大小与所吸收的光子能量成正比。但其正比性远不如正比计数器那样界限分明，只能以闪烁计数器所产生的脉冲的平均值来表征 X 射线光子能量，而围绕这个平均值还有一个相当宽的脉冲分布，所以很难根据脉冲大小来准确判断能量不同的 X 射线光子。

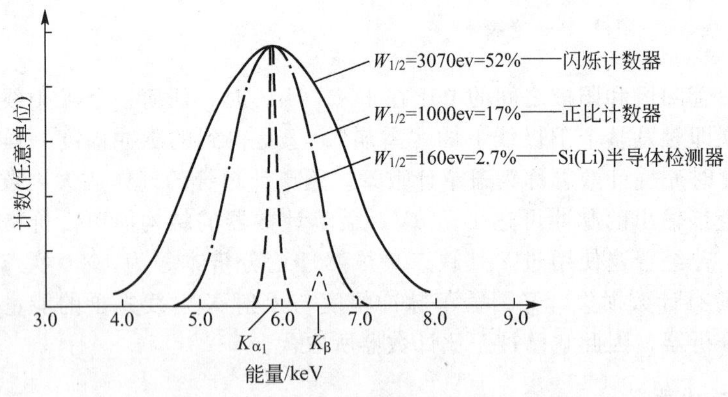

图 5.17 三种计数器的脉冲分布曲线

5.2.3 X 射线衍射仪的测量方法

重要的实验参数对衍射线的角分辨率、强度和角度测量的影响是互为矛盾而制约的。只有正确了解本实验所用仪器的结构及其性能，并善于根据分析要求，合理布置实验程序、选择突出一条、照顾其他的折中的实验条件，才能得到一张强度、角分辨率、峰形和角度测量全都满意的衍射图。

1. 试样的制备

由于粉末试样的制备及样品的安装对衍射影响很大，因此在X射线衍射仪分析中，对试样制备的要求比粉末照相法要严格得多。

选择衍射仪用的试样应从如下几方面考虑：①晶粒(或粉末颗粒)大小；②试样厚度；③择优取向；④冷加工应力；⑤试样表面的平整程度。

在衍射仪中的试样，由于X光的穿透能力有限，因此对衍射起作用的只是一定厚度的表层。考虑上述因素的影响，通常采用颗粒尺寸在5μm左右的粉末试样为宜。颗粒尺寸大于10μm，强度重演性差；小于1μm，会引起衍射线条宽化。同时，要求试样的最小厚度为$3/\mu_l$(μ_l是线吸收系数)。这样，可以不作吸收校正。μ_l越大、粉末压得越密实，试样可薄些，可较好地满足聚焦条件。反之，试样要厚些。最小试样厚度与衍射角及样品的吸收系数有关，即与样品的种类、密度及X光波长有关。因此，对于镀膜、蒸发膜表面层结构的研究，可考虑用较小的衍射角和较长的波长。

平板状粉末试样中的择优取向会使衍射强度发生根大的变化。当采用框型试样架制成的粉末试样，可用毛玻璃作衬底压片，或掺入各向同性粉末物质(如MgO)，来降低择优取向的影响。若能使试样绕其表面法线转动或摆动，将会收到良好的效果。

一般用锉刀工具制备的金属粉末试样均需退火处理，以消除加工时产生的内应力。另外，试样表面不平整，会引起衍射线宽化、峰位移动、衍射强度减弱等现象。

2. 实验参数的选择

计数测量工作中重要的问题是依据实验要求合理地选择实验条件。合理选择狭缝宽度、扫描速度、时间常数和走纸速度等实验参数才可能获得最大的衍射强度、最佳的分辨本领和正确的角度读数。

(1) 狭缝宽度。增加狭缝宽度可使衍射线强度增高，但会导致分辨率下降。通常要根据实际试样的大小及所测的最小θ角来确定发散狭缝宽度的上限。超过上限，会因光束过宽而照射到样品之外，反而降低了有效的衍射强度，并由试样带来了干扰线条及背底强度。狭缝增大到2.5°即为上限，物相分析时，为1°～1.5°。接收光阑对衍射线的高度、峰与背底之比以及峰的积分强度都有明显的影响。接收光阑的大小可根据强度及分辨谐振要求而选择，相分析中常用0.2mm或0.4mm。

(2) 扫描速度。扫描速度是指接收狭缝和计数器转动的角速度，以°/min计。增大扫描速度可节约测试时间，但将导致强度和分辨率的下降，线形畸变，峰顶向扫描方向移动。为了提高测量精确度，希望采用尽可能小的扫描速度。在相分析时，常用的扫描速度为1°/min或2°/min。近年来使用了位置敏感探测器，可使扫描速度达到120°/min。

(3) 时间常数。表示对X射线衍射强度记录时间间隔的长短。增大时间常数可使衍射峰轮廓及背底变得光滑，但同时将降低强度和分辨率，并使衍射峰向扫描方向偏移，造成峰的不对称宽化。可以看出，增大扫描速度与增大时间常数的不良后果是相似的。不过必须指出，采用极低的扫描速度与时间常数并不总有好处。首先，过低的扫描速度是不实际的；其次，过低的时间常数会使背底的波动加剧，从而使弱线不易识别。在相分析中所选用的时间常数T为1～4s。

综合以上分析，可以得出这样的结论：①为了提高分辨本领必须选用低速扫描和较小的接收狭缝光阑；②要想使强度测量有最大的精确度，就应当选用低速扫描和中等接收狭缝光阑。另外，对不同扫描速度，还要注意采用适当的记录纸带运动速度与之相配合。

3. 计数测量方法

多晶体衍射的计数测量方法有连续扫描测量法和阶梯扫描测量法两种。

1) 连续扫描测量法

这种测量方法是将计数器连接到计数率仪上，计数器由 2θ 接近 0°(5°～6°)处开始向 2θ 角增大的方向扫描。计数器的脉冲通过电子电位差计的纸带记录下来，得到如图 5.18 所示的衍射线相对强度(计数/秒)随 2θ 角变化的分布曲线。

2) 阶梯扫描测量法

这种测量方法是将计数器转到一定的 2θ 角位置固定不动，通过定标器，采取定时计数法或定数计时法，测出计数率的数值。脉冲数目可以从定标器的数值显示装置上直接读出，也可以由计算机直接打印。然后将计数器转动一个很小的角度(精确测量时一般转 0.01°)，重复上述测量，最终得到如图 5.19 所示的曲线。曲线上扣除了背底强度。背底的扣除办法是将计数器转到衍射线中间，测出背底强度的计数率，然后从衍射线强度的计数率中扣除。

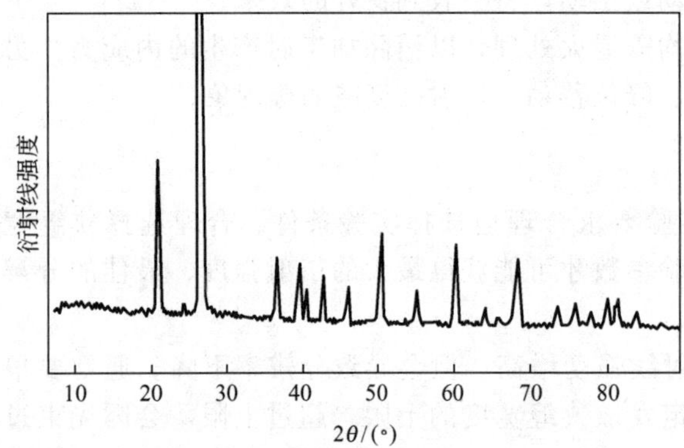

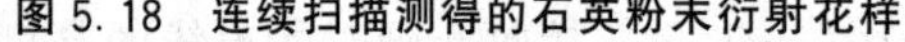
图 5.18　连续扫描测得的石英粉末衍射花样

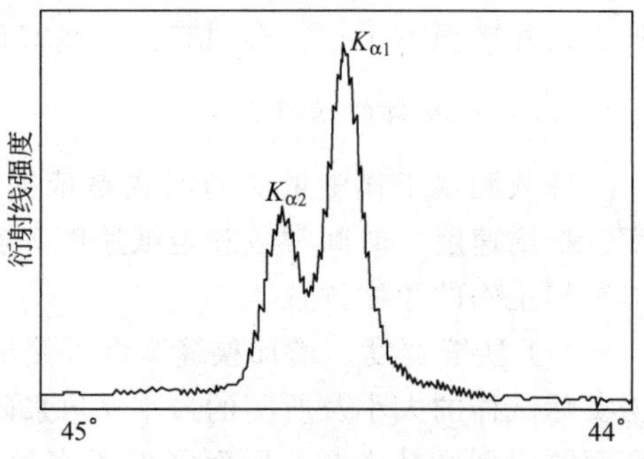

图 5.19　阶梯扫描测得的强度分布曲线

5.3　其他多晶照相法

最常用的多晶分析为衍射仪法及德拜法，本节简略介绍其他一些方法。

1. 对称聚焦照相法

如图 5.20 所示为对称聚焦照相法示意图。聚焦法要求光源、试样以及反射线的聚焦点都在同一个聚焦圆上，此圆与相机内腔重合。狭缝光阑 P 是虚光源。试样 AB 呈块状，是由多晶试样经磨制或在硬纸板上粘涂晶体粉末而成，其内表面与机腔的曲率相同。发散的 X 射线束经过光阑 P 射到试样的内表面，其上每一点所产生的同一(HKL)反射线与相应的入射线都形成 $\pi-2\theta$ 的圆周角。由于圆周角相等，其所对圆弧也必相等。又因入射线均从 P 出发，故反射线必在 F 或 F' 点上聚焦。由于采用了发散的大光束入射，反射线又能聚焦，故摄照时间比一般德拜相面要短得多。又由于试样放置在圆周上而不在圆心，使聚焦机的分辨本领为同直径的德拜相机的两倍。因为可以使用块状试样，更加方便于金属材料的测试。对称聚焦法有利于摄取高 θ 角的线条，故常用于点阵参数的精确测定。

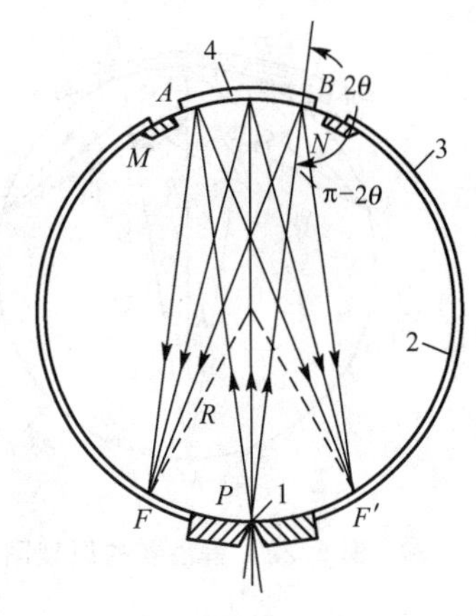

图 5.20 对称聚焦照相法

1—光阑 2—照相机器

3—底片 4—试样

2. 针孔法

针孔法是利用单色 X 射线、多晶体试样、针孔光阑以及平板照相底片来进行衍射摄照工作的一种方法。针孔法的聚焦原理如图 5.21 所示。同劳厄法一样，针孔法可分为透射及背射两种。衍射花样是一系列的同心圆，适宜于研究晶粒大小、晶体完整性及多晶体试样的择优取向等问题。背射针孔法还可以用于精确测定点阵参数。针孔法可以直接用块状磨平试样进行背射摄照工作。在透射针孔法中，也可使入射 X 射线穿过块状试样的边沿，在底片上得到一系列的半圆衍射线条，从而可进行衍射分析。

3. 晶体单色器

在粉末多晶衍射中，常用滤波法得到近似单色的 X 射线。但为了使衍射花样更清晰，背底更浅，最好采用晶体单色器以获得单色的辐射。其原理是，选择一种反射本领强的晶体，使其表面与晶体内某个原子密度大的晶面平行。当满足 $2d\sin\theta=n\lambda$ 的条件时，辐射才可能反射，由此得到单色的辐射。

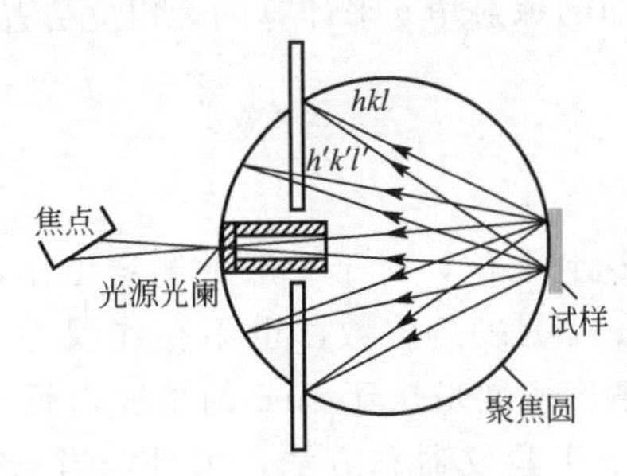

图 5.21 针孔法的聚焦原理

当晶体是平面时，反射线并不聚焦，且强度低；当将晶体弯曲至一定曲率时，反射线就能聚焦，且强度增大，其聚焦原理如图 5.22 所示。晶体 AB 有一组反射面与表面平行，先将该晶体弹性地弯成曲率半径为 $2P$ 的圆弧，然后再将表面弯成曲率半径为 R 的圆弧。由处在半径为 R 的聚焦圆上的光源 S 发出的所有光线以相同的入射角与该组反射面相遇时，$\angle SDM$、$\angle SCM$ 及 $\angle SEM$ 值均为 $90°-\theta$。当调节入射角，使入射光束中 K_α 谱线满足布拉格反射条件时，就可以从晶体上反射出一束聚焦于 F 点的很强的单色光。改变单色器表面与反射晶面的夹角，可得到 S 和 F 非对称的分布。

晶体单色器与各种粉末相机联合使用即是各种聚焦相机。纪尼叶等人设计了一种联合装置，称之为纪尼叶相机。它的衍射几何如图 5.23 所示。试样是粉末薄层，放在单色器反射线传播的路径上。由单色器发射出来的收敛射线束，穿过薄层粉末试样时所产生的衍射线束将分别在相机聚焦圆 $FMNP$ 上的不同部位聚焦。将条状底片安放在相机聚焦圆上。可得到非常清晰的衍射花样。为了得到强度均匀的衍射线条，相机上装有试样摆动装置，使更多的晶粒参加衍射。为了排除空气散射的影响，相机内抽成真空。

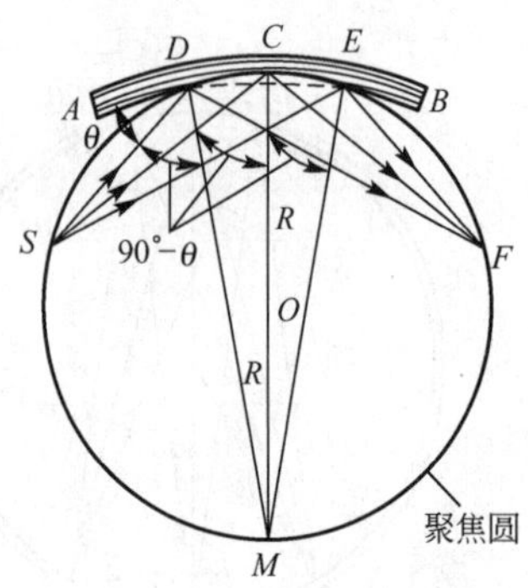

图 5.22 单色器的原理图

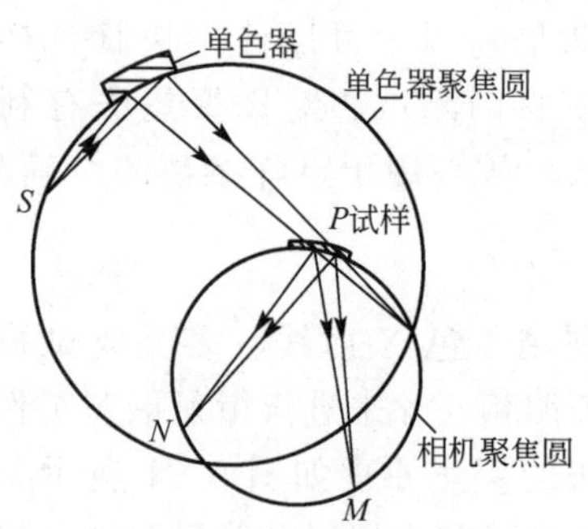

图 5.23 纪尼叶相机的衍射几何

5.4 点阵参数的精确测量

在研究晶体材料领域中的一些问题时，常常要通过测量定点阵参数，才能进一步进行固相溶解度曲线的测定，宏观应力的量度，化学热处理层的分析，过饱和固溶体分解过程的研究。但上述课题中点阵参数的变化通常都很小(约为 10^{-5} nm 数量级)，因此要求能用多种途径测定点阵参数的精确数值。本节将介绍几种精确测定点阵参数的方法。

5.4.1 误差的来源

用 X 射线法测定物质的点阵参数，是通过测定某晶面的掠射角 θ 来计算的。以立方晶系为例：

$$\alpha=\frac{\lambda\sqrt{H^2+K^2+L^2}}{2\sin\theta} \tag{5-7}$$

式(5-7)中的波长是经过精确测定的，有效数字甚至可达到七位，对于一般的测定工作，可以认为没有误差；HKL 是整数，也不存在误差。因此点阵参数 α 的精度主要取决于 $\sin\theta$ 的精度，而 θ 角的测定精度取决于实验仪器和方法。另外，当 $\Delta\theta$ 一定时，$\sin\theta$ 的变化与 θ 所在的范围有很大关系，由图 5.24 可见，当 θ 接 90°时 $\sin\theta$ 变化最为缓慢。如果在各种 θ 角度下测量精度 $\Delta\theta$ 相同，则在高角区所得到的 $\Delta\sin\theta$ 值比在低角区的值小很多，即在高角区 $\sin\theta$ 的测量值精度高。对布拉格方程 $2d\sin\theta=\lambda$ 进行微分，可以得出以下关系

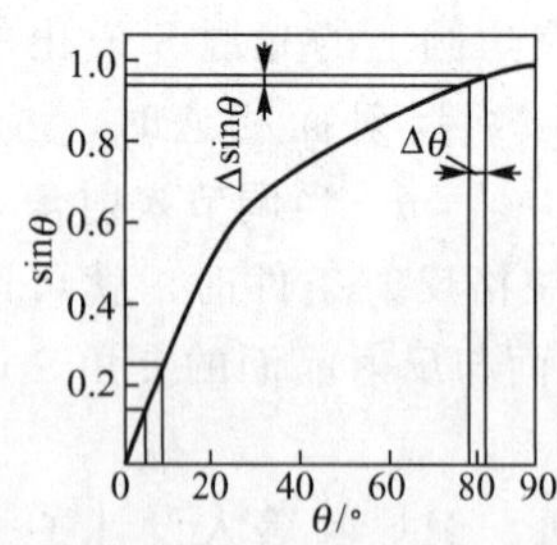

图 5.24 sinθ 随 θ 变化的关系

$$\Delta d/d=-\cot\theta\cdot\Delta\theta \tag{5-8}$$

式(5-8)也同样说明，当 $\Delta\theta$ 一定时，采用高 θ 角的衍射线进行计算得到的面间距误差 $\Delta d/d$ 也很小，当 θ 趋近于 90°时，误差将趋近于零。

由分析可知，在进行 X 射线衍射分析测量时，在满足衍射晶面与入射 X 射线有良好的配合的情况下，尽量选择较高角度的线条进行测量计算。表 5-3 的数据可以作为选择

的参考。

表 5-3 参考数据

物质	采用辐射	波长 λ/nm	衍射晶面	掠射角 θ/(°)
Al	$CuK_{\alpha 1}$	0.154056	333，511	81.27
	$CoK_{\alpha 1}$	0.17890	420	81.06
α-Fe（马氏体）	$CoK_{\alpha 1}$	0.17890	310	80.71
	$FeK_{\beta 1}$	0.17566	310	75.70
	$CrK_{\alpha 1}$	0.22897	211	78.05
γ-Fe（奥氏体）	$CrK_{\beta 1}$	0.20849	311	75.51
	$FeK_{\alpha 1}$	0.19360	222	69.89
Ni	$CuK_{\alpha 1}$	0.154056	420	77.83
	$CrK_{\beta 1}$	0.20849	311	78.88
Cu	$CuK_{\alpha 1}$	0.154056	420	72.36
	$CoK_{\alpha 1}$	0.17890	400	81.77
NaCl	$CuK_{\alpha 1}$	0.154056	640	80.03
	$CrK_{\alpha 1}$	0.22897	422	83.84

虽然采用衍射仪测量时，有比较复杂的仪器调整误差，但利用德拜照相法测得的 2θ 角精度比 X 射线衍射仪法要低一个数量级，这是因为系统本身造成的误差来源更多。德拜相机的系统误差包括相机的半径误差、底片的伸缩误差、试样的偏心误差(由于相机制造不准确或试样调整有误差而引起的)以及试样的吸收误差等。

由于系统存在多种多样的误差，为了获得线条锋锐清晰的衍射图，需采用特别精密的照相机和小心谨慎的实验技术。还要根据高角度衍射线计算出的点阵参数精度较高的优点，保证在背射区域内有足够多的衍射线，尤其是尽量使最后一根衍射线接近 90°。这需精选所用的辐射波长，或不用滤波片(使 K_β 辐射参加衍射)，或采用合金靶，以增加高角度衍射线的数目。最后就是采用合适的数学方法来校正测量误差，下面将详细介绍两种方法。

5.4.2 图解外推法

由于实际测量时可以利用的衍射线的 θ 角总是和 90°有差距的，但是可以通过外推法来接近理想状况。例如，先测出同一物质的多根衍射线，并按每根衍射线的 θ 计算出相应的 α 值，再以 θ 为横坐标，以 α 为纵坐标，将各个点连成一条光滑曲线，再将此曲线延伸至令 $\theta=90°$处，则此点的纵坐标即为精确的点阵参数值。

用外推法来延续 $\theta-\alpha$ 曲线到 90°，显然有人的主观因素掺入，故最好寻找另一个变量(θ 的函数)作为横坐标，使所描画的点呈直线关系。当然在不同的几何条件下，外推函数也是不同的。通过学习对系统误差所进行的分析，可以得出结果：$\Delta d/d=K\cos^2\theta$，对于立方系物质可有

$$\Delta\alpha/\alpha=\frac{\Delta d}{d}=K\cos^2\theta \tag{5-9}$$

式(5-9)中K为常数，由公式可见，当$\cos^2\theta$减小时，$\Delta\alpha/\alpha$也随之减小；当$\cos^2\theta$趋于零时，即θ趋于90°时，$\Delta\alpha/\alpha$也趋于零，即α值趋于其真值α_0。因此，只要测量出若干条高角衍射线，求出相应的θ及α值，再以$\cos^2\theta$为横坐标，α纵坐标，则所画出的各点应符合直线关系。按照各点的趋势，定出一条平均直线，该直线与纵坐标轴的交点即为精确的点阵参数α_0。

式(5-9)在推导过程采用了某些近似处理，它们是以高θ角的背射线为前提的。即要求全部衍射线条$\theta>60°$，而且至少有一根线的θ角是在80°以上。由于在大多数的实验条件下，很难满足上述要求，故必须寻找一种可包含低角衍射线的直线外推函数。J. B. 贝尔森(J. B. Belson)等用尝试法找到了外推函数$f(\theta)=\frac{1}{2}\left(\frac{\cos^2\theta}{\sin\theta}+\frac{\cos^2\theta}{\theta}\right)$，这个函数在很广的$\theta$范围内有较好的直线性。后来A. 泰勒(A. Taylor)等又从理论上证实了这一函数。如图5.25所示为根据H. 利普森(H. Lipson)等利用所测得铝在298℃下的数据而绘制的"$\alpha-\cos^2\theta$"直线外推示意图，图5.26为采用贝尔森等人所提出的函数的图解。可以看出，当采用$\cos^2\theta$为外推函数时，只有$\theta>60°$的点才与直线较好地符合。

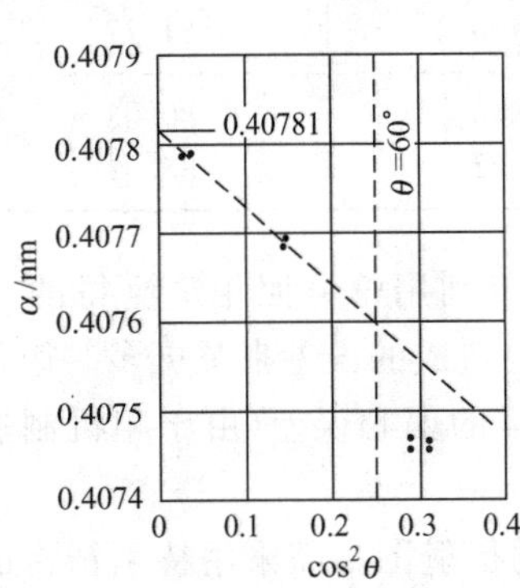

图5.25 "$\alpha-\cos^2\theta$"直线外推示意图

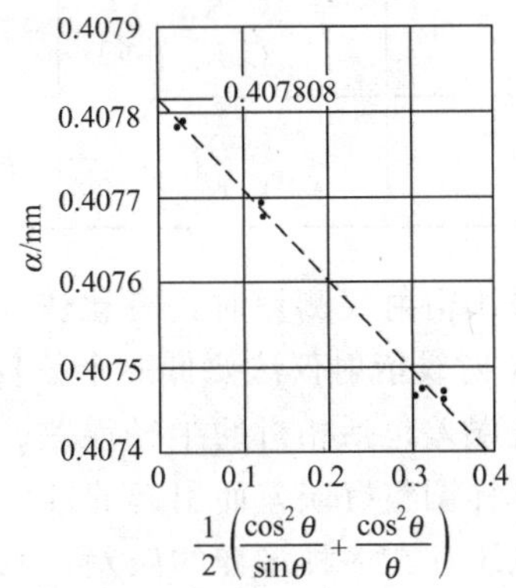

图5.26 "$\alpha-\frac{1}{2}\left(\frac{\cos^2\theta}{\sin\theta}+\frac{\cos^2\theta}{\theta}\right)$"的直线外推示意图

5.4.3 最小二乘法

在图解外推法测算点阵常数过程中解决了两个问题，即通过选择适当的外推函数消除了系统误差；降低了偶然误差的比例，降低的程度取决于画最佳直线的技巧。但是绘画时主观色彩较重，另外在绘制时为了能客观地画出与实验值最贴合的直线，人们总是使直线L(参看图5.26)穿行在各实验点之间，并使各实验点大体均匀地分布在直线两侧。这种做法的出发点是考虑到各测量值均具有无规则的偶然误差，使正误差和负误差大体相等，即

$$\Delta y_1+\Delta y_2+\cdots+\Delta y_n=0$$

这一想法是正确的，但不充分，因为在同样的实验数据下，还可以再做出其他的直线也同样会满足

$$\Delta y_1'+\Delta y_2'+\cdots+\Delta y_n'=0$$

所以只有保证各测量值的误差平方和最小，才能使偶然误差降为最小值。即

$$(\Delta y_1)^2+(\Delta y_2)^2+\cdots+(\Delta y_n)^2=0 \tag{5-10}$$

式(5-10)是最小二乘法的基本公式，利用它可以准确地确定直线的位置或待测量的真值。在点阵参数测定中，因为同时存在系统误差，平均直线与纵坐标的截距才表示欲得

的精确数值。求出此截距的方法如下：以纵坐标 Y 表示点阵参数值，横坐标 X 表示外推函数值，实验点子用 (X_i, Y_i) 表示，直线方程为 $Y=a+bX$。式中 a 为直线的截距，b 为斜率，其示意图如图 5.27 所示。

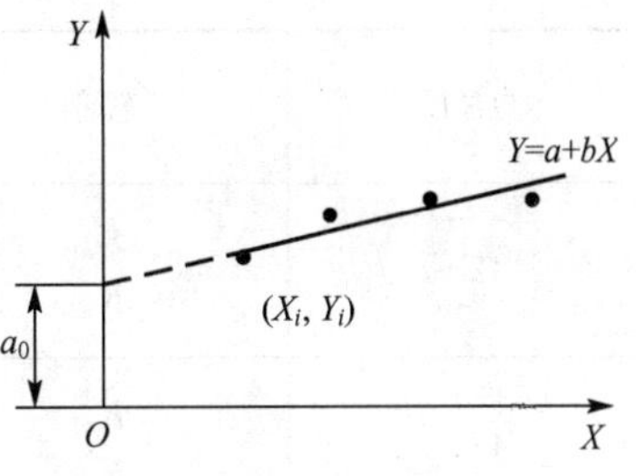

图 5.27 直线最小二乘外推

一般来说，直线并不通过其中任一实验点，因为每点均有偶然误差。以直线方程为例，当 $X=X_i$ 时，相应的 Y 值应为 $a+bX_1$，而实验点之 Y 值却为 Y_1，故此点的误差 e_1 为

$$e_1=(a+bX_1)-Y_1$$

则所有实验点误差的平方和为

$$\sum(e^2)=(a+bX_1-Y_1)^2+(a+bX_2-Y_2)^2+\cdots+(a+bX_i-Y_i)+\cdots \quad (5-11)$$

按最小二乘方原理，误差平方和为最小的直线就是最佳直线。求 $\sum(e^2)$ 为最小值必须满足

$$\frac{\partial\sum(e^2)}{\partial a}=0, \quad \frac{\partial\sum(e^2)}{\partial b}=0$$

于是整理后得

$$\sum a+\sum bX-\sum Y=0 \quad (5-12)$$

$$a\sum X+b\sum X^2-\sum XY=0 \quad (5-13)$$

整理式(5-12)和式(5-13)得

$$\begin{cases}\sum Y=\sum a+b\sum X \\ \sum XY=a\sum X+b\sum X^2\end{cases} \quad (5-14)$$

从联立方程(5-14)解出的 a 值即为精确的点阵参数值。

应该强调指出，最小二乘法所能做到的是确定所选方程式中常数的最佳值，或者说确定曲线的最佳形状。但当不知道曲线的函数形式(是线性的还是抛物线等非线性)时，是无法运用最小二乘法的。使用最小二乘法不仅可以确定直线的最佳形状，而且也可以确定曲线、曲面或更复杂函数曲线的最佳形状。

5.4.4 点阵参数精确测定举例

以铝在 298℃下测定的点阵参数测定为例，摄照系采用 CuK_α 射线，计算时用波长 $\lambda_{K_{\alpha1}}=0.154050$nm，$\lambda_{K_{\alpha2}}=0.154434$nm。采用尼尔逊函数。表 5-4 列出了有关数据。

表 5-4 用最小二乘法求得铝的点阵参数精确值

HKL	辐射	$\theta/(°)$	α/nm	$\frac{1}{2}\left(\frac{\cos^2\theta}{\sin\theta}+\frac{\cos^2\theta}{\theta}\right)$
331	$K_{\alpha1}$ $K_{\alpha2}$	55.486 55.695	0.407463 0.407459	0.360 0.356

（续）

HKL	辐射	θ/(°)	α/nm	$\frac{1}{2}\left(\frac{\cos^2\theta}{\sin\theta}+\frac{\cos^2\theta}{\theta}\right)$
420	$K_{\alpha1}$ $K_{\alpha2}$	57.714 57.942	0.407463 0.407458	0.311 0.306
422	$K_{\alpha1}$ $K_{\alpha2}$	67.763 68.107	0.407663 0.407686	0.138 0.134
{333 511	$K_{\alpha1}$ $K_{\alpha2}$	78.963 79.721	0.407776 0.407776	0.032 0.028

以$\frac{1}{2}\left(\frac{\cos^2\theta}{\sin\theta}+\frac{\cos^2\theta}{\theta}\right)$之值作为$X$，$\alpha$值作为$Y$代入方程组(5-14)，得

$$\begin{cases}3.260744=8a+1.665b\\0.6785=1.665a+0.486b\end{cases}$$

解方程得：$\alpha=0.407805$nm。

α值即为当$X=0$时也就是$\theta=90°$时的Y值，大部分的系统误差已通过外推手续消除，而用最小二乘法所选出的直线也消除了偶然误差，故α就是准确的点阵参数值α_0。

需要指出的是，图解外推法和最小二乘法只是一种数学处理方法，它必须建立在准确的测量数据上。当用衍射仪测定衍射线的位置时，惯常采用的峰顶法(即以衍射峰的顶点作为衍射线的位置)已不能满足要求，而且衍射图的数据存在较多的误差因素。比较可靠的是采用三点抛物线法定峰，若要求更高，还可以采用五点或多点抛物线法测量。

阅读材料

X射线衍射仪在分析古代材料方面的应用

X射线衍射仪作为一种重要的材料研究手段，可以分析超过58000中的晶体物质，包含了在文物工作中较为重要的诸如金属、矿石、矿物颜料、陶瓷(胎土、釉层)、壁画地仗层、腐蚀产物、风化产物等许多无机质的文物基体材料及蜕变产物。目前，XRD在金属质文物的腐蚀机理及保护研究、壁画制作材料及保护研究、石质文物的风化产物及保护研究、文物的产地判断和文物防伪等许多文物工作领域得到越来越广泛的应用。

古代青铜器的腐蚀机理和保护处理方法研究，一直是文物保护研究中十分重要的领域。对青铜器腐蚀研究的焦点多集中在青铜粉状锈，即所谓的“青铜病”的研究。对于“青铜病”的成因及其腐蚀化学机理，许多学者曾做过较为深入的研究，已经有很多报道。虽然学者们的观点不尽相同，但氯化物是导致青铜器循环腐蚀的根源这一观点，已经被文物保护界绝大多数专家和学者们所接受。一般来说，“青铜病”发病产生的腐蚀产物，成分主要为氯铜矿(atacamite，$Cu_2Cl(OH)_3$)、副氯铜矿(paratacamite，$Cu_2(OH)_3Cl$)和氯化亚铜(cuprous chloride，CuCl)中的一种或几种，呈淡绿色、粉末状，故常称之为“粉状锈”。在实际工作中，“粉状锈”的颜色和形态特征固然是判断有害锈和无害锈的重要方法，但并非所有的淡绿色的粉末状的腐蚀产物都是有害的“粉状锈”。

在对一件三国时期青铜附耳鼎的保护处理过程中，发现在鼎身、鼎耳等多处有较多的粉末状的腐蚀产物，从颜色和形态上看和“粉状锈”十分相似，结构十分酥松，很容易脱落。首先对其做了硝酸银滴定试验，发现其中并不含Cl离子。基于这种情况，又对其进行了XRD分析。分析的结果表明，这种貌似“粉状锈”的腐蚀产物，并不含铜的氯化物，其主要成分为碳酸铅。因其一般也呈粉末状，为与“粉状锈”区别，国内有些学者称之为“酥粉锈”，对其形成的机理和处理办法也进行了一定的探讨。这种特殊的“酥粉锈”本身的化学活性较低，不会像“青铜病”那样继续循环反应，从而对青铜器的本体构成危害。但是由于其疏松的粉末状结构，使得水、二氧化碳以及空气中其他的有害物质在其中积聚并通过其传递，对铜器的长期保存构成潜在的威胁；另外，由于这种锈的颜色较浅，且结构不稳定，对铜器的陈列效果的影响也是不容忽视的。

这种所谓的“酥粉锈”在得到较好的封闭或者加固，并且使其与外界环境充分的隔离的情况下，不会对铜器产生继续的危害；但由于其酥松的结构和与青铜器整体不和谐的颜色，也不能像对待其他无害锈那样给予整体保留。应该从器物的腐蚀状况和整体的美学效果出发，对其进行选择性地处理。

除了应用于金属文物腐蚀产物的物相成分分析之外，XRD还可以用于壁画、陶瓷器、石器等无机质文物的制作材料和蜕变产物的分析研究。在对文物进行保护处理操作前都要进行系统地分析研究，这一观点已经被国内外文物保护工作者所接受。文物的保护处理必须依据严格的科学原理，还要遵循不改变文物原貌的原则。既要有效地清除文物的病害，又要最小限度地干涉文物，保持其原貌。在保护处理的实际工作中，仅凭经验观察有时很难准确地区分各种蜕变产物。XRD作为一种科学的分析手段，使我们能在工作中准确把握文物的基体和其蜕变产物的成分。利用分析的结果，可以根据文物的成分，选择与其相适应的保护方法和材料；对待病害产物，也可根据其成分的不同进行选择性地处理或清除，避免工作中的失误，达到最好的保护效果。

文物作为人类古代文化、科技等发展的实物载体，具有鲜明的时代和地域特征。这些特征在文物的制作材料、工艺、形状、纹饰等许多方面都有所反映。利用XRD对文物的制作材料进行研究，探索文物制作材料和其所代表的时代和地域特征之间的关系，可用于对文物的产地的判断，还可以为文物的鉴定提供有力的科学证据。

资料来源：陈坤龙．古代材料的X射线衍射分析及其应用．中原文物，2003(03)：84-86.

小　　结

本章主要介绍了多晶体常用的X射线分析方法，重点讨论了德拜-谢乐法和X射线衍射仪法的工作原理以及测量方法，简单介绍了对称聚焦照相法、针孔法、晶体单色器等粉末照相法，点阵参数的精确测量方法也在本章做了介绍。

关键术语

粉末照相法　X射线衍射仪　点阵参数　德拜-谢乐法　德拜花样

1. 埃瓦尔德图解来说明德拜花样的形成。

2. 一粉末相上背射区线条与透射区线条比较起来其θ较高还是较低？相应的d较大还是较小？既然多晶粉末的晶体取向是混乱的，为何有此必然的规律？

3. 图5.28是一张偏装粉末相示意图，摄照时未经滤波。已知1，2为同一晶面的衍射线，3，4为另一晶面的衍射线。试判别哪一条为K_α线，哪一条为K_β线，并说明理由。

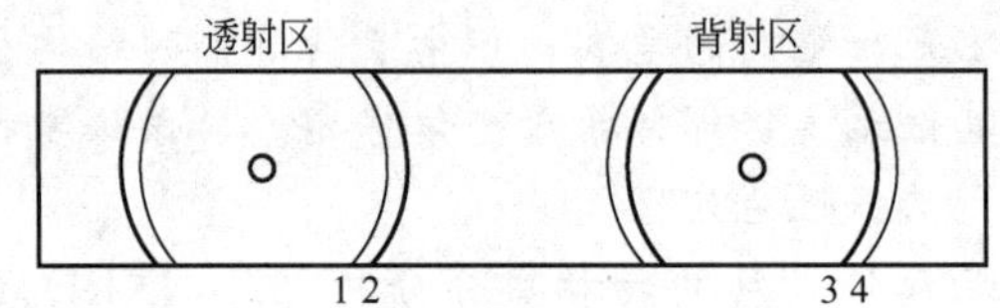

图5.28　未滤波的偏装粉末相示意图

4. 衍射仪测量在入射光束、试样形状、试样吸收以及衍射线记录等方面与德拜法有何不同？衍射仪在描画衍射图时，如果试样表面转到与入射角成30°角，则计数管与入射线之间的夹角是多少？

5. 从一张简单立方点阵物质的德拜相上，已求出4根高角度线条的θ角(系由$K_{\alpha1}$线所产生)及对应的干涉指数，见表5-5。试用$\alpha-\cos^2\theta$的图解外推法求点阵参数值至小数后五位。

表5-5　已求出的θ角及干涉指数

HKL	{532, 611}	620	{443, 540, 621}	541
$\theta/(°)$	72.68	77.93	81.11	87.44

第6章 物相分析

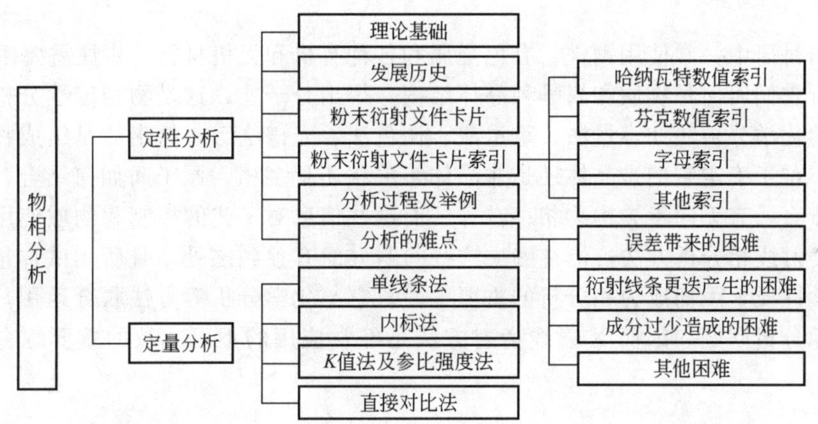

教学目标与要求

- 掌握定性分析的原理和分析思路
- 熟悉粉末衍射文件卡片的组成，了解粉末衍射文件卡片的索引
- 掌握定性分析的分析过程，了解定性分析的难点
- 掌握定量分析的方法

导入案例

1985 年，加拿大文物保护协会(CAPC)的保护科学家们曾利用 XRD 对一件被作为梵高作品出售的油画颜料进行分析鉴定。分析的结果令人出乎意料，在这件所谓的梵高作品中，居然发现了大量的金红石的存在。作为白色颜料使用，二氧化钛一般以两种状态存在，即金红石和锐钛矿。锐钛矿作为白色颜料使用是从 1925 年开始的，而金红石作为白色颜料直到 1938 年才开始生产。这两种物质具有相同的化学成分而具有不同的晶体结构，XRD 是分辨这两种物质非常有效的手段。因为金红石的存在，就使得这幅油画的创作时间不可能早于 1938 年，这与梵高的生活时期(1853—1890 年)是不相符的。通过上述分析，基本可以说明这幅所谓的梵高大作，其实是一件赝品。

物相分析包括定性分析和定量分析。

6.1 定性分析

生产和科研中，常使用钢铁、有色金属和各种有机和无机材料，往往需要用 X 射线衍射技术分析它们属何种物质和属哪种晶体结构，得出分子式，这是物相定性分析的主要内容。通常的化学分析法如容量法、重量法、比色法、光谱法等，给出的是组成物体的元素及其含量，难于确定它们是晶体还是非晶体，单相还是多相，原子间如何结合，化学式或结构式是什么，有无同素异构物相存在等。而这些信息对工艺的控制和物质使用性能则颇为重要。X 射线相分析方法恰恰在解决这些问题方面有独到之处，且所用试样量少，不改变物体化学性质，因而成为相分析的重要手段。它与化学分析等方法联合运用，能较完满地解决物相分析问题，因而 X 射线衍射方法是经常应用的不可或缺的重要综合分析手段之一。

6.1.1 定性分析的理论基础

多晶体物质其结构和组成元素各不相同，它们的衍射花样在线条数目、角度位置、强度上就显现出差异，衍射花样与多晶体的结构和组成（如原子或离子的种类和位置分布，晶胞形状和大小等）有关。一种物相有自己独特的一组衍射线条（衍射谱），反之，不同的衍射谱代表着不同的物相，若多种物相混合成一个试样，则其衍射谱就是其中各个物相衍射谱叠加而成的复合衍射谱，从衍射谱中可直接算得面间距 d 值和测量得到强度 I 值。

单相多晶体衍射特征辐射后，形成一均匀衍射圆，其单位圆弧长度上的累积强度为

$$I_{累积}=I_0\frac{e^4}{m^2c^4}\frac{\lambda^3}{32\pi R}\frac{V}{V_{胞}^2}P|F_{HKL}|^2\frac{1+\cos^2 2\theta}{\sin^2\theta\cos\theta}A(\theta)\mathrm{e}^{-2M}$$

若实验条件相同，同一衍射花样的 e、m、c、I_0、R、λ、V、$V_{胞}$ 等均相同，则可得相对强度：

$$I_{相对}=P|F_{HKL}|^2\frac{1+\cos^2 2\theta}{\sin^2\theta\cos\theta}A(\theta)\mathrm{e}^{-2M}$$

通过 d、I 的表达式，可以把 d、I 与晶体结构、晶面指数等联系起来，这在预先知道

晶系后，建立和验证粉末衍射文件数据准确性方面有用。

物相的X射线衍射谱中，各衍射线条的 2θ 角度位置及衍射强度会随所用 K_α 辐射波长不同而变，直接使用衍射图谱对比分析并不方便。故而总是将衍射线的 2θ 角按 $2d\sin\theta=\lambda$ 转换成 d 值，而 d 值与相应晶面指数 HKL 则巧妙地用已知晶体结构的标准数据文件卡片关联起来。强度 I 也不需用强度公式直接计算，而是转换成百分强度，即衍射谱线中最强线的强度 $I_1=100$，其他线条强度则为 $(I/I_1)\times100$，这样，d 值及 $(I/I_1)\times100$ 便成为定性分析中常用的两个主要参数。

上面提到的标准数据文件卡片，以前称为ASTM卡片，现在称为粉末衍射文件粉末衍射文件，是用X射线衍射法准确测定晶体结构已知物相的 d 值和 I 值，将 d 值和 $(I/I_1)\times100$ 及其他有关资料汇集成该物相的标准数据卡片。定性分析即是将所测得数据与标准数据对比，从而鉴定物相的分析工作。

6.1.2 定性分析的发展历史

作为定性分析对比标准的粉末衍射文件(Powder Diffraction File，PDF)是科学家多年积累的成果。1936年哈纳瓦特等人首先提出检索索引，1938年又率先提出迅速检索的数据卡片，1941年美国材料与试验协会(American Society for Testing and Materials，ASTM)和粉末衍射标准联合委员会(Joint Committee on Powder Diffraction Standards)着手出版了约1000个化合物的卡片，以后逐年增加，称为ASTM卡片。后来由美、英一些机构组成“粉末衍射法化学分析联合委员会”(Joint Committee on Chemical Analysis by Powder Diffraction Methods)主持编辑，称为X射线衍射数据卡和X射线衍射数据卡索引。从1957年第7组卡片开始，又改称X射线粉末数据文件和X射线粉末数据文件索引，并把有机物和无机物卡片分开排列，而且每年增加一组卡片。从1963年第13组卡片起，将X射线粉末数据文件改名为粉末衍射文件，仍由ASTM出版。从1964年第14组卡片开始，粉末衍射文件及其索引的编辑和出版工作改由新成立的粉末衍射标准联合委员会(Joint Committee on Powder Diffraction Standards，JCPDS)主持。从1977年的第27组卡片开始，这些工作又由JCPDS的衍射数据国际中心(International Centre for Diffraction Data，ICDD)主持。从1987年第37组开始，每组的有机、无机均合成一册，以书的形式出版，并把这些数据制成磁带、磁盘、光盘数据库出售，其物相卡片逐年增加(每年2000张左右)，目前约66000多张，其中不够精确和不完全的卡片不断被删除，而被更精确更完整的数据文件卡片所代替。1983年，粉末衍射标准联合委员会JCPDS与美国国家标准局NBS共同研制出一种计算机程序NBS*AIDS83，对原有的粉末衍射文件标准卡片上的数据，重新进行检验和估价，并设法改进其精度，或用新的更精确的数据卡片取代，例如，到1984年时，已有8939张卡片被删除。这样，也可更适应于计算机自动检索的要求。近年来，JCPDS数据库分成两级：PDF I级，包括全部粉末衍射文件卡片的 d 值、I 值、物质名称、化学式，储存在硬盘上；还有PDF II级，除上述数据外，还可以将衍射线的晶面指数、点阵常数、空间群以及其他的晶体学信息，储存在激光盘上，使用相应的软件，未知物相可以容易被鉴别出来。

X射线定性分析，就是将所测得的未知物相的衍射谱与粉末衍射文件中的已知晶体结构物相的标准数据相比较(这可通过计算机自动检索或人工检索来进行)，运用各种判据以确定所测试样中含哪些物相、各相的化学式、晶体结构类型、晶胞参数等，以便进一步利用这些信息。

6.1.3 粉末衍射文件卡片

1983 年以前出版的卡片属老格式，1984 年后采用了新格式，如图 6.1 所示。

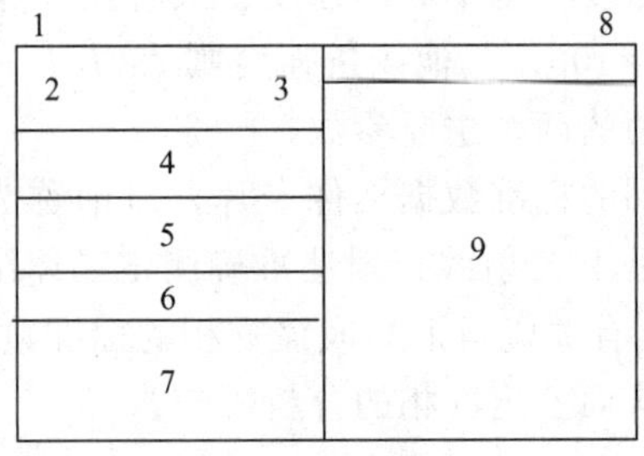

(a) 老格式　　(b) 新格式

图 6.1　粉末衍射文件空白卡片的老格式和新格式

新格式中 1~9 栏的主要内容简述如下：

1 栏为卡片的组号及组内序号；

2 栏为试样名和化学式；

3 栏为矿物学名称，其上面有“点”式或结构式；

4 栏为所用的实验条件如辐射、波长、方法等；

5 栏为晶体学数据等；

6 栏为光学数据等；

7 栏为试样的进一步说明，如来源、化学成分等；

8 栏为衍射数据的质量记号；

9 栏是试样衍射线的 d 值、I/I_1 值及密勒指数。

上述 9 个栏目的详细内容，在每组卡片或每本检索手册和数据书的开头均有详尽说明，因篇幅所限而未能一一介绍。

由于 JCPDS 粉末衍射文件卡片每年以约 2000 张的速度增长，数量越来越大，人工检索已变得费时和困难。从 20 世纪 60 年代后期开始，发展了电子计算机自动检索技术，为方便检索，相应地将全部 JCPDS 粉末衍射文件卡片上的 d、I 数据按不同检索方法要求，录入到磁带或磁盘之内，建立总数据库，并已商品化。其数据仍像卡片那样分组排列，到 1986 年已有 36 组约 48000 张卡片。从 70 年代后期开始，在总数据库基础上，按计算机检索要求，又建立了常用物相、有机物相、无机物相、矿物、合金、NBS、法医 7 个子库，用户还可根据自己的需要，在磁盘上建立用户专业范围常用物相的数据库等。

6.1.4 粉末衍射文件索引

在数万张粉末衍射文件卡片中要找出适当卡片来，绝非易事，特别是多相混合物。所含物相数越多，难度越大。人工（或计算机）检索物相，需先迅速查到卡片号，然后抽出卡片（或从磁盘或光盘中调出此卡片所载数据），将其与实测数据比较，做出鉴定。

为了从大量卡片中迅速查出所需卡片号，需要利用索引，或利用载有索引的工具书和检索手册。一本检索手册可能同时载有多种索引，如 1986 年版的矿物粉末衍射文件检索手册（Mineral Powder Diffraction File Search Manual）中同时载有化学名（Chemical Name）索引，哈纳瓦特数值（Hanawalt Numerical）索引，芬克数值（Fink Numerical）索引和矿物名（Mineral Name）索引4种。

事实上这些索引可归纳为数值索引和字母索引(Alphabetical Index)两类，即哈纳瓦特索引和芬克索引属数值索引，而化学名索引和矿物名索引则属字母索引。此外还有有机物化学式索引，它按C和H的个数由少到多排列，后面跟着按字母顺序排列的其他元素符号。

1. 哈纳瓦特数值索引

1933年，哈纳瓦特与林恩首创的检索手册即载有数值索引，1938年，哈纳瓦特等人又首创了衍射数据卡片，1941年由ASTM及后来由JCPDS出版粉末衍射文件卡片及其索引以来，哈纳瓦特数值索引已得到广泛的应用。此索引最初用三强线的相对衍射强度值表征物相衍射花样，并按最强线排列一次 d 值。但检索不方便，特别是强度变化大时。后改为按三强线轮流排列 d 值，以后改为八强线，但仍按三强线排列条目。为减少手册篇幅和便利检索，1980年后做了几次折中改进，对此将在后面述说。最初 d 值由大于1nm，现已改为从100nm到小于0.1nm的范围分成87组，以后改为分45组（或称为哈纳瓦特组），每一组所覆盖的 d 值范围，以使其篇幅不致比别组大得多为度。每一组内，又包含很多亚组，亚组是按第二强线 d 值递减顺序排列的。每一亚组由五个条目组成，每个条目形式为（从左至右）：花样的质量记号、按强度递减顺序排列的八强线 d 值(d 值的下标标出相对强度值)、物相的化学式、物相名称（在矿物检索手册中，它列在化学式前面）、PDF卡片序号，有的还在最后附有参考强度比 I/I_c。例如，Fe_3C 这一物相在索引的三个不同组内出现，可将它们抽出并集中写在下面：

File No. FicheNo.

2.01_x　2.06_7　2.38_7　2.10_6　2.02_6　1.97_6　1.85_4　1.87_3 (Fe_3C)16O23－11131－170－C12

2.06_7　2.38_7　2.01_x　2.10_6　2.02_6　1.97_6　1.85_4　1.87_3 (Fe_3C)16O23－11131－170－C12

2.38_7　2.01_x　2.06_7　2.10_6　2.02_6　1.97_6　1.85_4　1.87_3 (Fe_3C)16O23－11131－170－C12

之所以这样编排，是为了让检索者在遇到待测相3根最强线的相对强度因各种因素而有所变动时，仍可从索引中找到相应的物质卡片。

面间距下的小角码系表示相应的相对强度：×表示100，7表示约为70，6表示约为60，以此类推。每一物相标准衍射花样在索引中最少排列一次，最多可达四次。

2. 芬克数值索引

哈纳瓦特数值索引在一段时间内成了主要索引。但在20世纪50年代随着电子显微镜设备迅速增加及电子衍射实际应用领域的发展，哈纳瓦特数值索引用于检索电子衍射花样时特别困难，它们的 d 值及 I 值均不如X射线衍射法精确。对比电子衍射与X射线衍射花样，显示出在大多数情况下两者 d 值符合较好，相差1%以内。然而虽然八强线大致相同，同属一组内，但按强度排列时，次序上发生显著差别。在混合物相衍射花样中，线条重叠，在织构试样中，衍射线强度改变，故也存在相似困难。60年代初（1960—1961年）用八强线按 d 值大小排列，制作了最初的索引，用它来鉴定未给出可靠强度数据的电子衍射和X射线衍射花样比哈纳瓦特数值索引，结果令人满意得多，加速了检索工作。1963年ASTM正式出版了第一版的芬克数值索引，1965年又作了改变。从1986年版的矿物

PDF 检索手册中芬克数值索引看来，这八强线的前六强线中较强线的 d 值轮流排列到第一位，即每一物相可以排列多次，但最多只能排列六次，若有强度较低者，d 值也不轮排，而最后两个 d 值保持不动，不轮排。如不足八强线，则用 0 来补足，其强度下标为 1。从 99.999nm 到 0 共分为 45 组，d 值分组与哈纳瓦特数值索引一样（见 1986 年版 MPDF 检索手册）。

3. 字母索引

若知道试样的一种或数种化学元素，运用字母索引进行检索，可加快检索速度。因为这种字典式索引，检索起来比数值索引要快，可以先用字母索引，再用数值索引检索。字母索引分物相化学名索引和矿物名索引，这种索引条目是按物相的化学名或矿物名第一个字母顺序来排列的。如以 1986 年矿物 PDF 检索手册为例，其顺序为：

化学名，矿物名，4 强线，PDF 组号及组内序号	最前面冠以 i、o、*、c 等符号
矿物名，化学式，5 强线，PDF 组号及组内序号	

字母索引也是按强度递降顺序从左到右来排列 d 值的。化学名索引中可以以各种离子位置变化而排列出条目，而多次出现这种排列方法，便于在知道待鉴定物相中某一个或某几个元素时，即可利用化学名索引先查找检索。而矿物名索引中，条目排列只出现一次。在矿物数据书（Data book）中，同一矿物的花样群集一起，可不用索引而直接找到矿物数据。

4. 其他索引

1957 年，F. W. 马修斯（F. W. Matthews）在国际结晶学联合会蒙特利尔会议上提出用光学重合穿孔坐标卡片检索粉末衍射文件。卡片上横、竖行各穿孔 100 个。每孔的坐标，前两位是横行数，后两位是纵行数。这种方法允许 d 值与化学成分相结合。在穿孔卡片上叠上适当的化学成分卡和强线 d 值卡，读出重合孔的坐标，然后在索引转换手册上，找出相应的物相，并比较其八强线，查出物相的 PDF 卡片号，作出初步鉴定，并将相应的 PDF 卡片上的全部数据作比较，以作出最后的鉴定。

现在，在 X 射线定性分析中已不用这种索引，常用的是字母索引和哈纳瓦特数值索引等。

6.1.5 定性分析的过程及举例

1. 分析过程

定性分析应从摄取完整、清晰的待测试样的衍射花样开始。按规定制备试样以确保得到背底浅、分辨率高的衍射花样，从而避免漏掉大晶面间距的衍射线条。可以用德拜法或透射聚焦法照相，也可用衍射仪法来获得试样的衍射图样。

晶面间距和相对强度 I/I_1 是定性分析的依据，应有足够的精确度。对于用德拜法或聚焦法所得的照片，测量线的精确度要求达到±0.1mm，可用比长仪或面间距尺测量；其强度常用目测法测量。对于衍射仪的图样，可取衍射峰的峰高位置作为该衍射线 2θ 的位置，量出各线条的 2θ 后，再借助(相应辐射的)“$2\theta-d$”对照表查出相应的 d 值，要求 2θ

角和 d 值分别精确到 0.01°和四位有效数字；其强度常用峰高法测量。在峰宽相差悬殊的场合下，相对强度也允许大致估计。由于衍射仪图样线条的位置和强度都可从图谱上直接读出，加上衍射仪灵敏、分辨率高、强度数据可靠、检测迅速、并可与计算机联机检索，因而物相鉴定是衍射仪的常规工作内容之一。

通过上述手段，即可得到按面间距递减的 d 系列及对应的 I/I_1。一般来说，物相鉴定可按以下程序进行：

(1) 从前反射区($2\theta<90°$)中选取强度最大的三根衍射线，并使其 d 值按强度递减的次序排列，再将其余线条的 d 值按强度递减顺序列于三强线之后。

(2) 在数字索引中找到对应的 d_1(最强线的面间距)组。

(3) 按次强线的面间距 d_2 找到接近的几列。在同一组中，各列按 d_2 递减顺序安排，此点对于寻索十分重要。

(4) 检查这几列数据中第三个 d 值是否与实验相对应。如果某一或几列符合，看第四根线，第五根线直至第八强线，并从中找出最可能的物相及其卡片号。

(5) 从档案中抽出卡片，将实验所得 d 及 I/I_1 与卡片上的数据详细对照，如果对应得很好，物相鉴定即告完成。

如果各列的第三个 d 值(或第四个 d 值等)在待测样中均找不到对应数据，则须选取待测样中下一根作为次强线，并重复第(3)～(5)检索程序。

当找出第一物相之后，可将其线条剔出，并将留下线条的强度重新归一化，再按程序检索下一个物相。d 值误差约为 0.2%，不能超过 1%，而 I/I_1 的误差则允许较大一些。

2. 分析实例

(1) 3Cr2W8V 模具钢经高温氰化并渗碳后的衍射实验数据见表 6-1。

表 6-1 3Cr2W8V 模具钢经高温氰化并渗碳后的衍射实验数据

(1)	(2)	(3)	(4)	(5)	(6)	PDF(ASTM)卡片 1-1159，VC		
编号	$2\theta/(°)$	d/nm	I/I_1	I/I_1	d/nm	d/nm	I/I_1	HKL
1	37.45	0.2401	99	100	0.2080	0.240	100	111
2	43.51	0.2080	100	99	0.2401	0.207	100	200
3	63.24	0.1470	50	50	0.1470	0.147	50	220
4	75.85	0.1254	27	27	0.1254	0.125	25	311
5	79.80	0.1202	12	13	0.09304	0.120	10	222
6	95.62	0.10405	5	12	0.1202	0.104	5	400
7	107.70	0.09548	7	11	0.08498	0.095	5	331
8	111.88	0.09304	13	9	0.08004	0.093	10	420
9	130.21	0.08498	11	7	0.09548	0.085	5	422
10	148.8	0.08004	9	5	0.10405	0.080	3	511 333

当采用数字索引来确定物相时，首先用最强线 $d=0.208$nm 决定哈那瓦特组，即在 2.09～2.05nm 这一组中寻找，再以次强线 $d=0.240$nm 决定各列的位置。将既含有 2.08 又含有 2.40 的几个列与(5)及(6)栏的数字进行对比，发现只有两列比较符合。

2.08_x　2.40_8　1.47_8　0.80_x　0.96_8　0.93_8　0.85_8　1.26_8 $(VC_{0.88})_\gamma$23－1468

2.08_x 2.40_8 1.25_8 0.80_5 1.46_4 0.95_4 0.93_4 0.85_4(MoOC) 17－104

但若将各个数据进行详细对照时，便可发现 MoOC 的某些面间距较小，又根据钢的牌号和处理工艺推断，出现这一物相的可能性不大，故初步确定物相为$(VC_{0.88})_\gamma$。不过从衍射强度看来，这种鉴定仍然难以令人满意。

实验数据与卡片上所记载的数据仍有一些小差异，可以根据具体情况分析产生的原因。首先是衍射强度不尽相符，实验的强度数据主要是根据峰高进行了大致的估计，其中存在误差，卡片上的强度按强度标法以5的倍数标注的，准确度也不高；此外，两者实验条件也不尽相同；另外，还有一种可能，即间隙相 VC 常有碳缺位。在某些微区域里可形成含碳较低的$(VC_{0.88})_\gamma$，因而使最后几根线的强度较高(从$(VC_{0.88})_\gamma$的索引上可看出这些线是比较强的)。至于卡片上(200)的面间距为 0.207nm 是有误差的，因为如按卡片上的点阵参数(α=0.416nm)计算应为 0.208nm，与实验的结果相一致。

(2) 某湿敏陶瓷是由 ZnO、Cr_2O_3、SnO_2 及少量掺杂的离子按其烧结工艺烧结到1300℃而成的，表 6－2 中给出该试样的衍射实验数据。

表 6－2　某湿敏陶瓷材料的 X 射线衍射数据和物相分析结果

编号	衍射实验数据		SnO_2 21－1250*		剩余线条强度归一化值	$ZnCr_2O_4$　22－110	
	d/nm	I/I_1	d/nm	I/I_1		d/nm	I/I_1
1	0.3348*	100	0.335	100			
2	0.2948	30			38	0.2947	45
3	0.2641*	75	0.2644	80			
4	0.2509	80			100	0.2511	100
5	0.2407	5			6	0.2405	7
6	0.2366*	30	0.2369	25			
7	0.2298*	10	0.2309	6			
8	0.2085	15			19	0.2083	16
9	0.1763*	60	0.1765	65			
10	0.1700	10			13	0.16996	13
11	0.1672*	20	0.1675	18			
12	0.1596*	35	0.1593	8	34	0.16025	35
13	0.1496*	15	0.1498	14			
14	0.1470	30			38	0.14719	40
15	0.1435*	20	0.1439	18			

表中三条最强线的 d 值为 0.3348nm、0.2509nm、0.2641nm。在哈拉瓦特数值索引 0.339～0.332nm 的一组中，虽有好几种物质的 d_2 值接近于 0.2509nm，但将三根最强线连起来看时，却无一列能与待检索数据一致。由此，可估计该试样可能为多相混合物，故图样中三根最强线属同一物相的假定不正确。现可将衍射图样的强线重新组合，试探着检索，假定值为 0.3348nm、0.2641nm、0.1763nm 的强线属同一物相，试探检索。当找到序号为 21－1250 时，将 SnO_2 的八根强线与待检索数据对照，除 d 值为 0.1593nm 与编号12的 d 值 0.1596nm 在强度上相差较大外，其余均大致一一对应。估计编号为12试样可能属于二相重叠峰的 d 值。检出卡片 21－1250 以后，将待测图样中与卡片数据相符合的以 * 标记，故可鉴定试样中一个相分为 SnO_2。将 SnO_2 线条按其强度从待测图样中减去，把余下线条再作强度归一化处理。即把最强线的相对强度表示为100，将其余线条的强度

乘以归一化因数 1.25 而得归一化值。再按上述检索方法鉴定出剩余线条为 $ZnCr_2O_4$ 的衍射线。于是此湿敏陶瓷为 $ZnCr_2O_4$ 和 SnO_2 的混合物。

6.1.6 定性分析的难点

1. 误差带来的困难

X 射线相分析的衍射数据是通过实验获得的。实验误差是造成检索困难的原因之一。这里包括待定物质衍射图的误差及卡片的误差。由于两者试样来源、制样方法、使用实验仪器、仪器性能及实验参数选择、入射 X 射线波长(包括靶的纯度)以及强度测量方法等的不同原因，会造成晶面间距和相对强度在测定上产生误差，尤其是对线条强度的影响比起晶面间距来则更为严重。当待分析衍射数据与粉末衍射数据不完全一样时，物相鉴别的最根本、最可靠的依据是一系列晶面间距 d 值的对应，而强度往往是较次要的指标。

2. 多相混合物的衍射线条重叠产生的困难

在多相混合物衍射图样中，属不同相分的某些衍射线条，可能因晶面间距相近而重叠。若待分析衍射图中三根最强线之一是由两个或两个以上相分的次强线叠加而成，则使分析工作更复杂。此时必须根据具体情况重新假定和检索。比较复杂的相分析，常需经多次反复假定相，检索方可成功。

3. 混合物中某个成分过少所造成的困难

若多相混合物中某个相分含量过少，或该物相各晶面反射能力很弱，出现的线条很不完整，则一般不能确定该物相存在与否。只在某些特定场合下，可根据具体情况予以推断。所谓含量过少，并无固定标准，它与物相的结构、状态及组成元素种类有关。一般重元素组成的物相、结构简单的物相，其线条易出现；而当物相的晶粒过细或存在显微应力时，则情况相反。通常采用电解分离、化学腐蚀等方法，使试样中含量少的相富集，然后再进行衍射分析。

4. 其他困难

对于材料表面的化学处理层、氧化层、电镀层、溅射层等常因太薄而使其中某些相分的线条未能在衍射图样中出现，或衍射线条不完整而造成分析困难。

利用 X 射线衍射进行物相定性分析仍有不少局限性，常需与化学分析、电子探针或岩相等分析相配合，才能得出正确的结论。例如，合金钢中经常碰到的碳化物 TiC、VC、ZrC、NbC 及 TiN 等都是 NaCl 型结构，其点阵参数比较接近。同时，它们的点阵参数又因固溶其他合金元素而有所变化。对于这类物质，若单靠 X 射线衍射来确定物相，往往可能得到错误的结论。

近年来，计算机自动化处理衍射数据及迅速检索粉末衍射卡，给物相分析带来了极大的方便。

6.2 定量分析

某些情况下，不仅要求鉴别物相种类，而且要求测定各物相的相对含量，就必须进行定量分析。

物相定量分析的原则是，各相衍射线的强度，随该相含量的增加而提高。利用X射线衍射做物相定量分析有它独特的优越性，因为多相混合物中，不同的物相各具自己的图谱，并不互相干扰。一般来说，试样中某一物相的某条特征衍射线的强度，是随该物相在试样中的含量递增而增强的，但两者之间不一定呈理想线性(正比)关系。这是因为，试样中各相分物质不仅是产生相干散射的散射源，而且也是产生X射线衰减的吸收体。由于物质吸收系数不同，会影响试样中各相分的衍射线强度的对比。另外，多晶试样中织构、非晶格存在等给物相定量分析带来麻烦。为此，人们建立了很多的实验方法来克服它。

采用衍射仪测量时，设样品是由 n 个相组成的混合物，其线吸收系数为 μ，则其中某相(j 相)的衍射线强度公式为

$$I = I_0 \frac{\lambda^3}{32\pi R}\left(\frac{e^2}{mc^2}\right)^2 \frac{1}{2\mu}\left[\frac{V}{V_{\text{胞}}^2} P_{hkl}\,|F_{HKL}|^2 \varphi(\theta)\mathrm{e}^{-2M}\right]_j \tag{6-1}$$

因为各项的线吸收系数 μ_l 均不相同，故当 j 相的含量改变时，μ 也随之改变。若 j 相的体积分数为 f_j，又如令试样被照射的体积 V 为单位体积，则 j 相被照射的体积 $V_j = V \cdot f_j = f_j$。当混合物中 j 相的含量改变时，强度公式中除 f_j 及 μ 外，其余各项均为常数，它们的乘积可用 C_j 来表示。这样，第 j 相某根线条的强度 I_j 即可表示为

$$I_j = \frac{C_j f_j}{\mu} \tag{6-2}$$

本节主要介绍外标法、内标法、直接对比法。

6.2.1 单线条法

这种方法只需通过测量混合样品中欲测相(j 相)某根衍射线条的强度并与纯 j 相同一线条强度对比，即可定出 j 相在混合样品中的相对含量。

若混合物中所含的 n 个相，其线吸收系数 μ_l 及密度 ρ 均相等(同素异构物质就属于这一情况)，根据式(6-2)，某相的衍射线强度 I_j 与其重量分数成正比，即

$$I_j = C\omega_j \tag{6-3}$$

式中 C——比例系数。

如果试样为纯 j 相，则 $\omega_j = 100\% = 1$，此时 j 相用以测量的某根衍射线的强度将变为 $(I_j)_0$，因此有

$$\frac{I_j}{(I_j)_0} = \left(\frac{C\omega_j}{C}\right) = \omega_j \tag{6-4}$$

式(6-4)表明，混合物试样中的 j 相某线与纯 j 相同一根线的衍射强度之比，等于 j 相的质量分数。根据这一关系即可进行定量分析。例如，有一混合试样是由 $\alpha-Al_2O_3$ 及 $\gamma-Al_2O_3$ 组成，欲测定 $\alpha-Al_2O_3$ 在混合样品中的质量分数，可先测出纯 $\alpha-Al_2O_3$ 中某一衍射峰的强度 I_0，再在同样的衍射条件下测定混合样品中 $\alpha-Al_2O_3$ 同一根线的强度 I_j，则 I_j 与 I_0 的比值即为 αAl_2O_3 在混合物中的质量分数。

这种方法比较简易，但是准确度较差。为了提高测量的可靠性，可事先配制一系列不同比例的混合试样，制作关于强度比与含量的定标曲线。在具体应用时可以根据强度比并按此曲线即可查出含量。这种措施尤其适用吸收系数不相同的两相混合物的定量分析。

6.2.2 内标法

若待测试样为多于两相的 n 相混合物，各相的质量吸收系数又不相等，则定量分析常采用内标法。这种方法是以某一标准物掺入待测样中作为内标，然后配制一系列样品，其中包含不同质量分数的欲测相——相分 1 和质量分数恒定的标准相，通过 X 射线衍射实验取得这些试样的衍射图，并作出“I_1/I_s-w_1”的定标曲线。其中 I_1 为相分 1 某一衍射线的强度，I_s为标准物某根线的强度，w_1 为相分 1 的质量分数。实际分析时，将同样重量分数的标准物掺入待测样中组成复合样，并测量该样品中的 I_1/I_s，通过定标曲线即可求得 w_1。

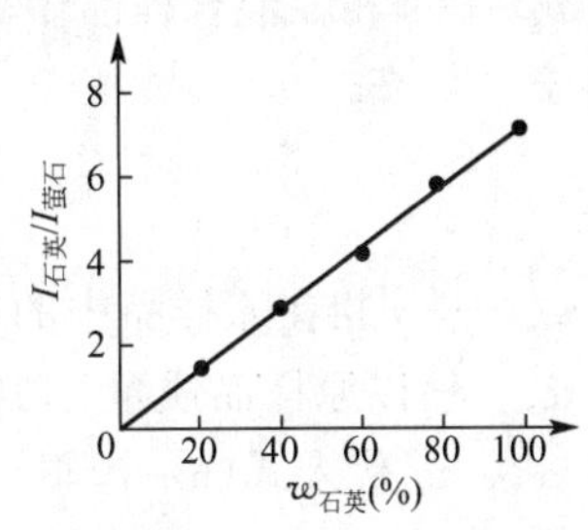

图 6.2 用萤石作为标准物质时，测定石英含量的定标曲线

如图 6.2 所示为定标曲线用于测定工业粉尘中的石英含量。制作曲线时采用的标准相是重量分数为 20%的萤石(CaF_2)。

6.2.3 *K* 值法及参比强度法

内标法是传统的对多相混合物进行定量分析的主要方法，其分析原理简单，但却存在着几个较严重的缺点。首先是需要配制多个混合物样品来绘制定标曲线，工作量大，而且很难提取到纯样品，如合金析出相、碳化物等要经电解分离提取。其次是所绘制的定标曲线会随实验条件的改变而变化，影响分析准确性。此外也难以保证每次加入样品中标准物数量恒定。为了克服这些缺点，1974 年由钟焕成(F. H. Chung)首先提出了多相混合物 X 射线定量分析的新方法——*K* 值法和绝变法。这些方法可以免去绘制定标曲线的繁复过程，具有简便、快速、通用性好等特点。下面将介绍 *K* 值法及其简化方法——参比强度法。*K* 值法是由内标法发展而来的，*K* 值指的是定标曲线的斜率，但分析过程中无需制作定标曲线。

其分析原理是，设 α 相是多相混合物中的任一相，测定时在样品中加入已知含量的标准物质 s。则 α 相中衍射强度最强的那根衍射线与 s 相中相应的衍射线的强度比值 I_α/I_s可表示为

$$\frac{I_\alpha}{I_s}=\frac{\left[\frac{PF^2}{V_{胞}^2}\varphi(\theta)\mathrm{e}^{-2M}\right]_\alpha}{\left[\frac{PF^2}{V_{胞}^2}\varphi(\theta)\mathrm{e}^{-2M}\right]_s}\cdot\frac{V_\alpha}{V_s}=\frac{D_\alpha}{D_s}\cdot\frac{V_\alpha}{V_s}$$

$$=\frac{D_\alpha}{D_s}\cdot\frac{(W/\rho)_\alpha}{(W/\rho)_s}=\frac{D_\alpha\rho_\alpha}{D_s\rho_s}\cdot\frac{W_\alpha}{W_s} \tag{6-5}$$

式中 W_α、W_s——被照射体积中 α 相及 s 相的质量；

ρ_α、ρ_s——被照射体积中 α 相及 s 相的密度。

因为

$$W_\alpha=Ww'_\alpha,\ W_s=Ww'_s \tag{6-6}$$

所以

$$\frac{I_\alpha}{I_s}=\left(\frac{D_\alpha\rho_s}{D_s\rho_\alpha}\right)\cdot\frac{w'_\alpha}{w'_s}=K_s^\alpha\frac{w'_\alpha}{w'_s} \tag{6-7}$$

式中 W——被照射的混合物质量；

w'_α——α 相在掺进 s 相后的混合样品中的质量分数。

w'_s——s 相在混合样品中的质量分数。

由于

$$\omega_\alpha=\frac{w'_\alpha}{1-w'_s},\ w_s=\frac{w'_s}{1-w'_s}$$

式中 w_α——α 相在原样品中的质量分数；

w_s——以原样品质量为 100 时，所加入的 s 相所占的质量分数。

将 w_α、w_s代入式(6-7)得

$$\frac{I_\alpha}{I_s}=K_s^\alpha\frac{w_\alpha}{w_s} \tag{6-8}$$

显然，α 相在原样品的质量分数 w_α可由式(6-8)通过计算直接得到结果，而无需要制作定标曲线。K_s^α取决于 α、s 两相及用以测试的晶面和波长，可以通过计算得到。另外，K 值也可通过测试求得，即配制质量相等的 α 相和 s 相的混合样，因 $w_\alpha/w_s=1$，故 $I_\alpha/I_s=K_s^\alpha$。也就是说，只要在混合样品中分别测得 α 相和 s 相中同一根衍射线的强度，则它们的比值就是 K_s^α。K 值法还可以进一步简化，即选用某种物质作为通用内标物质。如刚玉——$\alpha-Al_2O_3$，由于它的纯度、化学稳定性、易获得性以及制样时无择优取向效应而被采用作为内标物质。

如果 α 相和标准相 s 的质量比为 1∶1，则 $K_s^\alpha=I_\alpha/I_s$。大约有几百种常用物质的 K_s^α值也被称为“参比强度”值记录在粉末衍射文件卡片档案的索引上。某纯物质的参比强度，等于该物质与合成刚玉的 1∶1 混合物的 X 射线图样中两条最强线的强度比。当采用通用内标物质时，K 值只需从索引中查出。

如果待测样中只有两个相时，做定量分析可不用加入标准物质。

6.2.4 直接对比法

在测定多相混合物的某相含量时，直接对比法是以另一个相的某根衍射线作为参考线条，不必另外再掺入外来标准物质的定量分析方法。因此，它既适用于粉末，又适用于块状多晶试样。此法常被用来测定钢中残余奥氏体的含量和进行其他同素异形转变过程中的物相定量分析。

这种方法是由阿弗巴赫和 M·柯亨提出。根据衍射图中残余奥氏体的某根线条与其邻近的马氏体的一根线条强度的直接比较，可求出试样中残余奥氏体的含量。

混合物中某相的衍射线强度由式(6-2)决定：

$$I_j=\frac{C_jf_j}{\mu}$$

式中 f_j——j 相的体积分数；

μ——混合物的线吸收系数；

C_j——比例系数。

现在以 I_γ为奥氏体某根线条的积分强度，I_α为邻近某根马氏体线条的积分强度，又相

应的比例常数及体积分数分别为 C_γ、C_α 和 f_γ、f_α，则

$$\frac{I_\gamma}{I_\alpha}=\frac{C_\gamma f_\gamma}{C_\alpha f_\alpha} \tag{6-9}$$

$$\frac{C_\gamma}{C_\alpha}=\frac{\left[\frac{PF^2}{V_{胞}^2}\varphi(\theta)\mathrm{e}^{-2M}\right]_\gamma}{\left[\frac{PF^2}{V_{胞}^2}\varphi(\theta)\mathrm{e}^{-2M}\right]_\alpha} \tag{6-10}$$

如果钢中只有奥氏体和马氏体两个相，则应有关系

$$f_\gamma+f_\alpha=1 \tag{6-11}$$

式(6-9)中的 I_γ 和 I_α 可由实验测量得出，而 C_γ 和 C_α 可通过计算得到。因此由式(6-9)和式(6-11)联立求解，可得

$$f_\gamma=\frac{1}{1+\frac{I_\alpha C_\gamma}{I_\gamma C_\alpha}} \tag{6-12}$$

当钢中碳化物含量较高时，应对式(6-11)加以修正。

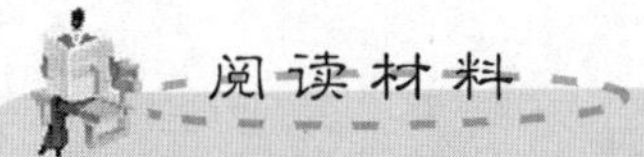

物相分析

物相分析是用化学或物理方法测定材料矿物组成及其存在状态的分析方法。材料的性质取决于其化学矿物组成和结构状况，即取决于其中的物相组成、分布及各相的特性，包括矿物种类、数量、晶型、晶粒大小、分布状况、结合方式、形成固溶体及玻璃相等。

物相分析的方法分为两种。一种是基于化合物化学性质的不同，利用化学分析的手段，研究物相的组成和含量的方法，如用氢氟酸溶解法来测定硅酸铝制品中莫来石及玻璃相含量的分析方法，称为物相分析的化学法。另一种是根据化合物的光性、电性等物理性质的差异，利用仪器设备，研究物相的组成和含量的方法，称为物相分析的物理法。

化学法用来确定由相同元素组成的不同化合物在样品中的百分含量。它主要是根据各种化合物在溶剂中的溶解度或溶解速度的不同，通过选择溶解的方法，分别测定样品中呈各种各样化合物存在的某种元素的含量，如由氮化硅结合的碳化硅制品中的 SiN、SiC 及 Si 含量的分析。但化学物相分析有一定的局限性，在某些情况下，需要有其他方法如重液分离、磁场分离等方法配合，才能得到更广泛的应用。

物理法用来确定被测物体的矿物种类、含量、形态及相组成等。分为图像分析法(如显微镜分析)、非图像分析法和 X 射线衍射分析等。图像分析是对耐火材料所含各种物相，包括晶相、玻璃相、经仪器放大后，直接观察所含物相的形貌特性进行分析，以确定耐火材料中的矿物的种类、含量及分布情况等。常用的是偏光、反光显微镜，扫描电子显微镜、电子衍射仪和电子探针等。X 射线衍射分析是根据晶态物质在 X 射线照射下所产生的 X 射线衍射图来鉴别物质的相组成及其含量的方法。根据试样中各个晶相的 X 射线的强度随该相在试样中含量的增加而提高的原理，通过直接对比法和内标法，可对混合物中晶相进行定性和定量分析。

物相分析的各种方法，各有其自身的特点，在鉴定较为复杂的材料时，经常需要几种方法互相配合，互相补充。

小　结

本章介绍物相分析的两种方法：定性分析和定量分析，着重分析了定性分析的理论基础及分析过程，介绍了粉末衍射文件卡片的组成及使用，对定量分析的方法也做了重点介绍。

关键术语

物相分析　定性分析　定量分析　粉末衍射文件卡片　内标法　*K* 值法　单线条法

1. 概述索引的分类及适用范围。
2. 简述定性分析的步骤。
3. 比较 4 种定量分析方法的优缺点。
4. 一块淬火十低温回火的碳钢，经金相检验证明其中不含碳化物，后在衍射仪上用 FeK_α照射，分析出 r 相含 Cl%，α 相含碳极低，又测量得 r_{220}线条的累积强度为 5.40，α_{211}线条的积分强度为 51.2，如果测试时室温为 31℃，问钢中所含奥氏体的体积分数为多少？

第7章 宏观应力测定

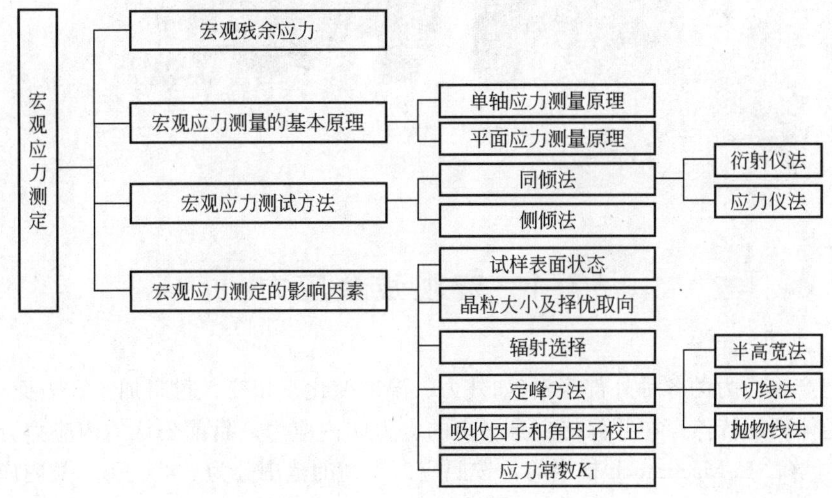

教学目标与要求

- 掌握X射线宏观应力测量的基本原理
- 掌握X射线宏观应力测试方法
- 了解宏观应力测定的影响因素

导入案例

汽车零件(图 7.1)在每一步加工过程中，都会不同程度地引入残余应力或改变应力状态。汽车零件关键部位的残余应力的大小和状态，直接影响该零件的服务寿命和工作性能的发挥。欲分析各种工艺产生的残余应力的大小和分布，定量评价残余应力对疲劳强度、应力腐蚀、尺寸稳定性和使用寿命的作用；分析工件的实效，正确指导汽车零件加工工艺的制定，重要的是准确测定工件表面的残余应力值，因此需要准确可靠地测试手段，X 射线残余应力测量技术作为一种无损、快速、理论严谨的测量手段，适合汽车生产中残余应力的测量要求。

图 7.1 汽车零件

7.1 宏观残余应力

通常把产生应力的各种外部因素(如外力、温度变化、相变、材料加工、表面处理等)去除后，在物体内部依然存在并保持自身平衡的应力叫内应力。目前公认的内应力分类方法是 1979 年德国学者 E. Machrauch 提出的，按照应力平衡的范围分为三类。第一类内应力是在较大尺寸范围或很多个晶粒区域内存在并保持平衡的应力，称之为宏观应力，它能引起衍射线位移。第二类内应力是在一个或少数晶粒范围内存在并保持平衡的应力，一般能使衍射线漫散宽化，但有时也会引起衍射线位移，如对两相材料中每个单相的衍射。第三类内应力是在若干个原子范围内存在并保持平衡的内应力，常出现在晶界、位错等更为细小的微观区域，它能使衍射线强度减弱。习惯上，英、美文献中把第一类内应力称为“宏观应力”(Macrostress)，其他两类应力称为“微观应力”(Microstress)；而在我国科技界，把第一类称为“残余应力”，第二类称为“微观应力”，第三类称为超微观应力或晶格畸变应力。

需要指出的是，三类内应力往往是同时存在，互相影响，互为因果的。如图 7.2 所示的模型，一个晶粒内的第三类内应力(σ_{III})在晶粒的不同空间位置上有着不同的水平，它的波动幅度的平均值即表现为第二类内应力(σ_{II})；第二类内应力在这个晶粒内部平衡，并且相邻几个晶粒的第二类内应力的大小可能会有较大差别，但各个晶粒上的第二类内应力的平均值便体现为第一类内应力(σ_{I})，即宏观内应力。一、二、三类内应力可以分别引起衍射线位移、宽化和强度降低的不同效应，因此X射线衍射测定应力就是采用这三种衍射花样特征作为应变的度量来测量这三种内应力。本章仅介绍X射线衍射法测定宏观应力的基本原理和测量方法。

在详细讨论X射线衍射法测定宏观残余应力之前，首先要弄清宏观残余应力的概念。图7.3(a)中的梁是架在两个支点上，在其两端各加上一个相等的力F，在弹性范围内梁的上半部分的纵向应力为拉应力，下半部分为压应力，中心线处为零，AA'截面的应力分布如图7.3(a)右侧所示。此刻，若将外力F去除，梁将弹性复原，应力随之消失。随着梁上的负荷增加，梁的变形一旦超过弹性范围，上表面部分发生塑性拉伸，下表面部分发生塑性压缩，即在AA'截面上发生不均匀塑性变形，相应的应力分布如图7.3(b)所示。此刻，若将外力F去除，由于已发生的塑性变形是不可自由逆转的，所以，梁不能完全弹性复原，因此，AA'截面上的应力非但不能完全消失，并且发生了应力反向；结果上表面为残余压应力，下表面为残余拉应力，应力分布如图7.3(c)所示。这种不均匀的塑性形变不仅在弯曲形变中，而且在轧制、喷丸、拉丝、磨削等机加工中也会不同程度地发生，它们是引发宏观残余应力的根本原因。

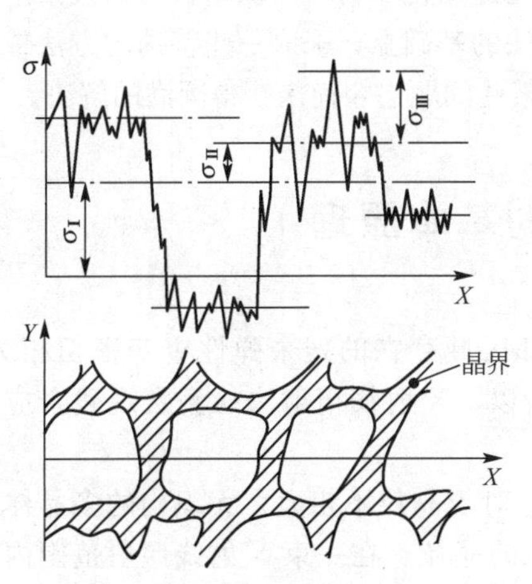

图7.2 三种内应力示意图

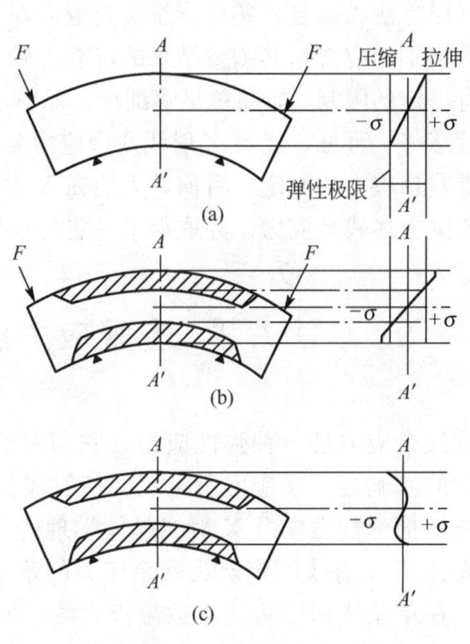

图7.3 弯曲变形引起的宏观残余应力

宏观残余应力会在材料铸造、热处理、焊接及冷加工等操作过程中产生，也会在安装或使用中产生。它对材料的强度、疲劳性能、尺寸稳定性、抗应力腐蚀和使用寿命等都有直接的影响。适当的宏观残余应力可能成为零件强化的因素，不适当的宏观残余应力也可能导致变形和开裂等工艺缺陷。例如，表面淬火、喷丸、渗碳、渗氮等表面强化处理所产生的宏观残余应力可起强化作用。而焊接或其他工艺所产生的残余拉应力能够引起零部件损伤和断裂事故。通过测定宏观残余应力，可以检查应力消除工艺的效果，检查表面强化处理工艺的效果和分析失效原因，还可以预测零件疲劳强度的储备。所以，测定和控制宏观残余应力对于许多设备构件来说是必不可少的，诸如球罐、塔器、轧辊、铁路、桥梁船舶、海上石油平台、水利水电工程中的大闸门和压力钢管等大型构件，以及航空、航天、核工业的有关设备等。由此可见，测定材料中宏观残余应力具有重要的实际应用价值。

宏观残余应力测量技术始于20世纪30年代。目前传统测量宏观残余应力技术一般分为具有一定损伤性的机械释放测量法(如取条法、切槽法、剥层法、钻孔法等)和无损伤的物理测量法(如X射线衍射法、中子衍射法、超声法和磁性法等)。近年来，随着现代工业的发展，涌现出一批新的残余应力测量技术，如热评估法、硬度法及压痕法等。X射线衍射法最早由俄国学者Аксенов于1929年提出的，X射线应力测定的最基本思路是认为一定应力状态引起的晶格应变和按弹性理论求出的宏观应变是一致的。而晶格应变可以通过布拉格方程由X射线衍射技术测出，这样就可以从测得的晶格应变来推知宏观应力。但把这个方案变为一个成熟的、可实际操作的测试方法却经历了三四十年。20世纪60年代，侧倾法的发明以及X射线衍射技术和设备的迅速发展，使X射线衍射法已经发展成为研究残余应力的重要手段。时至今日，X射线衍射法仍是最广泛、深入、成熟的残余应力测定方法，被广泛应用于科学研究和工业生产等各领域中。

X射线衍射法测定材料宏观残余应力具有如下几个优点：一是不用破坏材料即可进行测量，也无需制作无应力的样品作比较；二是可以测得部件上小面积和极薄层内的宏观应力，如果与剥层方法相结合，还可测量宏观应力在不同深度上的梯度变化；三是可以区分和测出三种不同类别的应力，其测量结果的可靠性较高。但是，X射线衍射法测量残余应力对材料的状态有一定的限制，如晶粒足够细小，晶体取向呈统计无规则分布状态，表层材料处于平面应力状态等。可见，经典X射线残余应力分析法不再适用粗晶材料和织构材料的残余应力以及三维残余应力的测定。目前，人们在X射线衍射法的基础上，采取一些特殊的方法或计算手段测试上述残余应力，并取得了一定的成果，但某些问题迄今尚未获得圆满的解决。

7.2　宏观应力测量的基本原理

宏观残余应力是一种弹性应力，它与材料中局部区域存在的残余弹性应变密切相关，而测量它的基础是宏观应力所导致的衍射线位移。所以，X射线衍射法检测宏观残余应力的依据是根据弹性力学及X射线晶体学理论。

首先介绍X射线测定宏观残余应力的基本思路。对于晶粒不粗大、无织构的多晶体材料来说，在单位体积中将含有数量极大的、取向任意的晶粒。在一束X射线照射范围内会有许许多多个晶粒，各晶粒中衍射晶面(hkl)的法线与试样表面法线之间存在不同的夹角ψ，它表示着(hkl)晶面的方位。其中必有许多晶粒，其指定的(hkl)晶面平行于试样表面，即ψ为0°；也必有许多晶粒，其(hkl)晶面法线与表面法线成任意的ψ角。在无应力存在时，各取向晶粒的(hkl)晶面间距值相等，都为d_0。但当多晶材料中平衡着一个宏观残余应力时(如图7.4中所示的是拉应力)，则不同取向的晶粒中(hkl)晶面间距d随晶面方位ψ发生规则的变

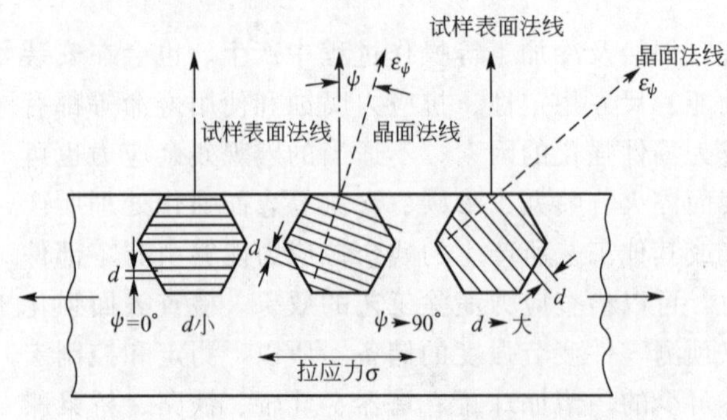

图7.4　应力与不同方位同族晶面间距的关系

化。当 $\psi=0°$时，平行于应力方向的晶面间距 d 为最小；当 $\psi=90°$时，垂直于应力方向的晶面间距 d 为最大。而晶面间距的相对变化 $\Delta d/d_0$ 反映了由残余应力所造成的晶面法线方向上的弹性应变，即 $\varepsilon=\Delta d/d_0$。由布拉格方程的微分式可知，晶面间距的变化 $\Delta d/d_0$ 和衍射角 θ 的关系为

$$\Delta d/d_0=-\cot\theta\cdot\Delta\theta \tag{7-1}$$

而晶面间距和衍射角 θ 都可以通过X射线衍射测量得到，从而获得残余应变，然后宏观应力通过弹性力学由残余应变计算出来。

7.2.1 单轴应力测量原理

最简单的受力状态是单轴拉伸，所以下面介绍采用X射线衍射方法测定单轴应力的原理。沿 Z 轴方向的单轴宏观应力 σ_z 可根据 X 轴和 Y 轴应变来求解。假设待测试样是各向同性和均质的棒状多晶材料，则在其 X 轴和 Y 轴应变为

$$-\varepsilon_X=-\varepsilon_Y=\nu\varepsilon_Z \tag{7-2}$$

式中，ν 是泊松比，负号表示收缩。

根据虎克定律，于是有

$$\sigma_Z=E\varepsilon_Z=-E\cdot\frac{\varepsilon_X}{\nu}=-E\cdot\frac{\varepsilon_Y}{\nu} \tag{7-3}$$

用X射线法测定应力时，所测量的是以晶面间距变化程度来度量的应变：

$$\varepsilon_X=\varepsilon_Y=\frac{d-d_0}{d_0}=\frac{\Delta d}{d_0} \tag{7-4}$$

通过测量平行或近似平行棒轴的晶面在弹性变形前、后的晶面间距，可以测定应变。将式(7-4)代入式(7-3)，得

$$\sigma_Z=E\varepsilon_Z=-E\cdot\frac{\varepsilon_X}{\nu}=-\frac{E}{\nu}\left(\frac{d-d_0}{d_0}\right)=-\frac{E}{\nu}\cdot\frac{\Delta d}{d} \tag{7-5}$$

只要测出 X 方向上晶面间距的变化 Δd，就可算出 Z 方向上应力 σ_Z 的大小。而晶面间距的变化是通过测量衍射线的位移 $\Delta\theta$ 得到的。

将布拉格方程微分式(7-1)代入式(7-5)，得

$$\sigma_Z=-\frac{E}{\nu}\cdot\frac{\Delta d}{d}=\frac{E}{\nu}\cot\theta\cdot\frac{\pi}{180}\cdot\Delta\theta \tag{7-6}$$

式(7-6)是用X射线法测定单轴应力的基本公式。方程式右边乘以 $\pi/180$ 是为了将所测得的衍射角 θ 单位的“度”换算为“弧度”。由此可见，当试样中存在宏观残余应力时，会使衍射线产生位移。这就给我们提供用X射线衍射法测定宏观内应力的实验依据，即只要精确测定平行或近似平行于棒轴晶面的衍射线在变形前、后的衍射角，计算出 θ 角的位移量 $\Delta\theta$，即可得到单轴应力。虽然，X射线衍射方法可以测量单轴应力，而根据实际应用的需要，X射线衍射法的目的是测定沿试样表面某一方向上的宏观残余应力。单轴拉伸应力图如图7.5所示。

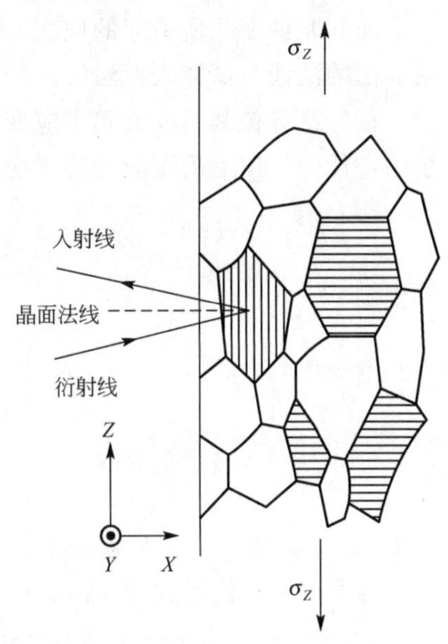

图7.5 单轴拉伸应力图

7.2.2 平面应力测量原理

一般情况下，在宏观残余应力存在的区域内，物体应力状态比较复杂，区域内任一点通常处于三维应力状态。但材料的表面却只为两轴应力，因为在垂直于样品表面方向上的应力值为零。同时由于X射线只能照射深度为10～30μm范围，所以采用X射线衍射法所测得的残余应力接近于二维平面应力。

由弹性力学可知，在任一点处取单元体，单元体各面上共有6个独立的应力分量，分别为沿单元体各面法线方向上的正应力σ_X、σ_Y与σ_Z及垂直于法线方向上的切应力τ_{XY}、τ_{XZ}与τ_{YZ}。调整单元体的取向，总可以找到这样的一个方位，使单元体上的切应力为零，此时单元体各面三个互相垂直的法线方向称为主方向，相应的三个正应力称为主应力，分别记为σ_1、σ_2与σ_3，与其相对应的应变ε_1、ε_2和ε_3称为主应变。

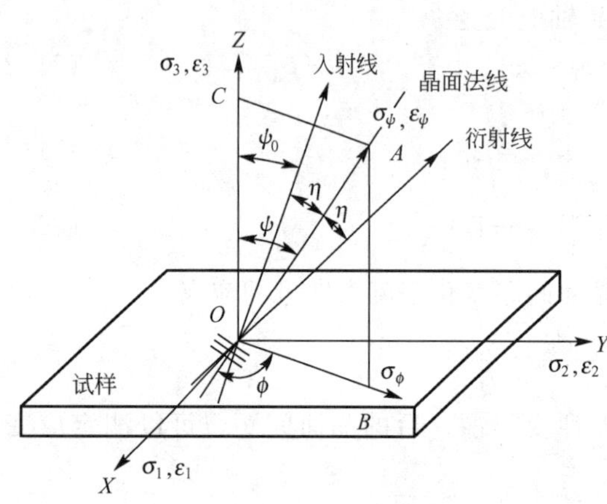

图7.6 描述应力状态和应变状态的坐标图

图7.6显示了在二维应力状态下待测平面应力σ_ϕ和主应力之间的关系。σ_1和σ_2与表面平行。垂直于表层的主应力σ_3为零，但主应变ε_3不等于零。σ_ϕ是需要测量的试样表面的宏观残余应力，ϕ是待测平面应力σ_ϕ与主应力σ_1的夹角；由表面法线OC和待测平面应力σ_ϕ方向OB组成的平面称为测量平面。对于测量平面上任意一个方向OA而言，在多晶体试样中，总有若干个晶粒中的(hkl)晶面与OA方向垂直，故OA方向可以代表这些晶粒的晶面法线。此方向上的应力、应变分别是用σ_ψ、ε_ψ表示。而被测应变ε_ψ实质上是沿着晶面法线上晶面间距的变化所引起的应变，而ψ则是被测应变ε_ψ方向与表面法线方向的夹角，即衍射晶面的法线与试样表面法线间的夹角，这是一个十分重要的方位角。

首先推导被测应变ε_ψ和主应变ε_3之间的关系式。根据弹性力学可知，在主应变坐标系统中，任一方向上的正应变与主应变之间的关系为

$$\varepsilon_\psi=\alpha_1^2\varepsilon_1+\alpha_2^2\varepsilon_2+\alpha_3^2\varepsilon_3 \tag{7-7}$$

其中

$$\begin{aligned}\alpha_1&=\sin\psi\cos\phi\\ \alpha_2&=\sin\psi\sin\phi\\ \alpha_3&=\cos\psi\end{aligned} \tag{7-8}$$

式中，α_1、α_2和α_3为ψ和ϕ所示方向的方向余弦。

将式(7-8)代入式(7-7)，整理得

$$\varepsilon_\psi-\varepsilon_3=\sin^2\psi(\cos^2\phi\cdot\varepsilon_1+\sin^2\phi\cdot\varepsilon_2-\varepsilon_3) \tag{7-9}$$

根据弹性力学，当材料处于三向应力状态时，应力和应变之间的关系应当是

$$\varepsilon_1=\frac{1}{E}[\sigma_1-\nu(\sigma_2+\sigma_3)]$$
$$\varepsilon_2=\frac{1}{E}[\sigma_2-\nu(\sigma_1+\sigma_3)] \tag{7-10}$$
$$\varepsilon_3=\frac{1}{E}[\sigma_3-\nu(\sigma_1+\sigma_2)]$$

考虑到在平面应力状态 $\sigma_3=0$，并将 ε_1、ε_2 和 ε_3 代入式(7－9)，经过整理得

$$\varepsilon_\psi-\varepsilon_3=\frac{1+\nu}{E}(\cos^2\phi\cdot\sigma_1+\sin^2\phi\cdot\sigma_2)\sin^2\psi \tag{7-11}$$

虽然，在垂直于试样表面的主应力 $\sigma_3=0$，但此方向上的主应变 ε_3 不等于零，而是由另外两个主应力所决定的。而应变 ε_ψ 和 ε_3 是可以用X射线衍射法测量衍射晶面的面间距求得，即

$$\varepsilon_\psi=\frac{d_\psi-d_0}{d_0},\ \varepsilon_3=\frac{d_3-d_0}{d_0} \tag{7-12}$$

式中 d_3——平行于试件表面的(hkl)衍射面的面间距；

d_ψ——与试件表面成 ψ 角的(hkl)衍射面的晶面间距。

将式(7－12)代入式(7－11)，得

$$\varepsilon_\psi-\varepsilon_3=\frac{d_\psi-d_3}{d_0}=\frac{1+\nu}{E}\cdot\sin^2\psi(\cos^2\phi\cdot\sigma_1+\sin^2\phi\cdot\sigma_2) \tag{7-13}$$

在推导出被测应变 ε_ψ 的表达式(7－13)的基础上，可推导被测定的表面应力 σ_ϕ 的表达式。同样，正应力 σ_ψ 和主应力 σ_1、σ_2、σ_3 的关系也如式(7－7)，即

$$\sigma_\psi=\alpha_1^2\sigma_1+\alpha_2^2\sigma_2+\alpha_3^2\sigma_3 \tag{7-14}$$

因为 $\sigma_3=0$，所以式(7－14)变成

$$\sigma_\psi=\alpha_1^2\sigma_1+\alpha_2^2\sigma_2+\alpha_3^2\sigma_3=\sin^2\psi(\cos^2\phi\cdot\sigma_1+\sin^2\phi\cdot\sigma_2) \tag{7-15}$$

如果选定 $\psi=90°$，σ_ψ 即是 σ_ϕ，式(7－15)为

$$\sigma_\phi=\cos^2\phi\cdot\sigma_1+\sin^2\phi\cdot\sigma_2 \tag{7-16}$$

将式(7－13)代入式(7－16)，并经整理后得

$$\sigma_\phi=\frac{E}{(1+\nu)\sin^2\psi}(\varepsilon_\psi-\varepsilon_3)=\frac{E}{(1+\nu)\sin^2\psi}\cdot\frac{d_\psi-d_3}{d_0} \tag{7-17}$$

利用X射线衍射可以测得衍射晶面的面间距 d_ψ、d_3 和 d_0。为了测定 d_0，需要制备无应力标准试样。但是可以简化用 d_3 代替 d_0(尤其是选用大衍射角的衍射面时，d_3 与 d_0 更为接近)，则式(7－17)为

$$\sigma_\phi=\frac{E}{(1+\nu)\sin^2\psi}\cdot\frac{d_\psi-d_3}{d_3} \tag{7-18}$$

式(7－18)是以晶面间距 d 为基础的测试宏观残余应力的基本公式。当需要测定试件表面上任意指定的一个方向上的平面应力 σ_ϕ 时，则须要测定两个方向上的面间距 d_ψ 和 d_3。注意到公式中没有出现 ϕ 角，因为应力 σ_ϕ 的方向往往不知道。

测量宏观残余应力时，测量衍射角比测量晶面间距更为方便，所以建立以衍射角为基础的宏观残余应力的公式更为普遍。根据布拉格方程(7－1)和晶面间距为参量的计算式(7－17)，下面推导以 2θ 为基础的计算公式。

从式(7－17)出发，写成

$$\sin^2\psi=\frac{E}{(1+\nu)\sigma_\phi}(\varepsilon_\psi-\varepsilon_3) \tag{7-19}$$

以 $\sin\psi$ 及 ε_ψ 为变量，对式(7-19)求微分。以 ∂ 代替常用的微分符号 d，以免与面间距 d 相混淆，得到如下表达式：

$$\partial(\sin^2\psi)=\frac{E}{(1+\nu)\sigma_\phi}\partial(\varepsilon_\psi) \tag{7-20}$$

也可以写成：

$$\sigma_\phi=\frac{E}{(1+\nu)}\cdot\frac{\partial(\varepsilon_\psi)}{\partial(\sin^2\psi)} \tag{7-21}$$

根据布拉格方程微分式(7-1)，ε_ψ 可表达为

$$\varepsilon_\psi=\left(\frac{\Delta d}{d}\right)_\psi=-(\cot\theta\cdot\Delta\theta)_\psi=-\frac{\cot\theta_\psi}{2}\Delta 2\theta_\psi \tag{7-22}$$

因为 $\theta_\psi\approx\theta_0$，所以

$$\varepsilon_\psi\approx-\frac{\cot\theta_0}{2}\cdot\Delta 2\theta_\psi=-\frac{\cot\theta_0}{2}(2\theta_\psi-2\theta_0) \tag{7-23}$$

对式(7-23)进行偏导，得

$$\partial(\varepsilon_\psi)=-\frac{\cot\theta_0}{2}\cdot\partial 2\theta_\psi \tag{7-24}$$

式中 θ_0——无应力时布拉格角；

θ_ψ——有应力时布拉格角。

将式(7-24)代入式(7-21)，整理得

$$\sigma_\phi=-\frac{E}{2(1+\nu)}\cot\theta_0\frac{\pi}{180}\left[\frac{\partial(2\theta_\psi)}{\partial(\sin^2\psi)}\right] \tag{7-25}$$

式(7-25)就是通过 2θ 角表示的测定平面应力 σ_ϕ 的基本公式。利用X射线衍射可以直接测得衍射角 2θ。从图7.5中可以看到X射线衍射的几何关系。晶面法线 OA(即 ε_ψ 方向)以及相应的入射线和衍射线构成扫描平面。ψ_0 是入射线和试样表面法线之间的夹角。2θ 是衍射线 OD 和入射线 OE 之间的夹角，定义为衍射角，它是X射线应力测定中最直接参数。η 是衍射角的余角。当在实测时，试样所选定的(hkl)衍射面、入射线波长均是固定的，而 $-\frac{E}{2(1+\nu)}\cot\theta_0\frac{\pi}{180}$ 将是一个常数，称为应力常数，用 K 表示。式(7-25)实质为一直线方程，直线斜率就是 $\frac{\partial(2\theta_\psi)}{\partial(\sin^2\psi)}$，可用 M 来表示。于是式(7-25)又可写为

$$\sigma_\phi=K_1 M \tag{7-26}$$

式中，K_1 属于材料晶体学特性参数，称为应力常数，一般通过查表可以得到。测定宏观应力时，先后从不同的角度将X射线入射到不同晶面方位 ψ 的(hkl)晶面上，使不同晶粒的同族(hkl)晶面间距 d 随晶面方位 ψ 变化而变化，从而使X射线衍射谱线(衍射角 2θ)发生有规律的位偏移。用X射线衍射法测出不同 ψ 角时晶面间距衍射角为 2θ。根据测试结果作 $2\theta_\psi$ - $\sin^2\psi$ 的关系图，将各个测试值连成直线，并求出斜率 M。当 M 大于0时，材料表面为拉应力，当 M 小于0时，则为压应力，将 M 代入式(7-26)，即可求得表面应力 σ_ϕ。

根据 ψ 选取的个数不同，可分为0°-45°法和 $\sin^2\psi$ 法。

(1) 0°-45°法。0°-45°法选取 ψ 为0°和45°(或两个其他适当的角度)进行测定，由两点

求得 $2\theta\psi-\sin^2\psi$ 直线的斜率 M，其方法简捷，偶然误差大。这时式(7-25)可以简化为

$$\sigma_\phi=\frac{E}{2(1+\nu)}\cot\theta_0\frac{\pi}{180}\frac{(2\theta_0-2\theta_{45})}{\sin^2 45°}=K_2(2\theta_0-2\theta_{45}) \tag{7-27}$$

其中，$K_2=\frac{E}{2(1+\nu)}\cot\theta_0\frac{\pi}{180}\frac{1}{\sin^2 45°}$为常数。

(2) $\sin^2\psi$ 法。在X射线测量应力的实践中，往往发现 $2\theta_\psi$- $\sin^2\psi$ 不呈直线关系，有着上下波动的情形。在此情形下如只用两个 ψ 角测算 $2\theta_\psi$- $\sin^2\psi$ 直线斜率 M，将有损于 σ_ϕ 值的准确度。为克服此缺点，将 ψ 角增至四个或四个以上，测出它们相应的 2θ 值，然后用最小二乘法求出最佳的 $2\theta_\psi$- $\sin^2\psi$ 直线的斜率，最后算出平面应力。此种测量方法称为 $\sin^2\psi$ 法。$\sin^2\psi$ 是测定二维残余应力典型的方法。自1961年德国学者E. Macherauch提出 $\sin^2\psi$ 法后，逐渐成为X射线应力测定的标准方法。采用 $\sin^2\psi$ 法得到 $\sigma_\phi=K_1M$ 中 M 为

$$M=\frac{\sum_{i=1}^{n}2\theta_{\psi i}\sum_{i=1}^{n}\sin^2\psi_i-n\sum_{i=1}^{n}(2\theta_{\psi i}\sin^2\psi_i)}{\left(\sum_{i=1}^{n}\sin^2\psi_i\right)^2-n\sum_{i=1}^{n}\sin^4\psi_i} \tag{7-28}$$

7.3 宏观应力测试方法

7.2节所述用波长为 λ 的X射线先后数次以不同的入射角 ψ_0 照射在试样晶面方位为 ψ 的(hkl)衍射面上，测出衍射角 $2\theta_\psi$，求出 $2\theta_\psi$对 $\sin^2\psi$ 的斜率，从而算出平面应力 σ_ϕ。采用此原理测试宏观应力的X射线衍射法有许多分类方式。根据测定宏观残余应力所用衍射仪和应力仪的设备，可分为衍射仪法和应力仪法。根据衍射几何布置特点分为同倾法(Iso-Inclination Method)和侧倾法(Side-Inclination Method)。同倾法是常规的测量方法，其测量平面和扫描平面重合(图7.7(a))。侧倾法是为解决复杂形状工件(如齿轮根部、角焊

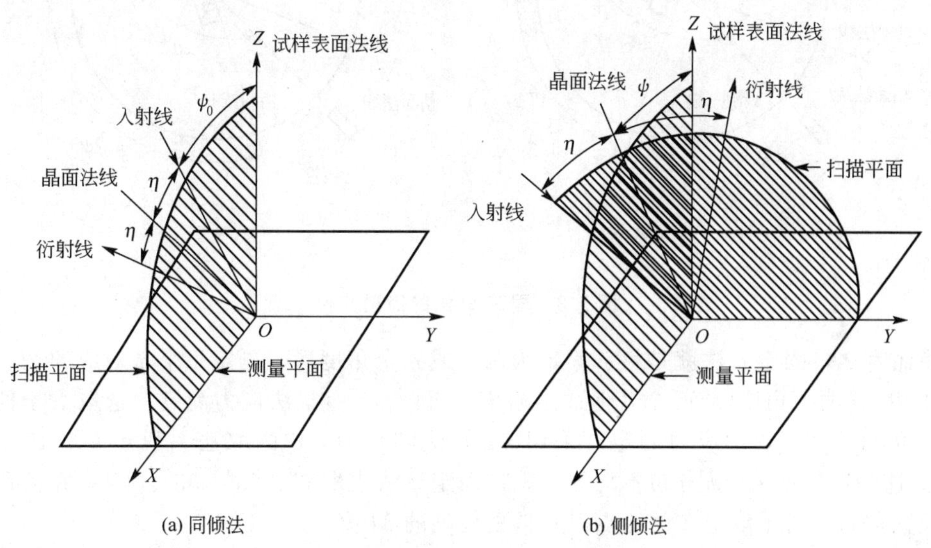

图7.7 同倾法和侧倾法的区别

缝处)的应力测定问题而提出的，设计出衍射平面与测量平面相互垂直且无制约的布置(图 7.7(b))。根据固定角度不同，可分为固定 ψ_0 法(Fixed ψ_0 Method)和固定 ψ 法(Fixed ψ Method)，即它们在测量宏观残余应力过程中分别保持 ψ_0 和 ψ 的不变。根据测量 ψ 数量可分为 0°- 45°法和 $\sin^2\psi$ 法，而 $\sin^2\psi$ 法已成为 X 射线应力测定的标准方法。

目前，随着测试残余应力设备的发展，衍射仪和应力仪配上相应的附件都可以完成同倾法和侧倾法的测量，也可以进行固定 ψ_0 法和固定 ψ 法的测量。

7.3.1 同倾法

1. 衍射仪法

在常规衍射仪上测定宏观应力时，要在测角仪上另装一个能绕测角仪轴独立转动的试样架，它可使试样表面转到所需要的 ψ 角位置，以便测量不同 ψ 角时对应的 2θ 值。常规衍射仪测量宏观内应力时，试样要绕测角仪轴转动，因此不适于大部件的测量。

1) 固定 ψ 法

固定 ψ 法是固定 X 射线的入射方向，试样与计数管同时以 1∶2 的角速度同方向转动，从而保持在测试过程中 ψ 角恒定不变。图 7.8 所示为衍射仪固定 ψ 法的衍射几何。当测量 $\psi=0°$ 时的衍射角 $2\theta_0$，只需计数管在理论值 2θ 附近连动扫描，测得平行于试样表面的晶面时的衍射角 $2\theta_0$，如图 7.8(a)所示。当要测量 $\psi\neq0°$ 的衍射角 $2\theta_\psi$ 时，X 射线入射方向固定不变，只需将试样按顺时针方向转过 ψ 角，如图 7.8(b)所示。转动试样时，计数管暂时在 $2\theta_0$ 处固定，转过 ψ 角后恢复 $\theta\sim2\theta$ 连动扫描，分别准确测量几个固定的 ψ 角时的衍射角 $2\theta_\psi$。

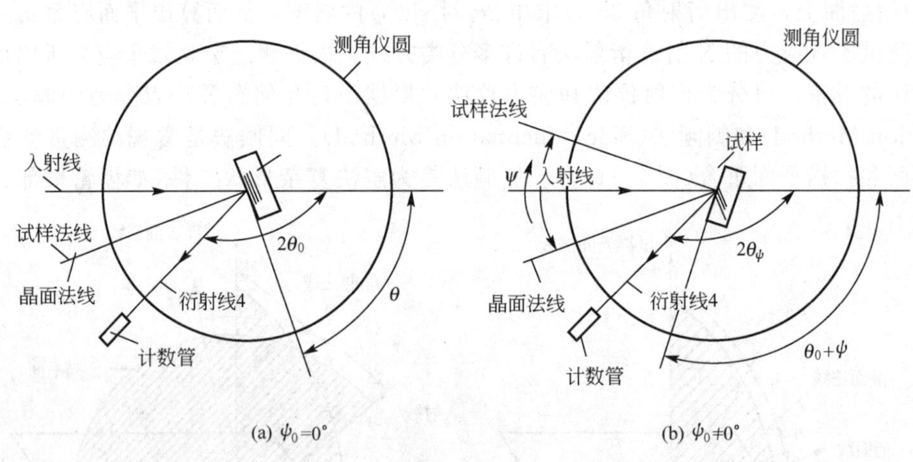

图 7.8 固定 ψ 法的衍射几何

简而言之，固定 ψ 法就是将 ψ 固定为两个或四个角度后，测定每个 ψ 对应的 $2\theta_\psi$ 角。ψ 选取 0°和 45°两个角度(或两个其他适当的角度)进行 0°- 45°法应力测定，选取大于四个以上的 ψ 角进行 $\sin^2\psi$ 法应力测定。采用 $\sin^2\psi$ 法测量时，ψ 的取法一般定 0°、15°、30°、45°，但这种取法使 $\sin^2\psi$ 分布不均匀。现在固定 ψ 法也取 0°、25°、35°、45°。在使用计算机处理数据时，可采取更多的测点以获得更精确的 M 值。

以低碳钢为例，采用衍射仪进行固定 ψ 角的 $\sin^2\psi$ 法宏观残余应力测量。

(1) 测 $\psi=0°$时的 $2\theta_0$。一般低碳钢材料采用Cr靶，测(211)晶面的 2θ 角。根据布拉格方程可算出 (211)晶面的 2θ 角理论值为 156.4°，$\theta=78.2°$。

当 $\psi=0°$时，(211)晶面应平行于试样表面，所以让 X 射线入射与样品表面呈 78.2°，如图 7.8(a)所示。这时让计数管在 $\theta_0=78.2°$附近 ±5°范围进行扫描，测定 $2\theta_0$ 角确切值为 154.92°。

(2) 测定 $\psi=15$、30、45°角时的 $2\theta_\psi$。测 45°时，计数管暂时在 154.92°处固定，而让试样顺时转动 45°，如图 7.8(b)所示。最后测定 $2\theta_\psi$ 角结果见表 7-1。

表 7-1　不同 ψ 角度测量的 $2\theta_\psi$

ψ	0°	15°	30°	45°
$2\theta_\psi/(°)$	154.92	155.35	155.91	155.96
$\sin^2\psi$	0	0.067	0.25	0.707

(3) 求斜率 M，计算 σ_ϕ。根据式(7-28)，采用最小二乘法求得斜率 $M=1.965$。通过有关表格查得 $K=-318.1$MPa。将 M 和 K 带入式(7-26)计算残余应力得

$$\sigma_\phi=K_1\times M=-318.1\times196.5\text{MPa}=-625.1\text{MPa}$$

2) X 射线衍射几何的特点

就目前用于 X 射线应力测定的衍射仪的光路系统(即衍射几何)而言，主要有半聚焦法和平行光束法两种。图 7.9(a)与图 7.9(b)分别显示出 $\psi=0°$及 $\psi\neq0°$的衍射仪半聚焦几何关系。

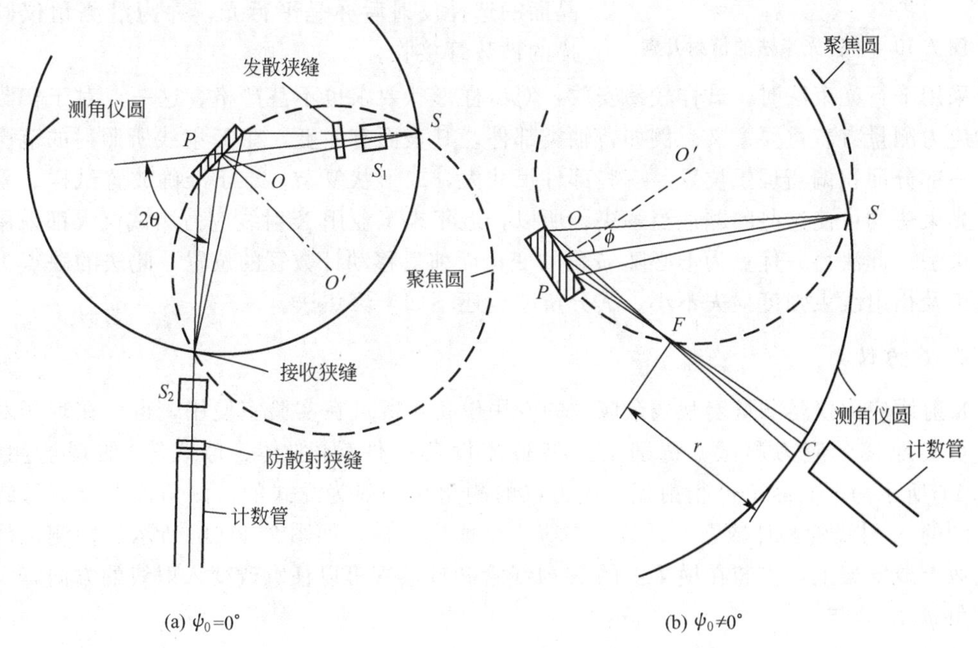

图 7.9　ψ 角不同时半聚焦法测量的几何关系

在衍射仪上进行测量时，试样以 1/2 的计数管扫描角速度旋转，试样表面保持与聚焦圆相切。在 $\psi=0°$时，$\psi_0=-\eta_0$，X 射线源与接收计数管位置对称。光源 S 与接收狭缝 S_2

的位置恰好在聚焦圆与测角仪圆的交点上，如图 7.9(a)所示。改变 ψ 角，衍射线聚焦点不再在测角仪圆的上，如图 7.9(b)所示。为了得到聚焦较好的衍射线形，接收狭缝 S_2 与计数管应向测角仪中心移动一定的距离 r。为此，在测角仪上装有计数管移动导轨。移动的距离 r，可以证明为

$$r=\left[1-\frac{\cos(\psi+\eta)}{\cos(\psi-\eta)}\right]\cdot R \tag{7-29}$$

式中　R——测角仪圆半径。

通常认为半聚焦法的衍射强度高，分辨率也高，但是容易因试样安置误差而带来应力测定值的系统误差，故要求准确的定位装置。例如，试样表面必须与聚焦圆相切。试样表面偏离测角仪中心轴线 0.01mm，相应的 2θ 测量误差约为 0.01°，按照聚焦条件的要求，只有在试样表面曲率半径等于聚焦圆半径时才能得到理想的聚焦。一般均用平试样，难以满足严格的聚焦条件。对于圆柱表面或球形表面试样，聚焦效果更不理想，另外，在测量中试样必须随计数管同步转动，并对试样大小有些限制。

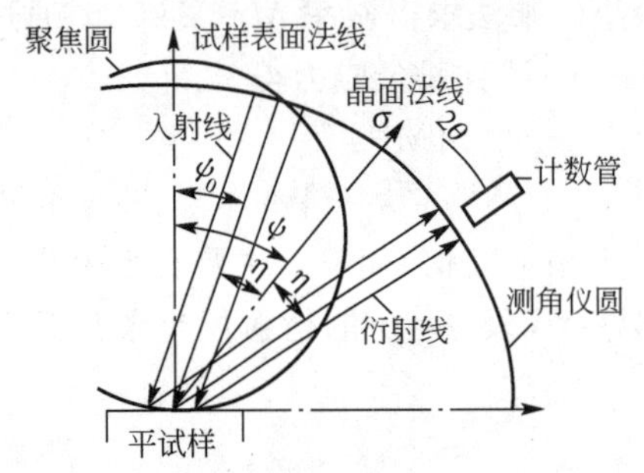

图 7.10　平行光束法的衍射几何

上述半聚焦法的实验条件甚为严格，限制了它的应用范围。应用平行光束测量应力可以避免一些苛刻的实验条件。图 7.10 是平行光束法的衍射几何。在平行光束法中，入射线侧和衍射线侧各放置一组平行光阑，来限制其水平发散度。由于采用了张角较小的多缝平行光阑，入射光束中平行光占大部分，因此经过试样中符合布拉格方程的一组(hkl)晶面的选择反射后亦是平行光，并为沿测角仪圆扫描的计数管接收。

采用平行光束法时，试样较易安放，对试样形状要求也不甚严格。这一点对于实际部件的应力测量有着重要意义。例如，轴类部件，其表面有曲度，在 X 射线所照射的范围内总有一部分面积偏离理想位置。有些部件尺寸大，或形状复杂，难于准确放置试样。采用平行光束法均可使这些问题适当解决。所以，近年来工业用 X 射线应力测试仪大都采用平行光束法。此法另一优点为不必随 ψ 角的变化而前后移动计数管的位置。此法的缺点为入射线束及衍射线束强度损失不小，其分辨率也还不如半聚焦法。

2. *应力仪法*

X 射线应力仪是测量宏观残余应力的专用设备，既可在实验室使用，也可在现场对工件进行实地残余应力测试，特别是大型整体设备构件(如船体、球罐等)的现场测试。图 7.11 所示为 Stress3000 衍射仪。应力仪的测角仪一般为立式的，测角仪上装有可绕试件转动的 X 射线管和计数管，计数管在竖直平面内扫描，如图 7.11(b)所示。待测工件安放在地上或支架上，安装在横梁上的 X 射线管和计数管可以任意改变入射线的方向，实现入射角 ψ_0 的调节。

1) 固定 ψ_0 法

X 射线应力仪法测量宏观残余应力可以采用固定 ψ_0 法也可以采用固定 ψ 法。而常采用固定 ψ_0 法，即固定入射线与试样表面法线之间的夹角 ψ_0。特点是试样不动，通过改变 X 射线入射的方向获得不同的 ψ_0。

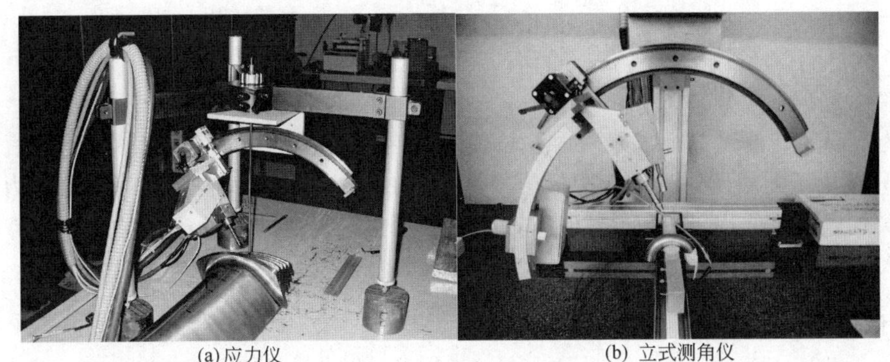

(a)应力仪　　(b) 立式测角仪

图 7.11　Stress3000 衍射仪

图 7.12 所示为 X 射线应力仪采用固定 ψ_0 法的衍射几何图。ψ 是衍射晶面法线与试样表面法线之间的夹角；入射角 ψ_0 是试样表面法线与入射线的夹角。η 是衍射角的余角。它们之间的关系为

$$\psi=\psi_0+\eta=\psi_0+(90^\circ-\theta_\psi) \tag{7-30}$$

图 7.12 还显示 $\psi_0=0^\circ$ 及 $\psi_0\neq0^\circ$ 时的测量状态。在测定时，仅计数管在 2θ 附近扫描以测得衍射角。当 $\psi_0=0^\circ$ 时，应使 X 射线垂直试样表面入射，此时所测并非垂直试样表面方向应变，而是 η 方向应变，如图 7.12(a)所示。当 $\psi_0\neq0^\circ$ 时，试样不动，改变入射角 ψ_0 即可，如图 7.12(b)所示。

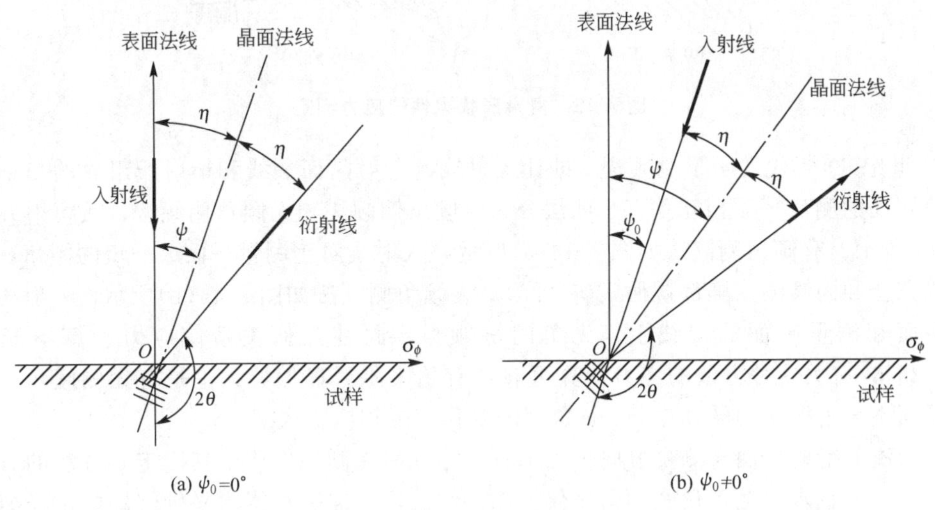

(a) $\psi_0=0^\circ$　　(b) $\psi_0\neq0^\circ$

图 7.12　固定 ψ 法的衍射几何

2) 0°- 45°法

固定 ψ_0 法可将 ψ_0 固定为某两个(0°- 45°法)或四个角度($\sin^2\psi$ 法)后，测定每个 ψ_0 对应的 2θ 角。当采用应力仪将 ψ_0 固定在 0°和 45°测量时，两次所测量的应变量分别是 η 和 $\eta+45^\circ$ 方向，所以计算公式为

$$\sigma_\phi=\frac{E}{2(1+\nu)}\cot\theta_0\frac{\pi}{180}\frac{(2\theta_\eta-2\theta_{45+\eta})}{[\sin^2(45^o+\eta)-\sin^2\eta]}=K_2'(2\theta_\eta-2\theta_{45+\eta}) \tag{7-31}$$

其中，$K_2'=\frac{E}{2(1+\nu)}\cot\theta_0\frac{\pi}{180}\frac{1}{[\sin^2(45^o+\eta)-\sin^2\eta]}$。

因为当材料、测试晶面以及入射波长确定之后，η 是不变的，所以 K_2' 为常数。当然，K_2' 也是只适用于上面所讨论的应力仪的测量几何。0°- 45°法用两点定斜率会给应力计算引入较大误差，因此适用于已确认 $2\theta-\sin^2\psi$ 关系有良好线性的条件。并且由于计算机广泛应用，人们更多采用的是 $\sin^2\psi$ 法。

7.3.2 侧倾法

侧倾法是为了解决复杂形状工件的应力测定问题而提出的。如果采用同倾法测定工件特殊部位(如齿轮根部、角焊缝处)的残余应力，往往比较困难，衍射线可能穿入试样内部(图 7.13(b))。这是由于在同倾法中，ψ_0 或 ψ 的变化受 θ 角大小的制约。测定衍射峰的全形需一定的扫描范围，且计数管不可能接收与试样表面平行的衍射线，导致实际允许的 ψ_0 或 ψ 变化范围还要小些。而造成 ψ_0 或 ψ 角度变化范围狭小的主要原因是由于 ψ_0 或 ψ 角转动平面和计数管扫描平面处在同一平面上造成的。

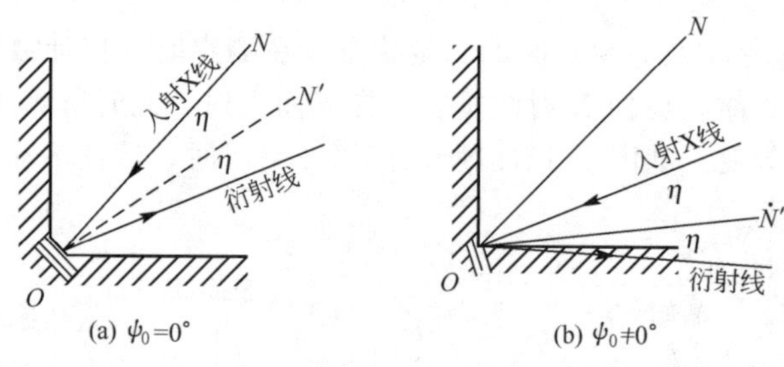

图 7.13 复杂形状零件的应力测定

20 世纪 60 年代发明了侧倾法，即让入射线、衍射晶面法线和衍射线组成的扫描平面和 ψ 角转动的测量平面相互垂直；此法分为有倾角侧倾法和无倾角侧倾法，其衍射几何如图 7.14 所示。有倾角侧倾法如图 7.14(a)所示，入射线对于测量平面成一负的倾角，其计算公式完全和同倾法一样都遵循式(7-25)。无倾角侧倾法如图 7.14(b)所示，入射线位于扫描平面和测量平面的交线上，无负的 η 倾角，此种几何关系使应力计算不能遵循式(7-25)，有关这种方法的应力计算可参考有关文献。显然，无论是有无侧倾角，由于扫描平面不再占据 ψ 角转动空间，ψ 角度的变化范围相应扩大。

侧倾法的衍射平面与测量方向平面垂直，相互间无制约作用。其确定 ψ 方法的方式是固定 ψ 法。若在水平测角仪圆的衍射仪上用侧倾法，则需有可绕水平轴转动的试样架，使试样能做 ψ 倾动，如图 7.15 所示；在当前的 X 射线应力仪上也可用侧倾法，其测角头(包括 X 射线及计数管)能做 ψ 倾动，且 X 射线管和计数管以相同的角速度反向转动($\theta-\theta$ 扫描)，完成固定 ψ 法的测量，代替需试样转动的 $2\theta-\theta$ 扫描。若应力仪的测角头不能做 ψ 倾动，也可采用侧倾试样架的方法。

侧倾法是为了解决复杂形状工件的应力测定问题而提出的，但同时还具有如下两个优点：

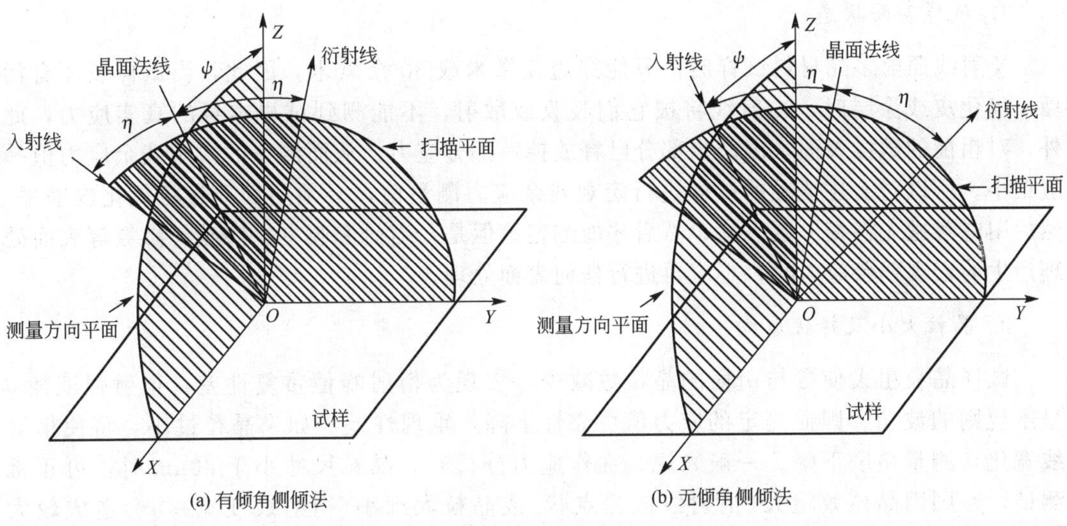

图 7.14 侧倾法

(1) 无需进行吸收因子的校正。在侧倾法中，由于扫描平面与 ψ 角转动平面垂直，因此，在各个 ψ 角上衍射线穿过试样的路程近乎相等，可以不考虑吸收因子对不同 ψ 角上衍射线强度的影响。

(2) 既可以选用高角度 θ 范围谱线，也可以利用低角度 θ 范围的谱线作测量。在应力测定中，一般总是选取高角度谱线进行测定，这是因为在相同的应变 ($\varepsilon=-\cot\theta\Delta\theta$) 下，与高角度相应的 $\Delta\theta$ 较大，测得的应力值当然比较准确。但在某些材料的 X 射线应力测定中，当高角度的谱线强度低且漫散而无法测定时，此时必须利用低角度的强度谱线进行测定。

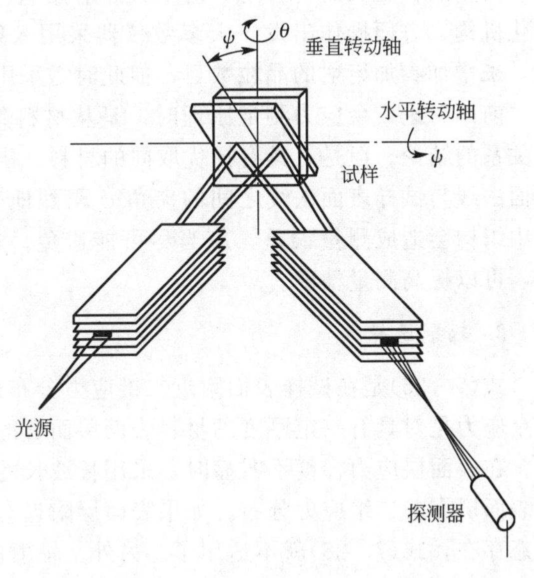

图 7.15 衍射仪上侧倾装置示意图

7.4 宏观应力测定的影响因素

在前面讨论经典 X 射线衍射应力分析的基本原理时，曾对被测材料状态作了一定的限制，如晶粒足够细小，晶体呈统计无规则取向，表层材料处于平面应力状态等。但是实际测量有时并不能完全满足这些限制或假定条件，若仍原封不动地按照建立在这些限定条件基础上的方法测试或计算，必然会导致较大的测量误差。因此 X 射线宏观应力测定中应加以注意被测试样的表面状态、晶粒大小和择优取向、衍射峰位确定等因素对应力测定的影响。

1. 试样表面状态

X 射线照射多晶材料试样时，只能穿透几微米或 30 余微米。因此，当试样表面有污垢、氧化皮或涂层时，X 射线将被它们吸收或散射，不能测到试样本身的真实应力，此外，对粗糙的试样表面，因凸出部分已释放掉一部分应力，从而测得的宏观残余应力值一般偏小。所以对上述情况的试样进行宏观残余应力测量前，必须用细砂布将氧化皮磨去，然后用电解抛光将变形层去除，然后才能测定。但是，当研究喷丸、渗碳、渗氮等表面处理产生的宏观残余应力时，不应再进行任何表面处理。

2. 晶粒大小及择优取向

试样晶粒粗大使参与衍射的晶粒数减少，表现为衍射峰值重复性差，衍射强度随 ψ 呈不规则的波动。因而测定的应力值可靠性下降，重现性差。如果晶粒过小，将使衍射线宽化，测量精度下降。一般来说，在作应力分析时，晶粒尺寸小于 $30\mu m$ 时，可正常测试，否则因晶粒太粗大(衍射线成为点状)或晶粒太细小(衍射线变宽)均会造成较大误差。

测量晶粒粗大的材料时，需增大照射面积，为此对粗晶材料试样一般采用回摆法。从简化机构、方便操作出发，大多数仪器采用入射 X 射线往复摆动，也有让被测试样摆动的，来增加参加衍射的晶粒数目，但此时需采用特殊的计算公式。

前面讨论残余应力测定原理时，是从材料具有各向同性出发，得出 $2\theta-\sin^2\psi$ 满足线性关系的结论。但是，具有择优取向的材料，出现各向异性，则会使衍射峰的强度随衍射晶面法线与试样表面法线之间的夹角 ψ 剧烈地变化。因此，$2\theta-\sin^2\psi$ 偏离线性关系。试件中织构会造成测量误差，应当尽可能避免。选择合适的入射角，以得到最大的衍射强度，可以提高测量精度。

3. 辐射选择

式(7－25)是在试样表面附近二维应力分布的情况下导出的。而用 X 射线法测定宏观残余应力是对具有一定厚度的材料表面层而言的，表面层的厚度随 X 射线波长的缩短而增加。在表面层应力梯度不明显时，采用长波长的辐射线照射试样，可以近似地认为，所测的表面层有着二维应力分布。如果表面层附近有明显的应力梯度，则应该考虑有三维应力状态存在，式(7－25)就不适用了。另外，辐射的选择还必须适宜，既要使(hkl)衍射晶面的 θ 角接近 90°，以提高测量 d 值的精度；又要设法降低背底的深度。以防叠加在过深背底上的宽衍射线的峰位难以确定。

4. 定峰方法

宏观应力是根据不同方位衍射峰的相对变化来测定的，所以 2θ 峰位的准确测定决定了应力测量的精度。由于试样和实验条件的差别，将得到形状各异的衍射线，其 2θ 峰位的确定可按下述方法之一进行。

1) 半高宽法

半高宽法是常用的定峰方法之一，是用谱线半高宽中点的横坐标作峰位的方法。这种方法适用于 $K_{\alpha1}$ 和 $K_{\alpha2}$ 衍射线完全重合，如图 7.16(a)所示，或是 $K_{\alpha1}$ 和 $K_{\alpha2}$ 完全分开的衍射线，如图 7.16(b)所示。如果 $K_{\alpha1}$ 和 $K_{\alpha2}$ 衍射线部分重叠，不能使用半高宽法时，则采用

1/8 高宽法，如图 7.17 所示。下面就这三种情况分别进行介绍。

双线重叠时半高宽定峰如图 7.16(a)所示，此时将重叠的 K_α 双线看成一个整体，用重叠谱线半高宽中点的横坐标作峰位。其作法是自衍射峰底两旁的背底曲线作切线 AB，然后垂直于切线标出峰高 h。在 $h/2$ 处作平行于 AB 的直线，该直线交衍射谱线于 a、b 两点，ab 线段的中点 c 对应的横坐标 $2\theta_P$ 就是要定的峰位。双线分离的半高宽定峰如图 7.16(b)所示。其步骤与上述双线重叠时半高宽定峰作法相同。

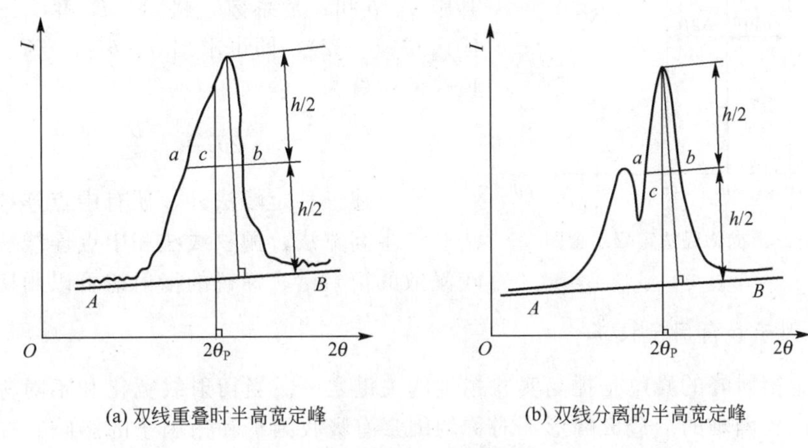

(a) 双线重叠时半高宽定峰　　(b) 双线分离的半高宽定峰

图 7.16　半高宽法

图 7.17 为双线部分分离时的定峰方法。为了减少 $K_{\alpha2}$ 的影响，可取距峰顶 1/8 高处的中点作为峰位。即在 $K_{\alpha1}$ 强度峰值的 1/8 或 1/16 处作平行于背底的直线，该直线交衍射线于 a、b 两点，ab 线段中点对应的横坐标 $2\theta_P$ 就是要找的峰位。当衍射线轮廓分明时，这种方法可以得到准确的结果。它是最常采用的方法。

2）切线法

当衍射谱线尖锐而陡峭时，可用切线法求峰位。作法是延长靠峰顶部两边的直线部分，其交点对应的横坐标就是要找的峰位，如图 7.18 所示。

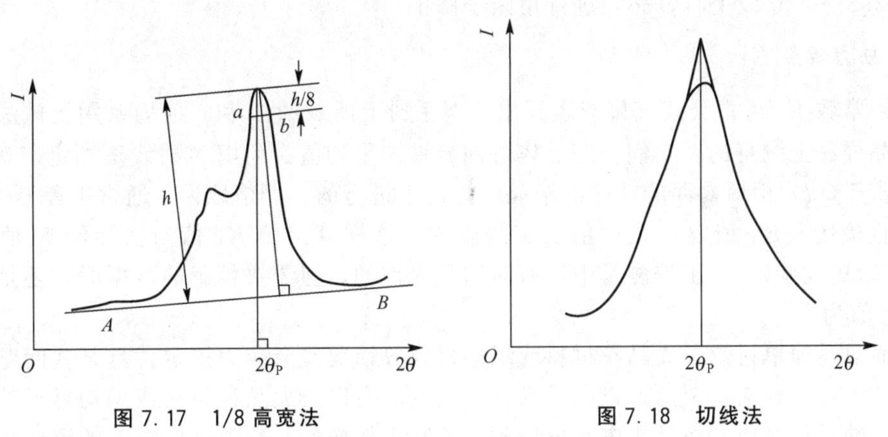

图 7.17　1/8 高宽法　　**图 7.18　切线法**

3）抛物线法

当峰形较为漫散时，用半高宽法容易引起较大误差，可将峰顶部位假定为抛物线型，用所测量的强度数据拟合抛物线，求其最大值对应的 $2\theta_P$ 角即为峰位，这也是常用的定峰方法之一。图 7.19 所示为三点抛物线法定峰示意图。在顶峰附近选一点 $A(2\theta_2, I_2)$后，在其左右等角距离 $\Delta 2\theta$ 处各选一点 $B(2\theta_1, I_1)$和 $C(2\theta_3, I_3)$。注意用三点抛物线法定峰时，A 点应尽量选强度最高处，其余两点的强度以不低于 A 点强降的 85%为宜。用此三点模拟一个抛物线，其方程为

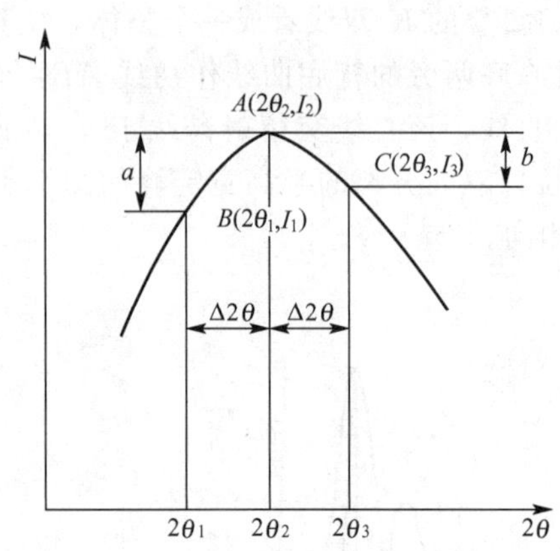

图 7.19　三点抛物线法定峰示意图

$$I = a \cdot (2\theta)^2 + b \cdot (2\theta) + c \qquad (7-32)$$

其中 a、b 和 c 是系数，将 A、B 和 C 三点坐标值代入式(7-32)，即可求出 a、b 和 c 值。因而确定顶峰的位置为

$$2\theta_P = -\frac{b}{2a} \qquad (7-33)$$

除上述三种定峰法外，还有中点连线法、重心法等。半高宽法、抛物线法和中点连线法适合于比较漫散的衍射谱，锋锐的衍射谱可以用切线法。

5. *吸收因子和角因子校正*

准确测定衍射峰的峰位是提高实验精度的关键之一。当衍射线宽化和不对称时，进行峰位确定是比较困难的。造成峰形不对称的因素有吸收因子和角因子的影响。在衍射线非常宽的情况下，需要利用吸收因子和角因子对衍射线形进行校正。

同倾法测量宏观残余应力受到吸收因子影响。这是由于 X 射线倾斜射入试样后，X 射线在试样中所经历的路程不同，引起吸收不同而造成线形的不对称。可以证明，吸收因子 $A = 1 - \tan\psi\cot\theta$，它是反射晶面法线与试样表面法线的夹角 ψ 和布拉格角 θ 的函数。该因子的影响比角因子小，在精度要求不高的情况下，可忽略不计。采用侧倾法测量时，由于 ψ 角改变不影响吸收因子，故无需进行吸收因子的校正。

角因子$(1+\cos^2 2\theta)/(\sin^2\theta\cos\theta)$在布拉格角 θ 接近 90°时，显著增大，对衍射线形不对称的影响也会加剧，如果不予以修正，会带来较大的测量误差。一般认为，当衍射峰半高宽度在 3.5°～4.0°以上时，必须进行角因子修正。

6. *应力常数 K_1*

应力常数 K_1 可由公式直接查表算出。但手册上所载的 E 和 ν 值均系用机械法或电测法从多晶样品上测得的，它们均是晶体各向异性的平均值。而用 X 射线法测定宏观内应力是在垂直于(hkl)衍射晶面的特殊的结晶学方向上进行的。严格地说，通常工程上的 E 和 ν 是不能直接代入 K_1 值表达式中的。实践表明，这样算出的 K_1 值与实测的 K 值相差约 10%(有时更大些)。在工程测量中，有时这是允许的，但需要精确的数据时，还是以直接测定 K_1 值为宜。

前面只是简单讨论了大晶粒材料或织构材料等情况残余应力测定，且某些问题迄今未获圆满的解决。目前，国内外正在寻求解决三维应力以及大晶粒材料或织构材料的残余应力的测定的最佳途径，而且相应测量设备也不断更新换代。有关这些特殊的测试技术和设备，请参看有关资料。

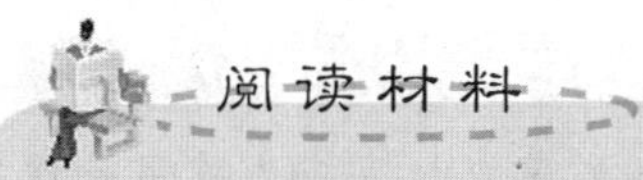

宏观残余应力测定的其他物理方法

残余应力测试方法的研究始于20世纪30年代，发展至今已经形成数10种测试手段，大致可分为两大类：机械释放测量法和非破坏性无损伤的物理测量法。物理测量法是指测量应力时对被测构件无损害，但成本较高，除了正文中提到的X射线法之外，还有中子衍射法、超声波法和磁性法等方法。

1. 中子衍射法

中子衍射法应力分析始于20世纪80年代，是近20年来发展起来的一种无损测定残余应力的方法，是目前唯一可以测定大体积工件三维应力分布的方法。

中子衍射法是通过研究衍射束的峰值位置和强度，可获得应力或应变的数据。中子衍射应力测量法首先是测定材料中晶格的应变，然后计算出应力。其测量残余应力的原理与X射线法基本一致，即根据布拉格定律从测量点阵的弹性应变来计算构件内部的残余应力。图7.20所示为中子衍射法测量应力的原理示意图。

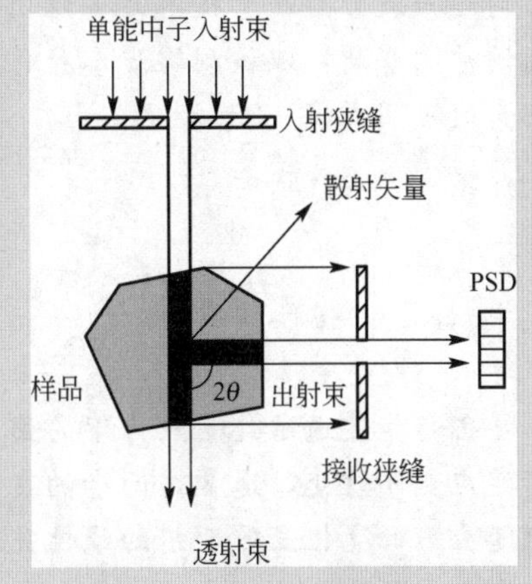

图7.20 中子衍射法测量应力图

根据对布拉格公式，求微分后所得的关系式用衍射峰位置θ参考无应力样品的峰位置θ_0的变化值$\Delta\theta$来求得应变：

$$\varepsilon=(d-d_0)/d_0=-\Delta\theta\cos\theta_0 \qquad (7-34)$$

中子衍射技术相对于X射线和其他应力测试方法的主要特点如下：

(1) 穿透力强。中子由原子核散射，其在金属中的穿透深度较X射线大得多，穿透能力可达3～4cm以上，可测量构件内部的应力及其分布。因此，在工程应用上比较适合大工程部件的测量，如长约1m的线性管道、钢板或火车轨。

(2) 非破坏性。可监视试件环境或加载条件下的应力变化状态，可多次重复测量实验样品。

(3) 空间分辨可调。空间分辨可与有限元模式的空间网格相匹配，在检验有限元计算方面具有很大优势。

(4) 针对不同的情况。中子衍射法可解决材料中特定相的平均应力和晶间应力问题。例如，包含硬化相的陶瓷材料和形状记忆合金等，可以利用中子衍射法在高、低温环境下进行材料研究。

(5) 设备复杂、昂贵。中子衍射法对设备和试样有严格要求，需要一个高强度的反应堆或脉冲中子源，设备复杂、昂贵，试样则要求足够小，以适应衍射仪。中子源不像X射线那样普及，只能固定在实验室测试，目前国内尚无这方面应力测试的报道。

2. 超声波法

超声波法是无损测定残余应力的一种新方法，其理论依据是声弹性理论。研究结果表明，当材料中存在应力时，超声波在材料内的传播速度与没有应力存在时的传播速度不同，传播速度的差异与存在的应力大小有关。如果能够获取无应力和有应力作用时弹性体内超声波的传播速度的变化，则可获得应力的大小。

目前超声波法的具体实施方案有两种：方案一是采用超声横波作为探测手段，由于应力的影响束正交偏振横波的传播速度不同，产生双折射，分别测量两束超声横波的回波到达时间来评价材料中的应力状态，该方案只适用于材料的内部应力；方案二是采用表面波或者纵波，直接测量声波在材料表面或内部传播的时间，再依据声弹性理论中应力和声速的关系来测量应力，该方案可测量材料表面或内部的应力，因此逐渐成为研究的主流。

超声波法测量构件的残余应力过程中，测量的应力为沿超声波传播路径的平均值。目前超声波应力测量技术大多以固体媒质中应力和声速的相关性为基础，即超声波直接通过被测媒质，以被测媒质本身作为敏感元件，通过声速变化反映固体的应力。固体中的声速可用式(7－35)表示：

$$C=\sqrt{\frac{K}{\rho}} \tag{7-35}$$

式中　K——弹性模量；

　　ρ——密度。

当超声波通过处于应力下的固体传播时，应力对其速度有两种影响。弹性模量和密度随应变而改变，通常这两者的变化都比较小，最多也只有0.1%左右。实验证明，声速随应力的变化呈较理想的线性关系。利用超声波进行应力测量是依据声弹性效应，即应变引起的超声波速度的变化。按照声弹性理论，只要变形处在材料的弹性范围之内，速度与应力即呈线性变化。

超声波测量构件残余应力具有如下特点：

(1) 超声波的方向性较好，其具有光波一样良好的方向性，可以实行定向发射。

(2) 对于大多数介质而言，超声波的穿透能力较强。在部分金属材料中，其穿透能力可达数米。

(3) 能无损测定实际构件的表面应力和内部应力(包括载荷作用应力和残余应力)。

(4) 采用新型电磁换能器，可以不接触实际构件进行应力测量，不会损伤构件表面。

(5) 超声测量仪器方便携带到室外或现场使用。

(6) 超声波法在测量应力时，需要做标定试验。

(7) 超声波法测定的结果要受到材料性能、工件形状和组织结构的影响，测量的灵敏度较低。

3. 磁性法

磁性法是无损测定残余应力的新型方法之一，具有方便、快速、准确的特点。磁测应力法常用的主要有Barkhausen效应法、逆磁致伸缩法、磁记忆法MMM(Metal magnetic memory)、应力致磁各向异性法SMA (Stress－induced magnetic anisotropy)和MAPS(Magnetic anisotropy and permeability system)等。

磁测应力法是基于磁致伸缩的逆效应或称维拉里效应，通过研究磁化状态的变化来研究材料内应力的情况。应力影响到铁磁材料的磁导率、磁化强度等宏观参量，这种影响源于磁畴在应力场和内外磁场的耦合作用下发生的磁矩转向及畴壁位移。冯升波提出铁磁材料的变形导致磁导率的变化，在材料中不同方向的变形导致不同方向的磁导率不同，磁导率的变化对整个磁路引起磁阻变化，磁阻的变化又引起磁通量的变化，对二极磁探头而言，一旦磁通量变化，就会引起检测线圈中的电压变化。确定检测线圈中电压变化与应力变化的关系，则可用二极探头来检测应力。依据上述原理，提出磁测应力系统原理图，如图7.21所示。

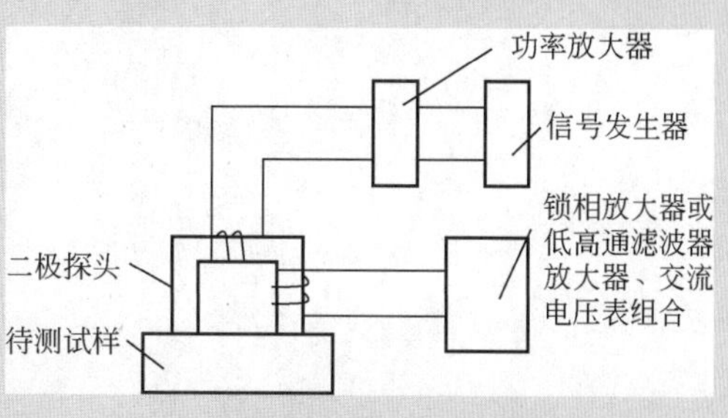

图7.21 磁测应力原理图

磁力法与其他无损应力测量方法相比，具有如下特点：

(1) 测量速度快、探测深度大(可达数毫米)、无辐射危险等优点。

(2) 仅适用于铁磁性材料，对材料结构等因素也较敏感，易影响测试结果的准确性，且每次测试都需事先标定。

(3) 磁测法的应用主要是针对大型构件的残余应力测试，由于对材质比较敏感，容易影响测试结果的准确性。

(4) 磁测法可对使用中的构件进行实时实地安全的测量。

资料来源：沈军，林波，迟永刚，等. 残余应力物理法测量技术研究状况. 材料导报，2012(05)：120－124.

小 结

本章主要阐述了X射线宏观应力测量的基本原理，详细说明了X射线宏观应力测量的方法，对影响宏观应力测量的影响因素进行了分析。

关键术语

宏观应力测量　同倾法　侧倾法　半高宽法　切线法　抛物线法

1. 内应力分几类？每类衍射花样有何特点？
2. 宏观应力测试方法是如何分类的？

3. 什么是侧倾法？有什么特点？

4. 有几种定峰方法？各有什么特点？

5. 用 CoK_αX 射线测 α-黄铜的宏观残余应力，在 ψ_0 为 0°、15°、30°和 45°时，$2\theta_\psi$分别为 151.00°、150.95°、150.83°和 150.67°，分别采用 0°-45°法和 $\sin^2\psi$ 法求 σ_ϕ。已知 α-黄铜的 $E=9\times10^9$ Pa，$\nu=0.35$。

第8章 电子光学基础

知识架构

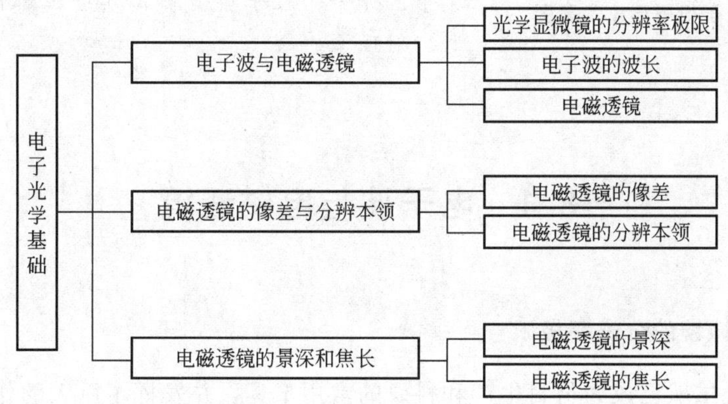

教学目标与要求

- 了解电子波的特征
- 掌握电磁透镜对电子波的聚焦原理，了解电磁透镜的结构对聚焦能力的影响
- 掌握电磁透镜的像差的概念及产生的原因，了解消除和减少像差的方法
- 掌握电磁透镜的景深、焦长的概念及影响因素

导入案例

20世纪初，爱因斯坦提出光子学说并解释了光电效应之后，使人们认识到光具有波动性和粒子性的双重特性。1924年，法国科学家德布罗意(De Broglie)认为，既然光具有二象性，则电子等微观粒子也可有波动性，他指出，具有质量为 m，运动速度为 v 的粒子，相应的波长为 $\lambda=h/mv=h/p$，式中 p 为动量。德布罗意这一关系式将电子的粒子性(p 是粒子性的特征)与波动性(λ 是波动性的特征)定量地联系了起来。

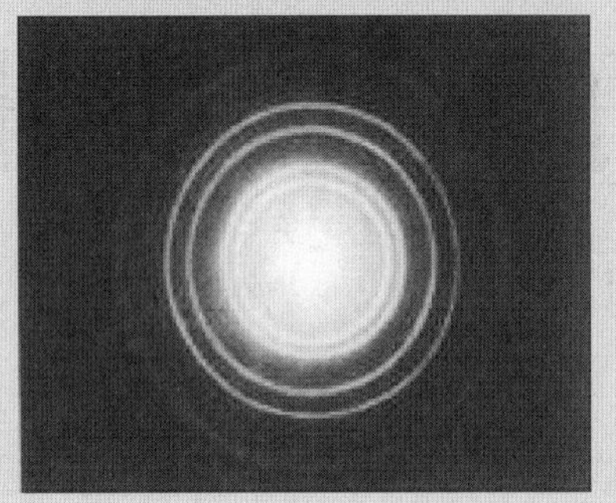

图 8.1　电子衍射环纹示意图

1927年，美国科学家戴维森应用 Ni 晶体进行的电子衍射实验证实了德布罗意的假设：电子具有波动性。将一束电子流经一定电压加速后通过金属单晶体，像单色光通过小圆孔一样发生衍射现象，在感光底片的屏幕上，得到一系列明暗相间的衍射环，如图 8.1 所示。

根据电子衍射图计算得到的电子射线的波长与德布罗意预期的波长完全一致。用 α 粒子、中子、原子、分子等粒子流做类似实验，都同样可以观察到衍射现象。

8.1　电子波与电磁透镜

8.1.1　光学显微镜的分辨率极限

光学显微镜虽然已成为材料生产和科研的常用工具，并发挥了巨大的作用，但是随着材料科学的发展，人们对于显微分析技术的要求不断提高，观察的对象也越来越细。如要求分辨几十埃或更小尺寸的分子或原子。一般光学显微镜，通过扩大视角可提高的放大倍数不是无止境的，对于材料生产和科研中提出的细节往往无能为力。例如，低碳钢中粒状贝氏体，高碳钢中隐晶马氏体等，光学显微镜已无法分辨这些组织的特征。因此，也就无法解释这些组织的形成原因及其对性能的影响规律。分辨本领是指成像物体上能分辨出来的两个物点间的最小距离。光学显微镜的分辨本领为

$$\Delta r_0 \approx 0.5\lambda \tag{8-1}$$

式中　λ——照明光源的波长。

式(8-1)说明，显微镜的分辨本领取决于可见光的波长，而可见光的波长是有限的，这就是光学显微镜的分辨本领不能再提高的道理。光学显微镜用可见光照明物体，光具有微粒和波动两相性，其波长范围为 390～760nm，光的波动本性所决定的衍射现象，使得显微镜的分辨本领不能小于 200nm 的限度。因此，要提高显微镜的分辨本领，关键是要有足够短的波长，又要有聚焦成像的照明光源。

1924年，法国科学家德布罗意证明了快速粒子的辐射，并发现了一种高速运动电子，

其波长为 0.5nm，这比可见的绿光波长短十万倍。1926 年德国科学家布施(Buscn)提出用轴对称的电场和磁场聚焦电子线。在这两个构想基础上，1933 年德国物理学家鲁斯卡(Ruska)等设计并制造了世界上第一台透射电子显微镜(TEM)。经过半个世纪的发展，透射电子显微镜已广泛应用于各个学科领域和技术部门。现在对于材料科学和工程，它已经成为联系的沟通材料性能和内在结构的一个最重要的“桥梁”。

8.1.2 电子波的波长

由式(8-1)可知，要提高显微镜的分辨本领，只有寻找比可见光波更短的光线才可以解决这一问题。运动电子具有微粒性和波动性，这一点和可见光是相同的，由此使电子束有可能成为新的照明光源，电子显微镜的照明光源正是以电子波作为照明光源。电子波的波长取决于电子运动的速度和质量，即

$$\lambda=\frac{h}{mv} \tag{8-2}$$

式中 h——普朗克常数；

m——电子的质量；

v——电子的速度。

电子速度和加速电压 U 之间存在如下关系：

$$\frac{1}{2}mv^2=eU$$

即

$$v=\sqrt{\frac{2eU}{m}} \tag{8-3}$$

式中 e——电子所带的电荷。

由式(8-2)和式(8-3)可得

$$\lambda=\frac{h}{\sqrt{2emU}} \tag{8-4}$$

如果电子速度较低，则它的质量和静止质量相近，即 $m\approx m_0$。如果加速电压很高，使电子具有极高的速度，则必须经过相对论校正，此时

$$m=\frac{m_0}{\sqrt{1-\left(\frac{v}{c}\right)^2}} \tag{8-5}$$

式中 c——光速。

表 8-1 列出了经过相对论修正而计算出来的电子波长与加速电压的关系，当加速电压为 100kV 时，$\lambda=0.37$nm 约为可见光波长的十万分之一。可见，只要能使加速电压提高到一定值就可得到很短的电子波。正是这一原因，用高压加速电子就成了近代电子显微镜的最重要特点，用这样的电子波作为照明源，就可显著地提高显微镜的分辨本领。问题是能否制造出使电子波聚焦成像的透镜。

表 8-1 电子波长与加速电压的关系

加速电压/kV	电子波长/nm	加速电压/kV	电子波长/nm
1	3.88	50	0.536
3	2.44	60	0.487
5	1.73	80	0.418
10	1.22	100	0.370
20	0.859	200	0.251
30	0.698	500	0.142
40	0.601	1000	0.0687

8.1.3 电磁透镜

轴对称磁场能使电子束聚焦成像，对电子束起着透镜的作用。这种磁场由通电流的圆柱形轴对称线圈产生。透射电子显微镜中用磁场来使电子波聚焦成像的装置是电磁透镜。为了便于分析电磁透镜聚焦成像的工作原理，以最简单的电磁透镜(短线圈磁场的聚焦成像)为例进行分析。根据场的对称性，将磁场中任意一点 A 的场强 B 分解成纵向分量 B_z 和径向分量 B_r，如图 8.2 所示。通电的短线圈就是一个简单的电磁透镜，它能造成一种轴对称不均匀分布的磁场。假设以速度为 v 的电子严格地沿着主轴方向射入透镜内，此时在轴线上磁场强度的径向分量为零，电子不受磁场力的作用，运动方向不变。若电子是平行于主轴入射，根据右手法则，它将受到所处点磁场强度径向分量 B_r 的作用，产生切向力 $F_t = evB_r$，使电子获得切向速度 v_t，如图 8.2(b)所示。电子随即开始做圆周运动，由于 v_t 垂直于 B_z，产生径向力 $F_r = ev_tB_z$，使电子向轴偏转。当电子穿过线圈到 B 点位置时，B_r 的方向改变了 180°，F_t 随之反向，但是 F_t 的反向只能使 v_t 变小，而不能改变 v_t 的方向，因此穿过线圈的电子仍然趋向于向主轴靠近。

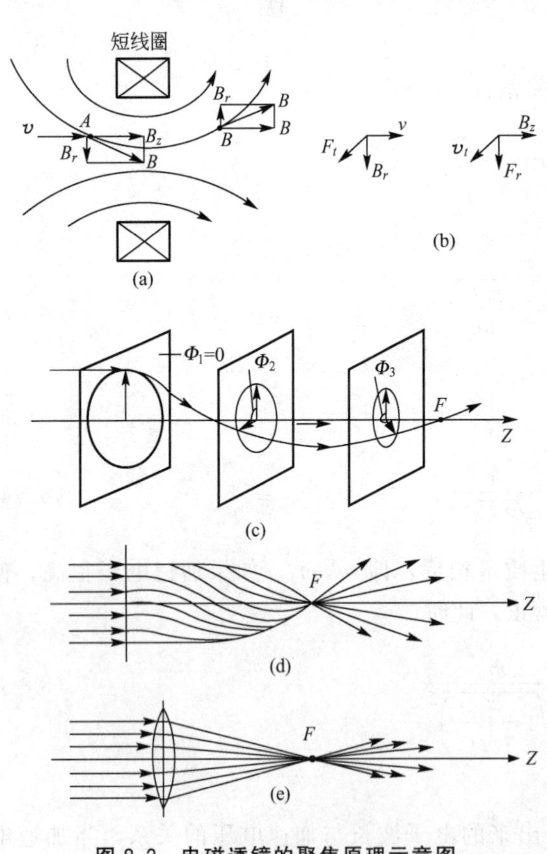

图 8.2 电磁透镜的聚焦原理示意图

由于短线圈磁场中，一部分磁力线在线圈外对电子束的聚焦成像不起作用，磁感应强度比较低。如果把短线圈装在由软磁材料(低碳钢或纯铁)制成的具有内环形间隙的壳子里，软磁壳的内孔和环形间隙尺寸越小，间隙附近区域磁场强度越高，对电子的折射能力越强，可使短线圈激磁产生的磁力线都集中在铁壳的中心区域，提高相应区域磁场强度，其等磁位面形状(图 8.3)与光学玻璃透镜的界面相似，可起透镜的作用。为了进一步缩小磁场的轴向宽度，在铁壳狭缝两边加上一对顶端呈圆锥状的极靴(图 8.4(a))。极靴用高磁导率的纯铁、坡莫合金等制成，它可使有效磁场尽可能集中在沿磁透镜轴向几毫米的范围之内。图 8.4(b)给出了裸线圈、加铁壳和极靴三种透镜轴向磁场强度分布的曲线。

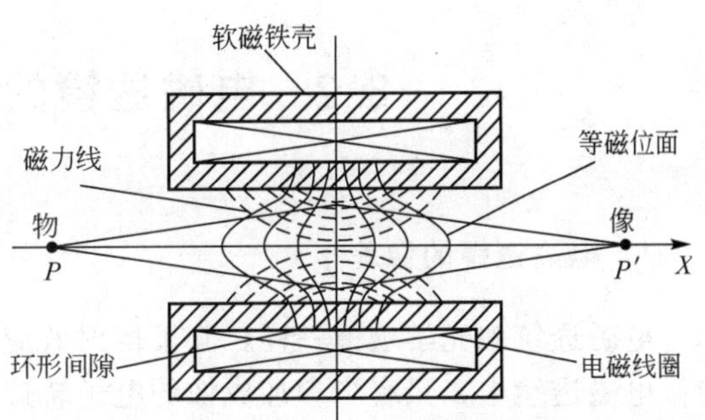

图 8.3 有软磁壳的电磁透镜示意图

与光学玻璃透镜相似，电磁透镜物距、像距和焦距三者之间关系式及放大倍数为

$$\frac{1}{f}=\frac{1}{L_1}+\frac{1}{L_2} \tag{8-6}$$

$$M=\frac{f}{L_1-f} \tag{8-7}$$

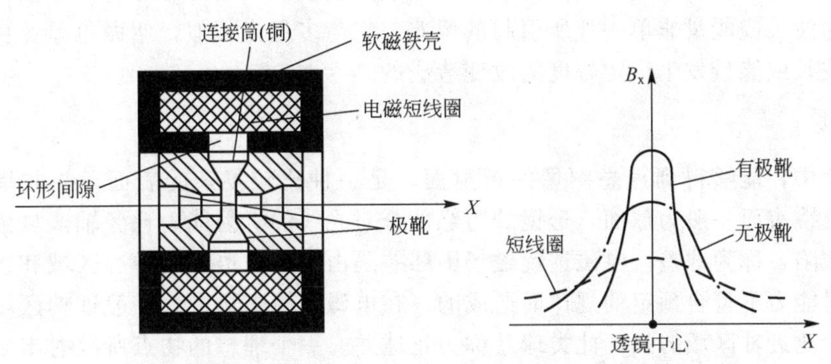

图 8.4 有极靴电磁透镜

式中 f——焦距；

L_1——物距；

L_2——像距；

M——放大倍数。

电磁透镜的焦距可由式(8-8)近似计算：

$$f\approx K\frac{U_r}{(IN)^2} \tag{8-8}$$

式中 K——常数；

U_r——经相对论校正的电子加速电压；

IN——电磁透镜激磁安匝数。

由式(8-8)可见，出于磁透镜焦距 f 与 $(IN)^2$ 成反比。无论磁场电流方向如何，焦距总是正的，也就是说，电磁透镜总是会聚透镜。一般激磁线圈匝数是不变的，可通过调节激磁电流的大小来改变电磁透镜的焦距和放大倍数。又由于 f 与 U_r 成正比，所以电磁透镜要有稳定的加速电压。

8.2 电磁透镜的像差与分辨本领

8.2.1 电磁透镜的像差

电磁透统和光学透镜一样，除了衍射效应影响成像质量外，还有各种像差影响成像质量。电磁透镜中，只有当参加成像的电子轨迹满足旁轴条件时，一个物平面上的所有质点才能被单值地和无变形地在像平面上成像。但是，实际情况并非都严格满足旁轴条件，因而造成了像的畸变。

电磁透镜的像差分为两类：一类是由于旁轴条件不满足时产生的像差，称为几何像差。几何像差是因为透镜磁场几何形状上的缺陷而造成的，主要指球差和像散。另一类是由于电子的波长或能量非单一性所引起的像差，它与多色光相似，叫做色差。色差是由于电子波的波长或能量发生一定幅度的改变造成的。

1. 球差

在光学中，能够得到理想图像的折射面，是一种比较复杂的表面，并非呈球面。然而，光学透镜表面一般为球面。透镜的边缘部分对光线的折射能力比旁轴区域强，于是导致图像的缺陷，称为球差。电磁透镜磁场中球差是由于电磁透镜的中心区域和边缘区域对电子的折射能力不符合预定的规律而造成的。在电磁透镜磁场中，一般远轴区域对电子束的折射能力比近轴区域的强，此类球差称为正球差。一个理想的物点所散射出来的电子射线经过具有球差的磁透镜后，由于透镜的各部分对电子的折射能力不同，离开透镜主轴较远的电子比主轴附近的电子折射程度大，不能会聚在同一个像点上，而被分别会聚在一定的轴向距离内，如图 8.5 所示。在此距离范围内，存在着一个比较清晰的最小的散焦斑，它对透镜的分辨本领影响极大。

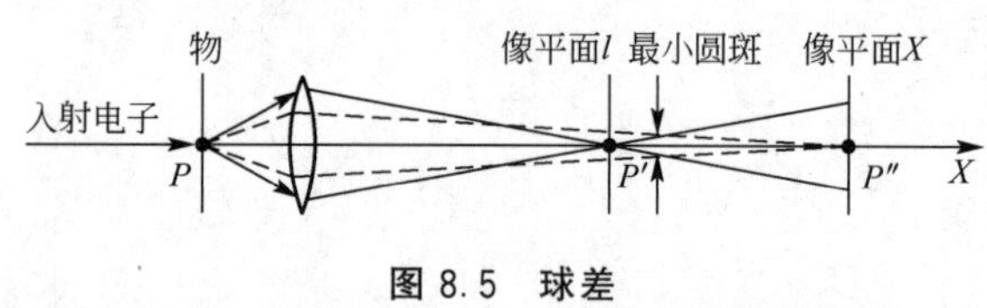

图 8.5 球差

当物点 P 通过透镜成像时，如果像平面在远轴电子的焦点和近轴电子的焦点之间作水平移动，就可以得到一个最小的散焦圆斑：最小散焦斑的半径用 R_s 表示。若把 R_s 除以放大倍数，就可以把它折算到物平面上去，其大小 $\Delta r_s=R_s/M$。Δr_s为由于球差造成的散焦斑半径，就是说，物平面上两点距离小于$2\Delta r_s$时，则该透镜不能分辨，即在透镜的像平面上得到的是一个点。Δr_s可通过式(8 - 9)计算：

$$\Delta r_s=\frac{1}{4}C_s\alpha^3 \tag{8-9}$$

式中 C_s——电磁透镜球差系数；

α——电磁透镜孔径半角。

通常情况下，物镜 C_s值相当于它的焦距大小，为 1～3mm，从式(8 - 9)可以看出，减小球差可以通过减小 C_s值和缩小孔径角来实现，因为球差和孔径半角成三次方的关系，所以用小孔径角成像时，可使球差明显减小。

此外，球差除了影响透镜的分辨本领外，还能引起图像的畸变。图像畸变的特征是，像的放入倍数随离轴径向距离的增加而变化，图像虽是清晰的，但图像因离轴径向距离不同而产生了不同程度的位移。一般，出现正球差时，产生枕形畸变；存在负球差时，产生桶形畸变。由于磁透镜存在磁转角，故还会发生旋转畸变。

2. 像散

像散是由于透镜磁场的非对称性所引起的。它对显微镜的高分辨率影响极为严重。由于透镜磁场的对称性受到破坏，即使是旁轴电子束成像，也表现在透镜的不同方向上有不同的聚焦能力，如图 8.6 所示。

当一个物点 P 散射出来的电子射线通过透镜磁场后，在透镜的不同方向上聚焦能力不同(设 X 方向较强，Y 方向较弱)，不能聚焦于一个像点上，就是同一发散角的电子束也不能聚焦于一个像点上，而是在一轴向距离上聚焦。X 方向的电子，聚焦在与 X 方向垂直的一条线上；同样 Y 方向的电子，则聚焦在与 Y 方向垂直的另一条线上。这样，两条焦线之间存在一像散焦距差 Δf_A。不管怎样改变聚焦情况，在两个方向上总不能获得清晰的像。但在两线之间的轴上总可以找到一个最小的圆斑，把最小散焦斑的半径 R_A 折算到物点 P 的位置，就形成了一个半径为 Δr_A 的圆斑，用 Δr_A 表示像散的大小。Δr_A 可通过式(8-10)计算：

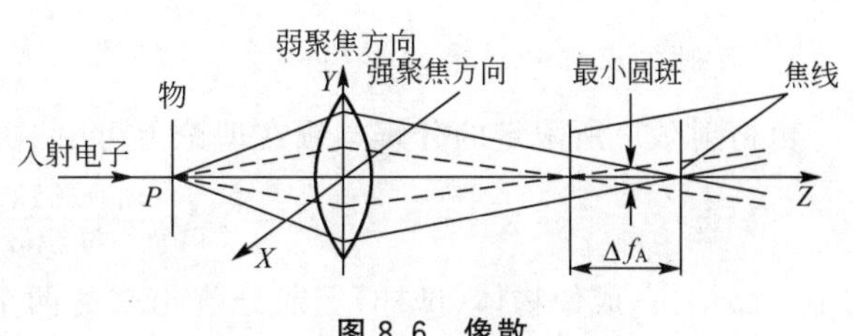

图 8.6 像散

$$\Delta r_A = \Delta f_A a \tag{8-10}$$

式中 Δf_A——电磁透镜出现椭圆度时造成的焦距差。

引起透镜磁场不对称的主要原因是极靴质量差，即极靴孔不呈圆形，上、下极靴孔不同轴，极靴间端面不平行，级靴材料各向磁导率有差异等。极靴表面的污染也会导致磁场畸变。凡此种种都会引起像散，降低透镜的分辨本领。不过，像散可以通过引入一个强度和方位都可调节的矫正磁场进行补偿，产生矫正磁场的装置称为消像散器。

3. 色差

色差是成像电子能量(或波长)的波动所引起的。色差与旁轴条件无关，即使在旁轴条件下，一个物点散射出具有不同能量的电子，通过透镜磁场后，所受的折射能力不同。能量大的电子有较长的焦距，能量小的电子有较短的焦距，不能聚焦在一个像点上。而分别聚焦在一定的轴向距离范围内，如图 8.7 所示。

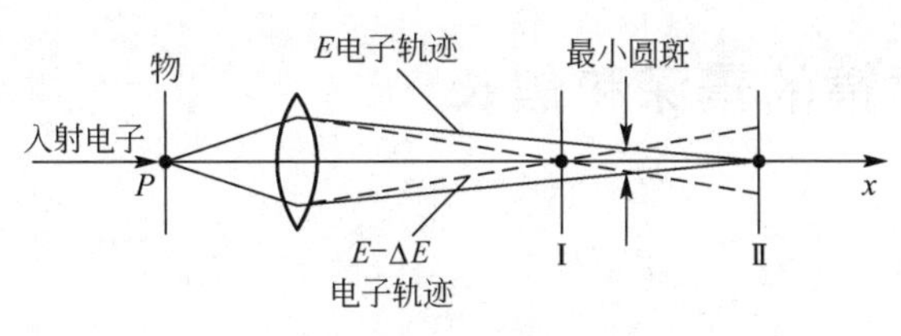

图 8.7 色差

在该轴向距离范围内存在着一个最小弥散圆斑，即所谓色差弥散斑。将其约化到物平面上的半径为

$$\Delta r_c = C_c \alpha \left| \frac{\Delta E}{E} \right| \tag{8-11}$$

式中 C_c——电磁透镜的色差系数，随激磁电流增加而减小；

$\Delta E/E$——成像电子束的能量变化率。

引起成像电子束能量波动的主要原因是：①电子枪加速电压不稳定，引起照明电子束的能量波动；②当电子束照射试样时，与试样中原子的核外电子相互作用，产生非弹性散射，引起一部分入射电子的能量损失。一般地，样品越厚，引起电子非弹性散射的概率越大，电子能量的损失幅度也越大，则色差越大。除尽量减小试样的厚度外，更重要的是尽可能提高加速电压的稳定性，以利于提高透镜的分辨本领。

8.2.2 电磁透镜的分辨本领

分辨本领是透镜最重要的性能指标，电磁透镜的分辨本领由衍射效应和球面像差来决定。

1. 衍射效应对分辨率的影响

由衍射效应所限定的分辨本领在理论上可由 Rayleigh 公式计算，即

$$\Delta r_0=\frac{0.61\lambda}{N\sin\alpha} \tag{8-12}$$

式中 Δr_0——成像物体(试样)上能分辨出来的两个物点间的最小距离，用它来表示分辨本领的大小，Δr_0 越小，透镜的分辨本领越高；

λ——波长；

N——介质的相对折射系数；

α——透镜的孔径半角。

式(8-12)说明，当电子波长 λ 一定时，透镜孔径半角越大，衍射效应埃利斑半径越小，透镜分辨本领越高，其结果与球差正好相反，因此两者必须同时考虑。这就是说，合适的孔径角的选择要保持球差和衍射两者所限定的透镜分辨距离彼此相等。若只考虑衍射效应，在照明光源和介质一定的条件下，孔径半角 α 越大，透镜的分辨本领越高。

2. 像差对分辨率的影响

因为电磁透镜总是会聚透镜，至今还没有找到一种矫正球差行之有效的方法，所以球差便成为限制电磁透镜分辨本领的主要因素。若同时考虑衍射和球差对分辨本领的影响时，则会发现改善其中一个因素时会使另一个因素变坏。为了使球差变小，可通过减小 α 来实现$\left(\Delta r_s=\frac{1}{4}C_s\alpha^3\right)$，但从衍射效应来看，$\alpha$ 减小将使 Δr_0 变大，分辨本领下降。因此，两者必须兼顾，但关键还是确定电磁透镜的最佳孔径半角 α_0。它使得衍射效应埃利斑和球差散焦斑尺寸大小相等，表明两者对透镜分辨本领影响效果一样。目前，透射电磁透镜的最佳分辨本领达 10^{-1} nm 数量级。

8.3 电磁透镜的景深和焦长

8.3.1 电磁透镜的景深

透镜的景深是指在保持像清晰的前提下，试样在物平面上下沿镜轴可移动的距离。电

磁透镜的一个特点是景深(或场深)大，焦长很长，这是由于小孔径角成像的结果。在理想情况下，物平面上 O 点在像平面上成像为 O'，如图 8.8 所示。由于像差和衍射的综合影响，像点 O''实际上是一个半径为 $M\times\Delta r_0$ 的漫散圆斑。当试样向上方移动至 A 点，或向下方移动到 B 点时，如果像平面的位置保持不变，则 A 点和 B 点的像在像平面上散焦成一漫散圆斑；如果此圆斑半径小于或等于 $M\times\Delta r_0$，则像平面上的图像仍能保持清晰。所以，在这种情况下，样品在位置 A 和 B 的范围内移动时，并不影响物像的清晰度，AB 间的这段距离称为景深，用 D_f 表示。它与电磁透镜分辨本领 Δr_0、孔径半角 α 之间的关系为

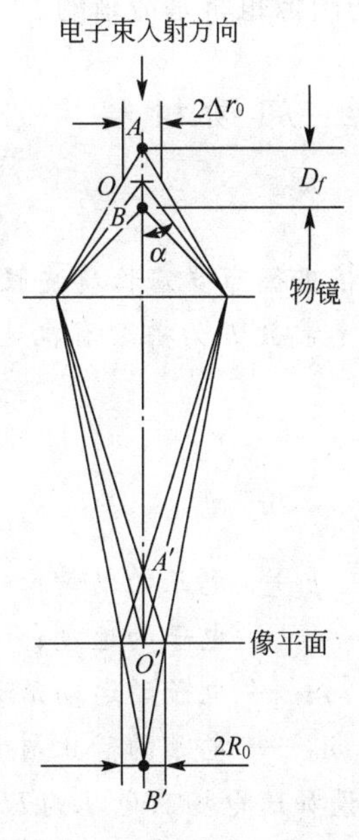

图 8.8 电磁透镜景深示意图

$$D_f=\frac{2\Delta r_0}{\tan\alpha}\approx\frac{2\Delta r_0}{\alpha} \qquad (8-13)$$

式(8-13)说明，电磁透镜孔径角越小，景深越大。一般电磁透镜 $\alpha=10^{-3}\sim10^{-2}$ rad，$D_f=(200\sim2000)\Delta r_0$，金属薄膜试样的厚度一般只有 200～300nm，因此上述景深范围可以保证样品整个厚度范围内各个结构细节都清晰可见。

8.3.2 电磁透镜的焦长

当透镜焦距和物距一定时，像平面在一定的轴向距离内移动，也会引起失焦。如果失焦引起的失焦斑尺寸不超过透镜因衍射和像差引起的散焦斑大小，那么像平面在一定的轴向距离内移动，对透镜像的分辨率没有影响。把透镜像平面允许的轴向偏差定义为透镜的焦长，用 D_L 表示，如图 8.9 所示。从图上可以看到透镜焦长 D_L 与分辨本领 Δr_0 像点所张的孔径半角 β 之间的关系：

$$D_L=\frac{2\Delta r_0 M}{\tan\beta}\approx\frac{2\Delta r_0 M}{\beta}$$

因为

$$\beta=\frac{\alpha}{M}$$

所以

$$D_L=\frac{2\Delta r_0 M^2}{\alpha}$$

式中 M——透镜放大倍数。

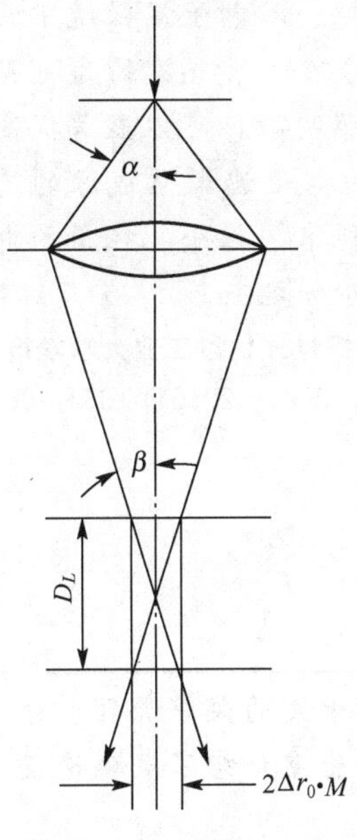

图 8.9 电磁透镜焦长

对于由多级电磁透镜组成的电子显微镜来说，其终像放大倍数等于各级透镜放大倍数的积。因此终像的焦长就更长了，一般说来超过 10～20cm 是不成问题的。电磁透镜的这一特点给电子显微镜图像的照相记录带来了极大的方便。只要在荧光屏上图像是聚焦清晰的，那么在荧光屏上或下十几厘米放置照相底片，所

拍摄的图像也将是清晰的。

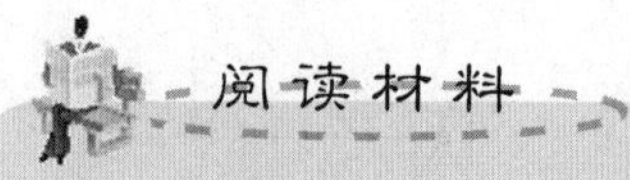

高速电子束的波长

根据德布罗意物质波假设，任何实物粒子都具有波粒二象性，其波动性和粒子性以普朗克常数 h 为桥梁有机地联系起来，在考虑相对论效应的情况下，有

$$\lambda=\frac{h}{p}=\frac{h}{mv}=\frac{hm_0}{v\sqrt{1-\frac{v^2}{c^2}}} \tag{8-14}$$

式中 p——电子的动量；

v——电子的速度；

m——电子的运动质量；

m_0——电子的静止质量。

设加速电场的电压为 U，e 为电子电量，自热阴极发出的电子初动能为零，则电子经电场加速后动能为 $mc^2-m_0c^2$，根据相对论动力学知识得

$$eU=mc^2-m_0c^2 \tag{8-15}$$

$$m^2c^4=p^2c^2+m_0c^4 \tag{8-16}$$

将式(8-14)～式(8-16)联立，并将 $h=6.626\times10^{-34}$ J·s，$e=1.602\times10^{-19}$ C，$m_0=9.109\times10^{-31}$ kg 代入，可以得到加速电子的德布罗意波长为

$$\lambda=\frac{h}{\sqrt{2em_0U\left(1+\frac{eU}{2m_0c^2}\right)}}=\frac{12.25}{\sqrt{U(1+0.9788\times10^{-6}U)}}\times10^{-10}$$

式中，λ 的单位为 m，U 单位为 V，加速电压越高，电子波长越短。以电子显微镜中常用的 50～100kV 加速电压来看，其波长仅仅为(0.0536～0.0370)$\times10^{-10}$ m，约为可见波长的几万分之一，从原理上说，若能用波长这样短的电子波做照明源，可以显著提高显微镜的分辨本领和有效放大倍数，问题在于能否制造出合适的电子波聚焦成像的透镜。目前还不能制造出具有大孔径角、低球差的电磁透镜，而只能采用很小孔径角的电磁透镜成像。与玻璃透镜相比，其数值孔径仅为百分之一，甚至千分之一。

资料来源：戴剑锋，王青. 影响电镜分辨本领的热因素探讨. 甘肃工业大学学报，2001，27(01)：98-100.

小　结

本章介绍了电子光学的基础知识，主要阐述了电磁透镜对电子波的聚焦原理、分析了电磁透镜像差产生的原因和影响电磁透镜分辨本领的因素，着重介绍了电磁透镜的景深、焦长的概念及影响因素。

关键术语

电子波　电磁透镜　像差　分辨本领　景深　焦长　球差　像散　色差

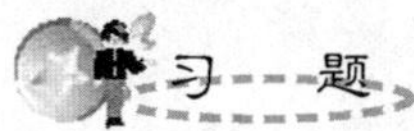

1. 电子波有何特征？与可见光有何异同？

2. 分析电磁透镜对电子波的聚焦原理，说明电磁透镜的结构对聚焦能力的影响。

3. 电磁透镜的像差是怎样产生的，如何来消除和减少像差？

4. 说明影响光学显微镜和电磁透镜分辨率的关键因素是什么？如何提高电磁透镜的分辨率？

5. 电磁透镜景深和焦长主要受哪些因素影响？说明电磁透镜的景深大、焦长长，是什么因素影响的结果？

第9章 透射电子显微镜

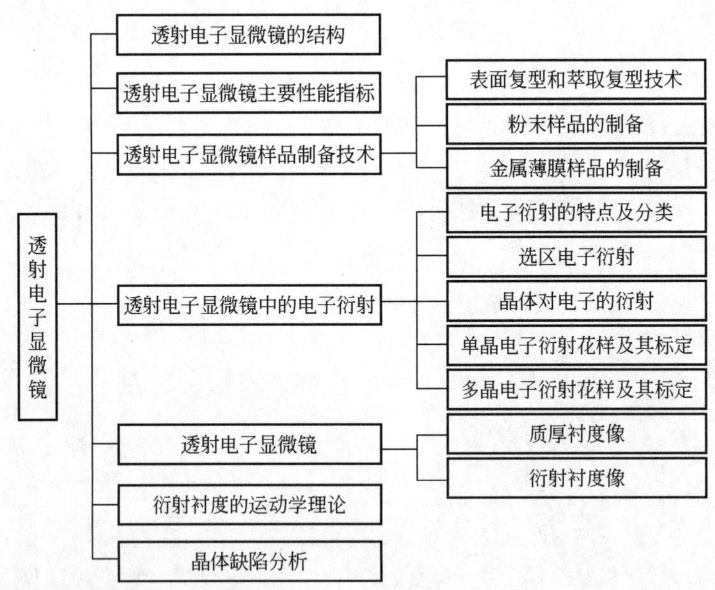

教学目标与要求

- 了解透射电子显微镜的构造及其样品的制备技术
- 掌握电子衍射原理，了解透射电子显微镜中的电子衍射的特点
- 掌握单晶体电子衍射花样的形成和标定方法
- 掌握质厚衬度成像原理和衍射衬度成像原理

导入案例

晶体中的位错是在20世纪30年代初分别由英国和匈牙利的科学家提出的，用以解释为什么金属的实际强度比理论计算强度小约1000倍。第二次世界大战后，位错及其他晶体缺陷的理论发展迅速，到了50年代中期，刃位错、螺型位错、不全位错、扩展位错、Lomer-conttrell位错、超点阵位错对、位错偶极子、Frank-Read源等理论均已成熟。但是除了在离子晶体中掺杂缀饰(密集在位错线上)及半导体硅中由铜缀饰的以螺位错为轴的螺旋生长轨迹外，还未能得到位错线的更直接的观察结果。1955年10月，剑桥大学Cavendish实验室晶体学研究组的Hirsch、Whelan等用Elmiskop I电子显微镜观察电解减薄的铝箔及锤打的金箔时发现亚晶界可能是由位错组成的。不过，他们还不敢肯定这个结论。1956年5月3日，在移去双聚光镜的一个光阑使电子束照射面积增大和试样升温后，Whelan等观察到位错线在铝箔的{111}面上的运动，后来还观察到在不锈钢薄膜中的位错线的交滑移，不但直接看到位错线，还看到它从一个{111}面上滑移转到另一个{111}面上去，与理论分析完全一致。“Seeing is believing”，眼见为实，位错的存在是确凿无疑的了。这算是一个爆炸性的新闻，在全世界范围内引起震动，研究者们竞相开展了晶体缺陷的透射电子显微镜研究。

透射电子显微镜作为一种综合性大型分析仪器，在现代科学、技术的研究、开发工作中被广泛地使用，透射电子显微镜是以波长极短的电子束做照明源，用电磁透镜聚焦成像的一种具有高分辨本领、高放大倍数的电子光学仪器。由于电子束在外部磁场或电场的作用下可以发生弯曲，形成类似于可见光通过玻璃时的折射现象，所以我们就可以利用这一物理效应制造出电子束的“透镜”，从而开发出透射电子显微镜。图9.1所示为JEM2010型透射电子显微镜照片。

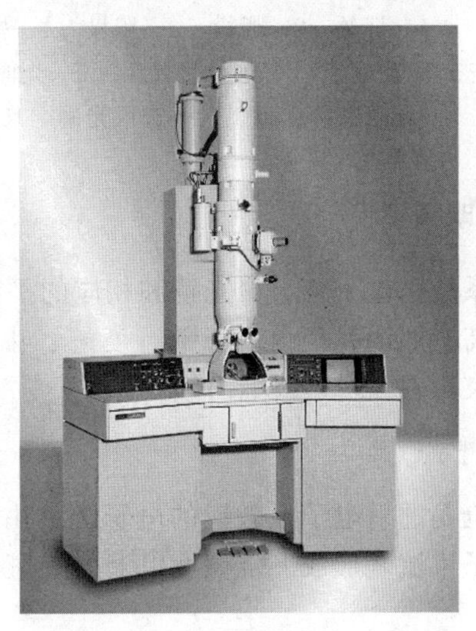

图9.1 JEM2010型透射电子显微镜

9.1 透射电子显微镜的结构

透射电子显微镜由电子光学系统、真空系统和供电控制系统三大部分组成。其中电子光学系统又称镜筒，是电子显微镜的主体；真空系统是为了保证电子在整个狭长的通道中不与空气分子碰撞而改变原有轨迹而设计的；供电控制系统则是为提供稳定加速电压和电磁透镜电流而设计的，它们是电子显微镜的两个辅助系统。图9.2所示为现代透射电子显微镜的结构示意图和成像及衍射工作模式的光路图。

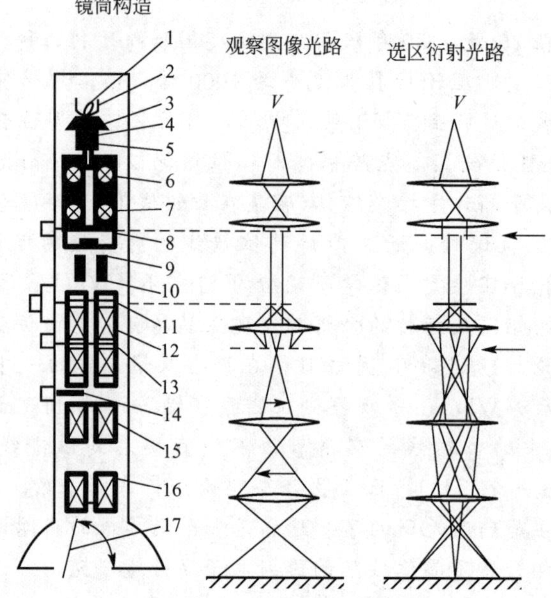

图 9.2 现代透射电子显微镜的结构示意图和成像及衍射工作模式的光路图

1—灯丝 2—栅极 3—阳极 4—枪倾斜 5—枪平移 6——级聚光镜 7—二级聚光镜 8—聚光镜光阑 9—光倾斜 10—光平移 11—试样台 12—物镜 13—物镜光阑 14—选区光阑 15—中间镜 16—投影镜 17—荧光屏

9.1.1 照明系统

照明系统由电子枪、聚光镜和相应的平移对中、倾斜调节装置组成。它的作用是提供一束亮度高、照明孔径角小、平行度好、束流稳定的照明源。为满足明场和暗场成像需要，照明束可在2°～3°范围内倾斜。

1. 电子枪

电子枪是透射电子显微镜的电子源，由阴极、栅极和阳极构成，其作用是发射稳定、高速的电子束流，形成一定亮度以上的束斑，从而满足观察的需要。电子枪组成如图 9.3(a)所示。

透射电子显微镜的电子枪主要有三种类型：钨丝枪、六硼化镧(LaB_6)枪和场发射枪。

阴极又称灯丝，一般都是用 0.03～0.1mm 的钨丝做成 V 形或 Y 形，其作用是发射电子束流。在真空中通电加热，当温度达到 2400℃时，钨丝表面电子获得大于逸出功的能量，开始发射电子。温度越高，发射电子的数目越多。由于 V 形或 Y 形钨丝尖端的温度最高，所以，发射区域是钨丝尖端处很小的表面。从阴极发射出来的电子动能是很小的，远远不能满足电镜成像的要求，必须对其加速以获得所需要的足够大的动能。中央带小孔的阳极板就是为此目的而加入的，阳极板放置在阴极下面，小孔中心对准钨丝的尖端，这样，就会使电子获得越来越大的加速度，从而满足获得最大动能的要求。为安全起见，一般都是阳极接地。

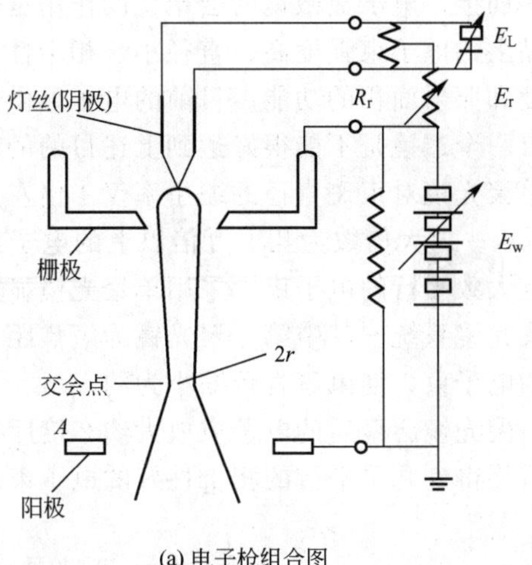

(a) 电子枪组合图

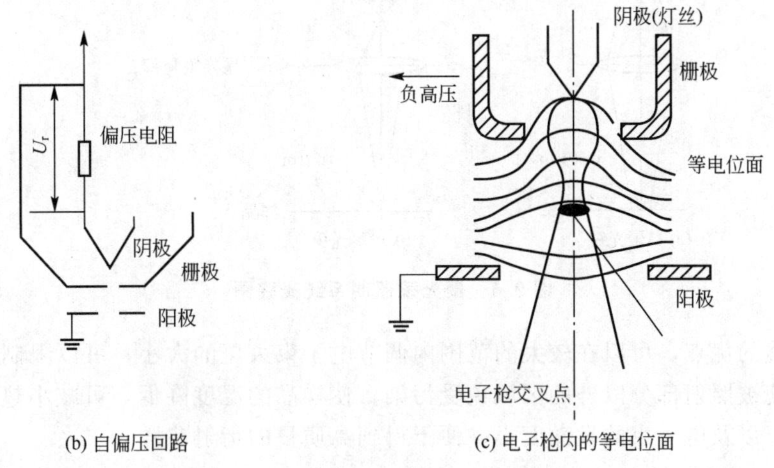

(b) 自偏压回路　　(c) 电子枪内的等电位面

图 9.3　电子枪组合图

从阴极发射出来的电子束是发散的，阳极对电子束不起会聚作用，而且来自阴极的电子束流会因电压变化而不稳定。图 9.3(b)为电子枪的自偏压回路，目的是将负的高压直接加在栅极上，而阴极和负高压之间因加上了一个偏压电阻，使栅极和阴极之间有一个数百伏的电位差。图 9.3(c)中反映了阴极、栅极和阳极之间的等位面分布情况。因为栅极比阴极电位值更负，所以可以用栅极来控制阴极的发射电子有效区域。当阴极流向阳极的电子数量加大时，在偏压电阻两端的电位值增加，使栅极电位比阴极进一步变负，由此可以减小灯丝有效发射区域的面积，束流随之减小。若束流因某种原因而减小时，偏压电阻两端的电压随之下降，致使栅极和阴极之间的电位接近。此时，栅极排斥阴极发射电子的能力减小，束流又可往上升。因此，自偏压回路可以起到限制和稳定束流的作用。由于栅极的电位比阴极负，所以自阴极端点引出的等位面在空间呈弯曲状。在阴极和阳极之间的某一地点，电子束会集成一个交叉点，这就是通常所说的电子源。

2. 聚光镜

光学显微镜等光学仪器的会聚镜的作用在于使来自光源的光，会聚成平行光束，使之均匀明亮地照射在试样表面上。电子显微镜的会聚镜的作用是会聚从电子枪发射出来的电子束，以保证照射到样品上的电子束强度高、直径小、相干性好。即除了获得平行电子束外，还具有改变照射强度和照射面积的功能。目前的电子显微镜都采用两级电子透镜，即所谓双会聚镜方式。只有一个透镜是不能很好达到上述目的的。普通性能的透射电子显微镜一般采用单聚光镜。单聚光镜对束斑直径的缩小率仅1倍左右，在样品上的照明束直径约50μm，如图9.4(a)所示。放大倍数为几十万倍以上的电子显微镜希望来自聚光镜的电子束是直径为几个微米且大致平行的电子束。采用单聚光镜显然不能满足要求，因而高性能电子显微镜都采用双聚光镜系统。其中第一聚光镜为短焦距，强激磁透镜。它的作用是缩小从电子枪发射出来的电子束，使束斑直径缩小为约1μm。第二聚光镜是长焦距，弱激磁透镜。其作用是将第一聚光镜会聚后的电子束放大约2倍后投射到试样上，如图9.4(b)所示。经双聚光镜会聚后将得到几乎平行的相干性好的电子束。

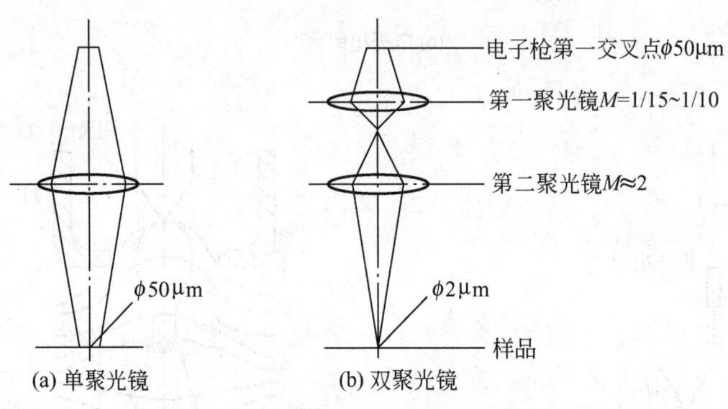

图9.4　聚光镜照明系统光路图

双聚光镜的优点，可以在较大的范围内调节电子束束斑的大小；可以限制样品上被照射的面积，使被照射部分以外的区域免受污染，使样品的温度降低，可减小热漂移，防止烧损和破裂；以及电子束的发散度小，便于得到高质量的衍射花样。

9.1.2　成像系统

所谓成像系统是指能使试样的像在荧光屏上成像的透镜系统的总称，基本上是由物镜、中间镜和投影镜三级透镜系统组成的。最新的电子显微镜也有四级、五级透镜系统，但都是为了进一步提高放大倍数，或者对可变焦距方式来说，是为了消除像的旋转角而附加的辅助透镜。这在原理上可以认为是三级透镜系统。透镜数目由所需的最大电子光学放大倍数来决定。其作用是将来自样品的能够反映样品内部特征的透射电子转变成可见光图像或电子衍射谱，并投射到荧光屏或照相底板上。成像系统中的透镜都是单独动作的，但是它们的作用是相互影响的。图9.5所示为成像系统示意图。

1. 物镜

物镜是电子显微镜中最重要的透镜，其作用是形成样品的第一次放大像或电子衍射谱。透射电子显微镜分辨本领的高低主要取决于物镜。因为物镜的任何缺陷都将被成像系统中其他透镜进一步放大。欲获得物镜的高分辨本领，必须尽可能降低像差。通常采用强激磁、短焦距的物镜，像差小。物镜的分辨率主要决定于极靴的形状和加工精度。一般来说，极靴的内孔和上下极靴之间的距离越小，物镜的分辨率就越高，物镜的极靴是电子显微镜的心脏部位。如图 9.6 所示为物镜极靴断面图。为了减小物镜的球差，往往在物镜的后焦面上安放一个物镜光阑。物镜光阑不仅具有减小球差、像散和色差的作用，而且可以提高图像的衬度，同时对暗场的衍衬成像操作也极为有利。

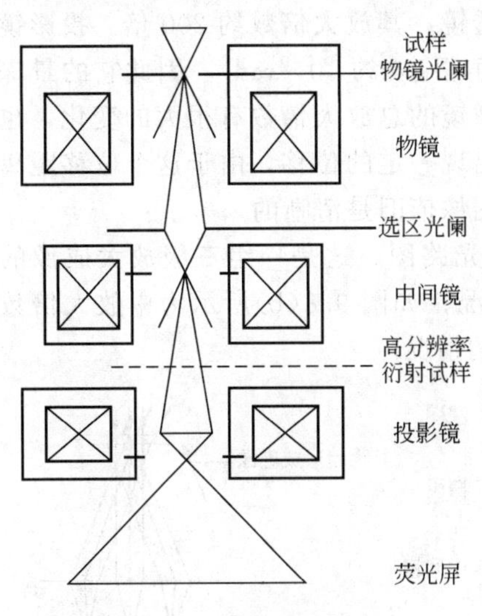

图 9.5 成像系统示意图

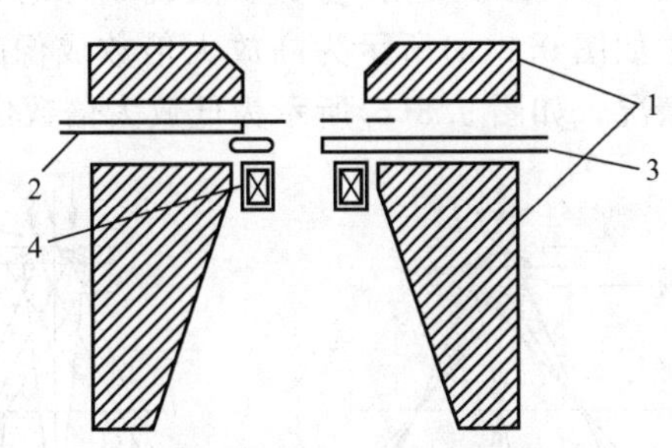

图 9.6 物镜极靴断面图

1—形成磁场的两极 2—光阑

3—冷阱 4—校正像散的线匝

物镜是一个强激磁短焦距的透镜（$f=1\sim3$mm），它的放大倍数较高，一般为 100～300 倍。目前，高质量的物镜其分辨率可达 0.1nm 左右。在用电子显微镜进行图像分析时，物镜和样品之间的距离总是固定不变的。因此改变物镜放大倍数进行成像时，主要是改变物镜的焦距和像距来满足成像条件。

2. 中间镜

中间镜的作用是将物镜形成的一次像或衍射谱投影到投影镜的物面上，形成第二幅电子像或衍射谱。通过调节中间镜激磁电流可使放大倍数在 0～20 倍之间变化。当放大倍数 $M>1$ 时，中间镜起放大作用；当放大倍数 $M<1$ 时，可起缩小作用。在电镜操作过程中，主要是利用中间镜的可变倍率来控制电镜的总放大倍数。

中间镜是一弱激磁、长焦距透镜。当改变中间镜激磁电流，使中间镜物平面和物镜像平面重合时，最终在荧光屏上得到放大的电子图像如图 9.7(a)所示。如果把中间镜的物平面和物镜的背焦面重合，则在荧光屏上得到一幅电子衍射花样，这就

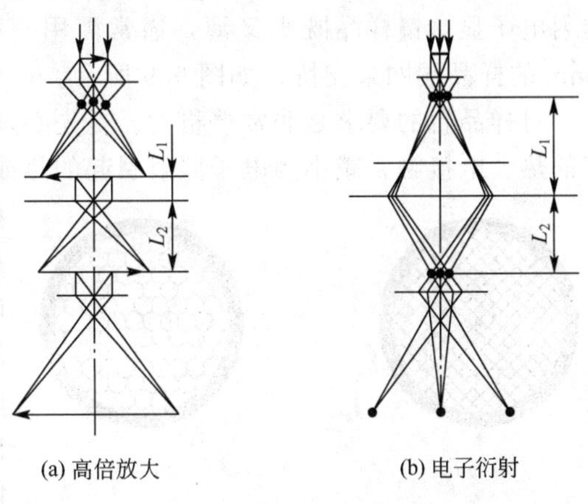

(a) 高倍放大 (b) 电子衍射

图 9.7 成像系统光路

是透射电子显微镜中的电子衍射操作，最终在荧光屏上得到放大的衍射谱如图 9.7(b)所示。

3. 投影镜

投影镜的作用是将经中间镜放大或缩小的像或衍射谱进一步放大并投影到荧光屏或照相底片上。它和物镜一样，是一个强激磁、短焦距透镜，其放大倍数约 200 倍。投影镜的激磁电流是固定的，因为电子束进入投影镜时孔径角很小(约 10^{-5} rad)。因此它的景深和焦长都非常大。即使改变中间镜的放大倍数，使显微镜的总放大倍数有很大的变化，也不会影响图像的清晰度。有时，中间镜的像平面还会出现一定的位移，由于这个位移距离仍处于投影镜的景深范围之内，因此，在荧光屏上的图像依旧是清晰的。

如图 9.8 所示为透射电子显微镜成像时的典型光路图。这是一组三级放大成像的光路，其中如图 9.8(a)所示为高放大倍数成像时的情况；如图 9.8(b)所示为中放大倍数成像时的情况，如图 9.8(c)所示为低放大倍数成像时的情况。

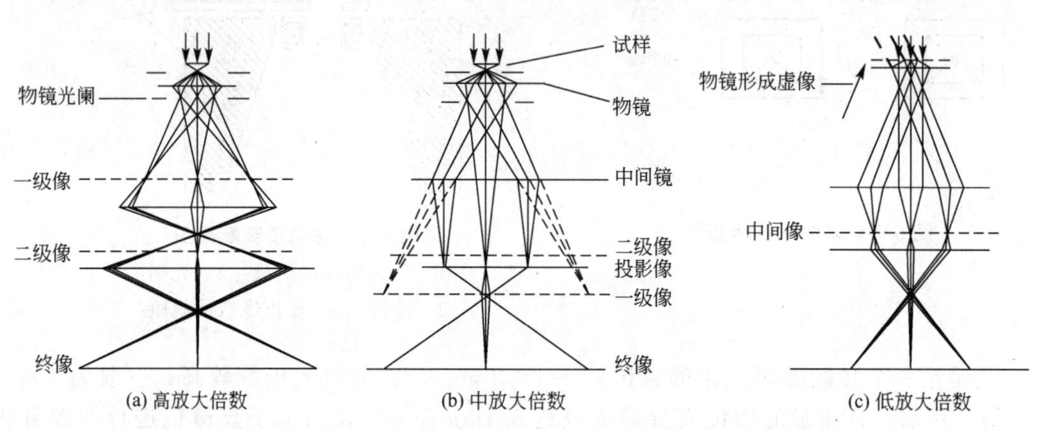

图 9.8　三级成像典型光路图

4. 样品室

样品室处在聚光镜之下，内有载放样品的样品台。样品台的作用是承载样品，并使样品能在物镜极靴孔内平移、倾斜、旋转，以选择感兴趣的样品区域或位向进行观察分析。透射电子显微镜样品既小又薄，通常需用一种有许多网孔(如 200 目方孔或圆孔)、外径 3mm 的样品铜网来支持，如图 9.9 所示。

对样品台的要求是非常严格的。首先必须使样品铜网牢固地夹持在样品座中并保持良好的热、电接触，减小因电子照射引起的热或电荷堆积而产生样品的损伤或图像漂移。平移是任何样品台最基本的动作，通常在两个相互垂直方向上样品平移最大值为 1mm，以确保样品铜网上大部分区域都能观察到；样品移动机构要有足够的机械精度，无效行程应尽可能小。总而言之，在照相曝光期间，样品图像的漂移量应小于相应情况下显微镜像的分辨率。

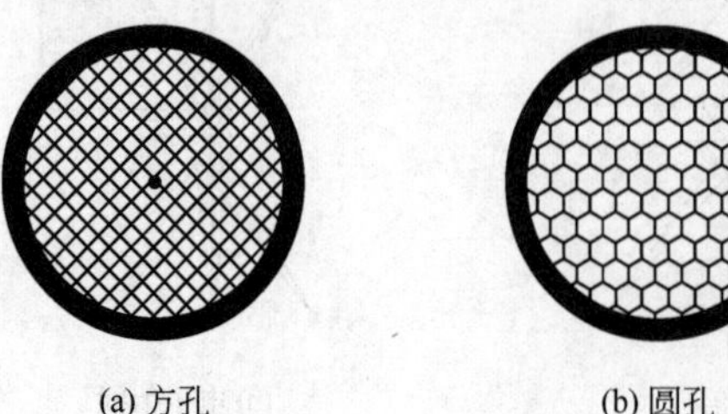

图 9.9　样品铜网放大像

在电子显微镜下分析薄晶体样品的组织

结构时，为了适应复杂形态样品的三维立体观察，要求样品相对于入射电子束作任意方向的倾斜。即不仅要求样品能平移以选择视野，而且必须使样品相对于电子束照射方向作有目的的倾斜，以便从不同方位获得各种形貌和晶体学的信息。新式的电子显微镜常配备精度很高的样品倾斜装置。这里重点讨论晶体结构分析中用得最普遍的倾斜装置——侧插式倾斜装置。

所谓“侧插”就是样品杆从侧面进入物镜极靴中去。倾斜装置由两个部分组成，如图9.10所示。侧插式的最大优点是利用倾斜控制使试样倾斜时，焦点并不改变。此外，在倾斜状态移动试样时，焦点也不改变。

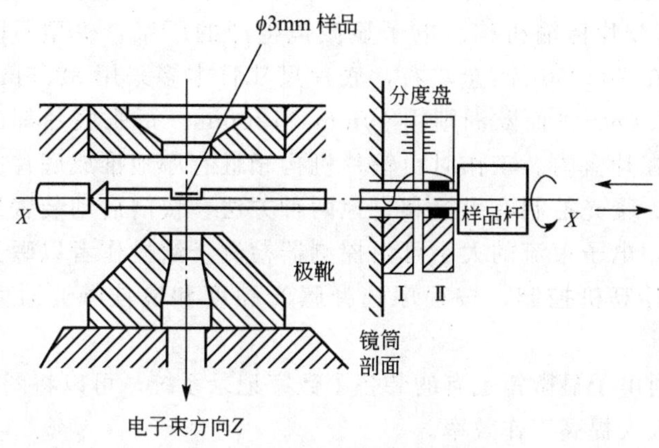

图 9.10 侧插式倾斜装置结构示意

侧插式倾斜装置的主体部分是一个圆柱分度盘，它的水平轴线 $X—X$ 和镜筒的中心线 Z 垂直相交，水平轴就是样品台的倾斜轴，样品倾斜时，倾斜的度数可直接在分度盘上读出。主体以外部分是样品杆，它的前端可装载铜网夹持样品或直接装载直径为 3mm 的图片状薄晶体样品。样品杆沿圆柱分度盘的中间孔插入镜筒，使圆片样品正好位于电子束的照射位置上。分度盘是由带刻度的两段圆柱体组成，其中一段圆柱Ⅰ的一个端面和镜筒固定，另一段圆柱Ⅱ可以绕倾斜轴线旋转。圆柱Ⅱ绕倾斜轴旋转时，样品杆也跟着转动。如果样品上的观察点正好和图中两轴线的交点 O 重合时，则样品倾斜时观察点不会移到视域外面去。为了使样品上所有点都能有机会和交点 O 重合，样品杆可以通过机械传动装置在圆柱刻度盘Ⅱ的中间孔内作适当的水平移动和上下调整。

9.1.3 观察记录系统

1. 观察室

透射电子显微镜的最终成像结果显现在观察室内的荧光屏上，观察室处于投影镜下，空间较大，开有1～3个铅玻璃窗，可供操作者从外部观察分析用。对铅玻璃的要求是既有良好的透光特性，又能阻断X线散射和其他有害射线的逸出，还要能可靠地耐受极高的压力差以隔离真空。

由于电子束的成像波长太短，不能被人的眼睛直接观察，电子显微镜中采用了涂有荧光物质的荧光屏板把接收到的电子影像转换成可见光的影像。观察者需要在荧光屏上对电子显微影像进行选区和聚焦等调整与观察分析，这要求荧光屏的发光效率高，光谱和余辉适当，分辨力好。目前多采用能发黄绿色光的硫化锌-镉类荧光粉作为涂布材料，直径在15～20cm。

荧光屏的中心部分为一直径约10cm的圆形活动荧光屏板，平放时与外周荧屏吻合，可以进行大面积观察。使用外部操纵手柄可将活动荧屏拉起，斜放在45°位置，此时可用电镜置配的双目放大镜，在观察室外部通过玻璃窗来精确聚焦或细致分析影像结构；而活动荧光屏完全直立竖起时能让电子影像通过，照射在下面的感光胶片上进行曝光。

2. 照相室

照相室处在镜筒的最下部，内有送片盒(用于储存未曝光底片)和接收盒(用于收存已曝光底片)及一套胶片传输机构。电子显微镜生产的厂家、机型不同，片盒的储片数目也不相同，一般在20～50片/盒左右，底片尺寸日本多采用82.5mm×118mm，美国常用82.5mm×101.6mm，而欧洲则用90mm×120mm。每张底片都由特制的一个不锈钢底片夹持，叠放在片盒内。工作时由输片机构相继有序地推放底片夹到荧光屏下方电子束成像的位置上。曝光控制有手控和自控两种方法，快门启动装置通常并联在活动荧光屏板的扳手柄上。电子束流的大小可由探测器检测，给操作者以曝光指示；或者应用全自动曝光模式由计算机控制，按程序选择曝光亮度和最佳曝光时间完成影像的拍摄记录。

现在新一代透射电子显微镜也有的装备了数字记录系统，可以将图像直接记录到计算机中去，这样可以大大提高工作效率。

现代电子显微镜都可以在底片上打印出每张照片拍摄时的工作参数，如加速电压值、放大率、微米标尺、简要文字说明、成像日期、底片序列号及操作者注解等备查的记录参数。观察室与照相室之间有真空隔离阀。以便在更换底片时，只打开照相室而不影响整个镜筒的真空。

3. 阴极射线管显示器

电子显微镜的操作面板上的阴极射线管(CRT)显示器主要用于电子显微镜总体工作状态的显示、操作键盘的输入内容显示、计算机与操作者之间的人机对话交流提示以及电子显微镜维修调整过程中的程序提示、故障警示等。

9.1.4 调校系统

1. 电子束倾斜与平移装置

从聚光镜射到试样上的电子束，有时必须利用磁偏转器使它产生平移和倾斜，新式的电子显微镜都带有电磁偏转器。如图9.11所示，如果上、下偏转线圈使照明电子束的偏转角大小相等、方向相反，则只能引起电子束平移，平移距离$L=h_1\Phi$，如图9.11(a)所示。若下偏转线圈使电子束的偏转角比上偏转线圈的大，如$\alpha+\Phi$，则相对成像系统来说，照明电子束轴线倾斜了α角(图9.11(b))。当$\alpha=h_1\theta/h_2$时。电子束入射中心点的位置保持不变。

2. 消像散器

像散的存在会降低电镜的分辨本领，所以像散的消除在电子显微镜制造和应用之中都

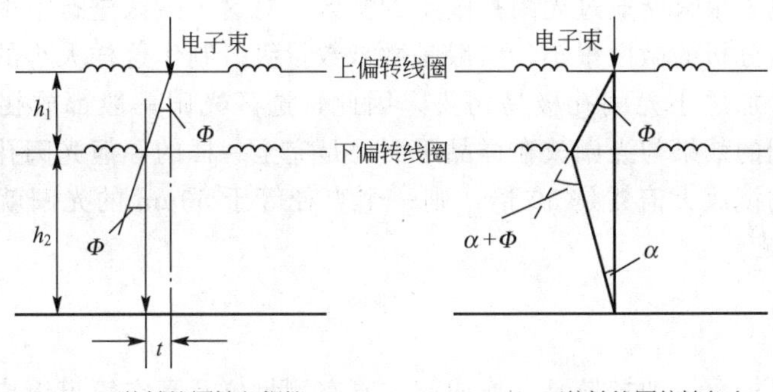

图 9.11 电磁偏转器的原理

成了必不可少的重要技术。消像散器是保证物镜提高分辨率的一个重要部件。它利用一个强度和方位可调节的矫正磁场来校正物镜非轴对称引起的轴上像散。现在常用的消像散器是电磁式的，由均匀装在极靴间隙周围的两组四对电磁体所组成，如图 9.12 所示。每对电磁体均用同极相对的安置方式安装，通电流时，两组电磁体分别形成的两个椭圆形矫正磁场彼此垂直，通过改变两组电磁体的激磁强度和磁场方向，便能形成一个非旋转对称的矫正磁场。若其强度与透镜像散场相等，而方向互相垂直，就起到了消除像散的作用。

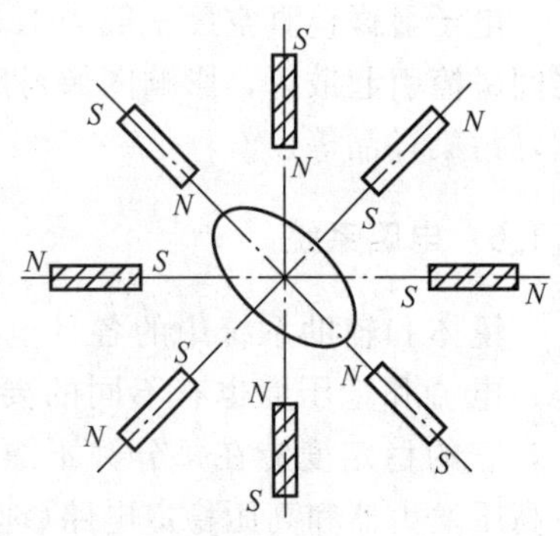

图 9.12 电磁式消像散器示意图

3. 光阑

为限制电子束的散射，更有效地利用近轴光线，消除球差、提高成像质量和反差，电子显微镜光学通道上多处加有光阑，以遮挡旁轴光线及散射光。透射电子显微镜中有三种主要光阑，它们是聚光镜光阑、物镜光阑和选区光阑。

1）聚光镜光阑

聚光镜光阑的作用是限制照明电子束孔径角。在双聚光镜系统中，光阑常装在第二聚光镜的下方。光阑孔的直径为 20～40μm。作一般分析观察时，聚光镜的光阑孔直径可为 200～300μm，若做微束分析时，则应采用小孔径光阑。

2）物镜光阑

物镜光阑又称为衬度光阑，通常它被安放在物镜的后焦面上。常用物镜光阑孔的直径是 20～120μm 范围。电子束通过薄膜样品后会产生散射和衍射。散射角(或衍射角)较大的电子被光阑挡住，不能继续进入镜筒成像，从而就会在像平面上形成具有一定衬度的图像。光阑孔越小，被挡去的电于越多，图像的衬度就越大，这就是物镜光阑又叫做衬度光阑的原因。加入物镜光阑使物镜孔径角减小，能减小像差，得到质量较高的显微图像。物镜光阑的另一个主要作用是在后焦面上套取衍射束的斑点(即副焦点)成像，这就是所谓暗场像。利用明暗场显微照片的对照分析，可以方便地进行物相鉴定和缺陷分析。

3）选区光阑

选区光阑又称场限光阑或视场光阑。为了分析样品上的一个微小区域，应该在样品上放一个光阑，使电子束只能通过光阑孔限定的微区。对这个微区进行衍射分析叫做选区衍射。由于样品上待分析的微区很小，一般是微米数量级。制作这样大小的光阑孔在技术上还有一定的困难，加之小光阑孔极易污染，因此，选区光阑一般都放在物镜的原平面位置。这样布置达到的效果与光阑放在样品平面处是完全一样的。但光阑孔的直径就可以做得比较大。如果物镜放大倍数是50倍，则一个直径等于50μm的光阑就可以选择样品上直径为1μm的区域。

9.1.5 真空系统

真空系统由机械泵、油扩散泵、换向阀、真空测量仪及真空管道组成，它的作用是排除筒内气体，防止电子与气体分子碰撞。高真空是电子显微镜能否开动的必备条件，一旦真空控制系统出现故障，电子显微镜将无法正常使用。

电子显微镜真空度一般为$1.33\times10^{-2}\sim1.33\times10^{-5}$Pa，真空度太低时电子与气体分子之间碰撞引起散射，影响图像衬度，还会使栅极与阳极间高压电离导致放电，也会腐蚀灯丝，污染样品等。

9.1.6 电路系统

镜体和辅助系统中的各种电路都需要工作电源，且因性质和用途不同，对电源的电压、电流和稳压度也有不同的要求。例如，电子枪的阳极需要数十至数百千伏的高电压，它的稳定度应在每分钟不漂移10^{-5}以上(每分钟的偏离量低于十万分之一)，这专门由高压发生器和高压稳定电路(埋于油箱内)来提供。在物镜电源中则要求电流的稳定度优于$10^{-6}\sim10^{-5}$。其他透镜电源、操纵控制等电路则要求工作电压从几伏到几百伏，电流从几毫安到几安不等，全部由相应的电源电路变换配给，其中包括变换电路、稳压电路、恒流电路等。

9.1.7 水冷系统

水冷系统是由许多曲折迂回、密布在镜筒中的各级电磁透镜、扩散泵、电路中大功率发热元件之中的管道组成。外接水制冷循环装置，为保证水冷充分(10～25℃之间，不可过高或过低)、充足(4～5L/min)、可靠(0.5～2kg/mm^2)，在冷却水管道出口，装有水压探测器，在水压不足时既能报警，又能通过控制电路切断镜体电源，以保证电子显微镜在正常工作时不因为过热而发生故障。水冷系统的工作要开始于电子显微镜开启之前，结束于电子显微镜关闭20min以后。

9.2 透射电子显微镜主要性能指标

电子显微镜主要性能指标通过常有三个：分辨本领、放大倍数和加速电压(也就是电子束具有的能量)。

9.2.1 分辨本领

显微镜的分辨本领是表示用显微镜来观察物体细微结构的能力，它是由显微镜能清楚地分辨开被观察物体中两个细节间的最小距离来定义的。这个最小距离越小，分辨本领越高。

现今1000kV透射电子显微镜的分辨本领可达0.2～0.3nm。很显然分辨本领一方面取决于仪器本身的性能，如物镜的球差、衍射像差、色差(电子能量分散)、像散(光路中电场、磁场非对称)等因素；另一方面与被观察物体的材料性质、细节的形状、位置及衬度条件诸因素有关。甚至与检测人对最小距离的判别和测量有关。总之分辨本领是显微镜的最重要指标。也是一个不容易严格定义和测定的指标。

9.2.2 放大倍数

电子显微镜的放大倍数是指横向放大倍数，它是成像系统中各级电磁透镜电子放大倍数之乘积。每一级电磁透镜的放大倍数M定义为该透镜成像的像距b和物距a的比值$M=b/a$，显然像距与物距取决于透镜的焦距f，即$1/f=1/a+1/b$，而磁透镜的焦距f是透镜激励电流I和加速电压V的非线性函数$f(V/I)$，因而改变透镜电流就可以满足成像关系，获得清楚的聚焦图像。现代透射电子显微镜的放大倍数从几十倍到几十万倍可连续改变，这是一般光学显微镜办不到的。由于电子显微镜分辨本领很高，即使放大几十万倍以后获得的照片还可以进一步用光学放大而得到几百万倍的图像。

透射电子显微镜的放大倍数将随样品平面高度、加速电压、透镜电流而变化。为了保持仪器放大倍数的精度，必须定期进行标定。常用的方法如下：

1) 低放大倍数(1.5万倍以下)标定

利用刻有一定间距的平行线或方格的光栅作为标样。在一定的条件(加速电压、透射电镜电流)下，拍摄标样的放大像，如图9.13所示，然后从照片上测量光栅条纹的平均距离与实际光栅条纹间距之比，即为电子显微镜在此条件下的放大倍数。图9.13中所示的光栅复型为1152条/mm，图9.13(a)中6条间距为29.4mm，则放大倍数M为

$$M=\frac{29.4/6}{1/1152}=5700$$

2) 高放大倍数(5万倍以上)的标定

利用已精确知道晶格间距的晶体作为标样。在衍射条件下，寻找好衍射花样，然后用物镜光阑将选定的衍射斑点和中心斑点一起套起，利用两束(或多束)干涉成像，如图9.14所示，获得晶格条纹像，并拍摄记录。测出照片上条纹像的间距与实际晶格间距比值，即为相应条件下仪器的放大倍数。

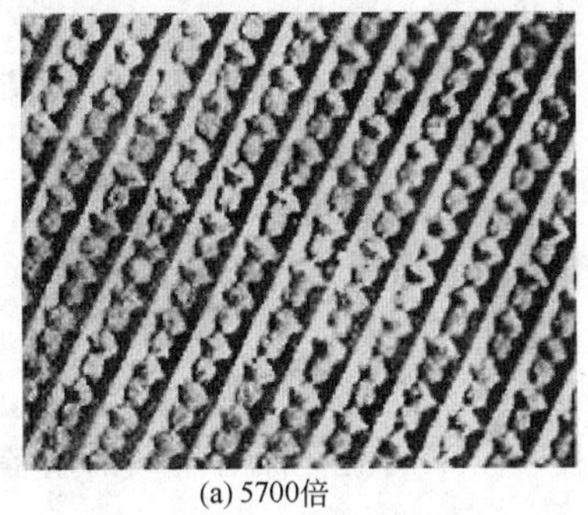
(a) 5700倍

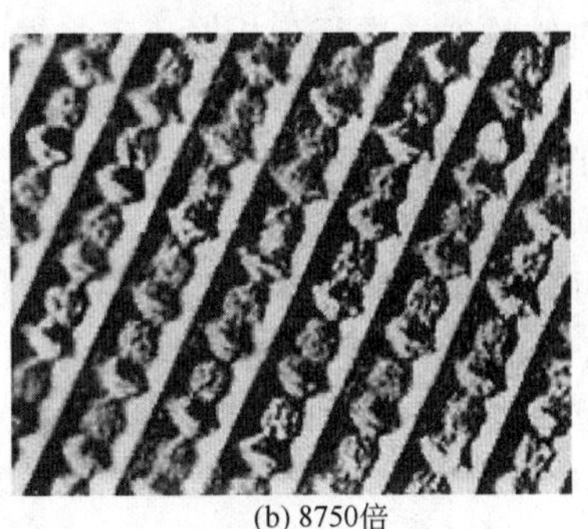
(b) 8750倍

图9.13 1152条/mm衍射光栅复型放大像

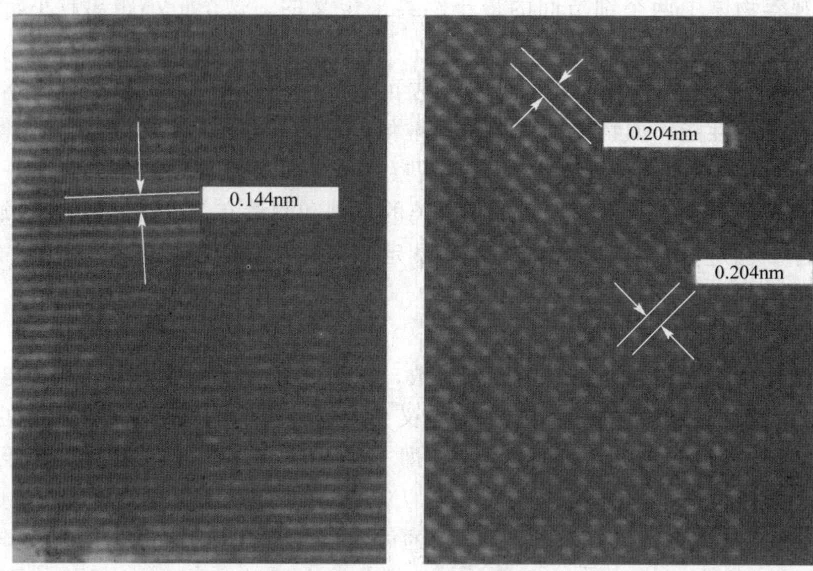

图 9.14 黄金(200)、(220)晶格条纹

9.2.3 加速电压

电子显微镜的加速电压决定电子的能量，电子能量越高、波长越短、电子显微镜的分辨本领越高。加速电压增加，电子穿透能力更强，可以观察更厚的样品。同时电子枪亮度增加，荧光屏发光强度也增强。因此透射电子显微镜通常都工作在 50～200kV。工作电压在 500kV 以上的属于超高压电子显微镜。目前世界上超高压电子显微镜的加速电压高达 3000kV。

9.3 透射电子显微镜样品制备技术

透射电子显微镜的出现，为金相分析技术的发展提供了新的手段。但是由于电子的散射能力强，穿透试样的本领差，为了接收足够的透射电子，就要求用透射电子显微镜分析的试样足够薄。根据样品的原子序数大小不同，一般在 5～500nm 之间。例如，用透射电子显微镜对铁的试样进行分析时，需将铁的薄膜试样做成厚度为 100nm，甚至更薄，才能进行正常的观察。因此样品对透射电子显微镜的工作，有着特殊的意义，分析结果也相当程度依赖于试样制备的质量。

在材料研究中应用到的透射电子显微镜样品大致有三种类型：

(1) 用复型方法将材料表面或断口形貌复制下来的复型膜；

(2) 经悬浮分散的超细粉末颗粒；

(3) 用一定方法减薄的材料薄膜。

透射电子显微镜样品的制备是一项较复杂的技术，不同的样品有不同的制备手段，下面分别介绍不同样品的制备。

9.3.1 表面复型和萃取复型技术

复型就是利用一种薄膜(如碳、塑料、氧化物薄膜)将固体试样表面的浮雕复制下来的一种间接样品。它只能作为试样的形貌观察和研究，而不能用来观察试样的内部结构。

复型材料必须是本身没有组织显示的非晶体物质，有一定的机械强度。耐腐蚀、耐高温，并在电子束的轰击下不易破裂。即制备复型的材料应具备以下条件：

(1) 复型材料本身必须是非晶态材料。晶体在电子束照射下，某些晶面将发生布拉格衍射，衍射产生的衬度会干扰复型表面形貌的分析。

(2) 复型材料的粒子尺寸必须很小。复型材料的粒子越小，分辨率就越高。

(3) 复型材料应具备耐电子轰击的性能，即在电子束照射下能保持稳定，不发生分解和破坏。

常用的复型材料是塑料和真空蒸发沉积的碳膜，以碳膜为最理想的复型材料。

1. 塑料一级复型

塑料一级复型的具体制备方法如下：

(1) 在已制备好的金相试样或断口样品上滴几滴体积分数为1%的火棉胶醋酸戊酯溶液或醋酸纤维家丙酮溶液，待溶剂蒸发后，表面留下一层100nm左右的塑料薄膜。

(2) 将塑料薄膜小心地从样品表面上揭下，剪成对角线小于3mm的小方块，放在直径为3mm的专用铜网上，进行透射电子显微分析。

图9.15是塑料一级复型示意图，这种复型是负复型，即样品上凸出部分在复型上是凹下去的。在电子束垂直照射下，负复型的不同部分厚度是不一样的，根据质厚衬度的原理，厚的部分透过的电子束弱，而薄的部分透过的电子束强，从而在荧光屏上造成了一个具有衬度的图像。

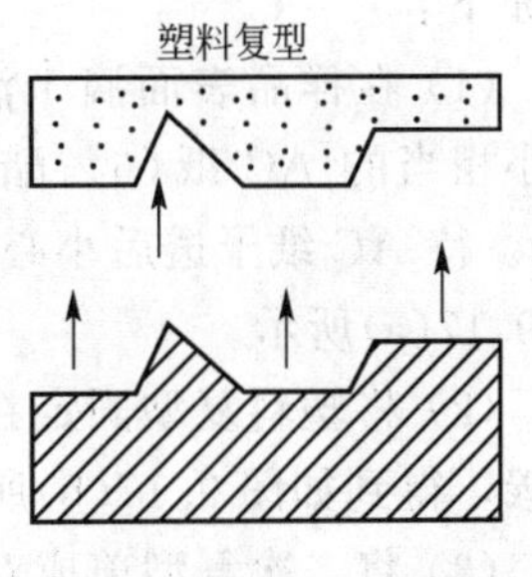

图9.15 是塑料一级复型

塑料一级复型的制备方法十分简便，对分析直径为20nm左右的细节还是清晰的。但是，塑料一级复型大都只能做金相样品的分析，而不宜做表面起伏较大的断口分析，因为当断口上的高度差比较大时，无法做出较薄的可被电子束透过的复型膜。此外，塑料一级复型存在分辨率不高和在电子束照射下容易分解等缺点。

2. 碳一级复型

为了克服塑料一级复型的缺点，在电子显微镜分析时常采用碳一级复型，如图9.16所示。碳一级复型的制备过程如下：

(1) 将制备好的金相试样放入真空喷镀仪中，以垂直方向在样品表面蒸发一层厚度为数十纳米的碳膜。蒸发沉积层的厚度可用放在金相试样旁边的乳白色瓷片的颜色变化来估计，一般认为变成浅棕色为宜。

(2) 用小刀把喷有碳膜的样品划成对角线小于3mm的小块。

(3) 将样品放入配制好的分离液中进行电解或化学抛光，使碳膜与试样表面分离。

(4) 将分离开的碳膜在丙酮或酒精中清洗，干燥后，放置在直径为3mm的铜网上进行电子显微镜观察分析。

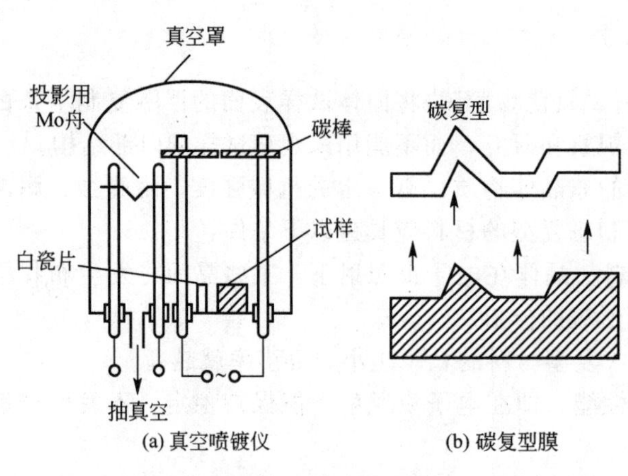

图 9.16　碳一级复型

与塑料一级复型相比，两者存在以下不同点：①碳膜的厚度基本上是相同的，而塑料膜上有一个面是平面，膜的厚度随试样的位置而异；②制备塑料一级复型不破坏样品，而制备碳复型时，样品将遭到破坏；③塑料一级复型因其塑料分子较大，分辨率较低，而碳粒子直径较小，故碳复型的分辨率可比塑料复型高一个数量级。

3. 二级复型

一级复型中，碳复型具有分辨率高、在电子束轰击下不易破裂等优点。但是，在蒸发过程中碳原子在试样表面上有一定程度的迁移，这样，即使所得的碳膜厚度基本上是均匀的，而复型像的衬度仍然较差，其次是制备方法较麻烦，用化学或电解法分离碳膜时，破坏了金相试样的原始表面。因此，一般都不采用一级复型，而采用二级复型。二级复型一般指塑料一碳复型，是目前应用最广的一种复型方法。它是先制成中间复型(一次复型)，然后在中间复型上进行第二次碳复型，再把中间复型溶去，最后得到的是第二次复型。其制备方法如下：

(1) 在样品表面滴 1 滴丙酮，然后贴上一片与样品大小相当的 AC 纸(6%醋酸纤维素丙酮溶液制得的薄膜)。待 AC 纸干透后小心揭下，即得塑料一级复型，如图 9.17(a)所示。

(2) 将塑料复型固定在玻璃片上放入真空喷碳仪中喷碳，得到如图 9.17(b)所示复型。

(3) 将二次复型剪成对角线小于 3mm 的小方块放入丙酮中，溶去塑料复型，得到如图 9.17(c)所示的碳膜。

(4) 将碳膜捞起清洗干燥后，即可放入电子显微镜中观察。

塑料-碳二级复型具有以下特点：①制备复型时不破坏样品的原始表面；②最终复型是带有重金属投影的碳膜，这种复合膜的稳定性和导电导热性都很好，因此，在电子束照射下不易发生分解和破裂；③塑料-碳二级复型的分辨率和塑料一级复型相当，这主要是中间复型是塑料的缘故。

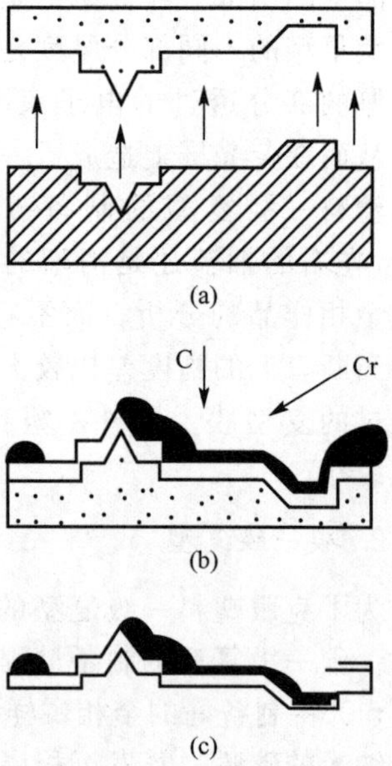

(a)

C　Cr

(b)

(c)

图 9.17　塑料-碳二级复型

4. 萃取复型

塑料、碳复型只能将材料的表面形貌复制下来，不能提供材料内部的组织结构等资料。萃取复型是用复型材料(如碳等)在复制基体组织形貌的同时，把第二相或夹杂物直接取下来，这样不仅可以通过复制样品上的凸凹不平反映基体组织，而且还能直接观察夹杂物或第二相粒子的大小、形貌、分布以及通过衍射研究它们的点阵类型和晶体结构。由于是直接观察复制的实物，因此分辨本领有很大的提高；同时由于实物部分和复型部分之间电子散射能力相差很大，所以极大地提高了像的衬度。因此萃取复型技术在物相研究中得到了广泛的应用。萃取复型的方法和碳一级复型类似，只是金相样品在腐蚀时应进行深腐蚀，使第二相粒子容易从基体上剥离。此外，进行喷镀碳膜时，厚度应稍厚，约20nm，以便把第二相粒子包络起来。如图9.18所示为萃取复型示意图。其制备方法如下：

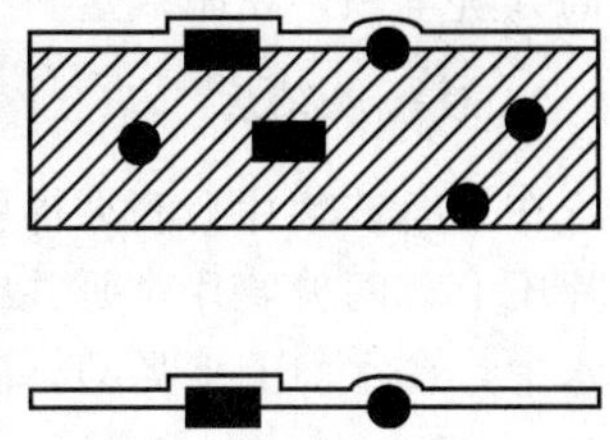

图9.18 萃取复型示意图

(1) 深浸蚀金相试样表面。

(2) 在真空喷镀仪中喷镀一层较厚的碳膜(20nm以上)把二相粒子包络起来。

(3) 用小刀将碳膜划成对角线小于3mm的小块，并放入分离液中进行电解或化学抛光，使碳膜连同凸出试样表面的第二相粒子与基体分离。

(4) 将分离后的碳膜经酒精等清洗后作为电子显微镜样品进行观察。

9.3.2 粉末样品的制备

随着材料科学的发展，超细粉体及纳米材料(如纳米陶瓷)发展很快，而粉末的颗粒尺寸大小、尺寸分布及形状对最终制成材料的性能有显著影响，因此，如何用透射电子显微镜来观察超细粉末的尺寸和形态，便成了电子显微分析一项重要内容。常用的粉末样品的制备方法有两种：支持膜分散粉末法和胶粉混合法。

1. 支持膜分散粉末法

由于粉末状物质的颗粒很小不能直接放在铜网上，需要在铜网上预先粘附一层对电子束透明的支持膜(厚度约20nm)，如图9.19所示。具体的操作方法为：把要观察的粉末放入适当的溶剂中，利用超声波搅拌器搅拌其溶剂和粉末的混合体，使粉末均匀悬浮在溶剂中，然后用滴管取出，再放在支持膜上，静置干燥后即可用以观察。如果要观察粉末粒子的形状，可将其放在真空镀膜仪中进行投影。这样既可增加图像的立体感，又可根据投影的“影子”特征来分析粉末粒子的形状。常用的支持膜有下面两种。

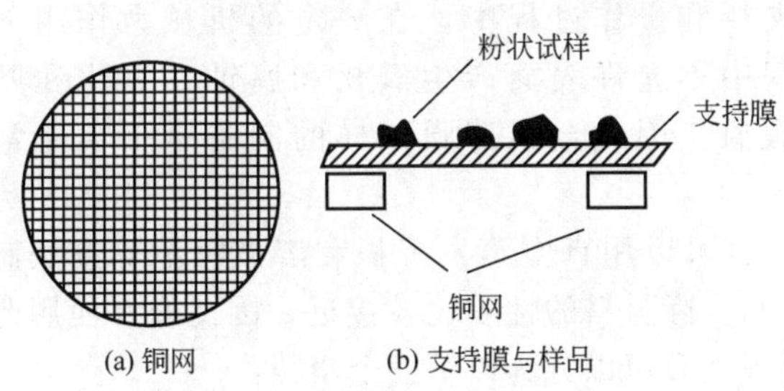

图9.19 支持膜分散粉末法示意图

1) 塑料支持膜

塑料支持膜一般用火棉胶或AC纸(醋酸纤维素薄膜)制备。制备方法比较简单，只能作为分辨本领在10～20nm的试样支持膜。由于塑料支持膜易破裂，故只能在低电压下使用。

2) 碳支持膜

碳支持膜克服了塑料支持膜的一些缺点，得到了广泛的应用。在塑料支持膜上喷碳后，便形成厚度为0～20nm的塑料碳支持膜。这种膜的稳定性比较好，但是它的厚度和分辨本领都受塑料分子尺寸的限制，一般只适合作分辨本领要求不高的试样支持膜。为了提高分辨本领，在制成塑料-碳支持膜后，将塑料支持膜溶解掉，便可得碳支持膜。

2. 胶粉混合法

在干净玻璃片上滴火棉胶溶液，然后在玻璃片胶液上放少许粉末并搅匀，再将另一玻璃片压上，两玻璃片对研并突然抽开，稍候，待膜干，用刀片划成小方格，将玻璃片斜插入水中，在水面上下晃动，膜片逐渐脱落，用铜网将方形膜捞出，待观察。

9.3.3 金属薄膜样品的制备

复型的方法仅能复制样品表面外貌，不能揭示晶体内部组织结构，由于受复型材料粒子尺寸的限制，电镜的高分辨本领不能充分发挥。萃取复型虽然能对萃取物做结构分析，但对基体组织仍然是表面形貌的复制。而由金属材料本身制成的金属薄膜样品具有很多优点：

(1) 可以最有效地发挥电子显微镜的极限分辨能力。

(2) 能够观察和研究金属与合金内部结构和晶体缺陷，并以同一微区进行衍衬成像和电子衍射的研究，把形貌信息与结构信息联系起来。

(3) 能够进行动态观察，研究在变温情况下相变的生核长大过程，以及位错等晶体缺陷在应力下的运动与交互作用。

因而，在透射电子显微镜下直接观察金属薄膜样品的方法得到了广泛应用和发展。但是用于透射电子显微镜观察的样品厚度要求在50～200nm之间，而且合乎要求的薄膜样品还必须具备下列条件：①薄膜样品的组织结构必须和大块样品相同，在制备过程中，这些组织结构不发生变化；②样品相对于电子束而言必须有足够的“透明度”，因为只有样品能被电子束透过，才有可能进行观察和分析；③薄膜样品应有一定强度和刚度，在制备、夹持和操作过程中，在一定的机械力作用下不会引起变形或损坏；④在样品制备过程中不允许表面产生氧化和腐蚀，氧化和腐蚀会使样品的透明度下降，并造成多种假象。因此金属薄膜试样的制备是一项非常复杂的技术。

薄膜试样可以从大块试样上直接截取，也可以用真空蒸发沉积和溶液沉淀等方法制备。由于直接从大块试样上截取制得的试样和实际材料的性质比较接近，因此通常使用此方法。从大块材料上制备金属薄膜样品的过程大致可以分为以下三个步骤：

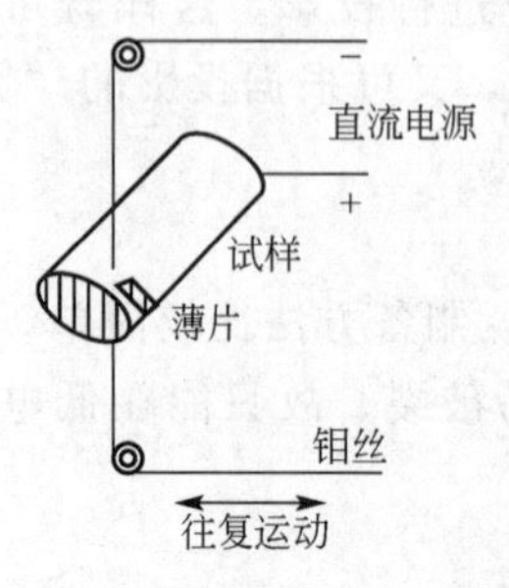

图 9.20　金属薄片的线切割

(1) 从实物或大块试样上切割厚度为0.3～0.5mm的薄片。电火花线切割法是目前用得最广泛的方法，它是用一根往返运动的金属丝做切割工具，如图9.20所示，以被切割的样品做阳极，金属丝做阴极，两极间保持一个微小的距离，利用其间的火花放电进行切割。电火花切割可切下厚度小于0.5mm的薄片，切割时损伤层比较浅，可以通过后续的磨制或减薄过程去除。电火花切割只能用导电样品，对于陶瓷等不导电样品可用金刚石刃内圆切割机切片。

(2) 样品薄片的预先减薄。预先减薄的方法有两种，即机械法和化学法。机械减薄法是通过手工研磨来完成的，把切割好的薄片一面用粘接剂粘在样品座表面，然后在水砂纸磨盘上进行研磨减薄。应注意把样品平放，不要用力太大，并使它充分冷却。因为压力过大和温度升高都会引起样品内部组织结构发生变化，减薄到一定程度时，用溶剂把粘接剂溶化，使样品从样品座上脱落下来，然后翻一个面再研磨减薄、直至样品被减薄至规定的厚度。如果材料较硬，可减薄至 70μm 左右；若材料较软，则减薄的最终厚度不能小于 100μm。这是因为手工研磨时即使用力不大，薄片上的硬化层往往会厚至数十纳米。为了保证所观察的部位不引入因塑性变形而造成的附加结构细节，因此除研磨时必须特别仔细外，还应留有在最终减薄时应去除的硬化层余量。另一种预先减薄的方法是化学薄化法。这种方法是把切割好的金属薄片放入配制好的化学试剂中，使它表面受腐蚀而继续减薄。因为合金中各组成相的腐蚀倾向是不同的，所以在进行化学减薄时，应注意减薄液的选择。表 9-1 是常用的各种化学减薄液的配方。化学减薄的速度很快，因此操作时必须动作迅速。化学减薄的最大优点是表面没有机械硬化层，薄化后样品的厚度可以控制在 20～50μm。这样可以为最终减薄提供有利的条件，经化学减薄的样品最终抛光穿孔后，可供观察的薄区面积明显增大。但是，化学减薄时必须事先把薄片表面充分清洗，去除油污或其他不洁物，否则将得不到满意的结果。

表 9-1 常用化学减薄液的配方

材 料	减薄溶液的成分/(%)	备注
铝和铝合金	1) $HCl40\% + H_2O60\% + NiCl_2 5g/L$ 2) $NaOH260g/L$ 水溶液 3) $H_3PO_4 60\% + HNO_3 18\% + H_2SO_4 18\%$ 4) $HCl30\% + H_2O50\%$ + 数滴 H_2O_2	70℃ 80～90℃
铜	1) $HNO_3 80\% + H_2O20\%$ 2) $HNO_3 50\% + CH_3COOH25\% + H_3PO_4 25\%$	—
铜合金	$HNO_3 40\% + HCl10\% + H_3PO_4 50\%$	—
铁和钢	1) $HNO_3 30\% + HCl15\% + HF10\% + H_2O45\%$ 2) $HNO_3 35\% + H_2O65\%$ 3) $H_3PO_4 60\% + H_2O_2 40\%$ 4) $HNO_3 33\% + CH_3COOH33\% + H_2O34\%$ 5) $HNO_3 34\% + H_2O_2 32\% + CH_3COOH17\% + H_2O17\%$ 6) $HNO_3 40\% + HF10\% + H_2O50\%$ 7) $H_2SO_4 5\%$(以草酸饱和)$+ H_2O45\% + H_2O_2 50\%$ 8) $H_2O95\% + HF5\%$	热溶液 60℃ H_2O_2 用时加入 H_2O_2 用时加入，若发生钝化，则用稀盐酸清洗
镁和镁合金	1) 稀 HCl 2) 稀 HNO_3 3) $HNO_3 75\% + H_2O25\%$	体积分数 2%～15%，溶剂为水或酒精，反应开始时很激烈，继之停止，表面即抛光
钛	1) $HF10\% + H_2O_2 60\% + H_2O30\%$ 2) $HF20\% + HNO_3 20\% + CH_3COOH60\%$	

(3) 最终减薄。目前效率最高和操作最简便的方法是双喷电解抛光法。图 9.21 所示为双喷式电解抛光装置的示意图。将预先减薄的样品剪成直径为 3mm 的圆片，装入样品夹持器中。进行减薄时，针对样品两个表面的中心部位各有一个电解液喷嘴。从喷嘴中喷出的液柱和阴极相接，样品和阳极相接。电解液是通过一个耐酸泵来进行循环的。在两个喷嘴的轴线上还装有一对光导纤维，其中一个光导纤维和光源相接，另一个则和光敏元件相连。如果样品经抛光后中心出现小孔，光敏元件输出的电信号就可以将抛光线路的电源切断。用这样的方法制成的薄膜样品，中心孔附近有一个相当大的薄区，可以被电子束穿透，直径 3mm 圆片上的周边好似一个厚度较大的刚性支架，因为透射电子显微镜样品座的直径也是 3mm，因此，用双喷抛光装置制备好的样品可以直接装入电子显微镜，进行分析观察。

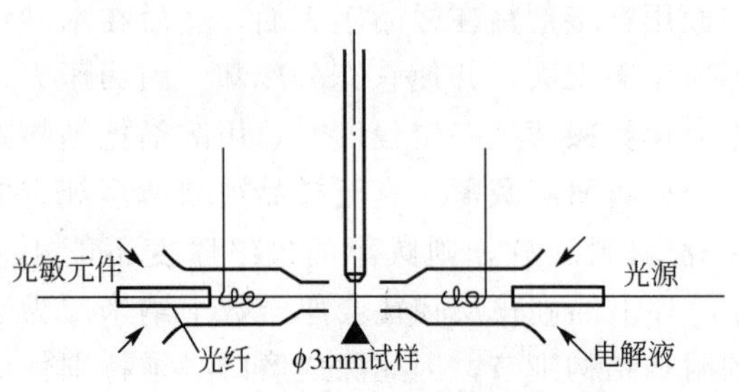

图 9.21 双喷式电解减薄装置示意图

由于双喷抛光法工艺十分简单，而且稳定可靠，因此它已取代了早期制备金属薄膜的方法(如窗口法和 BallMann 法)，成为现今应用最广泛的最终减薄法。表 9－2 列出了常用的电解减薄液的配方。

表 9－2 常用电解减薄液配方

材料	电解抛光液成分/(%)	备注
铝及其他合金	1) 1%～20% $HClO_4$＋其余 C_2H_5OH 2) 8% $HClO_4$＋11% $(C_4H_2O)CH_2CH_2OH$＋79% C_2H_5OH＋2% H_2O 3) 40% CH_3COOH＋30% H_3PO_4＋20% HNO_3＋10% H_2O	喷射抛光－10～－30℃ 电解抛光 15℃
电解抛光铜和铜合金	1) 33% HNO_3＋67% CH_3OH 2) 25% H_3PO_4＋25% C_2H_5OH＋50% H_2O	喷射抛光，－10℃ 喷射抛光或电解抛光，10℃
钢	1) 2%～10% $HClO_4$＋C_2H_5OH 其余 2) 96% CH_3COOH＋4% H_2O＋200g/L CrO_3	喷射抛光，室温～－20℃电解抛光。65℃搅拌 1h
铁和不锈钢	6% $HClO_4$＋14% H_2O＋80% C_2H_5OH	喷射抛光
钛和钛合金	6% $HClO_4$＋35% $(C_4H_9O)CH_2CH_2OH$＋59% C_2H_5OH	喷射抛光 0℃

双喷电解抛光法用于能电解抛光腐蚀方法减薄的金属样品。对于不导电的陶瓷样品、矿物、多层结构材料、粉末颗粒等可采用离子减薄进行最终减薄。所谓离子减薄就是用离子束将试样表层材料层剥去，最终使试样减薄到电子束可以通过的厚度。用于高分辨的样品，通常双喷穿孔后再进行离子减薄，只要严格按操作规范减薄就可以得到薄而均匀的观察区。该法的缺点是减薄速度慢，通常制备一个样品需要十几个小时甚至更长，而且样品有一定温升，如操作不当样品会受到辐射损伤。

9.4 透射电子显微镜中的电子衍射

9.4.1 电子衍射的特点及分类

金属等晶体物质是由原子、离子或原子团在三维空间内周期性地有规则排列而成，这些规则的质点对具有适当波长的辐射波(如X射线、电子或中子)的弹性相干散射，会产生衍射现象。在某些确定方向上，散射波因位相相同而彼此加强，而在其他方向上散射波的强度很弱或等于零。电子衍射的原理和X射线衍射相似，是以满足(或基本满足)布拉格方程作为产生衍射的必要条件。两种衍射技术所得到的衍射花样在几何特征上也大致相似。单晶衍射花样由排列得十分整齐的许多斑点所组成，如图9.22(a)所示。多晶体的电子衍射花样是一系列不同半径的同心圆环，如图9.22(b)所示。而非晶态物质的衍射花样只有一个漫散的中心斑点。

(a) 单晶C-ZrO_2

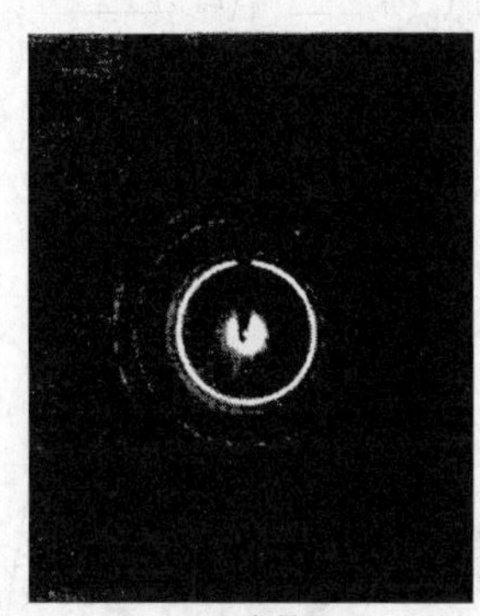
(b) 多晶Au

图9.22 电子衍射花样

由于电子波与X射线相比有其本身的特性，因此电子衍射和X射线衍射相比较时，具有下列不同之处：

(1) 电子衍射能在同一试样上将形貌观察和结构分析结合起来。

(2) 电子波波长短，单晶的电子衍射花样宛如晶体的倒易点阵的一个二维截面在底片上的放大投影，从底片上的电子衍射花样可以直观地辨认出一些晶体的结构和有关取向关系，使晶体结构的研究比X射线简单。这对分析晶体结构的位向关系带来很大方便。

(3) 电子衍射强度大，所需曝光时间短，摄取衍射花样时仅需几秒钟。

电子衍射可分为两类：高能电子衍射(HEED)和低能电子衍射(LEED)。高能电子衍射入射电子的能量一般在几万电子伏特以上，近几十年来，高能电子衍射得到了很好的发展，它配合金属薄膜的直接观察，已成为衍射技术的基础。在透射电子显微镜中能够在观察显微图像的同时，对选定的微小区域进行衍射，是形貌观察和结构分析结合起来，构成选区电子的衍射(SAED)。低能电子衍射入射电子能量在几百电子伏特以下，特别适用于表面结构分析，其仪器结构和花样分析方法均不同于高能电子衍射。低能电子衍射是近年发展十分迅速的一种分析方法。

9.4.2 选区电子衍射

透射电子显微镜都具有电子衍射功能，而且可以利用试样后面的透镜，选择小于 1μm 的区域进行衍射观察，称为选区电子衍射。选区衍射的特点是能把晶体试样的像与衍射对照进行分析，从而得出有用的晶体学数据，例如，微小沉淀相的结构、取向及惯析面，各种晶体缺陷的几何及晶体学特征等。

在透射电子显微镜中，通过选区电子衍射方法可以达到既观察形貌图像又分析晶体结构的目的。在选区衍射过程中，以成像方式操作时，中间镜物平面与物镜像平面重合，由中间镜和投影镜将一次像再次放大在荧光屏上成像，如图 9.23(a)所示。如果在物镜像平面上插入一个孔径可变的选区光阑，光阑孔套住待分析的微区。在物镜适焦的条件下，物平面上同一物点所散射的电子将会聚在像平面上某一对应点上。因此，选区光阑在像平面上所选择的范围，就是试样上相应某一区域内物点散射波穿过光阑所成的像的范围。选区外的物点则被光阑挡掉，不能参与成像。当降低中间镜的激磁电流，使中间镜的物平面与物镜的后焦面重合时，电子显微镜转变为衍射方法操作，如图 9.23(b)所示。中间镜和投影镜把衍射花样进行放大。尽管物镜后焦面的衍射花样是由入射电子束照射区域内晶体的全部衍射线所产生的，但是只有在选区光阑选择的范围所对应的试样区域内，物点散射的电子波才能通过光阑进行放大。所以，选区花样就是光阑所选择的成像范围内对应于试样上相应区域的衍射花样。如果物镜的放大倍数 $M_0=100$，选区光阑的孔径为 50～100μm，则由此可算出试样上所选择的微区范围为 0.5～1μm。

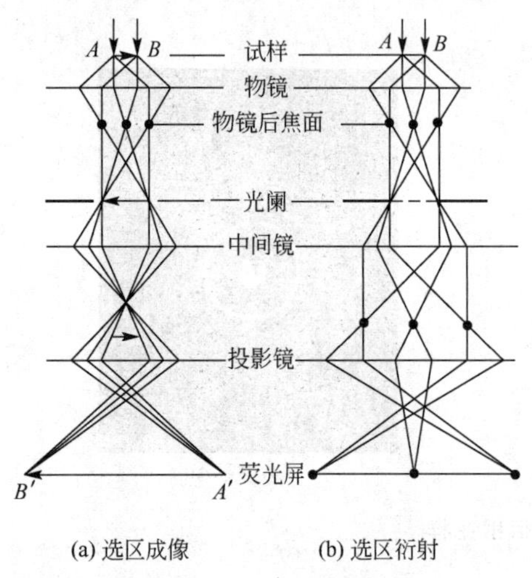

图 9.23 透射电子显微镜衍射成像的光路图

选区以外的物点的散射波对衍射花样有贡献时，选区范围可能发生误差。其原因是物镜像平面与选区光阑平面不完全重合或者物镜的失焦，另外是球差的影响。一般情况下，物镜的聚焦误差(即失焦量)$f_0\approx 3\mu m$，球差系数 $C_s\approx 3.5mm$，孔径半角 $\alpha\approx 0.03rad$，其选区误差为 $\delta=\Delta f_0\alpha+C_s\alpha^3\approx 0.2\mu m$。

可见，试样上的选区分析范围不能小于 0.5μm。为了尽量减小选区误差，选区电子衍射的范围应按照标准操作方式进行仔细调整。为确保得到的衍射花样来自所选的区域应当遵循如下操作步骤：

(1) 成像操作得到清晰的图像。

(2) 加入选区光阑将感兴趣的区域围起来，调节中间镜电流使光阑边缘的像在荧光屏上清晰，这就使中间镜的物面与选区光阑的平面相重叠。

(3) 调整物镜电流使选区光阑内的像清晰，这就使物镜的像面与选区光阑及中间镜的物面相重合，保证了选区的准确。

(4) 抽出物镜光阑，减弱中间镜电流，使中间镜物平面上移到物镜背焦面处，这时在荧光屏上就会看到衍射花样的放大像。在许多电子显微镜中只要把旋钮拨到事先固定好的

“衍射”位置上，即可粗略地达到此目的，再稍微调整中间镜电流，使中心斑点变得既小又圆。

(5) 减弱聚光镜电流以减小入射电子束的孔径角，得到更趋近平行的电子束，这样可以进一步减小焦斑尺寸。

9.4.3 晶体对电子的衍射

在晶体中，电子衍射与X射线衍射很相似。因此对电子衍射的解释都可以借用X射线衍射中的定律和公式。然而，由于电子射线的波长比X射线的波长短很多，物质对两者的散射本领并不一样，且用于电子衍射的试样必须很薄，因此实际上两种衍射也有某些差别。

1. 电子衍射的基本公式

单晶电子衍射中，衍射花样斑点与倒易点阵面上的点阵是一一对应的。知道倒易矢量与衍射花样斑点之间的对应关系，从电子衍射花样图上就可以求出产生该花样的晶体结构。图9.24所示为电子衍射花样形成原理图。待测样品安放在爱瓦尔德球(半径为 $1/\lambda$)的球心 O 处。入射电子束和样品内某一组晶面(hkl)相遇并满足布拉格条件时，则在 k 方向上产生衍射束。$\boldsymbol{g}_{HKL}$ 是衍射晶面倒易矢量，它的端点位于爱瓦尔德球面上。在试样下方距离 L 处放一张底片，就可以把入射束和衍射束同时记录下来。入射束形成的斑点 O' 称为透射斑点或中心斑点。衍射斑点 G' 实际上是 g_{HKL} 端点 G 在底片上的投影。端点 G 位于倒易空间，而投影 G' 已经通过转换进入了正空间。G' 和中心斑点 O' 之间的距离为 R(可把 $O'G'$ 矢量写成 R)。因 θ 角非常小，$\boldsymbol{g}_{HKL}$ 接近和入射电子束垂直，因此，可以认为 $\triangle OO''G \backsim \triangle OO'G'$，因为从样品到底片的距离是已知的，故有

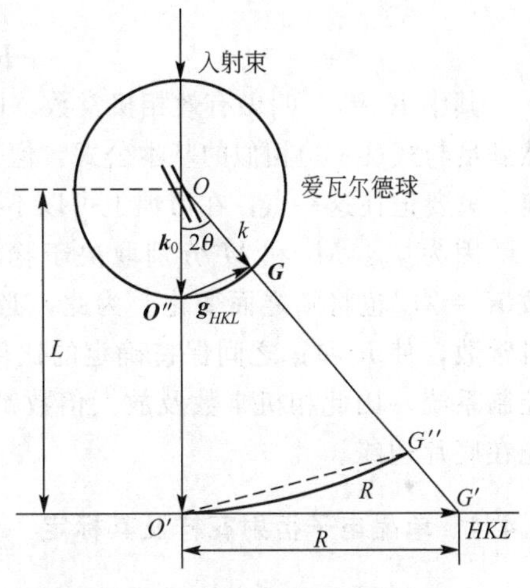

图9.24 电子衍射花样形成原理图

$$\frac{R}{L}=\frac{g_{HKL}}{k_0}$$

因为

$$g_{HKL}=\frac{1}{d}, \qquad k_0=\frac{1}{\lambda}$$

故

$$R=\lambda L\frac{1}{d}=\lambda L g_{HKL}=K g_{HKL} \tag{9-1}$$

这就是电子衍射基本公式，式中 $K=\lambda L$ 称为电子衍射的相机常数，而 L 称为相机长度。在式(9-1)中 $\boldsymbol{R}$ 是正空间中的矢量，而 $\boldsymbol{g}_{HKL}$ 是倒易空间中的矢量，因此相机常数 K 是一个协调正、倒空间的比例常数。

2. 有效相机常数

图9.25为衍射束通过物镜折射在背焦面上会集成衍射花样以及用底片直接记录衍射

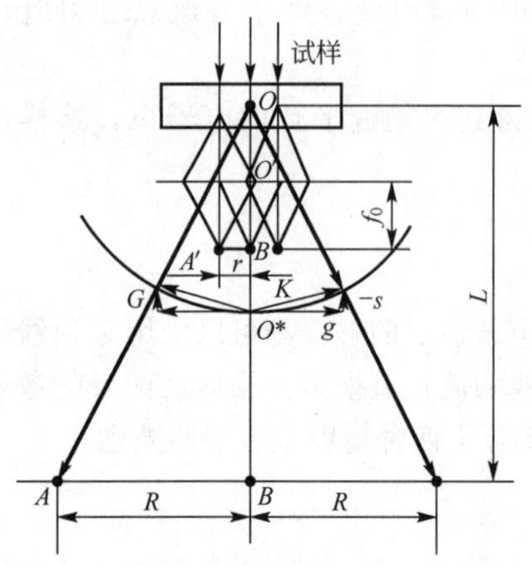

图 9.25　衍射花样形成及记录示意图

花样的示意图。根据三角形相似原理，$\triangle OAB \backsim \triangle O'A'B'$，因此，前面讲的一般衍射操作时间的相机长度 L 和 R 在电子显微镜中与物镜的焦距 f_0 和 r（副焦点 A' 到主焦点 B' 的距离）相当。电子显微镜中进行电子衍射操作时，焦距 f_0 起到了相机长度的作用。由于 f_0 将进一步被中间镜和投影镜放大，故最终的相机长度应是 $f_0 \cdot M_1 \cdot M_p$（M_1 和 M_p 分别为中间和投影镜的放大倍数），于是有

$$L' = f_0 M_1 M_p, \quad R' = r M_1 M_p$$

根据式(9-1)有

$$\frac{R}{M_1 M_p} = \lambda f_0 g$$

定义 L' 为有效相机长度，则有

$$R' = \lambda L' g = K' g \tag{9-2}$$

其中 $K' = \lambda L'$ 叫做有效相机常数。由此可见，透射电子显微镜中得到的电子衍射花样仍然满足与式(9-1)相似的基本公式，但是式中 L'，并不直接对应于样品至照相底版的实际距离。只要记住这一点，在习惯上可以不加区别地使用 L 和 L' 这两个符号，并用 K 代替 K'。

因为 f_0、M_1 和 M_p 分别取决于物镜、中间镜和投影镜的激磁电流，因而有效相机常数 $K' = \lambda L'$ 也将随之而变化。为此，必须在三个透镜的电流都固定的条件下，标定它的相机常数，使 R 和 g 之间保持确定的比例关系。目前的电子显微镜，由于电子计算机引入了控制系统，因此相机常数及放大倍数都随透镜激磁电流的变化而自动显示出来，并直接曝光在底片边缘。

9.4.4　单晶电子衍射花样及其标定

由于透射电子显微镜的放大倍数高，多用于观察和分析样品内微米和亚微米尺寸的超显子显微微结构，所以单晶体的电子衍射在透射电子显微镜分析中经常遇到。

在单晶体衍射时，由于参与衍射的晶粒(晶面)过少，其倒易阵点与反射球相交成一系列排列十分规则的衍射斑点，如图 9.26 所示。最基本的单晶衍射斑点花样就是晶体的一个倒易阵点图的比例放大，同一个晶带中所有晶面的衍射斑点都属于一个零阶的倒易阵点平面(倒易截面)，晶带轴 $[uvw]$ 垂直于这个倒易阵点平面，近似地平行于入射电子束的方向。每个斑点的指数 HKL 应满足晶带定理；如果晶体倾斜，使入射电子束方向平行于另一个晶带轴 $[u'v'w']$，则其衍射花样与该轴所垂直的倒易阵点面 $(uvw)^*$ 上的阵点图形相似。所以，衍射斑点花样和倒易阵点是相互对应的。对于一个倒易阵点平面，只要知道组成这个倒易阵点的两个基矢，就可以通过平移得到整个倒易平面上的阵点分布。也就是说，只要在衍射花样中选取以透射斑点为中心且不在同一个方向上的

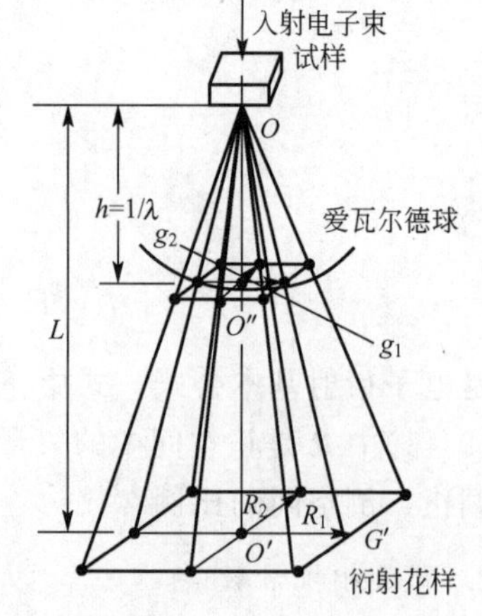

图 9.26　单晶电子衍射花样的形成

两衍射斑点，其长度矢量设为 $R_i(i=1, 2)$，将它们平移，就可得到整个衍射花样图。

单晶电子衍射花样是一系列规则排列的衍射斑点，标定单晶电子衍射花样的目的是确定零层倒易截面上各 $\vec{g}_{hkl}$ 端点(倒易阵点)的指数，定出零层倒易截面的法向(即晶带轴 $[uvw]$)，并确定样品的点阵类型、物相及位向。

1. 已知相机常数和样品晶体结构

(1) 测量靠近中心斑点的几个衍射斑点至中心斑点距离 R_1，R_2，R_3，R_4，…(图 9.27)。

(2) 根据衍射基本公式 $R=\lambda L\dfrac{1}{d}$，求出相应的晶面间距 d_1，d_2，d_3，d_4，…。

(3) 因为晶体结构是已知的，每一 d 值即为该晶体某一晶面族的晶面间距，故可根据 d 值定出相应的晶面族指数$\{hkl\}$，即由 d_1查出$\{h_1k_1l_1\}$，由 d_2查出$\{h_2k_2l_2\}$，以此类推。

(4) 测定各衍射斑点之间的夹角 φ。

(5) 决定离开中心斑点最近衍射斑点的指数。若 R_1最短则相应斑点的指数应为$\{h_1k_1l_1\}$面族中的一个。对于 h、k、l 三个指数中有两个相等的晶面族(如 $\{112\}$)，就有 24 种标法；两个指数相等另一指数为零的晶面族(如 $\{110\}$)有 12 种标法；三个指数相等的晶面族(如 $\{111\}$)有 8 种标法；两个指数为零的晶面族有 6 种标法，因此，第一个斑点的指数可以是等价晶面中的任意一个。

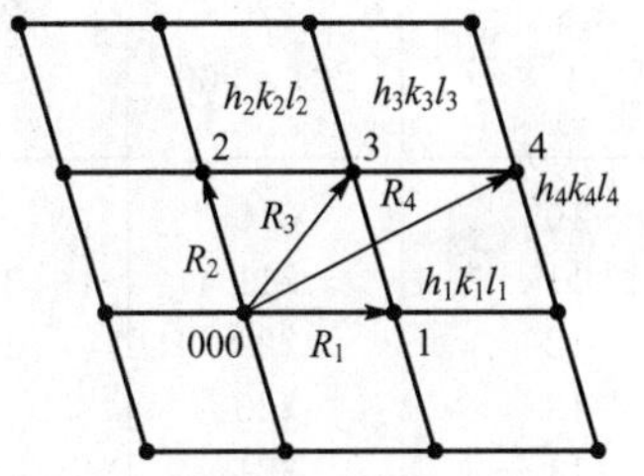

图 9.27 单晶电子衍射花样的标定

(6) 决定第二个斑点的指数。第二个斑点的指数不能任选，因为它和第一个斑点间的夹角必须符合夹角公式。对立方晶系来说，两者的夹角可用式(9-3)求得

$$\cos\varphi=\frac{h_1h_2+k_1k_2+l_1l_2}{\sqrt{(h_1^2+k_1^2+l_1^2)(h_2^2+k_2^2+l_2^2)}} \tag{9-3}$$

在决定第二个斑点指数时，应进行所谓尝试校核，即只有 $h_2k_2l_2$代入夹角公式后求出的 φ 角和实测的一致时，$(h_2k_2l_2)$指数才是正确的，否则必须重新尝试。应该指出的是$\{h_2k_2l_2\}$晶面族可供选择的特定$(h_2k_2l_2)$值往往不止一个，因此第二个斑点的指数也带有一定的任意性。

(7) 一旦决定了两个斑点，那么其他斑点可以根据矢量运算求得。由图 9.27 可知，$R_1+R_2=R_3$，即 $h_1+h_2=h_3$，$k_1+k_2=k_3$，$l_1+l_2=l_3$。

(8) 根据晶带定理求零层倒易截面法线的方向，即晶带轴的指数。简化算法见第 2 章。

$$[uvw]=g_{k_1h_1l_1}\times g_{k_2h_2l_2} \tag{9-4}$$

$$\left.\begin{aligned}u&=k_1l_2-k_2l_1\\v&=h_2l_1-h_1l_2\\w&=h_1k_2-h_2k_1\end{aligned}\right\} \tag{9-5}$$

2. 相机常数未知、晶体结构未知时衍射花样的标定

(1) 测量数个斑点的 R 值，靠近中心斑点，但不在同一直线上，可以用表 9-3 校核各低指数晶面间距 d_{hkl}。

表 9-3　立方与六方晶体可能出现的反射

$h^2+k^2+l^2$	立方				六方	
	hkl				h^2+hk+k^2	hk
	简单立方	面心立方	体心立方	金刚石立方		
1	100				1	10
2	110	…	110		2	
3	111	111		111	3	11
4	200	200	200		4	20
5	210				5	
6	211		211		6	
7		…			7	21
8	220	220	220	220	8	
9	221，300				9	30
10	310	…	310		10	
11	311	311	…	311	11	
12	222	222	222		12	22
13	320				13	31
14	321	…	321		14	
15					15	
16	400	400	400	400	16	40
17	410，322				17	
18	411，330	…	411，330		18	
19	331	331	…	331	19	32
20	420	420	420		20	
21	421				21	41
22	332	…	332		22	
23					23	
24	422	422	422	422	24	
25	500，130				25	50
26	510，431	…	510，431		26	
27	511，333	511，33	…	511，333	27	33
28					28	42
29	520，432				29	
30	521	…	521		30	
31					31	51
32	440	440	440	440	32	
33	522，441				33	
34	530，433	…	530，433		34	
35	531	531	…	531	35	
36	600，442	600，442	600，442		36	60
37	610				37	43
38	611，532	…	611，532		38	
39					39	52
40	620	620	620	620	40	

立方晶体中同一晶面族中各晶面的间距相等。例如，{123} 中(123)面间距和(321)的面间距相同。故同一晶面族中 $h_1^2+k_1^2+l_1^2=h_2^2+k_2^2+l_2^2$。

$h^2+k^2+l^2=N$，N 值作为一个代表晶面族的整数指数。

已知 $d=\dfrac{a}{\sqrt{h^2+k^2+l^2}}=\dfrac{a}{\sqrt{N}}$，因此 $d^2\propto\dfrac{1}{N}$。又因为 $R^2\propto\dfrac{1}{d^2}$，故 $R^2\propto N$。

若把测得的 R_1，R_2，R_3…值平方，则

$$R_1^2:R_2^2:R_3^2:\cdots=N_1:N_2:N_3:\cdots \tag{9-6}$$

从结构消光原理来看，体心立方点阵 $h+k+l=$偶数时才有衍射产生，因此它的 N 值只有 2，4，6，8，…。面心立方点阵 h、k、l 为全奇或全偶时才有衍射产生，故其 N 值为 3，4，8，11，12，…。因此，只要把测量的各个 R 值平方，并整理成式(9-6)，从式中 N 值递增规律来验证晶体的点阵类型，而与某一斑点的 R^2 值对应的 N 值便是晶体的晶面族指数。例如，$N=1$ 即为 {100}；$N=3$ 为 {111}；$N=4$ 为 {200} 等。

如果晶体不是立方点阵，则晶面族指数的比值另有规律。

① 四方晶体。

已知 $d=\dfrac{1}{\sqrt{\dfrac{h^2+k^2}{a^2}+\dfrac{l^2}{c^2}}}$，所以 $\dfrac{1}{d^2}=\dfrac{h^2+k^2}{a^2}+\dfrac{l^2}{c^2}$。令 $M=h^2+k^2$，根据消光条件，四方晶体 $l=0$ 的晶面族(即 {hk0} 晶面族)有

$$R_1^2:R_2^2:R_3^2:\cdots=M_1:M_2:M_3:\cdots=1:2:4:5:8:9:10:13:16:17:18:\cdots$$

② 六方晶体。

已知 $d=\dfrac{1}{\sqrt{\dfrac{4}{3}\dfrac{(h^2+hk+k^2)}{a^2}+\dfrac{l^2}{c^2}}}$，所以 $\dfrac{1}{d^2}=\dfrac{4}{3}\dfrac{(h^2+hk+k^2)}{a^2}+\dfrac{l^2}{c^2}$。令 $h^2+hk+k^2=P$，六方晶体 $l=0$ 的 {hk0} 面族有

$$R_1^2:R_2^2:R_3^2:\cdots=P_1:P_2:P_3:\cdots=1:3:4:7:9:12:13:16:19:21:\cdots$$

(2) 重复本小节“1. 已知相机常数和样品晶体结构”中第(4)～(8)条。

3. 未知晶体结构、相机常数已知时衍射花样的标定

(1) 测定低指数斑点的 R 值，应在几个不同的方位摄取电子衍射花样，保证能测出最前面的八个 R 值。

(2) 根据 R 值，计算出各个 d 值。

(3) 查 ASTM 卡片和各 d 值都相符的物相即为待测的晶体。

因为电子显微镜的精度所限，很可能出现几张卡片上 d 值均和测定的 d 值相近，此时应根据待测晶体的其他资料(如化学成分)等来排除不可能出现的物相。

4. 标准花样对照法

这是一种简单易行而又常用的方法。即将实际观察、记录到的衍射花样直接与标准花样对比，写出斑点的指数并确定晶带轴的方向。所谓标准花样就是各种晶体点阵主要晶带的倒易截面，它可以根据晶带定理和相应晶体点阵的消光规律绘出(见附录10、11)。一个较熟练的电子显微镜工作者，对常见晶体的主要晶带标准衍射花样是熟悉的。因此，在观察样品时，一套衍射斑点出现(特别是当样品的材料已知时)，基本可以判断是哪个晶带的

衍射斑点。应注意的是，在摄取衍射斑点图像时，应尽量将斑点调得对称，即通过倾转使斑点的强度对称均匀。中心斑点的强度与周围邻近的斑点相差无几，以致难以分辨中心斑点，这时表明晶带轴与电子束平行。这样的衍射斑点特别是在晶体结构未知时更便于和标准花样比较。再有在系列倾转摄取不同晶带斑点时，应采用同一相机常数，以便对比。现代的电子显微镜相机常数在操作时都能自动给出(显示)。综上所述，采用标准花样对比法可以收到事半功倍的效果。

5. 举例

图 9.28 为 18Cr2Ni4WA 钢经 900℃油淬后在透射电子显微镜下摄得的选区电子衍射花样。

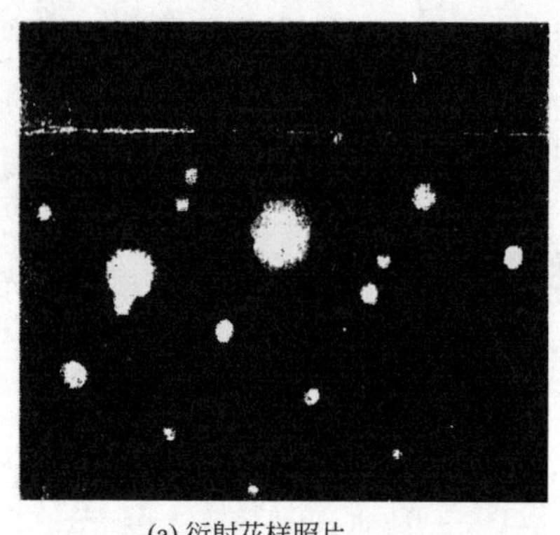

(a) 衍射花样照片

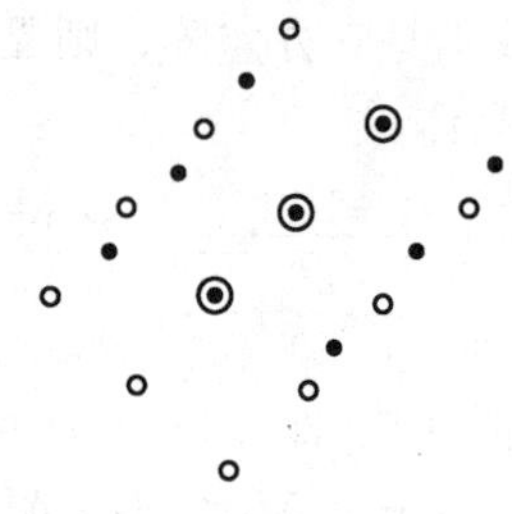

(b) 衍射族示意图

图 9.28　18Cr2Ni4WA 钢经 900℃油淬后的电子衍射花样

衍射花样中有两套斑点，其中一套是马氏体斑点，另一套是奥氏体斑点。标定马氏体斑点的具体步骤如下：

(1) 测定 R_1、R_2、R_3，其长度分别为 10.2mm、10.2mm、14.4mm。量得 R_1 和 R_2 之间的夹角为 90°，R_1 和 R_3 之间的夹角为 45°。

(2) 已知(1)中数据后可通过几种方法对斑点进行标定。

① 按本节 2. 中的尝试校核法标出各个斑点。

② 查表法，用$\frac{R_2}{R_1}$及 R_1 和 R_2 之间的夹角 θ，查附表 11 即可得出晶带轴为［001］。相对于 R_1 的晶面是$(h_1k_1l_1)$，其指数为(110)，与 R_2 相对应的晶面是$(h_2k_2l_2)$，其指数为$(\bar{1}10)$。

③和标准衍射花样核对，立即可以得到各斑点的指数和晶带轴的方向，这对于立方点阵的晶体来说是常用的方法之一，见附录 10。

(3) 已知有效相机常数 $\lambda L=2.05\text{mm}\cdot\text{nm}$，可求得

$$d_1=d_2=\frac{2.05}{10.2}\approx 0.201(\text{nm})$$

这和铁素体相应的面间距 0.202nm 相近。另一面间距：

$$d_3=\frac{\lambda L}{R_3}=\frac{2.05}{14.4}\approx 0.142(\text{nm})$$

此值和铁素体 $d_{200}=0.143\text{nm}$ 相近，由 110 和$\bar{1}10$ 两个斑点的指数标出 R_3 对应的指数应是(020)，而铁素体中(110)面和(020)面的夹角正好是 45°。根据实测和理论值之间相互

吻合，从而验证了此套斑点来自基体马氏体的［001］晶带轴。

9.4.5 多晶体电子衍射花样及其标定

多晶体样品的电子衍射花样和X射线粉末法所得的花样的几何特征非常相似，是由一系列不同半径的同心圆环组成。由于多晶物质由大量取向杂乱的细小单晶粒组成，其中每一个单晶都有一个(hkl)晶面，d值相同的同一$\{hkl\}$晶面族内符合衍射条件的晶面组所产生的衍射束，构成以入射束为轴，2θ为半顶角的圆锥面，它与照相底片的交线即为半径$R=\lambda L/d$的圆环，如图9.29所示，衍射晶面不同，即d值不同，得到的圆环半径不同。事实上，取向杂乱的单晶集合体可看成一个单晶绕一点在三维空间内作球面旋转而成。这样，相应的衍射晶面(hkl)或倒易点(hkl)便绕着原点旋转成一个球面，球的半径是(hkl)晶面间距的倒数。这个倒易球面与爱瓦尔德球面相截于一个圆。记录到的透射束为中心的衍射环，就是这一交线在照相底片上的投影放大像。

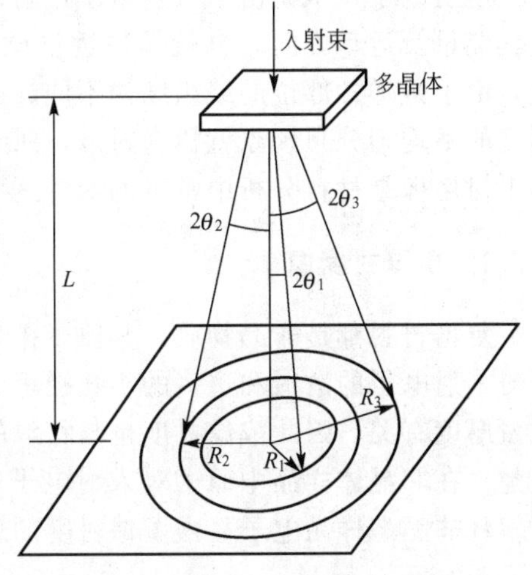

图9.29 多晶电子衍射花样产生示意图

多晶电子衍射花样指数标定的大致过程：首先测量衍射环的半径R，计算R^2比值；然后对照各晶系特有的消光规律，利用尝试法可求出各衍射环的衍射指数和晶面间距，如果仪器常数λL已知，则可计算出d值，再将其与粉末衍射卡对照，即可确定衍射指数。

1. 利用已知晶体(金)测定仪器常数

对多晶金膜进行衍射时，测得前三个衍射环的半径分别为7.94mm、9.20mm、13.00mm；根据R^2比值和面心立方晶体结构的消光规律，可确定三个环的衍射指数分别为$\{111\}$、$\{200\}$、$\{220\}$。由此可根据公式$\frac{1}{d_{hkl}^2}=\frac{h^2+k^2+l^2}{a^2}$和$Rd=\lambda L$计算出仪器的常数为

$$(\lambda L)_1=7.94\times d_{111}=7.94\times 0.23555=1.870(\mathrm{mm\cdot nm})$$

$$(\lambda L)_2=9.20\times d_{200}=9.20\times 0.2039=1.876(\mathrm{mm\cdot nm})$$

$$(\lambda L)_3=13.00\times d_{220}=13.00\times 0.1442=1.875(\mathrm{mm\cdot nm})$$

所以$\lambda L=\frac{(1.870+1.876+1.875)}{3}=1.874(\mathrm{mm\cdot nm})$。

2. 对未知物进行相分析

(1) 测量衍射环的半径R。

(2) 计算R^2及R_i^2/R_1^2，找出最接近的整数比规律。对照表9-3确定样品晶体的结构类型，并写出衍射环的指数。

(3) 如果已知相机常数，计算晶面间距d值，估计衍射环的相对强度，根据三强线的d值查阅ASTM卡片索引，找出数据接近的几张卡片，仔细核对所有的d值和相对强度，并参考已经掌握的其他资料(如样品来源、化学成分、处理工艺等)，确定样品的物相。

9.5 透射电子显微像

透射电子显微镜由于入射电子透射试样后，将与试样内部原子发生相互作用，从而改变其能量及运动方向。也就是说透过试样所得到的透射电子束的强度及方向均发生了变化，由于试样各部位的组织结构不同，因而透射到荧光屏上的各点强度是不均匀的，这种强度的不均匀分布现象就称为衬度，所获得的电子像称为透射电子衬度像。质厚衬度像和衍射衬度像是材料分析中常见的两种透射电子显微像。

9.5.1 质厚衬度像

复型材料都是非晶物质，其原子排列是无规则的。它的成像主要取决于复型试样中原子对入射电子的散射和透镜的小孔径角成像。由于材料中原子对电子的散射能力与材料的质量厚度有关，因此成像衬度也与材料的质量厚度有关，故称为质厚衬度。所以质厚衬度是建立在非晶体样品中原子对入射电子的散射和透镜的小孔径角成像基础上的成像原理，是解释非晶态样品电子显微图像衬度的理论依据。

1. 透射电子显微镜小孔径角成像

为了减小球差，提高透射电子显微镜的分辨本领，应采用尽量小的孔径角成像。小孔径角成像是通过在物镜的后焦面上插入一个孔径很小的物镜光阑来实现的(图 9.30)。当电子束入射到试样上后，由于试样很薄，有一部分电子直接透过试样，另一部分电子会受到试样中原子的散射。散射角小于 α 的一部分电子，通过物镜在像平面上成像；散射角大于 α 的电子，则被光挡住不能达到像平面上。一般物镜有较高的放大倍数，物平面接近于前焦面，因此物镜孔径半角 α 与焦距 f 及光阑直径 d 之间的关系为 $\alpha \approx \frac{d}{2f}$。

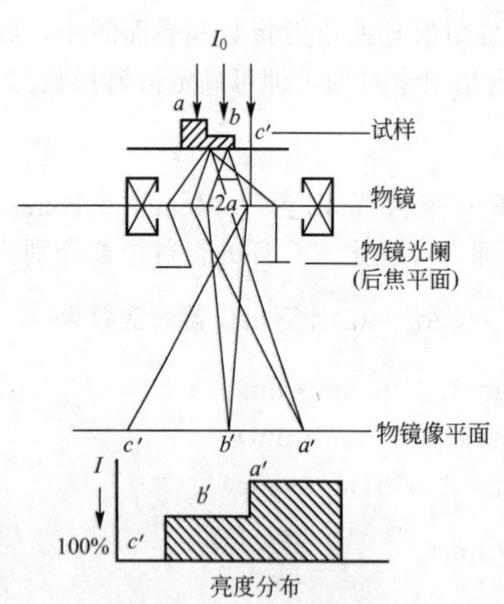

图 9.30 小孔径角成像

2. 质厚衬度原理

由于试样的质量和厚度不同，各部分对入射电子发生相互作用，产生的吸收与散射程度不同，而使得透射电子束的强度分布不同，形成反差，称为质厚衬度。质厚衬度来源于电子的非相干弹性散射，电子穿过样品时与原子核的弹性作用被散射而偏离光轴，原子序数越高，产生弹性散射的比例越大；厚度增加，将发生更多的弹性散射。

设入射电子束强度为 I_0，透射电子束强度为 I，可以证明，对于非晶体样品，有

$$I = I_0 e^{-Qt}, \quad Q = (N_A \rho / A)\sigma_0 \tag{9-7}$$

式中 Q——样品物质的总散射截面；

N_A——阿伏伽德罗常数；

σ_0——原子散射截面；

A——原子量；

ρ——物质密度；

t——样品微区厚度。

若样品上存在原子序数不同或厚度不等的两微区 A、B，如图 9.31 (a)所示，则相应地透过 A 区和 B 区的电子强度不同。设 I_A、I_B分别表示强度为 I_0 的入射电子通过样品 A 区和 B 区后，进入光阑参与成像的电子强度，由于 A 区、B 区为同一复型样品，$Q_A=Q_B$，而 $t_A>t_B$；根据式(9-7)可知，$I_A<I_B$，如图 9.31 (b)所示，由此得到的电子显微图片上，A 区暗，而 B 区亮，如图 9.31(c)所示。

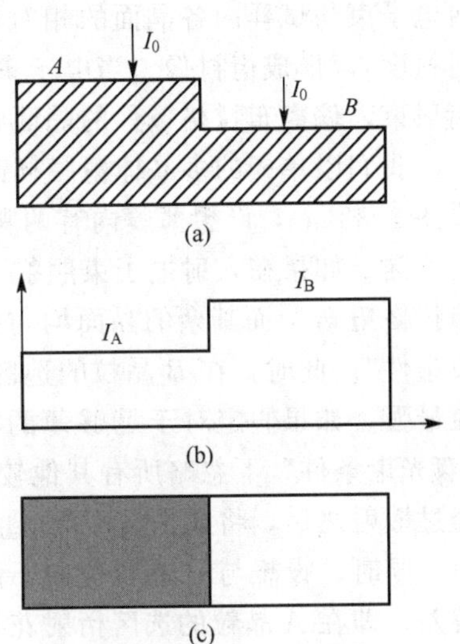

图 9.31　质厚衬度原理示意图

那么，设投射到荧光屏或照相底片上的电子强度差为 ΔI_A，$\Delta I_A=I_B-I_A$，以 I_B为像背景强度，则复型 A 区的像衬度$\frac{\Delta I_A}{I_B}$为

$$\frac{\Delta I_A}{I_B}=\frac{(I_B-I_A)}{I_B}=1-\frac{I_A}{I_B}$$

将 $I_A=I_0e^{-Q_At_A}$，$I_B=I_0e^{-Q_Bt_B}$代入，有

$$\frac{\Delta I_A}{I_B}=1-e^{-(Q_At_A-Q_Bt_B)} \tag{9-8}$$

式(9-8)说明，样品上的不同微区无论是质量还是厚度的差别，均可引起相应区域透射电子强度的改变，从而在图像上形成亮暗不同的区域，这一原理就是质厚衬度成像原理。利用这一原理观察金相复型样品，可以显示许多在光学显微镜下无法分辨的组织形貌细节。

图 9.32 所示为 30CrMnSi 钢回火组织，可以清楚地看到回火组织中析出的颗粒状碳化物和解理断口上的河流花样。

(a) 低碳钢冷脆断口

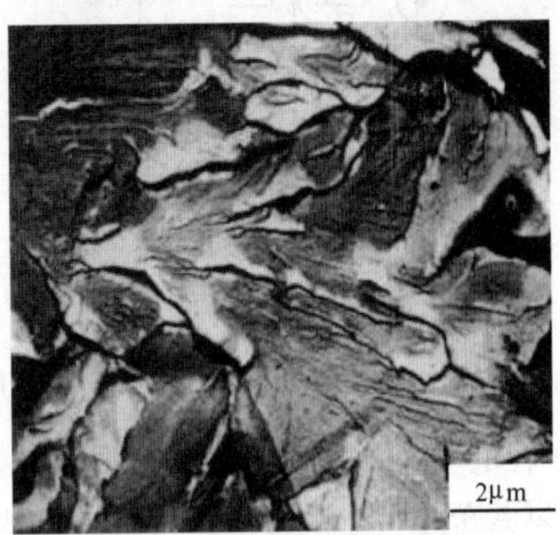

(b) 解理断口的河流花样

图 9.32　30CrMnSi 钢回火组织

9.5.2 衍射衬度像

非晶态复型样品是依据“质量厚度衬度”的原理成像的。而晶体薄膜样品的厚度大致均匀，并且平均原子序数也无差别，因此不可能利用质厚衬度来获得满意的图像反差。为此，须寻找新的成像方法，即“衍射衬度成像”，简称衍衬成像。衍衬成像主要取决于入射电子束与试样内各晶面的相对取向，由于相对取向不同，导致了衍射强度有差异(即衍射衬度)，形成衍衬像。当电子束入射到金属薄膜上时，满足布拉格条件的晶面将产生强衍射束，偏离布拉格条件的晶面将产生弱衍射束或不产生衍射束。

我们以单相的多晶体薄膜样品为例，说明如何利用衍射成像原理获得图像的衬度。参看图 9.33(a)，设想薄膜内有两颗晶粒 A 和 B，它们之间的唯一差别在于它们的晶体学位向不同。如果在入射电子束照射下，B 晶粒的某(hkl)晶面组恰好与入射方向交成精确的布拉格角 θ_B，而其余的晶面均与衍射条件存在较大的偏差，即 B 晶粒的位向满足“双光束条件”。此时，在 B 晶粒的选区衍射花样中，hkl 斑点特别亮，也即其(hkl)晶面的衍射束最强。如果假定对于足够薄的样品，入射电子受到的吸收效应可不予考虑，且在所谓“双光束条件”下忽略所有其他较弱的衍射束，则强度为 I_0 的入射电子束在 B 晶粒区域内经过散射之后，将成为强度为 I_{hkl} 的衍射束和强度为 I_0-I_{hkl} 的透射束两个部分。

同时，设想与 B 晶粒位向不同的 A 晶粒内所有晶面组，均与布拉格条件存在较大的偏差，即在 A 晶粒的选区衍射花样中将不出现任何衍射斑点而只有中心透射斑点，或者说其所有衍射束的强度均可视为零。于是，A 晶粒区域的透射束强度仍近似等于入射束强度 I_0。

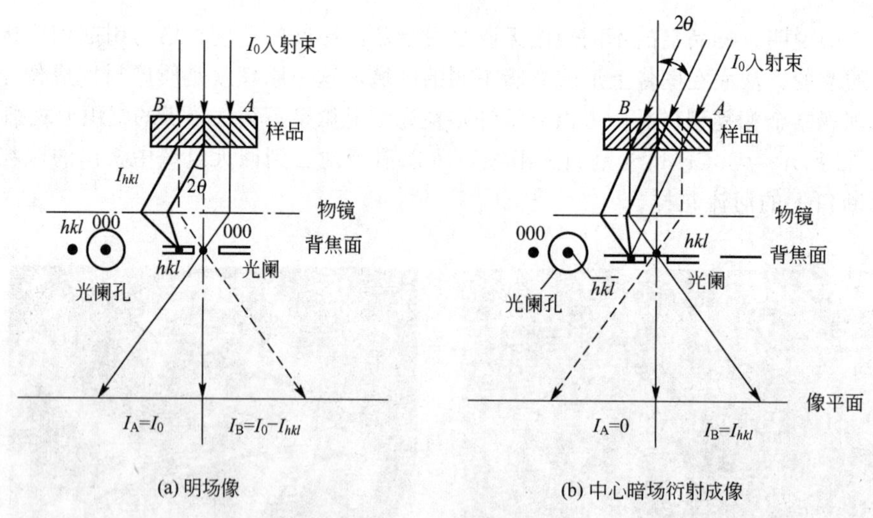

图 9.33 衍衬成像原理

由于在电子显微镜中样品的第一幅衍射花样出现在物镜的背焦面上，参看图 9.33(b)。所以若在这个平面上加进一个尺寸足够小的物镜光阑，把 B 晶粒的 hkl 衍射束挡掉，而只让透射束通过光阑孔并到达像平面，则构成样品的第一幅放大像。此时，两颗晶粒的像亮度将有不同，因为

$$I_A \approx I_0,\ I_B \approx I_0 - I_{hkl} \approx 0$$

如以 A 晶粒亮度 I_A 为背景强度，则 B 晶粒的像衬度为

$$\left(\frac{\Delta I}{I}\right)_B=\frac{I_A-I_B}{I_A}\approx\frac{I_{hkl}}{I_0}$$

于是在荧光屏上将会看到(荧光屏上图像只是物镜像平面上第一幅放大像的进一步放大而已)B 晶粒较暗而 A 晶粒较亮，如图 9.34 所示。这种由于样品中不同位向的晶体的衍射条件(位向)不同而造成的衬度差别叫衍射衬度。把这种让透射束通过物镜光阑而把衍射束挡掉得到图像衬度的方法，叫做明场(BF)成像。所得到的像叫明场像。

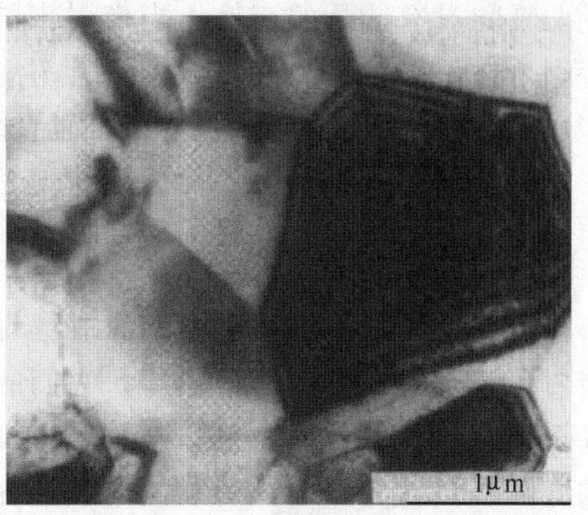

图 9.34 正方 ZrO_2 多晶的明场像

如果把图 9.33(a)中物镜光阑的位置移动一下，使其光阑孔套住 hkl 斑点，而把透射束挡掉，可以得到暗场(DF)像。但是，由于此时用于成像的是离轴光线，所得图像质量不高，有较严重的像差。习惯上常以另一种方式产生暗场像，即把入射电子束方向倾斜 2θ 角度(通过照明系统的倾斜来实现)，使 B 晶粒的 (hkl) 晶面组处于强烈衍射的位向，而物镜光阑仍在光轴位置。此时只有 B 晶粒的(hkl)衍射束正好通过光阑孔，而透射束被挡掉，如图 9.33(b)所示，这叫做中心暗场(CDF)成像方法。B 晶粒的像亮度为 $I_B\approx I_{hkl}$，而 A 晶粒由于在该方向的散射度极小，像亮度几乎近于零，图像的衬度特征恰好与明场像相反，B 晶粒较亮而 A 晶粒很暗。显然，暗场像的衬度将明显地高于明场像。以后将会看到，在金属薄膜的透射电子显微分析中，暗场成像是一种十分有用的技术。

单相多晶薄膜的例子说明，在衍衬成像方法中，某一最符合布拉格条件的(hkl)晶面组强衍射束起着十分关键的作用，因为它直接决定了图像的衬度。特别是在暗场条件下，像点的亮度直接等于样品上相应物点在光阑孔所选定的那个方向的衍射强度，而明场像的衬度特征是与其互补的(至少在不考虑吸收的时候是这样)。正是因为衍衬图像完全是由衍射强度的差别所产生的，所以这种图像必将是样品内不同部位晶体学特征的直接的反映。

9.6 衍射衬度的运动学理论

衍射衬度实际上是入射电子束与薄晶试样相互作用后成像电子束在像平面上强度差异的反映，这里所指的衬度是指像平面上各像点强度(亮度)差别。利用衍衬运动学的原理可以计算各像点的衍射强度，从而可以定性地解释透射电子显微镜衍衬图像的形成原因。

薄晶体电子显微图像的衬度可用运动学理论或动力学理论来解释。如果按运动学理论来处理，则电子束进入样品时随着深度增大，在不考虑吸收的条件下，透射束不断减弱，而衍射束不断加强。如果按动力学理论来处理，则随着电子束深入样品，透射束和衍射束之间的能量是交替变换的。虽然动力学理论比运动学理论能更准确地解释薄晶体中的衍衬效应，但是这个理论数学推导较烦琐，且物理模型抽象，在有限的篇幅内难以把它阐述清楚。与之相反，运动学理论简单明了，物理模型直观，对于大多数衍衬现象都能很好地定性说明。下面将讲述衍衬运动学的基本概念和应用。

9.6.1 基本假设

运动学理论有两个先决条件：首先是不考虑衍射束和入射束之间的相互作用，也就是说两者间没有能量的交换。当衍射束的强度比入射束小得多时，这个条件是可以满足的，特别是在试样很薄和偏离矢量较大的情况下。其次是不考虑电子束通过晶体样品时引起的多次反射和吸收。换言之，由于样品非常薄，因此反射和吸收可以忽略。

在满足了上述两个条件后，运动学理论是以下面两个基本假设为基础的。

1. 双光束近似

假定电子束透过薄晶体试样成像时，除了透射束外只存在一束较强的衍射束，而其他衍射束却大大偏离布拉格条件，它们的强度均可视为零。这束较强衍射束的反射晶面位置接近布拉格条件，但不是精确符合布拉格条件(即存在一个偏离矢量 $\boldsymbol{S}$)。作这样假定的目的有两个，首先，存在一个偏离矢量 $\boldsymbol{S}$ 是要使衍射束的强度远比透射束弱，这就可以保证衍射束和透射束之间没有能量交换，如果衍射束很强，势必发生透射束和衍射束之间的能量转换。此时必须用动力学方法来处理衍射束强度的计算。其次，若只有一束衍射束，则可以认为衍射束的强度 I_g 和透射束的强度 I_T 之间有互补关系，即 $I_0=I_T+I_g=1$，I_0 为入射束强度。因此，只要计算出衍射束强度，便可知道透射束的强度。

2. 柱体近似

所谓柱体近似就是把成像单元缩小到和一个晶胞相当的尺度。可以假定透射束和衍射束都能在一个和晶胞尺寸相当的晶柱内通过，此晶柱的截面积等于或略大于一个晶胞的底面积，相邻晶柱内的衍射波不互相干扰，晶柱底面上的衍射强度只代表一个晶柱内晶体结构的情况。因此，只要把各个晶柱底部的衍射强度记录下来，就可以推测出整个晶体下表面的衍射强度(衬度)。这种把薄晶体下表面上每点的衬度和晶柱结构对应起来的处理方法称为柱体近似，如图 9.35 所示。图中 I_{g1}、I_{g2}、I_{g3} 三点分别代表晶柱Ⅰ、Ⅱ、Ⅲ底部的衍射强度。如果三个晶柱内晶体构造有差别，则 I_{g1}、I_{g2}、I_{g3} 三点的衬度就不同。由于晶柱底部的截面积很小，它比所能观察到的最小晶体缺陷(如位错线)的尺度还要小一些，事实上每个晶柱底部的衍射强度都可看做一个像点，把这些像点连接成的图像，就能反映出晶体试样内各种缺陷组织结构特点。

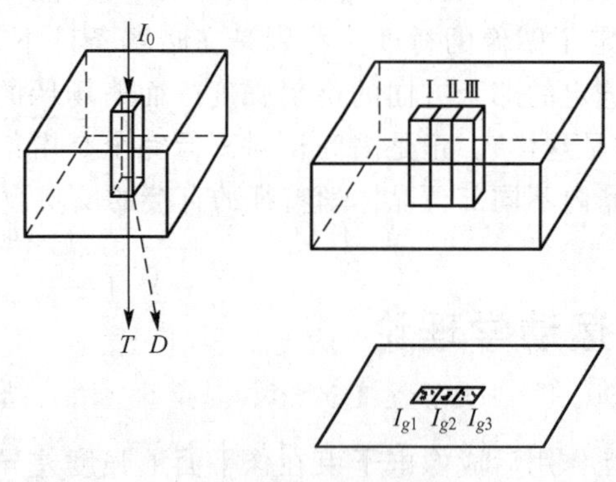

图 9.35 柱体近似

9.6.2 理想晶体的衍射强度

考虑图 9.36 所示的厚度为 t 的完整晶体内晶柱 OA 所产生的衍射强度。首先要计算出柱体下表面处的衍射波振幅 Φ_g，由此可求得衍射强度。晶体下表面的衍射振幅等于上表面到下表面各层原子面在衍射方向 k' 上的衍射波振幅叠加的总和，考虑到各层原子面衍射波振幅的相位变化，则可得到衍射波振幅表达式如下：

$$\Phi_g = \frac{in\lambda F_g}{\cos\theta}\sum_{\text{柱体}} e^{-2\pi i K'\cdot r} = \frac{in\lambda F_g}{\cos\theta}\sum_{\text{柱体}} e^{-i\varphi} \tag{9-9}$$

式中 $\varphi=2\pi K'\cdot r$——r 处原子面散射波相对于晶体上表面位置散射波的相位角差；

n——单位面积原子面内含有的晶胞数。

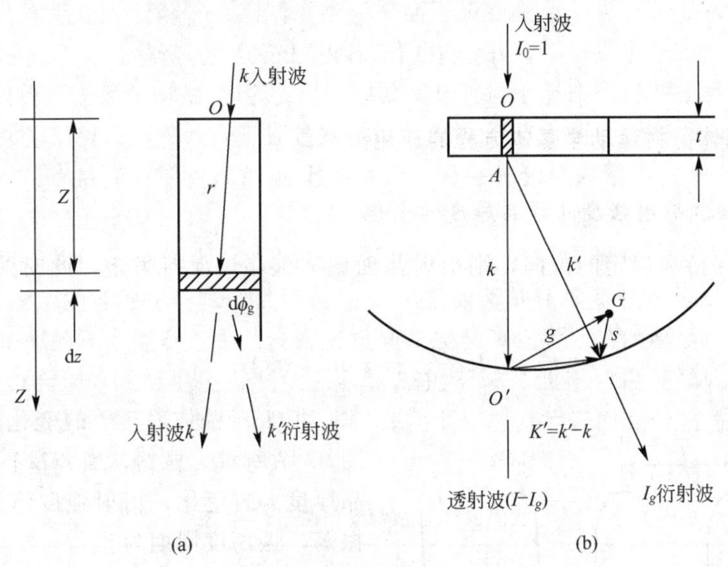

图 9.36 晶体柱 OA 的衍射强度($S>0$)

引入消光距离 ξ_g，则得到

$$\Phi_g = \frac{i\pi}{\xi_g}\sum_{\text{柱体}} e^{i\varphi} \tag{9-10}$$

考虑到在偏离布拉格条件时，如图 9.36(b)所示，衍射矢量 K' 为

$$K'=k'-k=g+s$$

故相位角可表示为 $\varphi=2\pi K'\cdot r=2\pi s\cdot r=2\pi sz$。其中 $g\cdot r$=整数(因为 $g=ha^*+kb^*+lc^*$，而 r 必为点阵平移矢量的整数倍，可以写成 $r=ua+vb+wc$)，$\boldsymbol{s}//\boldsymbol{r}//\boldsymbol{z}$。且 $r=z$ 于是有

$$\begin{aligned}\Phi_g &= \sum_{\text{柱体}} \frac{i\pi}{\xi_g}\exp(-2\pi i s z)\,dz = \frac{i\pi}{\xi_g}\sum_{\text{柱体}} \exp(-2\pi i s z)\,dz \\ &= \frac{i\pi}{\xi_g}\int_0^t \exp(-2\pi i s z)\,dz \end{aligned} \tag{9-11}$$

其中的积分部分为

$$\begin{aligned}\int_0^t \exp(-2\pi i s z)\,dz &= \frac{1}{2\pi i s}(e^{-2\pi i s t}+1) \\ &= \frac{1}{\pi s}\cdot\frac{e^{\pi i s t}-e^{-\pi i s t}}{2i}\cdot e^{-\pi i s t} = \frac{1}{\pi s}\sin(\pi s t)\cdot e^{-\pi i s t}\end{aligned}$$

代入式(9-11)，得

$$\Phi_g = \frac{i\pi}{\xi_g}\cdot\frac{\sin(\pi s t)}{\pi s}e^{-\pi i s t} \tag{9-12}$$

而衍射强度

$$I_g=\Phi_g\cdot\Phi_g^*=\left(\frac{\pi^2}{\xi_g^2}\right)\frac{\sin^2(\pi ts)}{(\pi s)^2} \qquad (9-13)$$

这个结果告诉我们，理想晶体的衍射强度 I_g 随样品的厚度 t 和衍射晶面与精确的布拉格位向之间偏离参量 s 而变化。由于运动学理论认为明暗场的衬度是互补的，故令 $I_T+I_g=1$，因此有

$$I_T=1-\left(\frac{\pi^2}{\xi_g^2}\right)\frac{\sin^2(\pi ts)}{(\pi s)^2} \qquad (9-14)$$

9.6.3 理想晶体衍衬运动学基本方程的应用

1. 等厚条纹(衍射强度随样品厚度的变化)

如果晶体保持在确定的位向，则衍射晶面偏离矢量 s 保持恒定，此时式(9－13)可以改写为

$$I_g=\frac{1}{(s\xi_g)^2}\sin^2(\pi ts) \qquad (9-15)$$

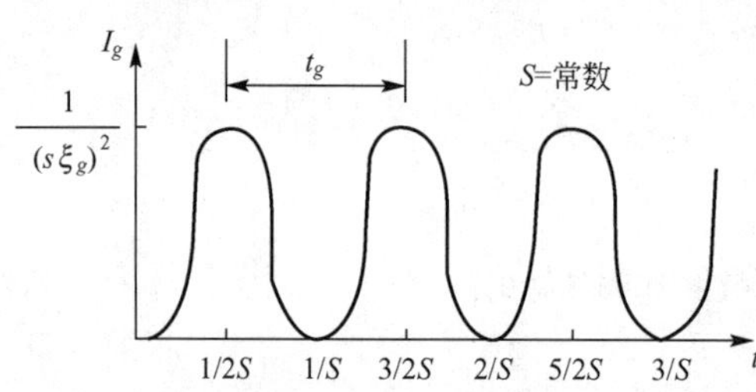

图 9.37 衍射强度 I_g 随晶体厚度 t 的变化

把 I_g 随晶体厚度 t 的变化画成曲线，如图 9.37 所示。显然，当 s 等于常数时，随样品厚度 t 的变化，衍射强度将发生周期性的振荡，振荡度周期为

$$t_g=\frac{1}{s} \qquad (9-16)$$

这就是说，当 $t=\frac{n}{s}$(n 为整数)时，$I_g=0$；而当 $t=\left(n+\frac{1}{2}\right)/s$ 时，衍射强度为最大。

$$I_{g\max}=\frac{1}{(s\xi_g)^2} \qquad (9-17)$$

利用类似于图 9.38 的振幅-位相图，可以更加形象地说明衍射振幅在晶体内深度方向上的振荡情况。首先把式(9－10)改写为

$$\Phi_g=\sum_{柱体}\frac{i\pi}{\xi_g}e^{-2\pi isz}dz=\sum_{柱体}d\Phi_g\cdot e^{-i\varphi} \qquad (9-18)$$

式中 $\varphi=2\pi sz$——在深度为 z 处的散射波相对于样品上表面原子层散射波的位相角；

$d\Phi_g$——该深度处 dz 厚度单元散射波振幅。

考虑 π 和 ξ_g 都是常数，所以

$$d\Phi_g=\frac{i\pi}{\xi_g}dz\propto dz \qquad (9-19)$$

如果取所有的 dz 都是相等的厚度元，则暂不考虑比例常数$\left(\frac{i\pi}{\xi_g}\right)$，而把 dz 作为每一个厚度单元 dz 的散射振幅，而逐个厚度单元的散射波之间相对位相角差为 $d\varphi=2\pi sdz$。于是，在 $t=Ndz$ 处的合成振幅 $A(Ndz)$，用 $A-\varphi$ 图来表示就是图 9.38 (a)中的 $|OQ_1|$，考虑到 dz 很小，$A-\varphi$ 图就是一个半径 $R=\frac{1}{2\pi s}$ 的圆周，如图 9.38 (b)所示。此时，晶体内

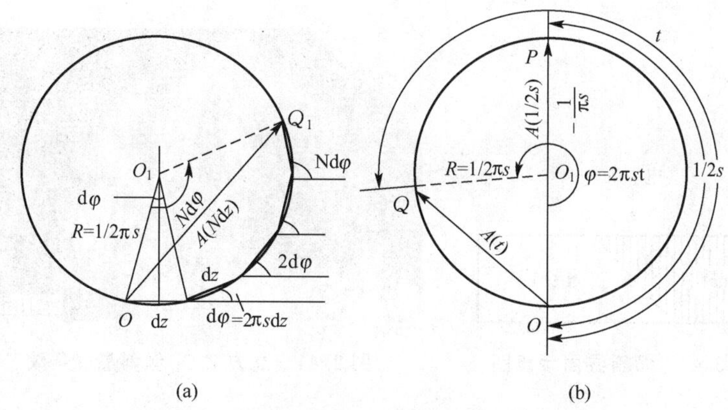

图 9.38　理想晶体内衍射波的振幅-位相图

深度为 t 处的合成振幅就是 $A(t)=\frac{\sin(\pi ts)}{\pi s}$，相当于从 O 点(晶体上表面)顺圆周方向长度为 t 的弧段所张的弦 $|OQ|$。显然，该圆周的长度等于 $1/s$，就是衍射波振幅或强度振荡的深度周期 t_g；而圆的直径 OP 所对的弧长为 $\frac{1}{2}s=\frac{1}{2}t_g$，此时衍射振幅为最大。随着电子波在晶体内的传播，即随着 t 的增大，合成振幅 OQ 的端点 Q 在圆周上不断运动，每转一周相当于一个深度周期 t_g。同时，衍射波的合成振幅 $\Phi_g(\propto A)$ 从零变为最大又变为零，强度 $I_g(\propto|\Phi_g|^2\propto|A|^2)$ 发生周期性的振荡。如果 $t=nt_g$，合成振幅 OQ 的端点 Q 在圆周上转了 n 圈以后恰与 O 点重合，$A=0$，衍射强度也为零。

I_g 随 t 周期性振荡这一运动学结果，定性地解释了晶体样品楔形边缘处出现的厚度消光条纹。并和电子显微图像上显示出来的结果完全相符。图 9.39为一个薄晶体，其一端是一个楔形的斜面，在斜面上的晶体的厚度 t 是连续变化的，故可把斜面部分的晶体分割成一系列厚度各不相等的晶柱。当电子束通过各晶柱时，柱体底部的衍射强度因厚度 t 不同而发生连续变化。根据式(9－12)的计算，在衍射图像上楔形边缘上将得到几列亮暗相间的条纹，每一亮暗周期代表一个消光距离的大小，此时

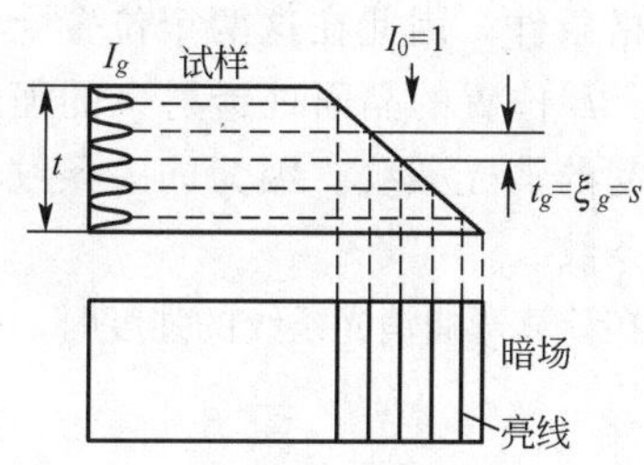

图 9.39　等厚条纹形成原理的示意图

$$t_g=\xi_g=\frac{1}{s} \tag{9-20}$$

因为同一条纹上晶体的厚度是相同的，所以这种条纹叫做等厚条纹，由式(9－20)可知，消光条纹的数目实际上反映了薄晶体的厚度。因此，在进行晶体学分析时，可通过计算消光条纹的数目来估算薄晶体的厚度。

上述原理也适用于晶体中倾斜界面的分析。实际晶体内部的晶界、亚晶界、孪晶界和层错等都属于倾斜界面。图 9.40 是这类界面的示意图。若图中下方晶体偏离布拉格条件甚远，则可认为电子束穿过这个晶体时无衍射产生，而上方晶体在一定的偏差条件(s=常数)下可产生等厚条纹，这就是实际晶体中倾斜界面的衍衬图像。图 9.41 为立方 ZrO_2 倾斜晶界条纹照片，可以清楚地看出晶界上的条纹。

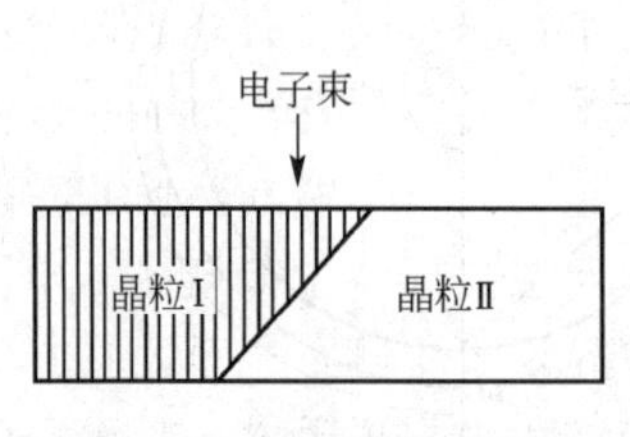

图 9.40　倾斜界面示意图

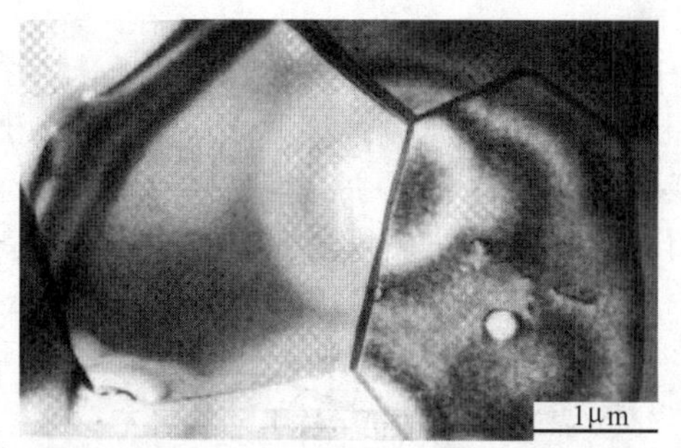

图 9.41　立方 Z_rO_2 倾斜晶界条纹

2. 等倾条纹

如果把没有缺陷的薄晶体稍加弯曲，则在衍衬图像上可以出现等倾条纹。此时薄晶体的厚度可视为常数，而晶体内处在不同部位的衍射晶面因弯曲而使它们和入射束之间存在不同程度的偏离，即薄晶体上各点具有不同的偏离矢量 s。图 9.42示意地说明了 $t=$常数，s 可以改变的情况。图 9.42(a)为晶体弯曲前的状态。入射束和(hkl)晶面之间处于对称入射的位置，偏离矢量很大，为简化分析，可视为不发生衍射。因此在作明场像时，荧光屏上薄晶体呈现出均匀的亮度。图 9.42(b)为晶体弯曲后的状态。由于样品上各点弯曲程度不同，各(hkl)晶面相对于入射束的偏离程度发生逐渐变化，左右两边的晶面随离开 O 点距离的增大，偏离矢量 s 的绝对值变小。当晶面处于 A、B 两点的位置时，$s=0$。晶面和 O 点的距离继续增大，s 值又复上升。因为 A、B 位置的晶面和入射束之间正好精确符合布拉格条件，因此在这两个位置上电子束将产生较强的衍射束，其结果将使荧光屏上相当于 A、B 位置的晶面处透射束的强度大为下降，而形成黑色条纹明场像。这就是由晶体弯曲引起的消光条纹。因为同一条纹上晶体偏离矢量的数值是相等的，所以这种条纹被称为等倾条纹。

在计算弯曲消光条纹的强度时，可把式(9-13)改写为

$$I_g=\frac{(\pi t)^2}{\xi_g^2}\cdot\frac{\sin^2(\pi ts)}{(\pi ts)^2} \tag{9-21}$$

因为 $t=$常数，故 I_g 随 s 而变，其变化规律如图 9.42 所示。由图可知，当 $s=0$，$\pm\frac{3}{2t}$，$\pm\frac{5}{2t}$，…时，I_g 有极大值，其中 $s=0$ 时，衍射强度最大，即 $I_g=\frac{(\pi t)^2}{\xi_g^2}$。当 $s=\pm\frac{1}{t}$，$\pm\frac{2}{t}$，$\pm\frac{3}{t}$，…时，$I_g=0$。图 9.42 反映了倒易空间中衍射强度的变化规律。由于 $s=\pm\frac{3}{2t}$时的二次衍射强度峰值已经很小，所以可以把$\pm\frac{1}{t}$的范围看做是偏离布拉格条件后能产生衍射强度的界限。这个界限就是前面所述及的倒易杆的长度，即 $s=\frac{2}{t}$。据此，可以得出，晶体厚度越薄倒易杆长度越长的结论。

由于薄晶体样品在一个观察视域中弯曲的程度是很小的，其偏离程度大都位于 $s=0\sim\pm\frac{3}{2t}$范围之内，加之二次衍射强度峰值要比一次峰值低得多，所以，在一般情况下，在同一视野中只能看到 $s=0$ 时的等倾条纹。

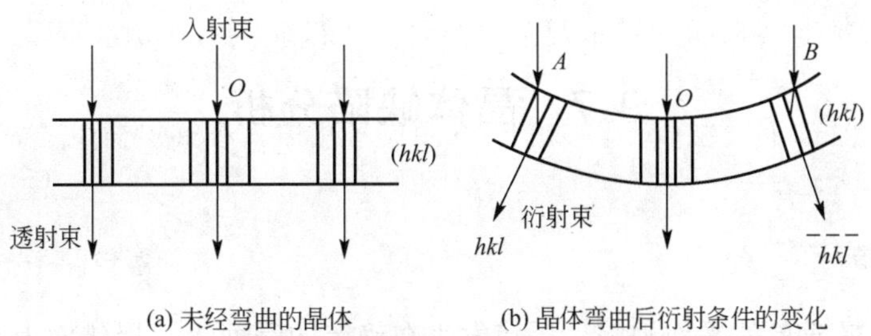

图 9.42 等倾条纹形成原理示意图

如果样品的变形状态比较复杂，那么等倾条纹大都不具有对称的特征。有时样品受电子束照射后，由于温度升高而变形，在视野中就可看到弯曲消光条纹的运动。此外，如果把样品稍加倾动，弯曲消光条纹就会发生大幅度扫动。这些现象都是由于晶面转动引起偏离矢量大小改变而造成的。

9.6.4 非理想晶体的衍射衬度

电子穿过非理想晶体的晶柱后，晶柱底部衍射波振幅的计算要比理想晶体复杂一些。这是因为晶体中存在缺陷时，晶柱会发生畸变，畸变的大小和方向可用缺陷矢量 $\boldsymbol{R}$ 来描述，如图 9.43 所示。如前所述，理想晶体晶柱中位移矢量为 $\boldsymbol{r}$，而非理想晶体中的位移矢量应该是 $\boldsymbol{r}'$。显然，$r'=r+R$，则相应角 φ' 为

$$\varphi'=2\pi K'\cdot r'=2\pi[(g_{hkl}+s)\cdot(r+R)] \tag{9-22}$$

从图 9.43 中可以看出，$\boldsymbol{r}'$ 和晶柱的轴线方向 z 并不是平行的，其中 $\boldsymbol{R}$ 的大小是轴线坐标 z 的函数。因此，在计算非理想晶体晶柱底部衍射波振幅时，首先要知道 $\boldsymbol{R}$ 随 z 的变化规律。如果一旦求出了 $\boldsymbol{R}$ 的表达式，那么相位角 φ' 就随之而定。非理想晶体晶柱底部衍射波振幅就可根据下式求出：

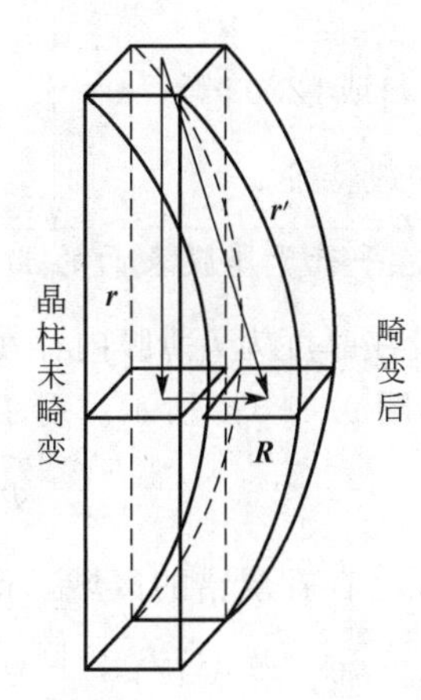

图 9.43 缺陷矢量 R

$$\Phi_g=\frac{i\pi}{\xi_g}\sum_{柱体}\mathrm{e}^{-\mathrm{i}\varphi'} \tag{9-23}$$

其中 $\mathrm{e}^{-\mathrm{i}\varphi'}=\mathrm{e}^{-2\pi\mathrm{i}[(g_{hkl}+s)\cdot(r+R)]}=\mathrm{e}^{-2\pi\mathrm{i}[(g_{hkl}\cdot r+s\cdot r+g_{hkl}\cdot R+s\cdot R)]}$。

因为 $g_{hkl}\cdot r$ 等于整数，$s\cdot R$ 数值很小，有时 $\boldsymbol{s}$ 和 $\boldsymbol{R}$ 接近垂直可以略去，又因 $\boldsymbol{s}$ 和 $\boldsymbol{r}$ 接近平行，故 $s\cdot r=sr$，所以

$$\mathrm{e}^{\mathrm{i}\varphi'}=\mathrm{e}^{-2\pi\mathrm{i}sr}\cdot\mathrm{e}^{-2\pi\mathrm{i}g_{hkl}\cdot R}$$

据此，式(9-23)可改写为

$$\Phi_g=\frac{i\pi}{\xi_g}\sum_{柱体}\mathrm{e}^{-\mathrm{i}(2\pi sr+2\pi\mathrm{i}g_{hkl}\cdot R)}$$

令 $\alpha=2\pi g_{hkl}\cdot\dot{R}$，则

$$\Phi_g=\frac{i\pi}{\xi_g}\sum_{柱体}\mathrm{e}^{-\mathrm{i}(\varphi+\alpha)} \tag{9-24}$$

比较式(9-24)和式(9-10)可以看出，α 就是由于晶体内存在缺陷而引入的附加位相角。由于 α 的存在，造成式(9-24)和式(9-10)各自代表的两个晶柱底部衍射波振幅的差别，由此就可以反映出晶体缺陷引起的衍射衬度。

9.7 晶体缺陷分析

9.7.1 堆积层错

堆积层错是最简单的平面缺陷。层错发生在确定的晶面上，层错面上、下方分别是位向相同的两块理想晶体，但下方晶体相对于上方晶体，存在一个恒定的位移 R。例如，在面心立方晶体中，层错面为{111}，其位移矢量 $\boldsymbol{R}=\pm\frac{1}{3}\langle 111\rangle$ 或 $\pm\frac{1}{6}\langle 112\rangle$。$\boldsymbol{R}=\pm\frac{1}{3}\langle 111\rangle$ 表示下方晶体向上移动，相当于抽去一层{111}原子面后再合起来，形成内禀层错；$\boldsymbol{R}=-\frac{1}{3}\langle 111\rangle$ 相当于插入一层{111}面，形成外禀层错。$R=\pm\frac{1}{6}\langle 112\rangle$ 表示下方晶体沿层错面的切变位移，同样有内禀和外禀两种，但包围着层错的偏位错与 $\boldsymbol{R}=\pm\frac{1}{3}\langle 111\rangle$ 类型的层错不同。对于 $\boldsymbol{R}=\pm\frac{1}{6}\langle 112\rangle$ 的层错。$\alpha=2\pi g\cdot R=2\pi(ha^*+kb^*+lc^*)\cdot\frac{1}{6}(a+b+2c)=\frac{\pi}{3}(h+k+2l)$。因为面心立方晶体衍射晶面的 h、k、l 为全奇或全偶，所以 α 只可能是 0，2π 或 $\pm\frac{2\pi}{3}$ 等。如果选用 $\boldsymbol{g}=[11\bar{1}]$ 或 [311] 等，层错将不显衬度；但若 $\boldsymbol{g}$ 为 [200] 或 [220] 等，$\alpha=\pm\frac{2\pi}{3}$，可以观察到这种缺陷。下面以 $\alpha=-\frac{2\pi}{3}$ 为例，说明层错衬度的一般特征。

1. 平行于薄膜表面的层错

设在厚度为 t 薄膜内存在平行于表面的层错 CD，它与上、下表面的距离分别为 t_1 和 t_2，如图 9.44 (a)所示。对于无层错区域，衍射波振幅为

$$\Phi_g \propto A(t)=\int_0^t \mathrm{e}^{-2\pi isz}\,\mathrm{d}z=\frac{\sin(\pi ts)}{\pi s} \tag{9-25}$$

而在存在层错的区域，衍射波振幅为

$$\Phi_g \propto A'(t)=\int_0^{t_1}\mathrm{e}^{-2\pi isz}\,\mathrm{d}z+\int_{t_1}^{t_2}\mathrm{e}^{-2\pi isz}\mathrm{e}^{-i\alpha}\,\mathrm{d}z=\int_0^{t_1}\mathrm{e}^{-2\pi isz}\,\mathrm{d}z+\mathrm{e}^{-i\alpha}\int_{t_1}^{t_2}\mathrm{e}^{-2\pi isz}\,\mathrm{d}z \tag{9-26}$$

显然，在一般情况下 $\Phi_g'\neq\Phi_g$，衍衬图像存在层错的区域将与无层错区域出现不同的亮度，即构成了衬度。层错区显示为均匀的亮区或暗区。在振幅-位相图(见图 9.44(c))中，振幅 $A(t)$ 相当于 $|OQ|$。事实上，如果把无层错区域的晶体柱也分成 t_1 和 t_2 两部分，则 $OQ=OS+SQ$，即 $A(t)=A(t_1)+A(t_2)$，其中 $A(t_1)$ 和 $A(t_2)$ 分别是厚度为 t_1 和 t_2 的两段晶体柱的合成振幅。因为不存在层错，所有厚度元的散射振幅 $\mathrm{d}\Phi_g$ ($\propto\mathrm{d}z$)都在以 O_1 为圆心的同一个圆周上叠加。可是，对于层错区域，晶体柱在 S 位置(相当于 t_1 深度)以下发生整体的位移 R，所以大部分晶体厚度元的散射振幅将在另一个以 O_2 为圆心的圆周上叠加，在 S 点处发生 $\alpha=-\frac{2\pi}{3}$ 的位相角突变。于是，它的合成振幅 $A'(t)=A(t_1)+A'(t_2)$，相当于 $OQ'=OS+SQ'$。由此不难看出，尽管 $|A'(t_2)|=|A(t_2)|$，可是由于附加位相角

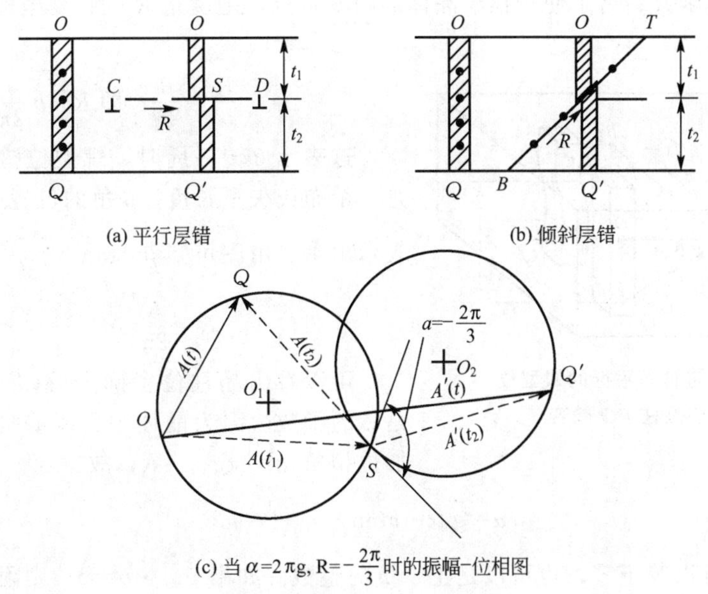

(c) 当 $\alpha=2\pi g$, $R=-\frac{2\pi}{3}$ 时的振幅-位相图

图 9.44 堆积层错的衬度来源

α 的引入，致使 $A'(t)\neq A(t)$。

作为一种特殊情况，如果 $t_1=nt_g=n/s$（其中 n 为整数），则在 $A-\varphi$ 图 S 与 O 点重合，$A(t_1)=0$，此时 $A'(t)=A(t)$，层错也将不显示衬度。

2. 倾斜于薄膜表面的层错

参看图 9.44 (b)，薄膜内存在倾斜于表面的层错，它与上下表面的交线分别为 T 和 B。此时层错区域内的衍射波振幅仍由式(9-26)表示；但在该区域内的不同位置，晶体柱上、下两部分的厚度 t_1 和 $t_2=t-t_1$ 是逐点变化的。在振幅-位相图中，t_1 的变化相当于 S 点在 O_1 圆周上运动，而 t_2 的变化相当于 O_1 点在 O_2 圆周上运动。如果 $t_1=n/s$，$A'(t)=A(t)$，亮度与无层错区域相同；如果 $t_1=\left(n+\frac{1}{2}\right)/s$，则 $A'(t)$ 为最大或最小，可能大于，也可能小于 $A(t)$，但肯定不等于 $A(t)$。基于上述分析，由运动学理论知，倾斜于薄膜表面的堆积层错与其他的倾斜界面(如晶界等)相似，显示为平行于层错与上、下表面交线的亮暗相间的条纹，其深度周期为 $t_g=1/s$。孪晶的形态不同于层错，孪晶是由黑白衬度相间宽度不等的平行条带构成，相间的相同衬度条带为同一位向，而另一衬度条带为相对称的位向。层错是等间距的条纹。

9.7.2 位错

非完整晶体衍衬运动学基本方程可以很清楚地用来说明螺型位错线的成像原因。如图 9.45所示为一条和薄晶体表面平行的螺型位错线示意图，螺型位错线附近有应变场，使晶柱 PQ 畸变成 $P'Q'$。根据螺型位错线周围原子的位移特性，可以确定缺陷矢量 $\boldsymbol{R}$ 的方向和布氏矢量 $\boldsymbol{b}$ 方向一致。图中 x 表示晶柱和位错线之间的水平距离，y 表示位错线至膜上表面的距离，z 表示晶柱内不同深度的坐标，薄晶体的厚度为 t。因为晶柱位于螺型位错的应力场之中，晶柱内各点应变量都不相同，因此各点上 $\boldsymbol{R}$ 矢量的数值均不相同，即

$\boldsymbol{R}$应是坐标z的函数。为了便于描绘晶体的畸变特点，把度量R的长度坐标转换成角坐标β，其关系如下：

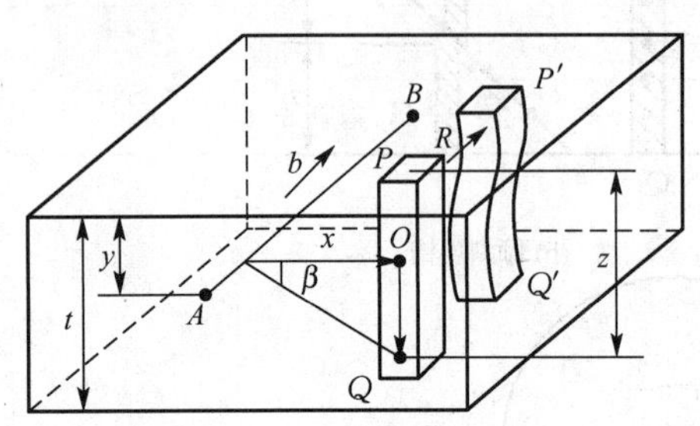

图 9.45　与膜面平行的螺型位错线使晶柱 PQ 畸变

$$\frac{R}{b}=\frac{\beta}{2\pi}，即 R=b\frac{\beta}{2\pi}$$

这表示β转一周时，螺型位错的畸变量正好是一个布氏矢量长度。β角的位置已在图 9.45 中表示出来。由图可知$\beta=\tan^{-1}\dfrac{z-y}{x}$，所以

$$R=\frac{b}{2\pi}\tan^{-1}\frac{z-y}{x}$$

可以看出晶柱位置确定后(x和y一定)，R是z的函数。因为晶体中引入缺陷矢量后，其附加位相角$\alpha=2\pi g_{hkl}\cdot R$，故

$$\alpha=\boldsymbol{g}_{hkl}\cdot\boldsymbol{b}\tan^{-1}\frac{z-y}{x}=n\beta \tag{9-27}$$

式中　$g_{hkl}\cdot b$可以等于零，也可以是正、负的整数。如果$g_{hkl}\cdot b=0$，则附加位相角就等于零，此时即使有螺型位错线存在也不显示衬度。如果$g_{hkl}\cdot b\neq 0$，则螺型位错线附近的衬度和完整晶体部分的衬度不同，其间存在的差别就可通过下面两个式子的比较清楚地表示出来。

完整晶体

$$\Phi_g=\frac{i\pi}{\xi_g}\sum_{柱体}\mathrm{e}^{-\mathrm{i}\varphi} \tag{9-28}$$

有螺型位错线时

$$\Phi'_g=\frac{i\pi}{\xi_g}\sum_{柱体}\mathrm{e}^{-\mathrm{i}(\varphi+\alpha)}=\frac{i\pi}{\xi_g}\sum_{柱体}\mathrm{e}^{-\mathrm{i}(\varphi+n\beta)}$$

故

$$\Phi_g\neq\Phi'_g$$

$g_{hkl}\cdot b=0$称为位错线不可见性判据，利用它可以确定位错线的布氏矢量。因为$g_{hkl}\cdot b=0$表示g_{hkl}和b相垂直，如果选择两个$\boldsymbol{g}$矢量作操作衍射时，位错线均不可见，则可以列出两个方程，即

$$\begin{cases}g_{h_1k_1l_1}\cdot b=0\\ g_{h_2k_2l_2}\cdot b=0\end{cases}$$

联立后即可求得位错线的布氏矢量$\boldsymbol{b}$。

现在，我们定性地讨论刃型位错线衬度的产生及其特征。如图 9.46 所示，(hkl)是由位错线D而引起的局部畸变的一组晶面，并以它作为操作用于反射成像。若该晶面与布拉格条件的偏离参量为S_0，并假定$S_0>0$，则在远离位错D区域(如A和C位置，相当于理想晶体)，衍射波强度为I(即暗场像中的背景强度)。位错引起它附近晶面的局部转动，意味着在此应变场范围内，(hkl)晶面存在着额外的附加偏差S'。离位错越远，S'越小。在位错线的右侧$S'>0$，在其左侧$S'<0$。于是，如图 9.46 所示，在右侧区域内(如B位置)，晶面的总偏差$S_0+S'>S_0$使衍射强度$I_B<I$；而在左侧，由于S'与S_0符号相反，总偏差$S_0+S'<S_0$，且在某个位置(如D')恰巧使$S_0+S'=0$，衍射强度$I'_D=I_{max}$。这样，在

偏离位错线实际位置的左侧，将产生位错线的像(暗场像中为亮线，明场相反)。不难理解，如果衍射晶面的原始偏离参量 $S_0<0$，则位错线的像将出现在其实际位置的另一侧。这一结论已由穿过弯曲消光条纹(其两侧 S_0 符号相反)的位错线像相互错开某个距离得到证实。

位错线像总是出现在它的实际位置的一侧或另一侧，说明其衬度本质上是由位错附近的点阵畸变所产生的，叫做"应变场衬度"。而且，由于附加的偏差 S'，随离开位错中的距离而逐渐变化，使位错线的像总是有一定的宽度(一般 3～10nm)。尽管严格来说，位错是一条几何意义上的线，但用来观察位错的电子显微镜却并不必须具有极高的分辨本领。通常，位错线像偏离实际位置的距离也与像的宽度在同一数量级范围内。对于刃型位错的衬度特征，运用衍衬运动学理论同样能够给出很好的定性解释。图 9.47 为不锈钢的位错线。

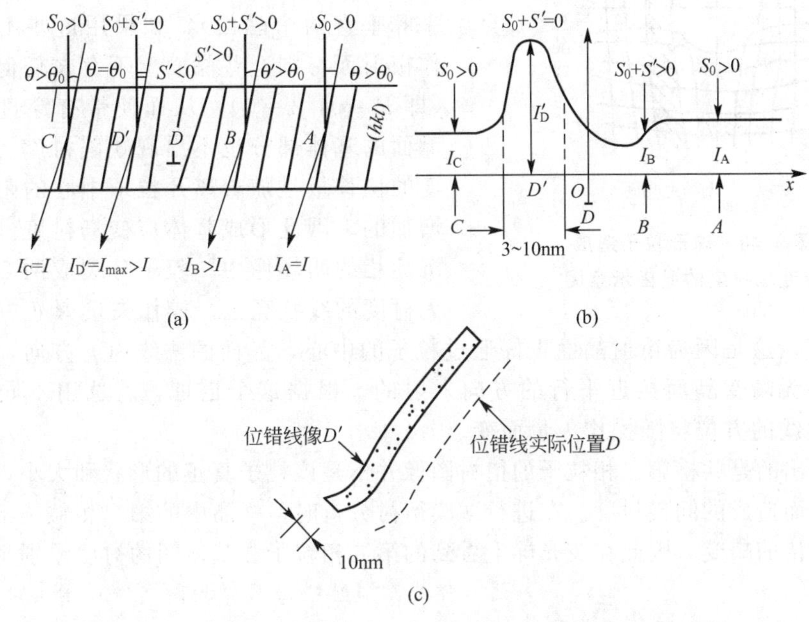

图 9.46 刃型位错衬度的产生及其特征

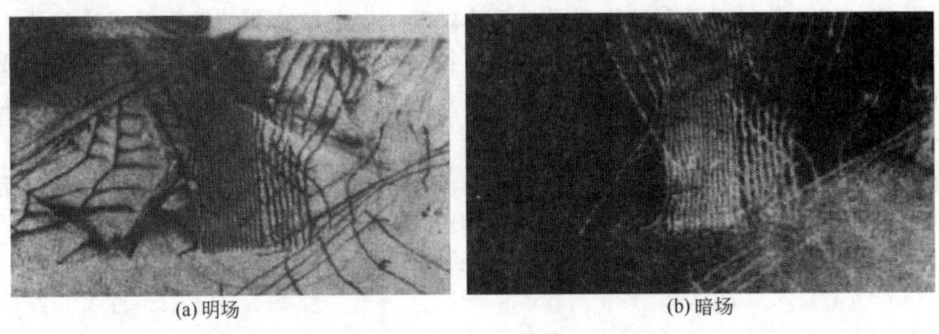

(a) 明场　　(b) 暗场

图 9.47 不锈钢的位错线像

9.7.3 第二相粒子

这里指的第二相粒子主要是指那些和基体之间处于共格或半共格状态的粒子。它们的存在会使基体晶格发生畸变，由此就引入了缺陷矢量 **R**，使产生畸变的晶体部分和不产生畸变的部分之间出现衬度的差别，因此，这类衬度被称为应变场衬度。应变场衬度产生的原因如图 9.48 所示。图中示出了一个最简单的球形共格粒子，粒子周围基体中晶格的结点原子产生位移，结果使原来的理想晶柱弯曲成弓形，利用运动学基本方程分别计算畸变晶柱底部的衍射波振幅(或强度)和理想晶柱(远离球形粒子的基体)的衍射波振幅，两者必然存在差别。但是，凡通过粒子中心的晶面都没有发生畸变(如图 9.48 中通过圆心的水平和垂直两个晶面)，如果用这些不畸变晶面作衍射面，则这些晶面上不存在任何缺陷矢量(即 $R=0$，$\alpha=0$)，从而使带有穿过粒子中心晶面的基体部分也不出现缺陷衬度。因晶面畸变的位移量是随着离开粒子中心的距离变大而增加的，因此形成基体应变场衬度。球形共格沉淀相的明场像中，粒子分裂成两瓣，中间是无衬度的线状亮区。操作矢量 **R** 正好和这条无衬度线垂直，这是因为衍射晶面正好通过粒子的中心，晶面的法线为 g 方向，电子束是沿着和中心无畸变晶面接近平行的方向入射的。根据这个道理，若选用不同的操作矢量，无衬度线的方位将随操作矢量而变。

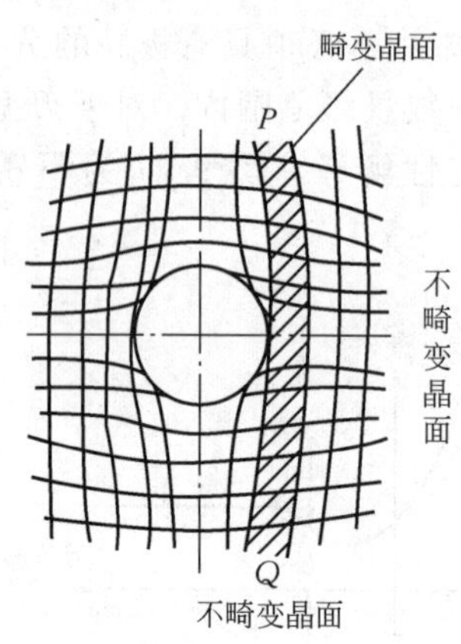

图 9.48　球形粒子造成应变场衬度的原因示意图

应该指出的是共格第二相粒子的衍衬图像并不是该粒子真正的形状和大小，这是一种因基体畸变而造成的间接衬度。在进行薄膜衍衬分析时，样品中的第二相粒子不一定都会引起基体晶格的畸变，因此在荧光屏上看到的第二相粒子和基体间的衬度差别主要是下列原因造成的。

(1) 第二相粒子和基体之间的晶体结构以及位向存在差别，由此造成的衬度。利用第二相提供的衍射斑点作暗场像，可以使第二相粒子变亮。这是电镜分析过程中最常用的验证与鉴别第二相结构和组织形态的方法。

(2) 第二相的散射因子和基体不同造成的衬度。如果第二相的散射因子比基体大，则电子束穿过第二相时被散射的概率增大，从而在明场像中第二相变暗。实际上，造成这种衬度的原因和形成质厚衬度的原因相类似。另一方面由于散射因子不同，二者的结构因数也不相同，由此造成了所谓结构因数衬度。

如图 9.49 所示为时效初期在立方 c-ZrO_2 基体上析出正方 t-ZrO_2 的明场像与衍射斑点及(112)斑点的暗场像。此时析出物细小弥散与基体共格。

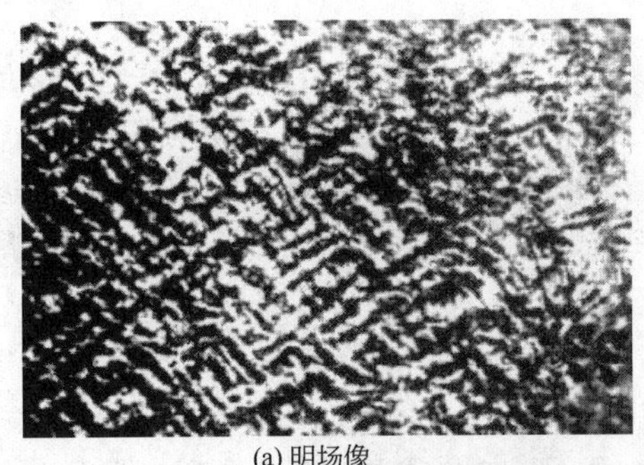

(a) 明场像

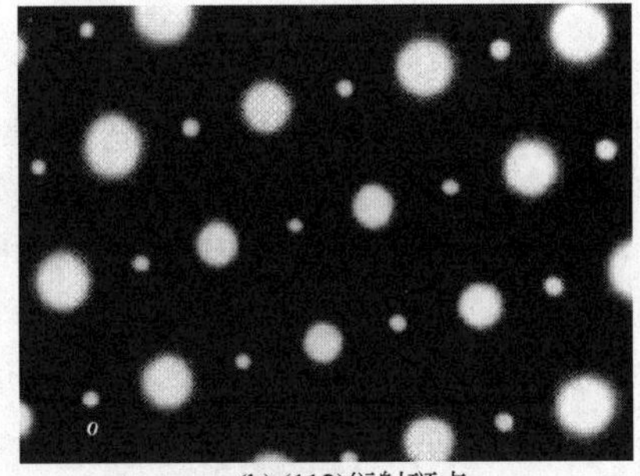

(b) (112)衍射斑点

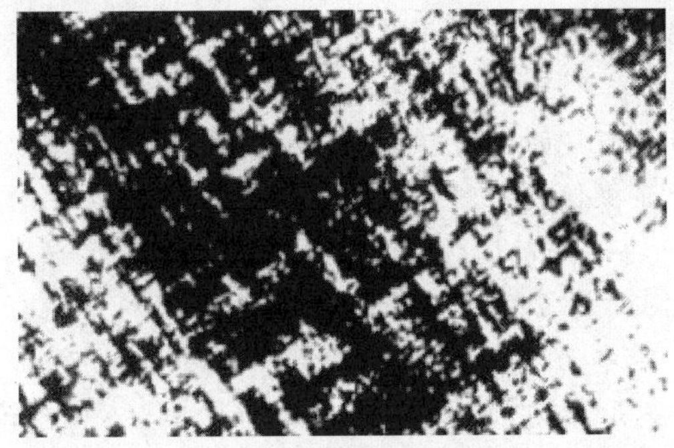

(c) 斑点暗场像

图 9.49 t－ZrO_2 析出相

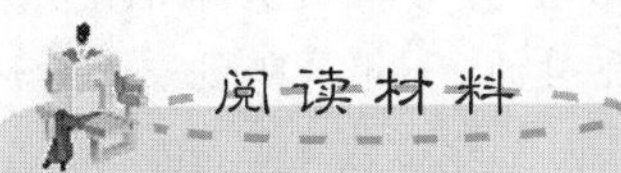

电子显微镜的诞生与诺贝尔奖

瑞典诺贝尔奖委员会把 1986 年物理奖的一半颁发给 Ruska 时的赞词是："为了他在电子光学基础研究方面的贡献和设计出第一台电子显微镜"。上半句是指 Ruska 在 Knoll 指导下，从 1928 年起在柏林高压电机系高工实验室做的副博士论文工作中，从事阴极射线的聚焦研究。Ruska 先用一个磁透镜聚焦得出金属网的 13 倍放大像，后来用双透镜得出 1714 倍的放大像，在实验室中实现了电子显微成像。下半句是指他在 1930—1933 年间在西门子公司与 Von Borries 一起研制电子显微镜，引入极靴及投影镜，最后得出放大 12000 倍的像，分辨率超过光学显微镜，宣告第一台电子显微镜的诞生。注意，赞词中回避了"发明"电子显微镜这个字眼，这不是一时马虎，而是深思熟虑的结果。因为西门子公司的 M. Rüdenberg 已在 1931 年 5 月 28 日向德、法、美等国的专利局提出用磁透镜或静电透镜制造电子显微镜的专利申请(这是第一次出现电子显微镜这个名词)，并分别于 1932 年 12 月和 1936 年 10 月获得法、美专利局的批准(德国专利局在当年 5 月 30 日收到申请)。德国通用电气公司 AEG 于 1930 年在 Brüche 领导下开始研究静电透镜成像，并在 1931 年 11 月获得涂上氧化物的灯丝的发射电子像。在 AEG 公司的反对下，Rüdenberg 的两个电子显微镜专利申请直到战后才在 1953 年和 1954 年获得西德专利局批准。从专利优先角度来看，Rüdenberg 应是电子显微镜的发明人。Rüdenberg 是一位著名的电子物理学家，除了在西门子公司任科技部总工程师，还兼任柏林高工电机系教授。无论在学识、经验和远见方面都很强。但是 Rüdenberg 从来没做过磁透镜成像工作，他的专利申请全凭理论推测得出。据Rüdenberg及他的一个儿子事后说，1930年他的另一个儿子得了小儿麻痹症，这是由一种过滤性病毒引起的，受到分辨率的限制，光学显微镜对此无能为力。Rüdenberg为此曾想到用X射线或电子束制造分辨率更高的显微镜。但是，他从来没有发表过这方面的论文，在电子显微镜界也不知名。

对于Rüdenberg的电子显微镜专利申请，Ruska及Knoll是有看法的。因为在1931年5月，Rüdenberg的助手M. Steenbeck曾去Knoll的实验室参观，了解到Ruska的实验结果，并且看到了Knoll将在6月4日做的有关Ruska工作的学术报告手稿，题目是“阴极射线示波器的设计及新结构的原理”，在他们的第一篇论文中也没提到电子显微镜。就在6月4日Knoll的学术报告的前几天，Rüdenberg代表西门子公司在5月28日向德、法、美等国的专利局提出了电子显微镜的专利申请。因此Knoll和Ruska产生一些怀疑也是可以理解的。不过，关于电子显微镜发明权的争执没有继续下去。首先，Rüdenberg在希特勒开始迫害犹太人后于1936年移居英国，两年后去美，接着二次世界大战就爆发了。其次，Ruska与Von Borries在1937年2月开始加入西门子公司从事电子显微镜开发工作，在1939年制造出第一台分辨率为7nm、放大倍数为3万倍的商品电子显微镜。二人与Rüdenberg先后属于一个公司(专利权主要属于西门子公司)不便争论发明权问题。再就是第二次世界大战随后爆发，战事的紧迫性掩盖了这种争议。此外，除了Knoll、Ruska与Rüdenberg争夺发明电子显微镜的优先权外，西门子与AEG两大公司也在争论不休，为了平息这些争论，当时德国的最高学术团体普鲁士科学院在1941年7月3日将莱布尼茨银质奖颁发给了AEG公司的Brüche、Mahl及Boersch和西门子公司的Knoll、Ruska、Von Borries及Von Ardenne，结果是皆大欢喜。

第二次世界大战后，Steenbeck在苏联工作直到1956年7月才回到东德。那时，Knoll也从美国回到西德，他仍念念不忘Steenbeck曾在Rüdenberg申请专利前去他的实验室参观一事，因此在1960年10月17日写了一封信给Steenbeck，希望了解当时的具体情况。Steenbeck在11月8日的复信中承认了他在参观后实验室向Rüdenberg做了汇报，并说“Rüdenberg的申请肯定是我访问你的结果，也肯定是从我的见闻中得到的启迪”。

Steenbeck的信一公布后，公众舆论一下都倾向Ruska一边，Ruska也在研制出电子显微镜50年后得到诺贝尔奖。但是，Ruska一直不以电子显微镜发明人自居，而只是说自己是“Urheber”(引路人)。在他获得诺贝尔奖后做的诺贝尔演讲的标题是“电子显微镜的发展与电子显微学”，报告中未用“发明”一词，也没提到Rüdenberg。尽管如此，虽然老Rüdenberg过世，他的两个儿子在美国还是不断宣传他们父亲在电子物理方面的造诣及远见。一再说，在他父亲提出电子显微镜这个概念之前，Knoll及Ruska一直是在讲阴极射线示波器。德国AEG公司的Brüche等也不服气，认为电子显微镜的诞生不是Ruska一个人的功劳。

看来，Knoll及Ruska只顾埋头实验，就事论事，但发现了新现象后没有把它上升到理性认识。因此，起初他们的认识仍然局限于阴极射线管的聚焦现象，看不到它的普遍和深远意义。1925年de Broglie指出电子的粒子和波动双重性理论，1927年Thompson在英国及Davisson和Germer在美国同时发现电子衍射现象，在这之后，利用电子成像本是顺理成章的事。但是，Knoll 及 Ruska 在从事阴极射线聚焦工作时并不懂得这个道理。当 Houtermans 向 Ruska 提出电子的波动性后，Ruska 说“先是大为失望，以为分辨率将又一次受到波动性的限制。但是，很快我又兴奋起来，因为根据德布罗意方程，我计算出电子的波长比光波要小 5 个数量级”。

Rüdenberg 是理论家，在电子显微镜界似乎无人知晓，但是他在受到实验家的启发后，立刻想到利用电磁透镜制造电子显微镜，开辟了一个新领域。只是他拣了一个便宜，又不肯承认从实践中得到启发。尽管 Rüdenberg 参加了 Knoll 在 1931 年的报告会，坐在第一排，但讨论中一言不发，也不透露他已于一周前递交了电子显微镜的专利申请。可见其城府很深，居心不良。但是 Rüdenberg 毕竟棋高一着，首先认识到可以用电磁透镜成像制造电子显微镜，而电子显微镜这个名称也首先出现在他的专利申请中。从这个事件也可以看出在科学研究中，实践与理论相结合的重要性。

电子显微镜的发明开辟了直接观察原子的途径，早在几十年前就应获得诺贝尔奖，由于有上述瓜葛，直到五十年后，所有其他有争议的人都已过世，才颁发给理应得此殊荣而又硕果仅存在的 Ruska。Ruska 得奖后两年也就逝世了，幸亏他长寿，不然也就与诺贝尔奖失之交臂了。Ruska 毕生从事电子显微镜的研制和生产工作，他不但在实验室中研制成功第一台分辨率超过光学显微镜的电子显微镜，并且亲自参加商品电子显微镜的设计及制造工作。二次世界大战后，Ruska 又回到西门子公司，在 1954 年生产出带有电子衍射功能的电子显微镜 Elmiskop，采用双聚光镜以减小电子束照射面积和试样升温，使用冷阱以减少试样污染等，深受用户欢迎，英国剑桥大学几年内就购置 8 台这种电子显微镜。Hirsch 等就是使用这种型号的电子显微镜在 1955—1956 年间观察到金属薄膜中的位错运动，证明位错理论的正确。在这之后，电子显微镜在材料科学中的应用雨后春笋般地在全世界普遍开展起来，后来，Ruska 到马普学会 Fritz-Haber 研究所任所长(二次世界大战后，劳厄任第一任所长)，主管电子光学和电子显微学方面的研究工作，直到退休。像 Ruska 自己承认的那样，他是一个工程师，理论造诣不高，但是他以一种少有的执著精神，在战争破坏、经费无着、人手短缺等情况下，在电子显微镜技术方面不断创新，终于获得很伟大的成就。Ruska 获得诺贝尔物理奖是当之无愧的！

资料来源：郭可信. 金相学史话(6)：电子显微镜在材料科学中的应用. 材料科学与工程，2002，20(01)：5-10.

小　结

本章主要介绍了透射电子显微镜的结构、工作原理以及透射电子显微镜样品的制备技术，讨论了透射电子显微镜中的电子衍射以及电子衍射花样的标定，详细阐述了质厚衬度成像和衍射衬度成像的原理。

关 键 术 语

透射电子显微镜　复型样品　电子衍射花样　质厚衬度成像　衍射衬度成像

1. 透射电子显微镜主要由几大系统构成？各系统的作用是什么？

2. 如何测定透射电子显微镜的放大倍数？电子显微镜的哪些主要参数控制着放大倍数？

3. 复型样品(一级及二级复型)是采用什么材料和什么工艺制备出来的？

4. 萃取复型可用来分析哪些组织结构？得到什么信息？

5. 分析电子衍射与X射线衍射有何异同？

6. 简述单晶电子衍射花样的标定步骤。

7. 什么是衍射衬度，它与质厚衬度有什么区别？

8. 画图说明衍衬成像原理，并说明什么是明场像、暗场像和中心暗场像。

第10章 扫描电子显微镜

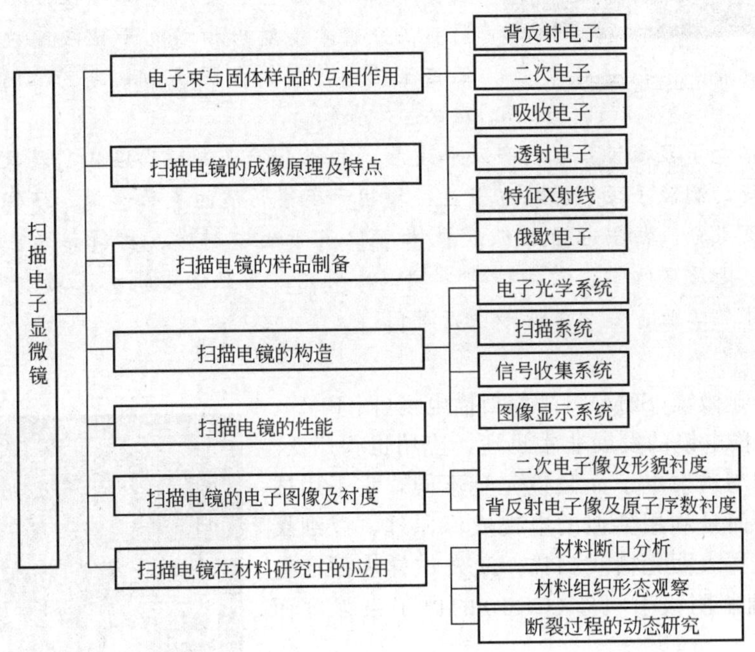

教学目标与要求

- 掌握电子束与固体样品相互作用产生的物理信号
- 了解扫描电镜的成像原理及特点
- 熟悉扫描电镜的样品制备方法及过程
- 了解扫描电镜的构造及性能
- 掌握扫描电镜的电子图像及衬度原理
- 了解扫描电镜在材料中的应用

导入案例

图 10.1 所示为采用 Sn－Ag－Cu 钎料钎焊铜时，在 Cu/Sn－Ag－Cu 的界面处形核析出的金属间化合物 Cu_6Sn_5 的扫描电子显微镜的二次电子像，从图中可以清楚地观察到 Cu_6Sn_5 为多边形，中心处有空洞存在。了解金属间化合物的形态和数量及形成机理，有助于提高钎焊接头的性能，因此获得钎焊接头中金属间化合物的信息就显得异常重要，扫描电子显微镜的发明和使用为此提供了条件，扫描电子显微镜是继透射电子显微镜发展起来的一种电镜。1932 年，Knoll 提出了扫描电子显微镜可成像放大的概念，并在 1935 年研制成了极其原始的模型。1942 年，英国首先制成实验室用的扫描电子显微镜，主要应用于大样品的形貌分析，但由于成像的分辨率很差，照相时间太长，所以实用价值不大。随着电子工业技术水平的不断发展，到 1965 年开始生产商品扫描电子显微镜，近数十年来，扫描电子显微镜各项性能不断提高，目前超高分辨率场发射扫描电子显微镜放大倍数可从低倍至几十万倍，分辨率由初期的 50nm 发展到现在约 0.5nm。

图 10.1　Cu_6Sn_5 形态

随着扫描电子显微镜技术的普及和发展，扫描电子显微镜已经从高层次的研究发展成为应用广泛的测试手段。扫描电子显微镜用于观察物质的表面形貌，研究物质微观三维结构和微区成分。扫描电子显微镜技术不仅用于生命科学、材料科学、化学、物理学、电子学、地质矿物学、食品科学等领域的研究，而且还广泛地应用于半导体工业、陶瓷工业、化学工业、石油工业等生产部门。

扫描电子显微镜(SEM)，简称扫描电镜(图 10.2)。近几年来，扫描电镜的发展非常迅速，应用也很广泛。它的成像原理与透射电子显微镜完全不同，它不用透镜放大成像，而是利用类似的电视成像原理，以细聚焦电子束在试样表面光栅式扫描，激发试样表面产生各种信息来调制阴极射线管(CRT)的电子束强度而成像。

图 10.2　扫描电镜

最初，扫描电镜主要用来观测固体表面形貌，在这点上很像光学显微镜。但是它的放大倍数比光学显微镜高，并且它的景深很大。特别适用于观测断裂表面。现代的扫描电镜，不仅能利用电子束与试样表面的相互作用产生的信息来观察形貌，而且还能获得晶体方位、化学成分、磁结构、电位分布及晶体振动方面的信息来研究试样的各种特性。

10.1 电子束与固体样品的相互作用

具有高能量的入射电子束与固体样品表面的原子核及核外电子发生作用，会产生各种物理信号，如图 10.3 所示，有俄歇电子、二次电子、背反射电子、特征 X 射线、阴极荧光和透射电子。

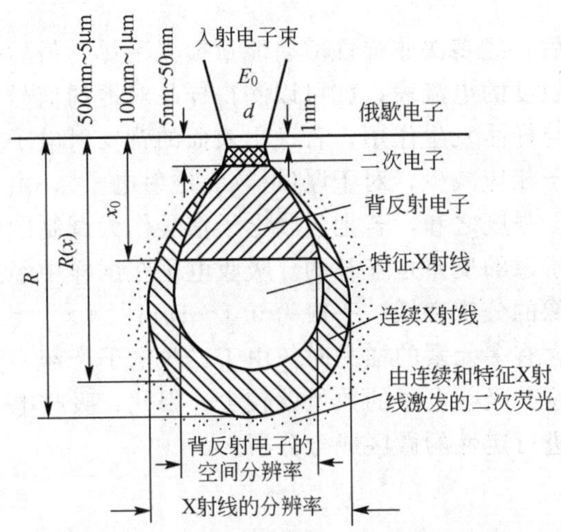

图 10.3 电子束在试样中散射示意图

10.1.1 背反射电子

背反射电子是指被固体样品原子反弹回来的一部分入射电子。其中包括弹性背反射电子和非弹性背反射电子。弹性背反射电子是指被样品中原子核反弹回来的，散射角大于 90°的那些入射电子，其能量基本上没有变化。弹性背反射电子的能量为数千到数万伏特。非弹性背反射电子是入射电子和核外电子撞击后产生非弹性散射，不仅能量变化，方向也发生变化。如果有些电子经多次散射后仍能反弹出样品表面，这就形成非弹性背反射电子。非弹性背反射电子的能量分布范围很宽，从数十伏特到数千伏特。从数量上看，弹性背反射电子远比非弹性背反射电子所占的份额多。背反射电子的产生范围在 100nm～10μm 深，由于入射电子进入试样较深，入射电子束已被散射开，由于它的产额能随样品原子序数增大而增多，所以不仅能用作形貌分析，而且可以用来显示原子序数衬度，定性地用作成分分析。

10.1.2 二次电子

二次电子是指被入射电子轰击出来的核外电子。由于原子核和外层电子间的结合能很小，因此外层的电子比较容易和原子脱离。当原子的核外电子从入射电子获得了大于相应的结合能的能量后，可离开原子而变成自由电子。如果这种散射过程发生在比较接近样品表层，那些能量尚大于材料逸出功的自由电子可从样品表面逸出，变成真空中的自由电子，即二次电子。一个能量很高的入射电子射入样品时，可以产生许多自由电子，而在样品表面上方检测到的二次电子绝大部分来自价电子。

二次电子来自表面5～50nm的区域，能量为0～50eV。它对试样表面状态非常敏感，能有效地显示试样表面的微观形貌。由于它发自试样表面层，入射电子还没有被多次散射，因此产生二次电子的面积与入射电子的照射面积没多大区别，如图10.3所示。所以二次电子的分辨率较高，一般可达到5～10nm。扫描电镜的分辨率通常就是二次电子分辨率，二次电子产额随原子序数的变化不明显，它主要决定于表面形貌。

10.1.3 吸收电子

入射电子进入样品后，经多次非弹性散射能量损失殆尽，最后被样品吸收。若在样品和地之间接入一个高灵敏度的电流表，就可以测得样品对地的信号，这个信号是由吸收电子提供的。入射电子束与样品发生作用，若逸出表面的背反射电子或二次电子数量任一项增加，将会引起吸收电子相应减少，对于厚试样(无透射电子)，由于入射电子的强度等于反射电子强度与吸收电子强度之和，若把吸收电子信号作为调制图像的信号，则其衬度与二次电子像和背反射电子像的反差是互补的。吸收电子在试样中经过多次碰撞后，其扩散体积大，因此吸收电子像的分辨率低，一般为0.1～1μm。

入射电子束射入一含有多元素的样品时，由于二次电子产额不受原子序数影响，则产生背反射电子较多的部位其吸收电子的数量就较少。因此，吸收电子像可以反映原子序数衬度，同样也可以用来进行定性的微区成分分析。

10.1.4 透射电子

如果样品厚度小于入射电子的有效穿透深度，那么就会有相当数量的入射电子能够穿过薄样品而成为透射电子。一般金属薄膜样品的厚度在200～500nm，在入射电子穿透样品的过程中将与原子核或按外电子发生有限次数的弹性或非弹性放射。因此，样品下方检测到的透射电子信号中，除了能量等于E_0的弹性散射电子外，还有各种不同能量损失的非弹性散射电子。其中有些特征能量损失ΔE的非弹性散射电子和分析区域的成分有关。因此，可以用特征能量损失电子配合电子能量分析器来进行微区成分分析。

当试样很薄时，有一定数量的入射电子会透过试样而进入电子收集器中成像，这种像叫做透射电子像。由于电子进入试样后，会产生散射和吸收，还有一部分电子会透过试样，由此形成扫描像的衬度。在探测器前端加一光阑，利用透射电子成像，可得到透射电子扫描明场像。利用散射电子成像，可得到透射电子扫描暗场像。透射电子扫描中，不用电磁透镜成像，成像衬度只由透射电子的数目所决定，与电子的能量无关，没有色差效应。因此，它与透射电子显微镜相比能观察较厚的试样。透射电子像的分辨率比二次电子像的更高。这是由于试样较薄，入射电子束的扩展范围小，通常其分辨率可达3～5nm。

综上所述，如果使样品接地保持电中性，那么入射电子激发固体样品产生的4种电子信号强度与入射电子强度之间必然满足以下关系

$$i_b+i_s+i_a+i_t=i_0 \tag{10-1}$$

式中 i_b——背反射电子信号强度；

i_s——二次电子信号强度；

i_a——吸收电子(或样品电流)信号强度；

i_t——透射电子信号强度。

令 $\eta=\frac{i_b}{i_0}$，$\delta=\frac{i_s}{i_0}$，$\alpha=\frac{i_a}{i_0}$，$\tau=\frac{i_t}{i_0}$，则

$$\eta+\delta+\alpha+\tau=1 \tag{10-2}$$

式中 η——背反射系数；

δ——二次电子发射系数；

α——吸收系数；

τ——透射系数。

当入射电子强度一定时，式(10－2)中 4 项系数随样品质量厚度变化很大。图 10.4 给出了各系数与样品质量厚度间的关系，可以看出，样品质量厚度增加，透射系数下降，吸收系数增大。当样品厚度超过一定深度后，透射系数等于零。这就是说，对于大块试样，样品同一部位的吸收系数，背反射系数和二次电子发射系数三者之间存在互补关系。

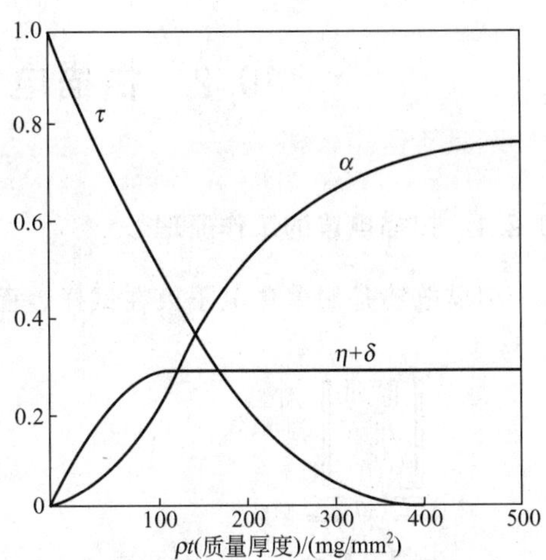

图 10.4 铜样品 η、δ、λ 及 τ 与序数 ρt 之间的关系（入射电子能量 $E_0=10$keV）

10.1.5 特征 X 射线

特征 X 射线是原子的内层电子受到激发以后，在能级跃迁过程中直接释放的具有特征能量和波长的一种电磁波辐射。

入射电子与核外电子作用，产生非弹性散射，外层电子脱离原子变成二次电子，使原子处于能量较高的激发状态，它是一种不稳定态。较外层的电子会迅速填补内层电子空位，使原子降低能量，趋于较稳定的状态。产生的特征 X 射线的波长和原子序数之间服从莫塞莱定律：

$$\lambda=\frac{K}{(Z-\sigma)^2} \tag{10-3}$$

式中 Z——原子序数；

K、σ——常数。

从公式可以看出，特征波长和原子序数有关，利用这一关系可以进行成分分析。X 射线一般在试样的 500nm～5μm 深处发出。

10.1.6 俄歇电子

如果原子内层电子能级跃迁过程中释放出来的能量 ΔE 不以 X 射线的形式释放，而是用该能量将核外另一电子打出，脱离原子变为二次电子，如图 10.3 所示，这种二次电子叫做俄歇电子。因每一种原子都有自己特定的壳层能量，所以它们的俄歇电子能量也各有特征值，能量在 50～500eV。俄歇电子是由试样表面极有限的几个原子层中发出的，这说明俄歇电子信号适用于表层化学成分分析。

显然，一个原子中至少要有三个以上的电子才能产生俄歇效应，铍是产生俄歇效应的最轻元素。

10.2 扫描电镜的成像原理及特点

10.2.1 扫描电镜的工作原理

扫描电镜是用聚焦电子束在试样表面逐点扫描成像。试样为块状或粉末颗粒，成像信号可以是二次电子、背反射电子或吸收电子。其中二次电子是最主要的成像信号。由电子枪发射的能量为5～35keV的电子，以其交叉斑作为电子源，经二级聚光镜及物镜的缩小形成具有一定能量、一定束流强度和束斑直径的微细电子束，在扫描线圈驱动下，于试样表面按一定时间、空间顺序作栅网式扫描。聚焦电子束与试样相互作用，产生二次电子发射(以及其他物理信号)，二次电子发射量随试样表面形貌而变化。二次电子信号被探测器收集转换成电信号，经视频放大后输入到显像管栅极，调制与入射电子束同步扫描的显像管亮度，得到反映试样表面形貌的二次电子像。扫描电镜的工作原理如图10.5所示。

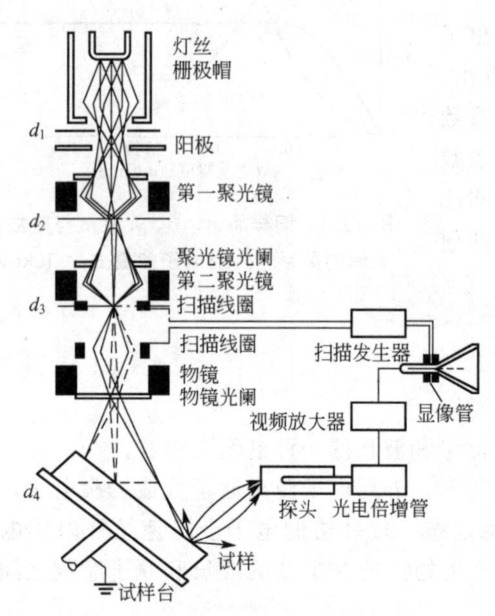

图10.5 扫描电镜的工作原理

10.2.2 扫描电镜的特点

(1) 可以观察直径为10～30mm的大块试样(在半导体工业可以观察更大直径)，制样方法简单。

(2) 场深大、300倍于光学显微镜，适用于粗糙表面和断口的分析观察；图像富有立体感、真实感，易于识别和解释。

(3) 放大倍数变化范围大，一般为15～200000倍，最大可达10～1000000倍，对于多相、多组成的非均匀材料便于低倍下的普查和高倍下的观察分析。

(4) 具有相当的分辨率，一般为2～6nm，最高可达0.5nm。

(5) 可以通过电子学方法有效地控制和改善图像的质量，如通过调制可改善图像反差的宽容度，使图像各部分亮暗适中。采用双放大倍数装置或图像选择器，可在荧光屏上同时观察不同放大倍数的图像或不同形式的图像。

(6) 可进行多种功能的分析。与X射线谱仪配接，可在观察形貌的同时进行微区成分分析；配有光学显微镜和单色仪等附件时，可观察阴极荧光图像和进行阴极荧光光谱分析等。

(7) 可使用加热、冷却和拉伸等样品台进行动态试验，观察在不同环境条件下的相变及形态变化等。

10.2.3 扫描电镜样品制备

1. 对试样的要求

试样可以是块状或粉末颗粒，在真空中能保持稳定，含有水分的试样应先烘干除去水分。表面受到污染的试样，要在不破坏试样表面结构的前提下进行适当清洗，然后烘干。新断开的断口或断面，一般不需要进行处理，以免破坏断口或表面的结构状态。有些试样的表面、断口需要进行适当的侵蚀，才能暴露某些结构细节，则在侵蚀后应将表面或断口清洗干净，然后烘干。对磁性试样要预先去磁，以免观察时电子束受到磁场的影响。试样大小要适合仪器专用样品座的尺寸，不能过大，样品座尺寸各仪器均不相同，一般小的样品座为3～5mm，大的样品座为30～50mm，以分别用来放置不同大小的试样，样品的高度也有一定的限制，一般在5～10mm。

2. 块状试样扫描电镜的试样制备

对于块状导电材料，除了大小要适合仪器样品座尺寸外，基本上不需要进行什么制备，用导电胶把试样粘结在样品座上，即可放在扫描电镜中观察。对于块状的非导电或导电性较差的材料，要先进行镀膜处理，在材料表面形成一层导电膜，以避免电荷积累，影响图像质量，并可防止试样的热损伤。

3. 粉末试样的制备

先将导电胶或双面胶纸粘结在样品座上，再均匀地把粉末样品撒在上面，用洗耳球吹去未粘住的粉末，再镀上一层导电膜，即可上电镜观察。

4. 镀膜的方法

镀膜的方法有两种，一是真空镀膜，另一种是离子溅射镀膜。离子溅射镀膜的原理是：在低气压系统中，气体分子在相隔一定距离的阳极和阴极之间的强电场作用下电离成正离子和电子，正离子飞向阴极，电子飞向阳极，二电极间形成辉光放电，在辉光放电过程中，具有一定动量的正离子撞击阴极，使阴极表面的原子被逐出，称为溅射，如果阴极表面为用来镀膜的材料(靶材)，需要镀膜的样品放在作为阳极的样品台上，则被正离子轰击而溅射出来的靶材原子沉积在试样上，形成一定厚度的镀膜层。离子溅射时常用的气体为惰性气体氩，要求不高时，也可以用空气，气压约为5×10^{-2} Torr(1Torr＝133.32Pa)。离子溅射镀膜与真空镀膜相比，其主要优点是：①装置结构简单，使用方便，溅射一次只需几分钟，而真空镀膜则要半个小时以上；②消耗贵金属少，每次仅约几毫克；③对同一种镀膜材料，离子溅射镀膜质量好，能形成颗粒更细、更致密、更均匀、附着力更强的膜。

10.3 扫描电镜构造及性能

扫描电镜由电子光学系统(镜筒)、扫描系统、信号收集系统、图像显示系统、电子学系统及真空系统所组成，如图10.6所示。

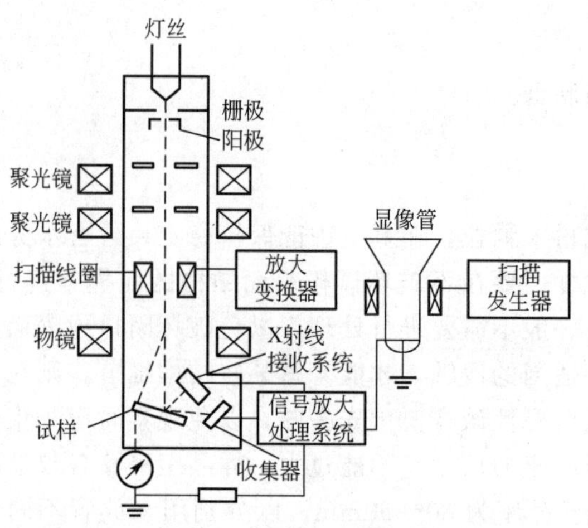

图 10.6 扫描电镜的工作原理及构造

10.3.1 电子光学系统

电子光学系统由电子枪、聚光镜、光阑、试样室组成。它的作用是获得极细的、亮度高的电子束。电子束是产生信息的激发源，与透射电子显微镜一样，电子束的亮度主要取决于电子枪发射电子的强度。电子枪的阴极一般为发夹式钨丝。阴极发射的电子经栅极会聚后，在阳极加速电压的作用下通过聚光镜。扫描电镜通常由 2～3 个聚光镜组成，它们都起缩小电子束斑的作用。钨丝发射电子束的斑点直径一般约为 0.1mm，经栅极会聚成的斑点直径可达 0.05mm。经过几个聚光镜缩小后，在试样上的斑点直径可达 6～7nm。

10.3.2 扫描系统

扫描系统的作用是使电子束能发生折射，提供入射电子束在试样上以及阴极射线管电子束在荧光屏上的同步扫描信号；改变入射电子束在试样表面上的扫描场的大小，以获得所需放大倍数的扫描像。它由扫描信号发生器、放大控制器及相应的线路和扫描线圈所组成。扫描线圈分上偏转线圈和下偏转线圈。上偏转线圈装在末级聚光镜的物平面位置上，当上、下偏转线圈同时起作用时，电子束在试样表面上作光栅式扫描，如图 10.7(a)所示，当下偏转线圈不起作用，而末级聚光镜起着第二次偏转作用时，电子束在试样表面上作角光栅式扫描，如图 10.7(b)所示。

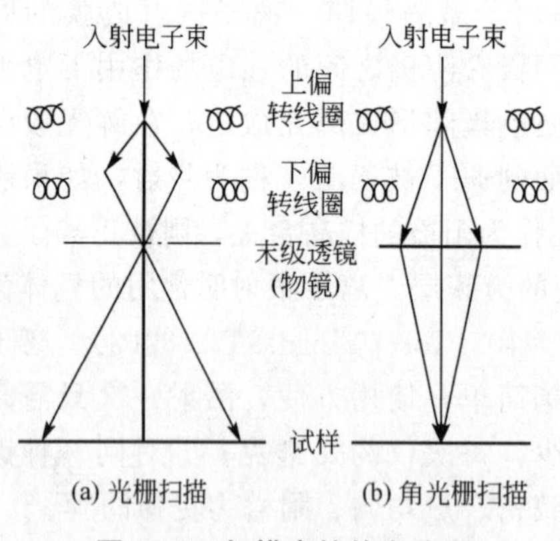

图 10.7 扫描电镜的光路图

10.3.3 信号收集和图像显示系统

信号收集系统的作用是，收集入射电子与试样作用所产生的各种信号，然后经视频放大器放大输送到显示系统作为调制信号。根据不同的信号，扫描电镜使用不同的信号收集系统，一般有电子收集器、阴极荧光收集器和 X 射线收集器多种。

通常采用闪烁计数器来收集二次电子、背反射电子、透射电子等信号。当收集二次电子时，在栅极上加250～500V的正偏压(相对于试样)，以吸收二次电子，增加有效的收集立体角。当收集背反射电子时，在栅极上加50V的负偏压，以阻止二次电子到达收集器，并使进入收集器的背反射电子聚焦在闪烁体上。当收集透射电子时，将收集器放在薄膜试样的下方。

阴极荧光收集器由光导管、光电倍增管组成，阴极荧光信号经光导管直接进入光电倍增管放大，再经视频放大器适当放大后，作为调制信号。

图像显示系统的作用是把信号收集系统输出的调制信号，转换到阴极射线管的荧光屏上，然后显示出试样表面特征的扫描图像，以便观察和照相。

至于电子光学系统和真空系统，其要求和指标均与透镜的相同，故不再赘述。

10.3.4 扫描电镜的性能

1. 放大倍数

扫描电镜的图像是由电子束在荧光屏上显示像的边长 L 与试样上扫描场的边长 l 之比所决定的，即放大倍数为

$$M=L/l \tag{10-4}$$

一般照相用的显像管荧光屏尺寸为100mm×100mm，即 $L=100\text{mm}$，是固定不变的。调节试样上的扫描场的大小，可以控制荧光屏上扫描图像的放大倍数。大多数扫描电镜的放大倍数可以在10～200000倍的范围内连续调节。当 $l=10\text{mm}$ 时，$M=10$ 倍；当 $l=1\mu\text{m}$ 时，$M=10^5$ 倍。

2. 分辨率

与透射电子显微镜一样，分辨率是衡量扫描电镜性能的主要指标。通常在某一确定的放大倍数下拍摄图像，测量其能够分辨的两点之间的最小距离，然后除以此时确定的放大倍数，即为分辨率。分辨率直接与轰击试样的电子束的直径有关，若电子束的直径为10nm，那么成像的分辨率最高也达不到10nm。分辨率既受仪器性能的限制，取决于末级透镜的像差(随光阑减小而增加)；又受试样的性质及环境的影响。入射电子束在试样中的扩展体积的大小、仪器的机械稳定性、杂乱磁场、加速电压及透镜电流的漂移等都会影响分辨率。一般现代高性能的扫描电镜的分辨率可达5nm。

3. 景深

当试样表面在入射电子束的方向上发生位置变化时，其像不会显著变模糊，则称此时的位置变化的距离为扫描电镜的景深(有时也叫焦深)，如图10.8所示，它与透射电子显微镜的景深有着不同的定义。设电子束发散度为 a，像斑的直径(分辨率)为 d，位置变化距离(即景深)为 F。当 a 很小时，取近似值，则有

$$F=d/a \tag{10-5}$$

由于扫描电镜的电子束发散度 a 很小，所以景深 F 比较

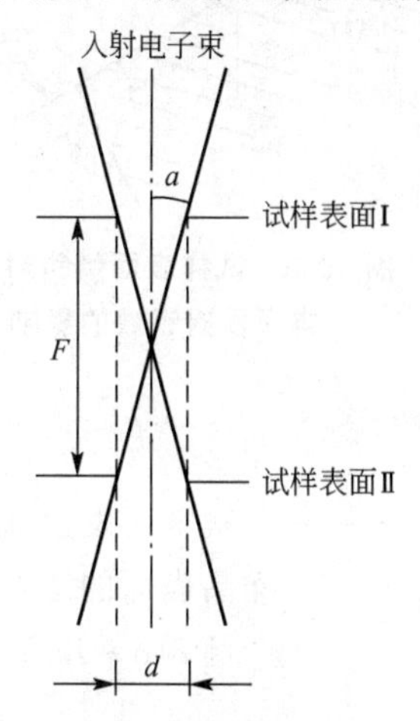

图10.8 扫描电镜的景深

大，例如，在放大倍数为5000时F可达$20\mu m$。扫描电镜与同一放大倍数的光学显微镜相比，其景深一般要大10～100倍。

10.4 扫描电镜的电子图像及衬度

入射电子在试样中发生散射，会产生各种信息，如果收集这些信息，便可以了解试样表面的形貌特征、化学成分等多种性能。

扫描电镜图像衬度的形成：主要是利用试样表面微区特征(如形貌、原子序数或化学成分、晶体结构或位向等)的差异，在电子束作用下产生不同强度的物理信号，使阴极射线管荧光屏上不同的区域呈现出不同的亮度，而获得具有一定衬度的图像。

10.4.1 二次电子像及形貌衬度

在单电子激发过程中，被入射电子激发出来的核外电子称为二次电子。由于价电子的结合能量很低(对金属来说，大致在10eV左右)，而内层电子的结合能量很高。因此价电子的激发概率很大。即可以说，二次电子主要是由价电子激发出来的。在工程中，为了收集电子方便，一般将能量小于50eV的自由电子叫做二次电子。二次电子的能量很低，在固体试样中，其平均自由程只有1～10nm，只能从试样表层5～10nm深度范围内激发出来。

利用二次电子所成的像，称为二次电子像。二次电子像的分辨率一般为3～6nm，它表征着扫描电镜的分辨率。

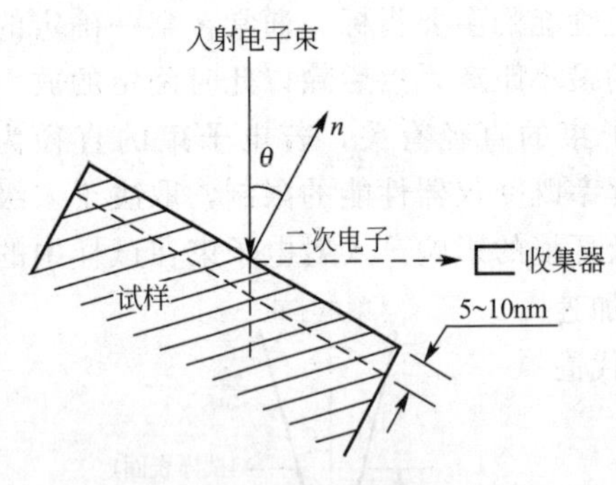

图 10.9 试样表面倾斜对二次电子发射系数的影响

表面形貌衬度是由试样表面的不平整性所引起的，是利用对样品表面形貌变化敏感的物理信号作为调制信号得到的一种像衬度。因为二次电子的信息主要来自于试样表面层5～10nm的深度范围，它的强度与原子序数没有明确的关系，但对微区刻面相对于入射电子束的位向却十分敏感。二次电子像分辨率比较高，所以适用于显示形貌衬度。表面形貌特征受二次电子的发射系数(也称发射率)的影响很大，实验证明，二次电子的发射系数σ与入射电子束和试样表面法线n之间的夹角θ(图10.9)，有如下关系：

$$\sigma=\frac{\sigma_0}{\cos\theta} \tag{10-6}$$

式中 σ_0——二次电子发射总量，即若入射电子束强度I_P一定时，二次电子信号强度I_S随样品表面的法线与入射束的夹角(倾斜角)θ增大而增大。或者说二次电子的产额$\delta(\delta=I_S/I_P)$与样品倾斜角的余弦成反比，即

$$\delta=\frac{I_s}{I_p}\propto\frac{1}{\cos\theta} \tag{10-7}$$

如果样品是由图 10.10 (a)所示的三个小刻面 A、B、C 所组成，由于 $\theta_C > \theta_A > \theta_B$，所以 $\delta_C > \delta_A > \delta_B$，如图 10.10(b)所示，结果在荧光屏上 C 小刻面的像比 A 和 B 都亮，如图 10.10 (c)所示。因此在断口表面的尖棱、小粒子、坑穴边缘等部位会产生较多的二次电子，其图像较亮；而在沟槽、深坑及平面处产生的二次电子少，图像较暗，由此形成明暗清晰的断口表面形貌衬度。

二次电子探测器的位置固定，样品表面不同部位相对于探测器的方位角不同，从而被检测到的二次电子信号强弱不同。为此，在电子检测器上加正偏压 250～500V，这样低能二次电子可以走弯曲路径到达检测器，如图 10.11 所示。这不仅增大了有效收集立体角，提高了二次电子信号强度，而且使得背向检测器的那些区域产生的二次电子，仍有相当一部分通过弯曲的轨迹到达检测器，有利于显示背向检测器的样品区域细节，而不至于形成阴影，使二次电子像显示出较柔和的立体衬度。

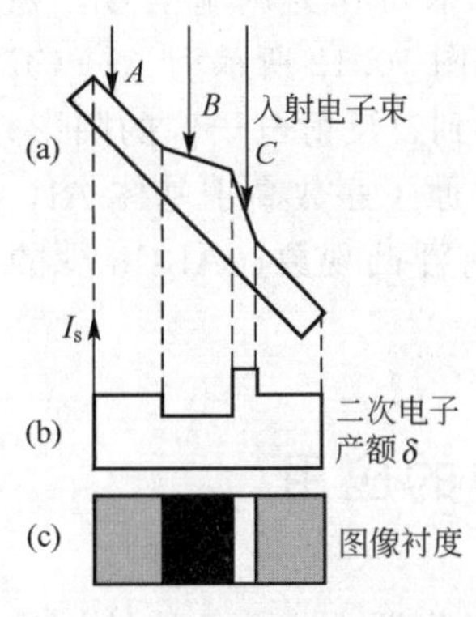

图 10.10 形貌衬度原理

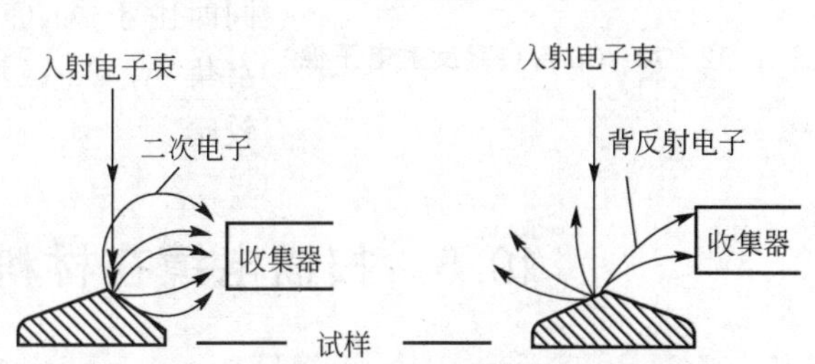

图 10.11 二次电子和背反射电子的收集情况

10.4.2 背反射电子像及原子序数衬度

背反射电子信号既可用来显示形貌衬度，也可用于显示成分衬度。

1. 形貌衬度

用背反射电子信号进行形貌分析时，其分辨率远比二次电子低。因为背反射电子是来自一个较大的作用体积，使成像单元变大。此外，背反射电子能量较高，它们以直线轨迹逸出样品表面，如图 10.11所示，对于背向检测器的样品表面，因检测器无法收集到背反射电子而变成一片阴影，因此在图像上会显示较强的衬度，而掩盖了许多有用的细节。

2. 成分衬度

成分衬度也称为原子序数衬度，背反射电子信号随原子序数 Z 的变化比二次电子的变化显著得多，因此图像应有较好的成分衬度。样品中原子序数较高的区域中由于收集到的背反射电子数量较多，故荧光屏上的图像较亮。因此，利用原子序数造成的衬度变化可以对各种合金进行定性分析。样品中重元素区域在图像上是亮区，而轻元素区域在图像上则为暗区。

用背反射电子进行成分分析时，为了避免形貌衬度对原子序数衬度的干扰，被分析的样品只进行抛光，而不必腐蚀。对有些既要进行形貌分析又要进行成分分析的样品，可以采用一对探测器收集样品同一部位的背反射电子，然后把两个检测器收集到的信号输入计算机处理，通过处理可以分别得到放大的形貌信号和成分信号。

利用原子序数衬度来分析晶界上或晶粒内部不同种类的析出相是十分有效的。因为析出相成分不同，激发出的背反射电子数也不同，致使扫描电子显微图像上出现亮度上的差别。从亮度上的差别，我们就可根据样品的原始资料定性地判定析出物相的类型。

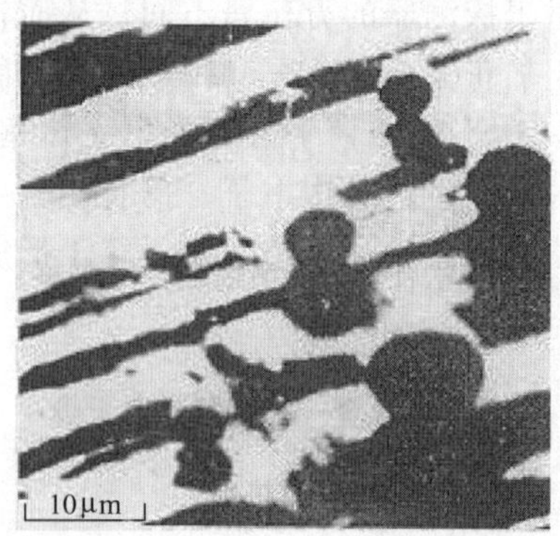

图 10.12 Al－Cu 合金背反射电子像

观察背反射电子像时，要将信号检测器的栅网加－50V 的偏压，以阻止二次电子到达检测器。接收到的背反散射电子像经放大后可作为调制信号，在荧光屏上显示背反射电子像。图 10.12 所示为 Al－Cu 合金背反射电子像，可以观察到背反射电子像的阴影效应，同时由于 Al_2Cu 相的平均原子序数高于基体 Al，所以富集 Al_2Cu 区域较亮并有浮凸现象，Al_2Cu 少的区域较暗。

10.5 扫描电镜在材料研究中的应用

扫描电镜是利用样品表面微区特征(如形貌、原子序数或化学成分、晶体结构或位向等)的差异，在电子束作用下通过试样不同的区域产生不同的亮度差异，从而获得具有一定衬度的图像。

10.5.1 材料断口分析

扫描电镜由于具有景深大、放大倍数高的优点，所以特别适用于对表面凹凸不平的断口进行形貌分析，在现有的各种断裂分析方法中占有非常重要的地位。

1. 韧窝断口

图 10.13 所示为韧窝断口形貌。显然，在韧窝边缘的撕裂棱亮度较大；而在韧窝比较平坦的底部亮度较低。在韧窝中心还可以观察到较亮的第二相小颗粒。韧窝断口的形成与材料中的夹杂物相关。在外加应力作用下，由于夹杂物的存在引起周围基体的应力高度集中，从而使周围的基体与夹杂物分离，形成显微空洞。随着应力增加，显微孔洞不断增大和相互吞并，直至材料断裂。结果在断口上形成许多孔坑，称为韧窝；在韧窝中心往往残留着引起开裂的夹杂物。韧窝断口是一种韧性断裂断口，从断口的微观区域上可观察

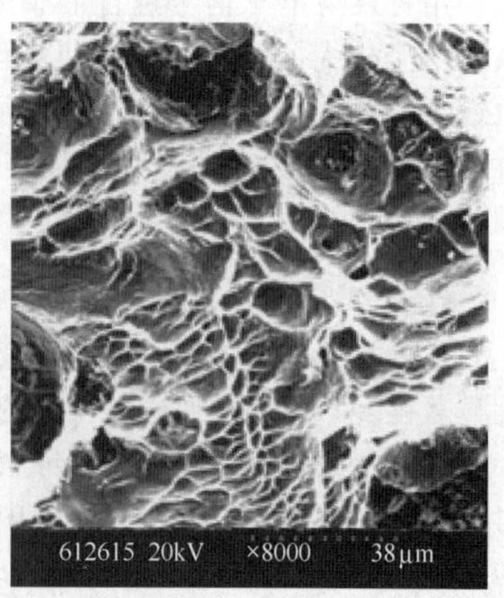

图 10.13 韧窝断口

到明显的塑性变形。

2. 解理断口

图 10.14 所示为解理断口的形貌。解理断裂是金属在拉应力作用下，沿着一定的严格的结晶学平面发生破坏而造成的穿晶断裂。解理是脆性断裂，通常发生在体心立方和密排六方结构中，因为这些结构没有足够多的滑移系来满足塑性变形。金属解理面是一簇相互平行的(具有相同晶面指数)、位于不同高度的晶面。这种不同高度解理面之间存在着的台阶称为解理台阶，它是解理断口的重要特征，如图 10.14(a)所示。在解理裂纹的扩展过程中，众多的台阶相互汇合便形成河流状花样，如图 10.14(b)所示。

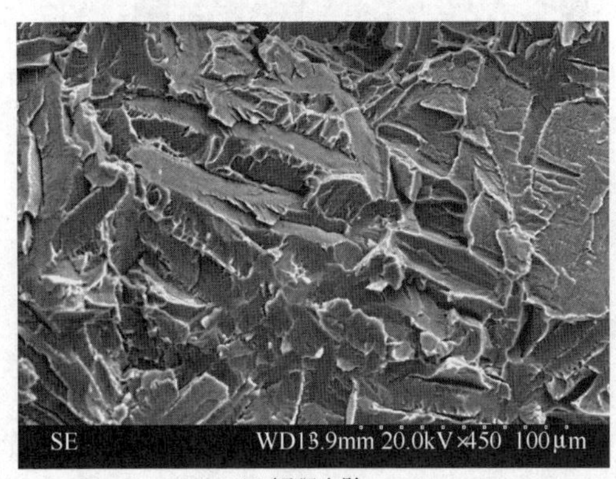

(a) 解理台阶

(b) 河流花样

图 10.14 解理断口

1) 沿晶断口

图 10.15 是沿晶断口的形貌照片。显然，断口一般呈冰糖块状或呈石块状。沿晶断口又称晶界断裂，由于析出相、夹杂物及元素偏析往往集中在晶界上，因而晶界强度受到削弱，所以断裂是沿晶界发生。沿晶断裂属于脆性断裂，断口上无塑性变形迹象。

图 10.15 沿晶断口

2) 疲劳断口

金属因周期性交变应力引起的断裂称为疲劳断裂。从宏观上看，疲劳断口分为三个区域，即疲劳核心区、疲劳裂纹扩展区和瞬时断裂区。如图 10.16 所示为裂纹扩展区的疲劳条纹照片。在裂纹扩展区内可以观察到大量疲劳条纹，这些条纹相互平行，略带弯曲呈波浪形，与裂纹局部扩展方向相垂直。每一条条纹代表一次载荷循环，条纹条数约等于载荷循环次数，离疲劳源区越远，条纹之间的距离越宽。形成疲劳条纹的条件之一是至少有 1000 次以上的循环寿命。

3) 短纤维增强复合材料断口

图 10.17 为短纤维增强金属基复合材料的断口照片。显然，断口上有很多纤维被拔出，这说明所制备出的复合材料的铝基体和纤维之间的界面是弱结合。因为如果铝基体和

纤维的界面结合较差，则承载时首先界面开裂，从而导致界面无法将载荷传递给纤维，因此纤维不发生断裂，而是被拔出。

图 10.16 疲劳条纹

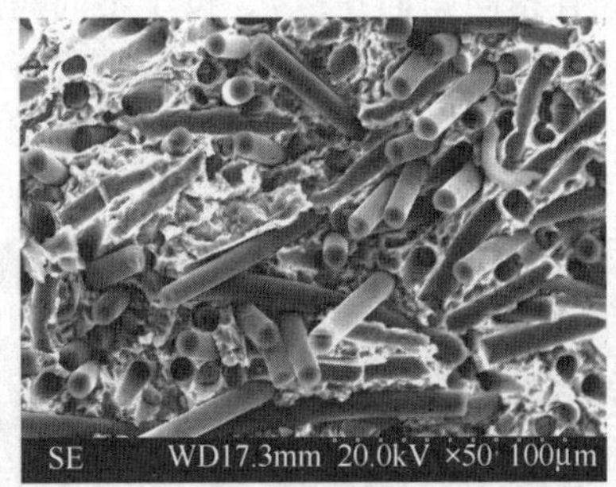

图 10.17 短纤维增强复合材料断口

10.5.2 材料组织形态观察

扫描电镜不仅在材料断裂研究中必不可少，同时在材料组织形态观察上也是大有作为。例如，可以观察颗粒、晶须原始组织形貌，如图 10.18 所示，也可以观察硼酸铝晶须涂覆 ZnO 后的形貌，如图 10.19 所示。

图 10.18 SiC 颗粒原始形貌

图 10.19 涂覆 ZnO 的硼酸铝晶须形貌

在多相结构材料中，特别是在某些共晶材料和复合材料的显微组织分析方面，由于可以借助于扫描电镜景深大的特点，所以完全可以采用深度腐蚀的方法。正如图 10.20所示，把基体相溶去一定的深度，使得欲观察和研究的相显露出来，这样就可以在扫描电镜下观察到该相的三维立体的形态，这是光学显微镜和透射电子显微镜无法做到的。

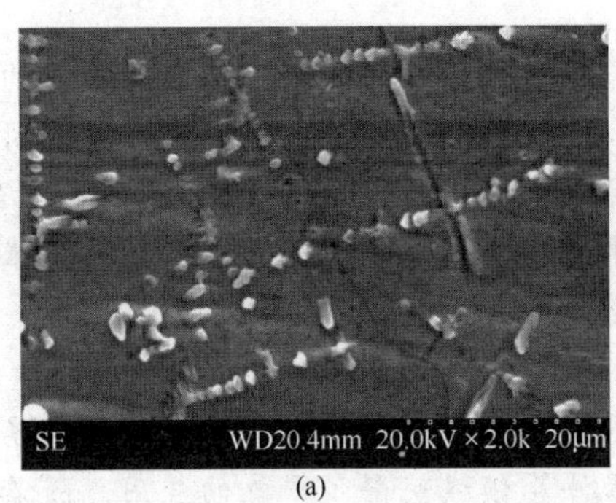

(a)

(b)

图 10.20 腐蚀前后的涂层组织形貌

10.5.3 断裂过程的动态研究

有的型号的扫描电镜带有拉伸台装置，可进行断裂的动态过程研究。在试样拉伸的同时，既可以直接观察裂纹的萌生及扩展与材料显微组织之间的关系，又可以连续记录下来，为科学研究提供最直接的证据。

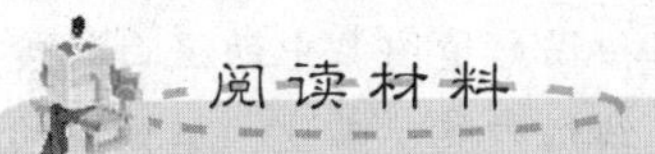

扫描电镜在新型陶瓷材料显微分析中的应用

1. 显微结构的分析

在陶瓷的制备过程中，原始材料及其制品的显微形貌、孔隙大小、晶界和团聚程度等将决定其最后的性能。扫描电镜可以清楚地反映和记录这些微观特征，是观察分析样品微观结构方便、易行的有效方法，样品无需制备，只需直接放入样品室内即可放大观察；同时扫描电镜可以实现试样从低倍到高倍的定位分析，在样品室中的试样不仅可以沿三维空间移动，还能够根据观察需要进行空间转动，以利于使用者对感兴趣的部位进行连续、系统的观察分析。扫描电镜拍出的图像真实、清晰，并富有立体感，在新型陶瓷材料的三维显微组织形态的观察研究方面获得了广泛的应用。

由于扫描电镜可用多种物理信号对样品进行综合分析，并具有可以直接观察较大试样、放大倍数范围宽和景深大等特点，当陶瓷材料处于不同的外部条件和化学环境时，扫描电镜在其微观结构分析研究方面同样显示出极大的优势。主要表现为：①力学加载下的微观动态(裂纹扩展)研究；②加热条件下的晶体合成、气化、聚合反应等研究；③晶体生长机理、生长台阶、缺陷与位错的研究；④成分的非均匀性、壳芯结构、包裹结构的研究；⑤晶粒相成分在化学环境下差异性的研究等。

2. 纳米尺寸的研究

纳米材料是纳米科学技术最基本的组成部分，现在可以用物理、化学及生物学的方法制备出只有几个纳米的“颗粒”。纳米材料的应用非常广泛，如通常陶瓷材料具有高硬度、耐磨、抗腐蚀等优点，纳米陶瓷在一定的程度上也可增加韧性、改善脆性等，新型陶瓷纳米材料如纳米秤、纳米天平等也是重要的应用领域。

纳米材料的一切独特性主要源于它的纳米尺寸，因此必须首先确切地知道其尺寸，否则对纳米材料的研究及应用便失去了基础。纵观当今国内外的研究状况和最新成果，目前该领域的检测手段和表征方法可以使用透射电镜、扫描隧道显微镜、原子力显微镜等技术，但高分辨率的扫描电镜在纳米级别材料的形貌观察和尺寸检测方面因具有简便、可操作性强的优势被大量采用。另外如果将扫描电镜与扫描隧道显微镜结合起来，还可使普通的扫描电镜升级改造为超高分辨率的扫描电镜。图 10.21 所示是纳米钛酸钡陶瓷的扫描电镜照片，晶粒尺寸平均为 20nm。

3. 铁电畴的观测

压电陶瓷由于具有较大的力电功能转换率及良好的性能可调控性等特点在多层陶瓷驱动器、微位移器、换能器以及机敏材料与器件等领域获得了广泛的应用。随着现代技术的发展，铁电和压电陶瓷材料与器件正向小型化、集成化、多功能化、智能化、高性能和复合结构发展，并在新型陶瓷材料的开发和研究中发挥重要作用。铁电畴(简称电畴)是其物理基础，电畴的结构及畴变规律直接决定了铁电体物理性质和应用方向。电子显微术是目前观测电畴的主要方法，其优点在于分辨率高，可直接观察电畴和畴壁的显微结构及相变的动态原位观察(电畴壁的迁移)。

扫描电镜观测电畴是通过对样品表面预先进行化学腐蚀来实现的，由于不同极性的畴被腐蚀的程度不一样，利用腐蚀剂可在铁电体表面形成凹凸不平的区域从而可在显微镜中进行观察。因此，可以将样品表面预先进行化学腐蚀后，利用扫描电镜图像中的黑白衬度来判断不同取向的电畴结构。对不同的铁电晶体选择合适的腐蚀剂种类、浓度、腐蚀时间和温度都能显示良好的畴图样。图 10.22 是扫描电镜观察到的 PLZT 材料的 90°电畴。

图 10.21　20nm 碳酸钡陶瓷

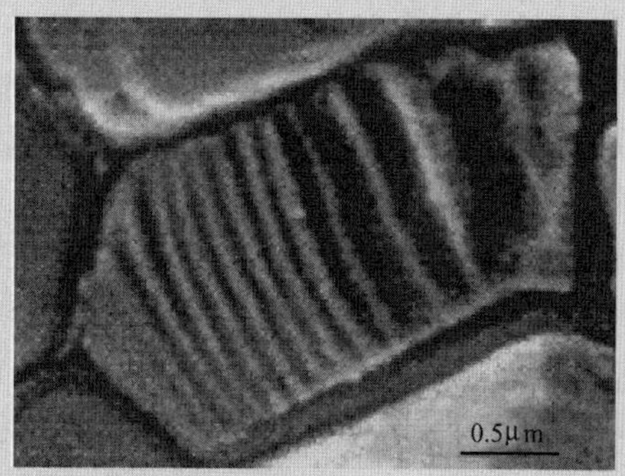

图 10.22　PLZT 材料的 90°电畴

资料来源：邓湘云，王晓慧，李龙士. 扫描电子显微镜在新型陶瓷材料显微分析中的应用. 硅酸盐通报，2007，26(01)：194-198.

小　结

扫描电镜将电子束扫描样品表面所激发出的各种物理信号调制成像用于材料的形貌分析和成分分析。本章主要介绍扫描电镜的成像原理及特点、扫描电镜的构造和性能，说明了扫描电镜样品的制备方法及过程，分析了扫描电镜的电子图像及衬度原理，并对扫描电镜在材料中的应用做了介绍。

关键术语

扫描电子显微镜　背反射电子　二次电子　形貌衬度　原子序数衬度　断口分析

习　题

1. 电子束入射固体样品表面会激发哪些信号？它们有哪些特点和用途？

2. 扫描电镜的分辨率受哪些因素影响？用不同的信号成像时，其分辨率有何不同？

3. 扫描电镜的成像原理与透射电子显微镜有何不同？

4. 二次电子像和背反射电子像在显示表面形貌衬度时有何相同与不同之处？

5. 说明背反射电子像和吸收电子像的原子序数衬度形成原理，并举例说明在分析样品中元素分布的应用。

6. 二次电子像景深很大，样品凹坑底部都能清楚地显示出来，从而使图像的立体感很强，其原因何在？

7. 扫描电镜主要应用在哪些方面？

第11章
电子探针

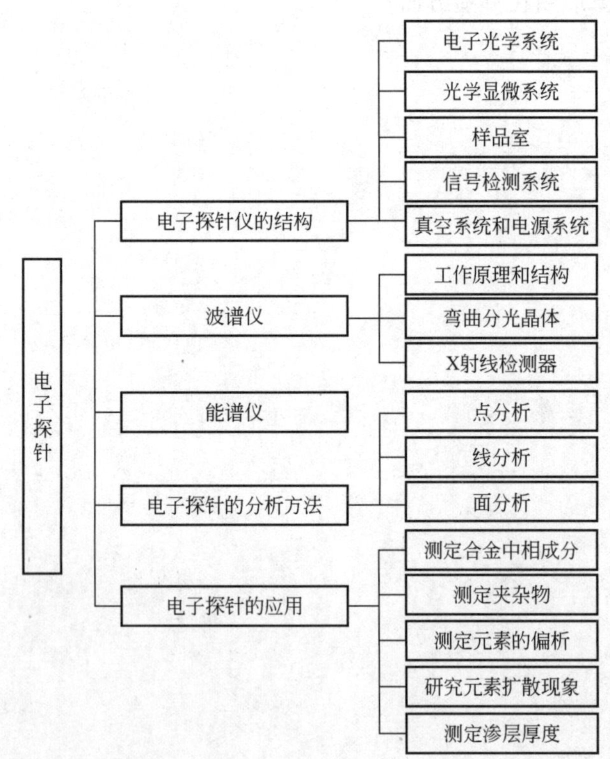

教学目标与要求

- 了解电子探针仪、波谱仪和能谱仪的工作原理和结构
- 掌握电子探针的分析方法及应用

导入案例

“电子探针”，听上去与老百姓生活相距很远，其实并不尽然。1965年，越王勾践剑出土，它历经千年依然寒光闪烁，锋利无比。1997年，上海博物馆启动“越王勾践剑暗格纹饰鉴定分析”课题研究，宝钢研究院采用“电子探针”助阵。“电子探针”分析时聚焦形成一个比针眼还小的电子束，获得被探测物的成分特征。“电子探针”揭秘：当时的工匠掌握了“固体渗透”工艺，将固态的锡粉覆盖剑体，而非盛传的“涂镀说”。暗格纹饰是剑体该部位用其他物质遮挡，使渗镀时该区域锡层镀不上。由于没有非常致密的细晶的锡层保护，长时间的腐蚀在剑体形成了暗格纹饰。这一分析得到了考古专家的认可。

图 11.1 越王勾践剑

电子探针(EPMA)是用作微区成分分析的仪器。它是在电子光学和X射线光谱学原理的基础上发展起来的一种高效率分析设备。其原理就是用细聚焦电子束轰击试样，激发出样品中所含元素的特征X射线，而不同的元素具有不同的X射线特征波长和能量，通过鉴别其特征波长或特征能量来确定出所含元素的种类(定性分析)，通过分析X射线的强度来确定出样品中相应元素的含量(定量分析)。其中，用来测定X射线特征波长的谱仪叫做波长色散谱仪(Wave Dispersive Spectrometer，WDS)，简称波谱仪；用来测定X射线特征能量的谱仪叫做能量色散谱仪(Energy Dispersive Spectrometer，EDS)，简称能谱仪。

电子探针适用微区、微粒和微量的成分分析，具有分析元素范围广、灵敏度高、准确、快速以及不损耗样品等特点，可以进行定性和定量分析。这些优点是其他化学分析方法无可比拟的，因此电子探针在许多领域中得到了广泛的应用。

11.1 电子探针仪的结构

通常，电子探针镜筒部分的构造大体上和扫描电镜相同，只是在探测器部分使用的是X射线谱仪，专门用来检测X射线的特征波长或特征能量，以此来对微区的化学成分进行分析。因此，除专门的电子探针仪外，有相当多一部分电子探针仪是作为附件安装在扫描电镜或透射电子显微镜镜筒上，以满足微区组织形貌、晶体结构及化学成分三位一体同位分析的需要。图11.2所示为一台JXA-8200电子探针。

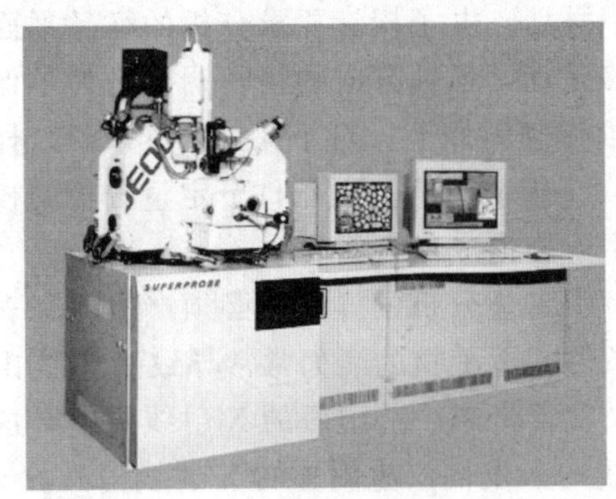

图 11.2 JXA-8200 电子探针

图11.3所示为电子探针的结构示意图。它主要由电子光学系统(镜筒)、观察光学系统(显微镜)、样品室、信号检测系统(X射线谱仪等)、真空系统、计算机与自动控制系统

组成。

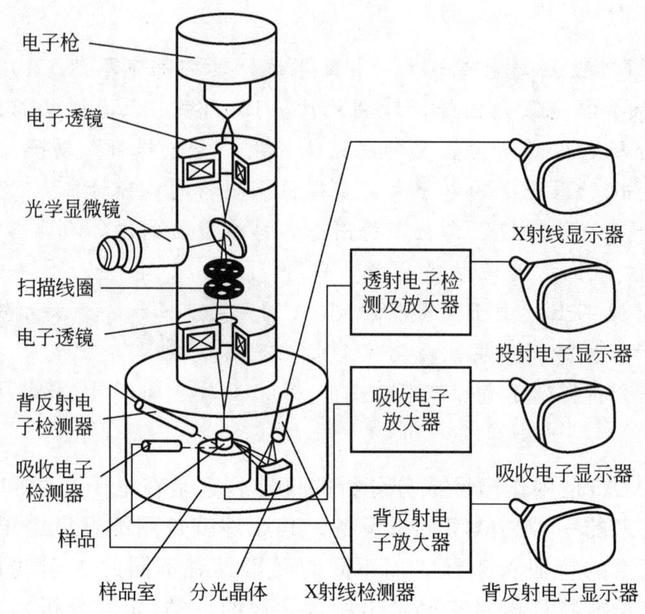

图 11.3 电子探针的结构示意图

1. 电子光学系统

电子光学系统和扫描电镜基本相同，由电子枪、电子透镜(通常有两个透镜)、扫描线圈、光阑等组成。它是 X 射线的激发源，其作用是产生稳定的、具有足够电流密度并能在试样表面聚焦的高能细电子束。并且电子探针仪兼有扫描成像功能，电子束可以在固定的光轴位置轰击样品进行点分析，又可以借助于扫描线圈使电子束在样品表面进行线或面的扫描，这样，就可以同时进行组织形貌及化学成分的分析。

2. 光学显微系统

为了便于选择和确定样品表面上的分析微区，镜筒内装有与电子束同轴的光学显微镜，确保从目镜中观察到微区位置与电子束轰击点的位置精确地重合。

3. 样品室

样品室位于电子光学系统下方，样品台可放几个样品。电子探针要求分析的样品平面与入射电子束垂直，样品台可作 X、Y 轴方向的平移运动，Z 轴方向的精密调节是为了保证工作距离的恒定。样品台也可在 45°或 60°范围以内作倾斜调节，对于探针分析来说，样品平面的倾斜可增大出射角，使 X 射线信号强度提高。但非垂直入射条件下定量分析的校正计算较困难，精度也差。所以，倾斜调节一般仅用于扫描成像方式。

一般样品可以用作元素的定性和定量分析，但对于定量分析的样品，必须严格保证表面清洁和平整。因为表面凹凸不平影响谱仪的聚焦条件。不平整的表面常常导致 X 射线出射过程中受到额外的吸收，使强度减弱。粗糙表面又常常带来一些虚假的 X 射线强度，这是因为分析点以外的凸起处受到背反射电子或 X 射线的激发而产生附加的 X 射线信号。

4. 信号检测系统

电子探针仪中用于检测 X 射线信号进行微区成分分析的是波谱仪或能谱仪。两种谱仪的分析方法差别比较大，前者是用光学的方法，通过晶体的衍射来分光测定 X 射线特征波长，后者却是用电子学的方法测定 X 射线特征能量，其结构相原理在 11.2 节中介绍。此外，电子探针还可以检测二次电子、背射电子、吸收电流、阴极发光和其他电子等信息进行成像和成分的同位分析。

5. 真空系统和电源系统

由机械泵和油扩散泵构成的真空系统使电子光学系统、样品室和 X 射线分光计处于高真空状态，确保它们正常工作、防止样品污染。电源系统由稳压、稳流及相应的安全保护电路所组成。

11.2 波 谱 仪

11.2.1 波谱仪工作原理和结构

X 射线光谱分析的基础——莫塞莱定律表明，元素的特征 X 射线波长 λ 与该元素原子序数 Z 之间存在特定关系 $(c/\lambda)^{1/2}=K_1(Z-K_2)$，即特征 X 射线波长是由构成物质元素的原子序数所决定的。因此，要鉴定样品中所含元素的种类，就要探测元素的特征 X 射线波长。而利用晶体对 X 射线的布拉格衍射定律 $n\lambda=2d\sin\theta$，就可以测出 X 射线波长，如图 11.4 所示。

细聚焦电子束轰击样品表面，激发出样品表面以下微米数量级的作用体积中的 X 射线，由于大多数样品是由多种元素组成，因此在作用体积中发出的 X 射线具有多种特征波长，它们都以点光源的形式向四周发射。从试样激发出的 X 射线经过适当的晶体分光后，只有和布拉格角 θ、晶面间距 d 之间符合布拉格方程的特征波长 λ 的 X 射线入射才会发生强烈衍射。而波长不同的特征 X 射线将有不同的 2θ。可通过连续转动分光晶体而连续地改变 θ，就可以把满足布拉格定律条件、与入射方向成不同 2θ 的各种单一波长的特征 X 射线从中分离出来，并在此方向上被探测器接收，从而展示适当波长范围内的全部 X 射线谱，这就是波谱仪的基本原理。利用这个原理制成的谱仪就叫做波谱仪。

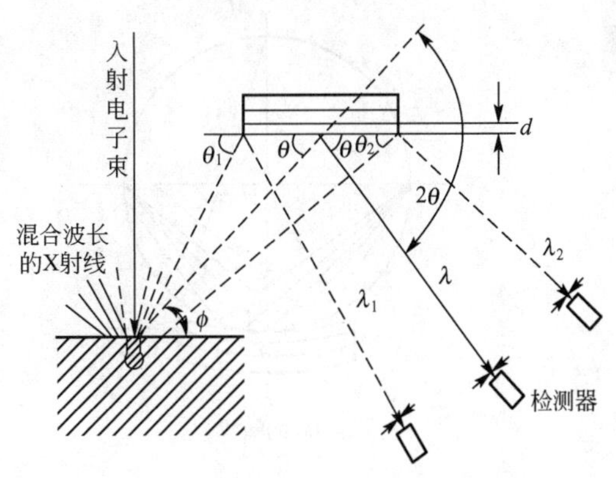

图 11.4 晶体对 X 射线的布拉格衍射

波谱仪是用来检测 X 射线信号的电子探针的主要组成部分，它可以作为附件安装在扫描电镜上，成为微区成分分析的有力工具。波谱仪主要包括由分光晶体和机械部分构成的分光系统和 X 射线检测器。

11.2.2 弯曲分光晶体

1. 弯曲分光晶体的聚焦方式

如图 11.4 所示，平面晶体可以把各种不同波长的 X 射线分光展开，但收集单一波长 X 射线的效率很低。为了提高检测效率，必须采取聚焦方式，也就是把分光晶体进行适当弹性弯曲做成弯曲分光晶体，使 X 射线发射源 S、弯曲分光晶体表面 E 和检测器窗口 D 位于同一个圆周上，这个圆周就称为聚焦圆或罗兰(Rowland)圆。如图 11.5 所示，由 S 点光源发射出的呈发散状的、符合布拉格条件的、同一波长的 X 射线，经 E 处的弯曲分光晶体反射后聚焦于 D 处，则 D 处检测器接收到全部晶体表面强烈衍射的单一波长的 X 射线，使这种单色 X 射线的衍射强度大大提高，这样就可以达到把衍射束聚焦的目的。

在电子探针中，弯曲分光晶体有两种聚焦方式，分别是约翰(Johann)型和约翰逊(Johansson)型，如图 11.5 所示。约翰型聚焦法(图 11.5(a))，将平板晶体弯曲但不加磨制，即把衍射晶面曲率半径弯成 $2R$，使晶体表面中心部分的曲率半径恰好等于聚焦圆的半径。聚焦圆上从 S 点发出的一束发散的 X 射线，经过弯曲晶体的衍射，晶体内表面任意点 A、B 和 C 上接收到的 X 射线的衍射线并不交于一点，只有弯曲晶体表面中心部分位于聚焦圆上 D 点，其他点聚焦于聚焦圆上的 D 点附近，得不到完美的聚焦，这是由于弯曲晶体两端与圆不重合使聚焦线变宽，出现一定的散焦。所以，约翰型谱仪只是一种近似的聚焦方式。另一种改进的聚焦方式叫做约翰逊型聚焦法(图 11.5(b))，这种方法是将平板晶体弯曲并加以磨制，即晶体衍射晶面的曲率半径弯成 $2R$，而晶体表面磨制成曲率半径等于聚焦圆半径 R 的曲面。这样的布置可以使 A、B 和 C 三点的衍射束正好聚焦在 D 点，所以约翰逊型聚焦法是一种全聚焦方式。对于能够研磨的晶体，采用全聚焦方式更好。

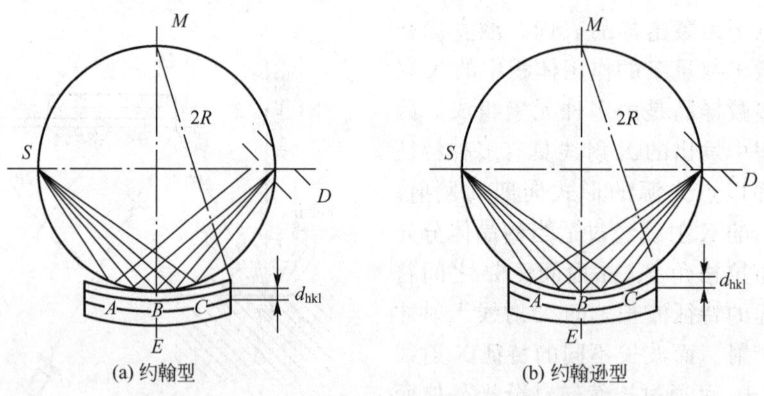

图 11.5　弯曲晶体谱仪的聚焦方式

在实际检测 X 射线时，点光源发射的 X 射线在垂直于聚焦圆平面的方向上仍有发散性，分光晶体表面不可能处处精确符合布拉格条件。加之有些分光晶体虽然可以进行弯曲，但不能磨制，因此不大可能达到理想的聚焦条件。如果检测器上的接收狭缝有足够的宽度，即使采用不大精确的约翰型聚焦法，也能满足聚焦要求。

2. 弯曲分光晶体的展谱原理

根据弯晶聚焦原理，要求 X 射线发射源 S，分光晶体 E 表面和 X 射线检测器 D 三者在整个分析过程中每时每刻都处于半径为R的罗兰圆上。因而，晶体被弯曲，其衍射晶面(hkl)曲率半径为$2R$。此时，衍射晶面的曲率中心总是位于聚焦圆的圆周上(图11.6中M点)，且衍射束被聚焦于圆上的D处。显然，$\overline{SE}=\overline{ED}$，$\angle SME=\angle ESD=\theta$。在满足布拉格方程$n\lambda=2d\sin\theta$的条件下，通过简单的几何推导可获得发射源$S$至分光晶体$E$的距离$L$与X射线特征波长$\lambda$之间的关系：

$$L=2R\sin\theta=\left(\frac{R}{d}\right)\lambda \tag{11-1}$$

可见，由于给定的分光晶体的晶面间距d和聚焦圆半径R固定不变，发射源至晶体的距离L与波长λ之间存在着简单的线性关系。L叫做谱仪长度，L值由小变大意味着被检测的X射线波长λ由短变长。在成分分析过程中，一般点光源S不动，通过分光晶体E的运动，改变谱仪长度L，从而实现不同X射线波长λ的测量。

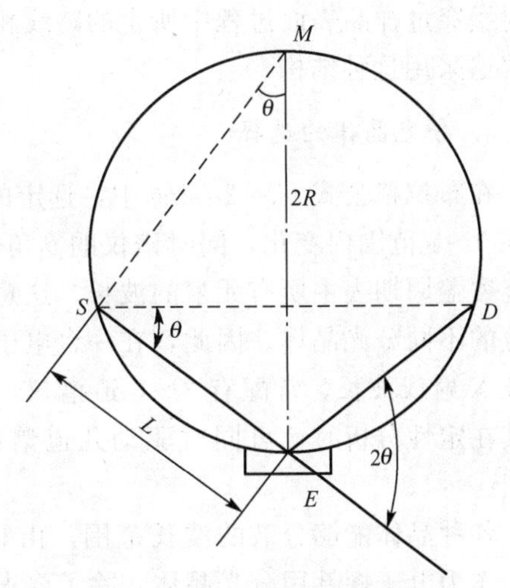

图 11.6 弯曲分光晶体展谱原理

3. 波谱仪的布置形式

在电子探针中，一般点光源S不动，改变分光晶体C和探测器D的位置，达到分析检测的目的。根据晶体及探测器运动方式，波谱仪可分为两种布置形式：回转式和直进式。

图11.7(a)所示为回转式波谱仪工作原理示意图。这种谱仪的特点是聚焦圆的圆心O固定不动，分光晶体和检测器在圆周上以1∶2的角速度运动来满足布拉格衍射条件。这种波谱仪结构简单，但由于分光晶体转动而使X射线出射方向(ψ角)变化很大，在样品表面不平度较大的情况下，由于X射线在样品内行进的路线不同，往往会造成分析上的误差。而且由于X射线出射方向变化很大，必须采用很大的出射窗口，给结构设计和消除杂散电子的干扰带来困难，已很少采用。

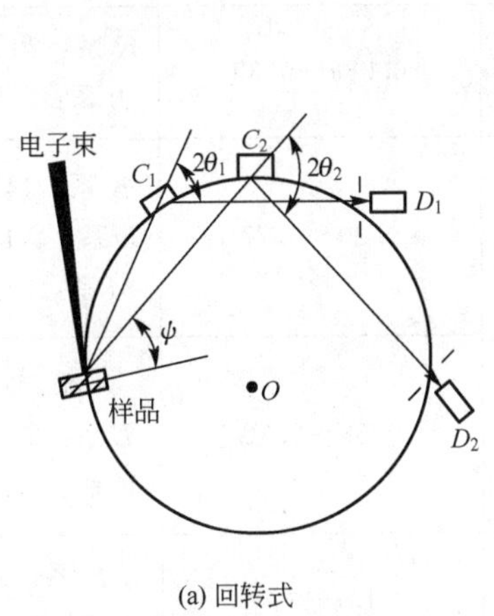

(a) 回转式

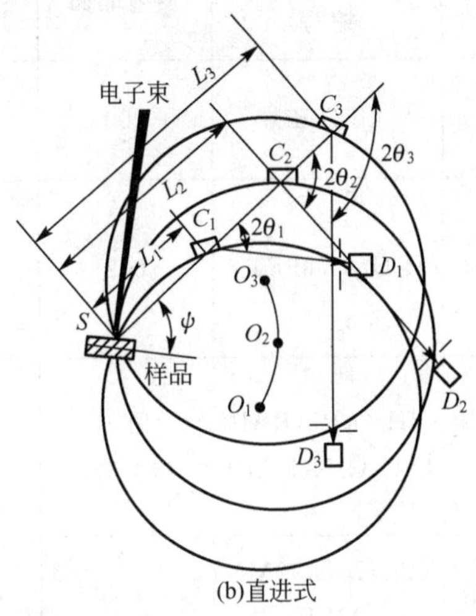

(b)直进式

图 11.7 弯曲晶体谱仪两种布置形式

图 11.7 (b)所示为直进式谱仪工作原理示意图，这种谱仪的特点是 X 射线出射角 ψ 不变，只是分光晶体 C 从点光源 S 向外沿着一直线运动，而 θ 角的改变是通过晶体自转实现的。同时，聚焦圆的圆心 O 在以 S 为圆心、以 R 为半径的圆周上运动。检测器的运动轨迹为一个四叶玫瑰线：$\rho=2R\sin\theta$，其中 ρ 为离光源的距离。当分光晶体做直线运动时，发射源至晶体的距离 L 不断被改变，如果检测器能在几个位置上接收到不同波长的衍射束，表明试样被激发的体积内存在多种元素，而衍射束的强度大小和元素含量成正比。

虽然直进式谱仪结构复杂，但优点非常突出，主要表现为：X 射线出射方向固定，使 X 射线穿过样品表面过程中所走的路线相同，也就是吸收条件相同。因此，目前世界各国已普遍采用这种结构。

4. 分光晶体的选择

在布拉格公式 $n\lambda=2d\sin\theta$ 中，选定的分光晶体的衍射晶面间距 d 是固定的，$\sin\theta$ 值只能在 0～1 范围内变化，同时谱仪的 θ 角也只在有限的范围以内变动，所以弯曲晶体谱仪不能覆盖周期表中所有元素的波长。这意味着，对于不同波长的 X 射线就需要选用与之相适应的不同分光晶体。因此，在一台电子探针中，为了保证能检测到 $_{5}B$～$_{92}U$ 元素之间的特征 X 射线波长，常配有 3～5 道谱仪，一道谱仪中有时可有两块不同的分光晶体互换。尤其在定性分析时，可同时驱动几道谱仪对 $_{5}B$～$_{92}U$ 之间的元素进行谱查，大大节省了时间。

各种晶体能够分散的波长范围，由它们的晶面间距 d 和布拉格角 θ 的可变范围来决定。作为电子探针用分光晶体，除了要求其反射 X 射线的能力强，并且分辨本领高之外，还应满足能够弯曲使用、在真空中不发生变化等要求。表 11-1 列出了波谱仪常用分光晶体的基本参数和可检测的范围。在很宽的波长范围内(0.07～2.4nm)，采用天然晶体和人工晶体作为 X 射线的分散元件。在这个波长范围内，对 K 系和 L 系辐射来说，可以从氧(O)到铀(U)所有元素的特征 X 射线进行色散。

表 11-1 波谱仪常用的分光晶体

晶体	化学分子式(缩写)	反射晶面	晶面间距 d/nm	可检测波长范围 λ/nm	可检测元素范围
氟化锂	LiF(LiF)	200	0.2013	0.089～0.35	K 系：20Ga-37Rb L 系：51Sb-92U
异戊四醇	$C_5H_{12}O_1$(PET)	002	0.4375	0.20～0.77	K 系：14Sj-26Fe L 系：37Rb-85Tb M 系：72Hf-92U
邻苯二酸铷(或钾)	$C_3H_5O_4$Rb(RAP) $C_3H_5O_4$K(KAP)	1010 (13.32)	1.306	0.58～2.30	K 系：9F-15P L 系：24Cr-40Zr M 系：57La-79Au
肉豆蔻酸铅	$(C_{14}H_{27}O_2)$2M* (MYR)	—	4	1.76～7	K 系：5B-9F L 系：2Ca-25Mn

（续）

晶体	化学分子式（缩写）	反射晶面	晶面间距 d/nm	可检测波长范围 λ/nm	可检测元素范围
硬脂酸铅	$(C_{13}H_{35}O_2)2M^*$ (STE)	—	5	2.2～8.8	K 系：5B - 8O L 系：20Ca - 23V
一四烷酸铅	$(C_{24}H_{47}O_2)2M^*$ (LIG)	—	6.5	2.9～11.4	K 系：4Be - 7N L 系：20Ca - 21Se

注：M^* 表示 Pb 或 Ba 等重要元素，这三种都是多层皂膜晶体，适用于 $Z<10$ 的轻元素及超轻元素分析。

11.2.3 X 射线检测器

X 射线检测器是接收由分光晶体所分散的单一波长 X 射线信号的装置，常用的检测器一般是正比计数器。如图 11.8 所示为电子探针中 X 射线记录和显示装置方框图。当某一 X 射线光子进入计数管后，管内气体电离，并在电场作用下产生电脉冲信号。从计数器输出的电信号要经过前置放大器和主放大器，放大成 0～10V 左右的电压脉冲信号，这个信号再送到脉冲高度分析器。

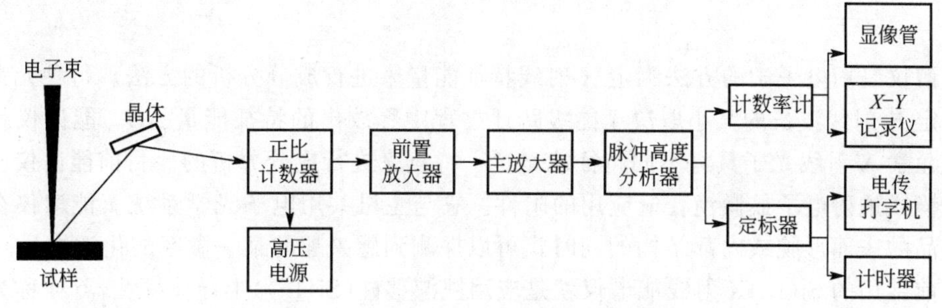

图 11.8 X 射线记录和显示装置方框图

脉冲高度分析器包括波高分析和波高鉴别两部分。前者作用在于通过设定通道宽度即允许通过的电压脉冲幅值范围，把由于高次衍射线产生的重叠谱线排除；后者通过选择基线电位，挡掉连续 X 射线谱仪和线路噪声引起的背底，提高检测灵敏度。定标器和计数率计把从脉冲高度分析器输出的脉冲信号进行计数。定标器采用定时计数方法，精确地记录任选时间内的脉冲总数，时间受计时器控制，记录到的计数可直接显示出来，也可由打印机输出。计数率计则可连续显示每秒钟内的平均脉冲数(CPS)。这些数值可以在 $X-Y$ 记录仪上记录，也可送到显像管配合扫描装置得到 X 射线扫描像。同时，为了控制仪器动作和对测量结果进行数据处理(修正计算)，也可以把电子探针与电子计算机连接起来。

图 11.9 所示为波谱仪对某低合金钢的微区成分分析结果图，横坐标是 X 射线的特征波长，纵坐标是强度，即脉冲总数。谱线上有许多强度峰，每个峰在坐标上的位置代表相应元素特征 X 射线的波长，峰的高度代表这种元素的含量。

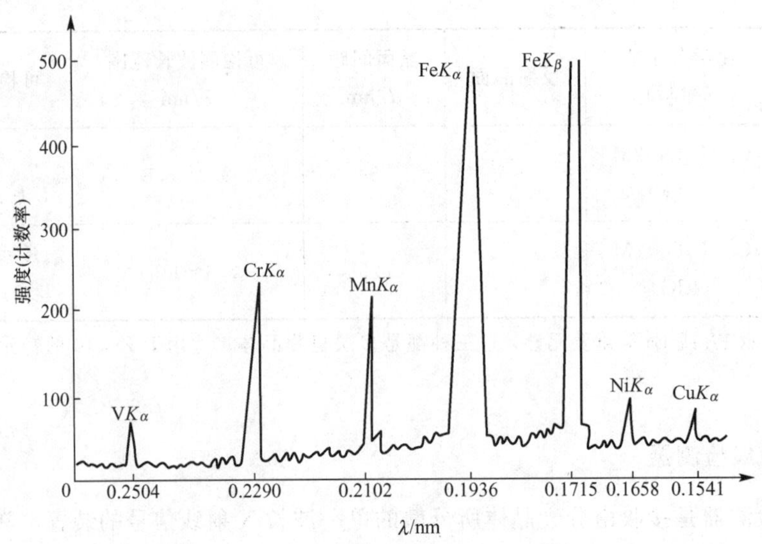

图 11.9　某低合金钢的定点谱扫描分析结果图

11.3 能　谱　仪

能谱仪是用电子学的方法测定 X 射线特征能量来进行成分分析的方法。每种元素所具有的特定 X 射线波长的大小取决于能级跃迁过程中释放出的特征能量 ΔE。能谱仪就是利用不同元素 X 射线光子具有不同特征能量这一特点来进行成分分析的。目前能谱仪已成为扫描电镜或透射电子显微镜普遍应用的附件。它与主机共用电子光学系统。能谱仪在观察分析样品的表面形貌或内部结构的同时，可以探测到感兴趣的某一微区的化学成分。

目前常用的 Si(Li)X 射线能谱仪就是应用锂漂移硅(Si(Li))半导体探测器(或称为探测器)和多道脉冲高度分析器，将入射 X 光子按能量大小展成谱的能量色散谱仪。这种谱仪既可将 X 射线展成谱，做化学成分分析；同时又可产生衍射花样，做结构分析。其关键部件是 Si(Li) 半导体探测器(Si(Li)detecter)。

11.3.1　锂漂移硅半导体探测器

探测器是能谱仪中关键的部件，它决定能谱仪分析元素的范围和精度。20 世纪 60 年代，测量 X 射线常用的探测器是闪烁计数管和正比计数管，其能量分辨率很低。70 年代后，随着半导体技术和电子技术的发展，出现了靠电离来检测 X 射线的 Si(Li)半导体探测器和 Ge(Li)探测器，其能量分辨率可以达到 150～200eV，提供了不用晶体分光直接进行元素分析的可能性；并且由于半导体探测器有厚的中性层，对 X 射线光子的计数效率接近于 100%，从而大大提高了检测极限和空间分辨率。

目前常用的是 Si(Li)半导体探测器，该探测器是采用漂移法渗入了微量锂的高纯硅制成的一个特殊的半导体二极管，它可把接收的 X 射线光子变成电脉冲信号。Si(Li)半导体探测器依靠在 P 型硅与 n 型硅之间有层厚的中性层使入射的 X 射线光子能量在层内全部被吸收，不散失到层外，并将能量转化为电子-空穴对。而在 Si(Li)半导体探测器中产生一对电子-空穴对所需能量为 3.8eV，因此每一个能量为 E 的入射光子，可产生的电子-空穴对数目为 $N=E/3.8$。这些电子-空穴对在外加电场作用下形成一个电脉冲，脉冲高度正比于光子能量。故半导体探测器的作用与正比计数器一样，都是把所接收的 X 光子变成电脉冲讯号，脉冲高度与被吸收光子的能量成正比。

在 Si(Li)半导体探测器中，高纯硅中渗锂的作用是抵消其中存在的微量杂质的导电作用，使中性层未吸收光子时在外加电场作用下不漏电。由于锂在室温下也容易扩散，因此这种探测器不仅在液氮温度下使用，并且要一直放置在液氮中保存，以免锂发生扩散，这往往给操作者带来很大的负担。近期牛津仪器公司推出了 Link - Utracool 超冷冻无忧 EDX 探测器，该探测器无需液氮，无需维护，这是目前较先进的能谱探测器。

11.3.2 能谱仪结构和工作步骤

所谓能谱仪实际上是一些电子仪器构成，可分为两大部分：①X 射线探测器(常用 Si(Li)半导体)，其作用是把 X 射线转化为电信号。探测器的输出信号幅度与入射 X 射线能量成正比，输出信号的脉冲数与入射 X 射线光子数成比例，因而保持了原入射 X 射线信息的特点；②电子学测量装置，包括主放大器、多道脉冲高度分析器和记录显示系统等，其作用是把从探测器输出的电信号整形、放大、分析、记录，最后取得 X 射线能谱，再根据能谱分布求得样品中元素的种类和含量。

图 11.10 所示为 Si(Li)X 射线能谱仪分析方法框图。特征 X 射线光子进入 Si(Li)探测器后，在 Si(Li)晶体内激发出一定数目的电子-空穴对，产生一个电子-空穴对的最低平均能量是一定的，入射 X 射线光子的能量越高，产生的电子-空穴对的数目越多。利用偏压(一般 700～1500V)收集这些电子-空穴对，经场效应晶体管前置放大器转换成电流脉冲，再由主放大器把它转换成电压脉冲，供给多道脉冲高度分析器。脉冲高度分析器将具有不同幅值的电压脉冲(对应于不同的 X 光子能量)按其能量大小进行分类和统计，并将结果送入存储器或输出给计算机、$X-Y$ 记录仪或显示系统。能谱仪中每一通道(Channel)所对应的能量大小通常可以是 10eV，20eV 或 40eV。对于常用的 1024 个通道的多道分析器，其可检测的 X 光子的能量范围为 0～10.24keV，0～20.48keV 或 0～40.96keV。实际上，0～20.48keV的能量范围已足以检测元素周期表上所有元素的 X 射线。

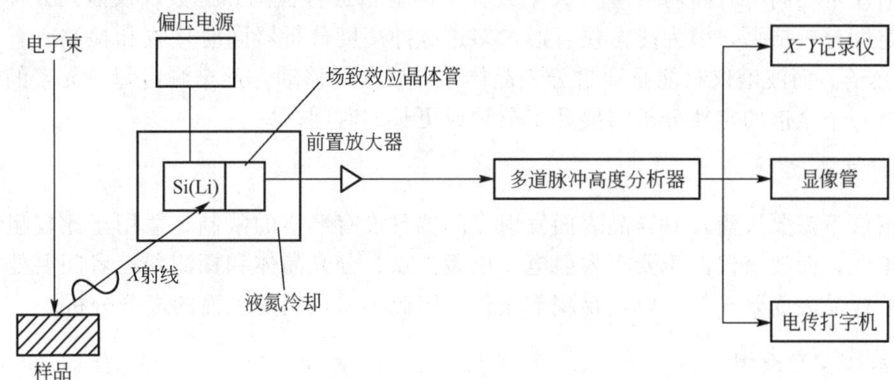

图 11.10 Si(Li)X 射线能谱仪分析方法框图

11.3.3 能谱仪和波谱仪特点的比较

能谱仪和波谱仪都可以对样品进行元素分析，但分析方法差别比较大，前者是用电子学的方法测定X射线特征能量，测得的横坐标按能量标注，如图11.11(a)所示；后者却是用光学的方法，通过晶体的衍射来分光测定X射线特征波长，测得的横坐标按波长标注，如图11.11(b)。所以，波谱仪和能谱仪测试性能有所不同。下面比较这两种谱仪的优缺点，以便在实际运用中加以正确选择。

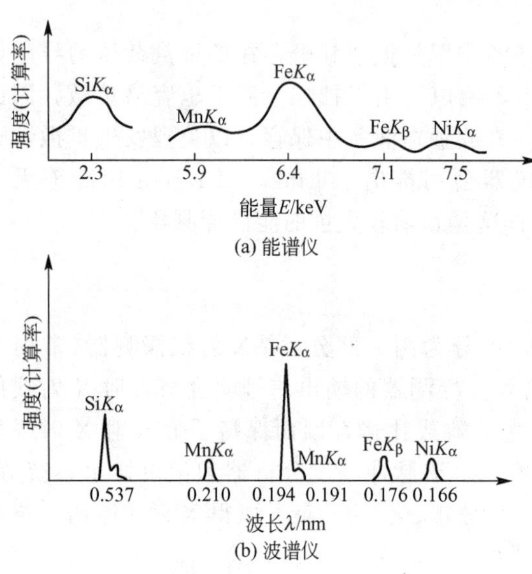

图 11.11 能谱仪和波谱仪的谱线比较

1. 检测效率

能谱仪中Si(Li)半导体探测器可放在离X射线源很近的地方，故对X射线发射源所张的立体角显著大于波谱仪，同时无需经过分光晶体衍射而避免了部分X射线强度损失，所以能谱仪可以接收到更多的X光子。因此，能谱仪探测效率远远大于波谱仪，从而使能谱仪可以适应在低入射电子束流条件下工作。Si(Li)晶体对X射线的检测率极高，因此能谱仪的灵敏度比波谱仪高一个数量级。

2. 空间分析能力

能谱仪因检测效率高而可在较小的电子束流下工作，使束斑直径减小，空间分析能力提高。目前，在分析电子显微镜中的微束操作方式下能谱仪分析的最小微区已经达到纳米数量级，而波谱仪的空间分析能力处于微米级水平。

3. 分析速度

能谱仪可在同一时间内对所有X射线光子的能量进行检测和计数，仅需几分钟即可得到全谱定性分析结果，因为能谱仪可通过多道脉冲高度分析器同时接收和检测所有不同能量的X光子。而波谱仪只能是通过分光晶体在导臂上的移动，逐个测定每一元素的特征波长，所以一个全谱的定性分析需要几十分钟或更长的时间。

4. 样品要求

能谱仪不需要聚焦，对样品表面发射点的位置没有严格的限制，适用于比较粗糙表面的分析工作；而波谱仪由于要求入射电子束轰击点、分光晶体和探测器三者间要处在聚焦圆上，故样品表面要平整，以满足聚焦条件。因此不适用粗糙表面的成分分析。

5. 能量分辨本领

谱仪的能量分辨率一般用能谱曲线的半高宽表示。半高宽越小，表示谱仪分辨率越高。如图11.11所示，能谱仪给出的波峰比较宽，容易谱线重叠，特别在低能(长波)部分，这往往需要有经验的操作者在计算机的帮助下进行剥离谱线。在一般情况下，能谱仪的最佳能量分辨率约150eV，波谱仪的波长分辨率高达5～10eV，可见波谱仪的分辨本领比能谱仪高一个数量级。

6. 探测极限

谱仪能测出的元素最小百分比与分析元素种类、样品的成分、所用谱仪以及试验条件有关。波谱仪的探测极限为0.01%～0.1%；能谱仪的探测极限为0.1%～0.5%。

7. 元素分析范围

波谱仪可以测量$_{5}$Be～$_{92}$U之间的所有元素，而能谱仪由于采用吸收超轻元素的X射线很严重的铍窗，而只能分析原子序数在$_{11}$Na以上的元素；但新的能够分析从$_{5}$Be以上的探测器现已问世。

8. 仪器的维护

能谱仪无机械传动部件，体积小，适于附加到现有电子光学微观分析仪器上去。但是Si(Li)半导体探测器无论工作与否，都必须始终保持在液氮冷却的低温状态，否则晶体内锂的浓度分布状态会在室温下扩散而变化，使功能下降甚至完全被破坏。波谱仪在维护上没有这种特殊的要求。

9. 定量方法

能谱仪除可以进行标样定量分析外，还可以进行无标样定量分析。而波谱仪无法进行无标样定量分析。因此，当缺少某种元素的标样时，波谱仪只能对该元素进行半定量分析。波谱仪的定量分析误差(1%～5%)远小于能谱仪的定量分析误差(2%～10%)。

根据上述分析，能谱仪和波谱仪各有特点，彼此不能取代，只能是互相补充。两种谱仪的特点特别适用于扫描电镜和透射电子显微镜的工作条件，因此在这些设备的镜筒或样品室部位都留有供安装能谱仪或波谱仪的窗口。一般来说，扫描电镜可观察凸凹不平的试样，因此常选购能谱仪作为附件，但如需精确的定量分析，则可再配备波谱仪。

11.4 电子探针分析方法和应用

11.4.1 分析方法

电子探针常用来对样品上某一点、某一方向的选定直线和样品表面进行成分分析，相应地分别采用点分析、线分析和面分析三种方法。而点分析的结果是用确定时间的计数大小给出来的，线分析的信息则表现为计数率的变化，面分析的信息由阴极射线管的亮度表现出来。

1. 点分析

点分析用于测定样品上某个指定点的化学成分，被分析的选区尺寸可以小到1μm。通过谱仪采集定点微区的X射线波谱或能谱，然后对谱图进行定性和定量分析。定点微区成分分析是电子探针成分分析的特色工作，它在合金沉淀相和夹杂物的鉴定方面有着广泛的应用。此外，在合金相图研究中，为了确定各种成分的合金在不同温度下的相界位置，提供了迅速而又方便的测试手段，并能探知某些新的合金相或化合物。

波谱定性分析首先采用光学显微镜选定样品表面被分析的微区或粒子，然后用电子束轰击该区域，使样品产生所含元素的特征X射线。驱动波谱仪中的分光晶体和探测器，连续地改变L值和晶体的衍射角θ，不断采集定点微区的X射线特征波谱，得到试样所含元素的特征X射线全谱，就是X射线信号强度I随波长λ的变化曲线。根据布拉格定律$n\lambda=2d\sin\theta$，由衍射角θ可确定每个峰的波长λ，再根据莫塞莱定律$(c/\lambda)^{1/2}=K_1(Z-K_2)$可查出所含元素的种类。

能谱定性分析是一种快速而有效的分析方法。细聚焦电子束轰击试样选定微区，激发出样品中所含元素的特征X射线。直接利用能谱仪的探测器采集不同元素的不同特征X射线的能量，几分钟内即可得到$_{11}$Na～$_{92}$U内全部元素的X射线谱线，从而可以确定各谱峰的能量值，再通过查表和释谱，就可以测定出样品成分，这就是能谱定性分析过程。在能谱仪或波谱仪的元素定性释谱过程中，必须充分注意背景的判别、峰的重叠、峰的位移、逃逸峰和干扰峰等问题，不然，就很难获得准确的分析结果。目前，整个释谱工作可以在计算机程序控制下自动进行。

图11.12所示为TC4钛合金表面激光熔覆B_4C后涂层各组成相的能谱仪点分析。X射线衍射分析结果表明激光熔覆涂层中存在TiB和TiB_2化合物。为了确定须状相C_1和棒状相C_2中哪个是TiB和TiB_2，分别对这两相进行能谱仪点分析，如图11.12(b)、(c)所示，并得到各组成相中所含元素相对含量，见表11-2。根据表11-2中C_1和C_2的原子定量百分比差值可以看出，C_1比C_2的B元素含量百分比值小，说明须状相C_1为TiB，而棒状相C_2为TiB_2。

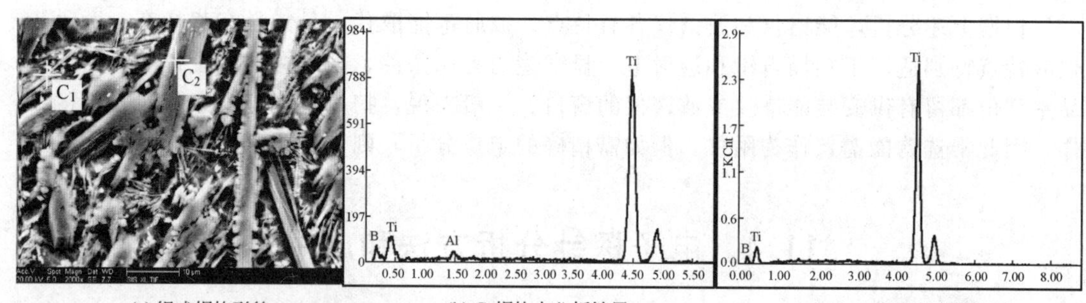

(a) 组成相的形貌　(b) C_1相的点分析结果　(c) C_2相的点分析结果

图11.12　TC4钛合金表面激光熔覆B_4C后涂层组织中C_1和C_2相的能谱仪点分析

表11-2　B_4C激光熔覆涂层组织中各组成相的元素相对含量

组成相＼元素	Ti	B	C	其他
C_1	20.43	68.60	4.42	6.55
C_2	12.09	82.26	2.06	3.59
TC4	78.56	6.72	3.04	11.68

2. 线分析

线分析用于测定某种元素沿给定直线分布的情况。方法是将波谱仪或能谱仪设置在要测某种元素的特征 X 射线的波长或能量位置上，使样品和电子束沿指定的直线做相对运动(可以是样品不动，电子束扫描；也可以是电子束不动，样品移动)，便可得到该元素沿直线特征 X 射线强度的变化，从而反映该元素沿直线的分布情况。改变谱仪的位置，便可得到另一个待测元素的 X 射线强度分布；改变直线的位置，便可得到该元素沿新线的 X 射线强度分布的情况。线分析过程中，入射电子束在样品表面沿选定的直线轨迹(穿越粒子或界面)扫描，可以方便地取得有关元素分布不均匀性的资料。

图 11.13 所示为 $Al_2O_3 \cdot SiO_2$ 纤维增强加入了 7%Cu 元素的铝基复合材料界面的 Cu、Al 和 Mg 元素的线分析。显然，加入到铝基体中 7%Cu 元素基本上富集在 $Al_2O_3 \cdot SiO_2$ 纤维和 Al 基体之间的界面上。

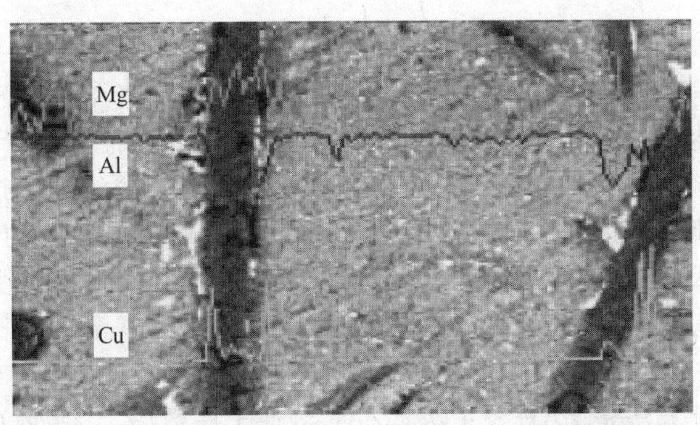

图 11.13 $Al_2O_3 \cdot SiO_2$/Al－Cu 复合材料界面元素线分析

3. 面分析

用于测定某种元素的面分布情况，谱仪与线分析时一样，固定在接收某一元素的特征 X 射线位置上，让入射电子束在样品表面作二维的光栅扫描，在荧光屏上便可得到该元素的面分布图像。图像中的亮区表示这种元素的含量较高。若把谱仪的位置固定在另一位置，则可获得另一种元素的浓度分布图像。

图 11.14 所示为对 SiCw/Al－18Si－Sr 复合材料显微组织同一区域进行 Si 和 C 元素面扫描的电子像。分辨复合材料中哪个是共晶硅 Si 哪个是晶须 SiC 的方法是：Si 和 C 元素

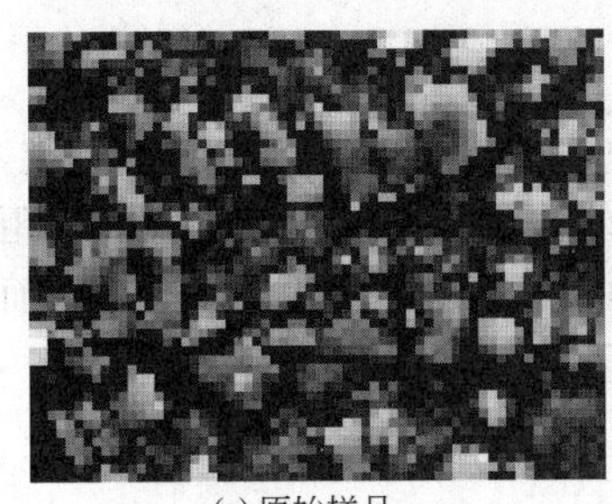

(a) 原始样品

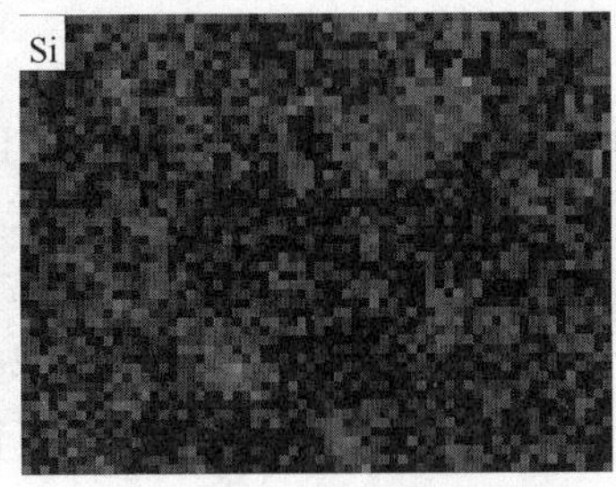

(b) Si成分面扫描

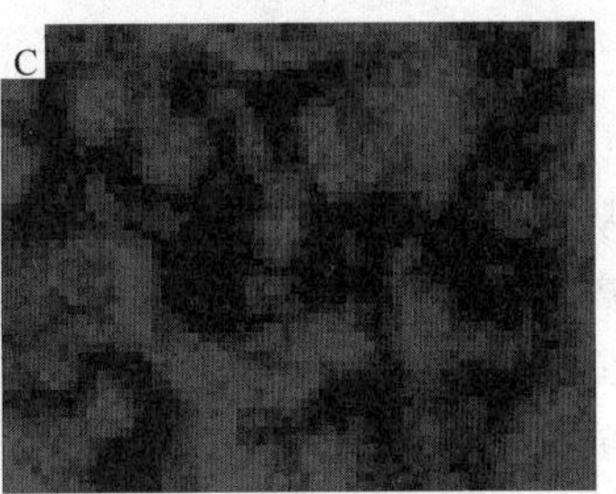

(c) C成分面扫描

图 11.14 SiCw/Al－18Si－Sr 复合材料组织的能谱面分析

含量多的颗粒是SiC晶须，Si含量多而C含量少的颗粒就是共晶硅组织。通过比较分析，SiC晶须形貌大都是平行块状，有明显的断裂端面。共晶硅组织多呈颗粒状，无断裂端面。

11.4.2 定量分析和校正

电子探针定量分析的依据是：元素的特征X射线强度和该元素在试样中的质量分数成比例。因此特征X射线强度的测量是电子探针定量分析的基础。在定量分析时，先测出样品中元素 y 的特征X射线强度 I_y；再在同样的试验条件下，测出具有元素 y 质量分数为 C_0 的标准样品中元素 y 的特征X射线强度 I_0。两者之比即表示其相对强度。即

$$K_y=\frac{I_y}{I_0} \tag{11-2}$$

如被测样品中元素 y 的浓度用 C_y 表示时，若不考虑特征X射线在样品中的吸收及荧光激发效应等，那么该元素的X射线强度和质量分数之间的关系可以近似地表示为

$$\frac{I_y}{I_0}=\frac{C_y}{C_0}=K_y \tag{11-3}$$

式(11-3)称为卡斯坦一级近似公式。当把用100%的元素 y 构成的纯物质样品作为标准样品来使用时，由于这时的 $C_0=1$，所以 $C_y=K_y$。因此，根据测量到的特征X射线相对强度 K_y 就可求出样品中所含该元素的质量分数 C_y。但直接将 K_y 当做 C_y，其结果只能是半定量分析，与真实浓度之间存在常达20%的误差。因为检测到的X射线强度受样品中元素原子序数、吸收效应和二次荧光等因素所影响，所以特征X射线强度与被测元素的质量分数之间并非呈现简单的线性关系，因此必须对实际观测的X射线强度进行各种校正。

目前常用校正计算法是ZAF校正法，ZAF为原子序数(Z)、吸收(A)和荧光(F)三项修正的英文缩写首字母的组合。ZAF校正的定量计算就是：被测元素的浓度 C_y 的求得要对相对强度 K_y 进行这三种效应的修正。

1. 原子序数效应的修正(Z)

当入射电子进入样品以后，由于受到各种弹性或非弹性散射，运动轨迹发生变化，同时能量逐渐下降，这就是样品物质对入射电子的阻止作用。样品化学成分也就是原子序数不同，通过它们对入射电子的阻止作用也不同，由此使激发产生的X射线强度发生变化。同时，当入射电子受样品内原子的背反射而重新离开样品时，将带走一部分原来可以激发射线信号的入射能量，使X射线强度受到损失。鉴于阻止作用和背反射效应都与样品原子序数有关，因而将其称为原子序数校正。

2. 吸收效应修正(A)

入射电子所激发的特征X射线在射出样品表面的过程中，必然受到试样本身的吸收，从而损失一部分强度。其吸收程度除与样品中化学成分有关外，还与激发位置至表面的距离等因素有关。由于被分析的试样和纯 y 元素标样中所包含的元素种类及含量不同，因而X射线所受到的吸收程度也不相同，这称为吸收效应，是电子探针定量分析中最重要的一项校正。

3. 荧光效应修正(F)

除了入射电子可直接激发产生 y 元素的特征X射线外，试样中其他元素的特征X射

线和连续谱中波长较短的X射线也会激发 y 元素的特征X射线。后者称为二次X射线或荧光X射线。直接由入射电子所激发的一次X射线和间接由X射线所激发的荧光X射线，其波长是相同的，计算器无法把它们区分开来，这种效应称为荧光效应。显然，荧光激发效应导致测得的 y 元素特征X射线强度提高。

为了使测得的 K_y 等于 C_y，必须对上述三种效应进行修正，这样得出的关系式为

$$C_y = \mathrm{ZAF}K_y \tag{11-4}$$

ZAF方法是在一些简化的物理模型基础上建立起来的理论修正方法，其主要优点是采用分离的方法，将不同的物理现象分别开来，容许对每一种物理作用寻找最适当的表达式，以给出准确的修正计算。ZAF方法修正方案由于不同作者所采用的物理参数不同而各不相同。目前得到各国广泛使用的，被称为经典的ZAF修正方法，包括Duncumb和Reed的原子序数校正，采用Heinrich参数简化的Philibert吸收校正，以及Reed和Springer的荧光校正。定量分析计算是非常烦琐的，现在都是通过电子计算机来进行数据处理的，自动进行修正。经过修正计算后，一般情况下对于原子序数大于11、质量分数大于10%的元素来说，修正后的质量分数误差可在±2%以内。

11.4.3 电子探针应用

电子探针的最早应用领域是金属学，后来用于陶瓷、塑料、纤维等非金属材料的成分研究与检测方面，并能对牙齿、骨骼、细胞、木材、树叶和根等生物样品中含有的元素进行探测。因而电子探针无论在金属材料领域，还是在地质、生物、化工等领域都已得到广泛的应用。下面介绍电子探针主要在金属材料领域的应用。

1. 测定合金中相成分

合金中的析出相往往很小，有时几种相同时存在，因而用一般方法鉴别十分困难。例如，不锈钢在1173K以上长期加热后，析出很脆的δ相和χ相，其外形相似，金相法难以区别。但用电子探针测定Cr和Mo的成分，可以从Cr/Mo的比值来区分δ相(Cr/Mo为2.63～4.34)和χ相(Cr/Mo为1.66～2.15)。

2. 测定夹杂物

钢中大多数非金属夹杂物对性能起不良的影响。用电子探针能很好地测定出夹杂物的成分、大小、形状和分布，这为选择合理的生产工艺提供了依据。

3. 测定元素的偏析

在冶炼、铸造、焊接或热处理过程中，材料中往往不可避免地会出现众多的微观现象，如晶界偏析、树枝状偏析、焊缝中成分偏析等，而用“电子探针”可以对它们进行有效地分析。绝大多数金属材料都是通过熔炼和结晶获得。各种元素熔点不同以及晶界与晶粒内部结构上的差异，往往会造成金属在结晶和热处理过程中晶界元素的富集或贫乏现象；而焊接时，母材与焊缝常存在造成元素的偏析现象；在铸造合金中由于元素的因素也会引起成分的偏析。这些偏析现象有时对材料的性能会带来极大的危害，用电子探针进行面扫描就可以很直观地看到偏析的情况。

4. 研究元素扩散现象及测定渗层厚度

利用电子探针研究金属材料的氧化和腐蚀问题，测定薄膜、渗层或镀层的厚度和成分

等问题，是机械构件失效分析、生产工艺的选择、特殊用材的剖析等的重要手段。过去研究这类问题一般采用放射性示踪原子或剥层化学分析方法。若采用电子探针分析，则更为简便。在垂直于扩散面的方向上进行线分析，即可显示元素浓度与扩散距离的关系曲线；若以微米距离逐点分析，还可测定扩散系数和扩散激活能。同样可以测定化学热处理渗层以及氧化和腐蚀层厚度和元素分布。例如，用线分析方法清楚地显示出元素从氧化层表面至内部基体的分布情况。如果把电子探针成分分析和X射线衍射相分析结合起来，这样能把氧化层中各种相的形貌和结构对应起来。而用透射电子显微镜难以进行这方面的研究，因为氧化层常疏松难以制成金属薄膜。

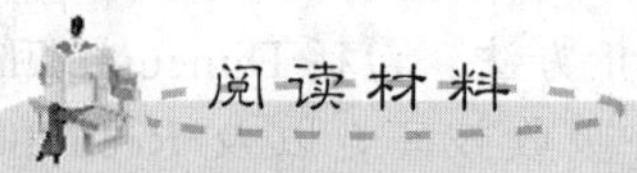

电子探针的发展历史

电子探针X射线显微分析仪(Electron Probe X-ray Microanalyzer，EPMA)是制造第一台这种仪器的法国R. 卡斯坦(R. Castaing)命名的，尽管“电子探针”这个名称不太确切，但国内已普遍采用“电子探针”这一名称。而在国外，电子探针X射线显微分析仪的名称还很不统一，各国叫法也不尽相同，如“微区X射线光谱分析仪”、“电子探针X射线分析仪”、“X射线显微分析仪”、“电子探针显微分析仪”、“分区扫描探针X射线显微分析仪”等。虽名称各异，但内容相同，其名称缩写(EPMA)已得到世界各国一致认可。一般通称为电子探针X射线显微分析仪，以下简称电子探针仪。

电子探针显微分析技术最初是建立在X射线光谱分析和电子显微镜这两门技术领域基础之上，该仪器实质上就是由这两种设备组合而成。虽然在电子与物质的交互作用中，电子与X射线的关系非常密切。入射电子可以激发出初级X射线，而后者又可以激发出光电子，同时产生次级X射线(荧光)。但是，这个特点在早期仪器的发展中并没有被利用，而是电子与X射线的发展分道扬镳，分别制成透射电子显微镜和X射线荧光谱仪，两者毫无联系。这主要是由于首先，电子直接激发出的初级X射线是连续谱线且背景高，峰背比要比荧光光谱低一个量级，显著影响成分分析的灵敏度和精确度；其次，待测试样要放在高真空中，当时高真空技术还不是很发达和普及，这就成为一个大的技术障碍。因此X射线荧光光谱仪先于初级X射线谱仪发展成为一个通用的成分分析仪器并得到广泛应用。

到了20世纪40年代，电子显微镜及X射线荧光光谱仪都已发展到较高水平，高真空技术也已普及，因此把这两种仪器结合起来制成电子探针仪的条件已经成熟。1942年美国无线电公司实验室的J. 希勒(J. Hillier)首先描述了电子探针的工作原理。1949年卡斯坦把电子显微镜、X射线分光计和金相显微镜加以改造和组合，制成了第一台试验室型电子探针。1958年，法国卡默卡(Cameca)公司研制成功了第一台定点式商品化仪器。从1949—1956年电子探针仪技术的发展可见，在这一时期内，各国着重于对仪器的试制方面。而仪器本身，均是由电子显微镜的电子枪加X射线光谱仪和金相显微镜三部分改装而成，只能作点的固定分析而不能扫描。

1956年以后英国卡文迪士实验室的P. 邓卡姆(P. Duncumb)吸取扫描电镜和X射线显微镜技术，发展制成扫描式X射线显微分析仪。也就是说，在前面电子探针仪的基础上增加了电子图像和X射线图像的观察方法。这一技术的发展，极大地扩展了电子探针仪的应用范围，从而提高了它的使用价值。正式的第一台扫描式电子探针仪是在1960年制成的，是由D. A. 麦尔福特(D. A. Melford)、V. E. 柯士莱特(V. E. CossLett)和邓卡姆(Duncumb)三人共同研制成功的。此种仪器比前述的卡斯坦式电子探针仪优越之处是：电子探针不仅能固定于一点进行成分分析，而且电子探针能对样品表面一微区进行扫描。这一贡献扩大了电子探针的功能和应用范围，所以现代的电子探针都是扫描型电子探针。由此可见，从1956—1960年国外电子探针仪技术的发展是定点分析向扫描分析过渡的阶段。

1960年以后，电子探针仪作为定型仪器，由厂家生产，在世界范围内普遍推广使用。电子探针仪的发展主要是扩大其应用范围，有的还附加另一些附件，使之除作微区成分分析外，还能观察和研究微观形貌、晶体结构等。这个时期仪器本身没有发生根本性的变化，其中较突出的成就之一，就是20世纪60年代中期，把大晶面间距的人工皂膜伪晶体用于分光晶体，这解决了轻元素的分光问题，使波谱仪检测元素的范围从$_{11}Na-_{92}U$扩展到$_{5}B-_{92}U$。近年来，随着制膜技术的发展，各种优于皂膜的多层膜伪晶体用于分光晶体，改善了轻元素检测的波长分辨率和检测下限量。60年代末，Si(Li)半导体探测器的问世给X射线显微分析带来了革命性的变化，由它制成的能谱仪伴随着用分光晶体的波谱仪在微区成分分析中共同起着重要的作用。能谱仪特别适用于配备在扫描电子显微镜上作为成分分析的X射线检测系统。它提供了快速的半定量和定量分析。现在，能谱仪在轻元素的检测方面有了长足的进展。

自从电子计算机进入电子探针，使电子探针发展进入了一个新时期。利用电子计算机控制分析程序和进行数据处理，使烦琐的、人工难于计算的定量分析成为快速的常规的分析，并提高了分析精度。自1984年来，高速度、大存储量的计算机引入，不仅进一步完善了谱仪的定量分析方法，而且能进行图像处理和图像分析。

小　　结

电子探针是在电子光学和X射线光谱学原理的基础上发展起来的一种高效率分析仪器。本章主要介绍了电子探针仪、波谱仪和能谱仪的工作原理和结构，以及电子探针的分析方法和其在材料研究方面的应用。

关键术语

电子探针　波谱仪　能谱仪　X射线检测器　点分析　线分析　面分析

习　题

1. 波谱仪和能谱仪的工作原理是什么？各有什么优缺点？

2. 弯曲分光晶体有哪两种聚焦方式，并说明其特点。

3. 回转式波谱仪和直进式波谱仪的区别是什么？

4. 什么是Si(Li)半导体探测器？有什么特点？

5. 电子探针有哪三种分析方法，并举例说明这三种分析方法如何应用在材料微区成分分析中？

第12章 其他近代材料测试方法

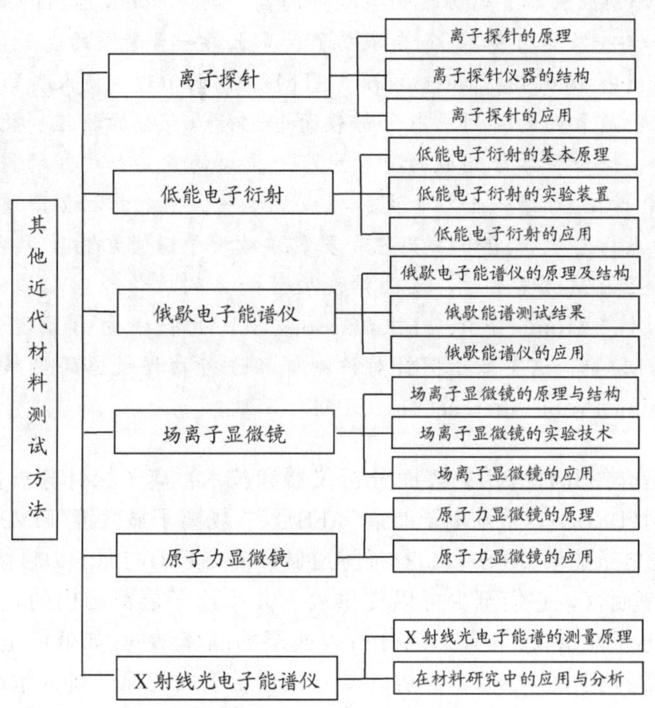

教学目标与要求

- 了解离子探针、低能电子衍射、俄歇电子能谱仪、场离子显微镜、原子力显微镜、X射线光电子能谱仪的原理及结构
- 了解离子探针、低能电子衍射、俄歇电子能谱仪、场离子显微镜、原子力显微镜、X射线光电子能谱仪在材料分析方面的应用

导入案例

自从1933年德国Ruska和Knoll等人在柏林制成第一台电子显微镜后，几十年来，有许多用于表面结构分析的现代仪器先后问世。如透射电子显微镜(TEM)、扫描电子显微镜(SEM)、场电子显微镜(FEM)、场离子显微镜(FIM)、低能电子衍射(LEED)、俄歇电子能谱(AES)仪、光电子能谱议、电子探针等。这些技术在表面科学各领域的研究中起着重要的作用。但任何一种技术在应用中都会存在这样或那样的局限性，例如，低能电子衍射及X射线衍射等衍射方法要求样品具备周期性结构，光学显微镜和SEM的分辨率不足以分辨出表面原子，高分辨透射电子显微镜主要用于薄层样品的体相和界面研究，场电子显微镜和场离子显微镜只能探测在半径小于100nm的针尖上的原子结构和二维几何性质，且制样技术复杂，可用来作为样品的研究对象十分有限；还有一些表面分析技术，如X射线光电子能谱(ELS)等只能提供空间平均的电子结构信息；有的技术只能获得间接结果，还需要用试差模型来拟合。此外，上述一些分析技术对测量环境也有特殊要求，如真空条件等。

1982年，国际商业机器公司苏黎世实验室的葛·宾尼(Gerd Binnig)博士和海·罗雷尔(Heinrich Rohrer)博士及其同事共同研制成功了世界上第一台新型的表面分析仪器——扫描隧道显微镜(Scanning Tunneling Microscope，STM)。它的出现，使人类第一次能够实时地观察单个原子在物质表面的排列状态和与表面电子行为有关的物理、化学性质，在表面科学、材料科学、生命科学等领域的研究中有着重大的意义和广阔的应用前景，被国际科学界公认为20世纪80年代世界十大科技成就之一。为表彰扫描隧道显微镜的发明者们对科学研究的杰出贡献，1986年宾尼和罗雷尔被授予诺贝尔物理学奖。

在扫描隧道显微镜出现以后，又陆续发展了一系列工作原理相似的新型显微技术，包括原子力显微镜(Atomic Force Microscope，AFM)、横向力显微镜(Lateral Force Microscope，LFM)等，这类基于探针对被测样品进行扫描成像的显微镜统称为扫描探针显微镜(Scanning Probe Microscope，SPM)。

本章将扼要地介绍几种有用的表面分析仪器和技术：离子探针分析仪或二次离子质谱仪、低能电子衍射(LEED)、俄歇电子能谱(AES)仪、场离子显微镜(FIM)和原子探针(Atom Probe)、X射线光电子能谱(XPS)仪、扫描隧道显微镜(STM)与原子力显微镜(AFM)。

从空间分辨率而言，它们至少可以提供表面几个原子层范围内的化学成分(如二次离子质谱仪、俄歇电子能谱仪)，有的能分析表面层的晶体结构(如低能电子衍射)，而场离子显微镜和原子探针则可以在原子分辨的基础上显示表面的原子排列情况乃至鉴别单个原子的元素类别。

12.1 离子探针

离子探针的学名叫二次离子质谱仪(Second Ion Mass Spectroscopy，SIMS)，它在功能上与电子探针类似，只是以离子束代替电子束，以质谱仪代替X射线分析器。与电子探针相比，离子探针有以下几个特点：

1) 由于离子束在固体表面的穿透深度(几个原子层的深度)比电子束浅，可对这样的极薄表层进行成分分析；

2) 可分析包括氢、锂元素在内的轻元素，特别是氢元素，这种功能是其他仪器不具备的；

3) 可探测痕量元素的极限为 50×10^{-9}，电子探针的极限为 0.01%；

4) 可作同位素分析。

12.1.1 离子探针的原理

离子探针的原理是利用能量为 1～20keV 的离子束照射在固体表面上，激发出正、负离子(溅射)，利用质谱仪对这些离子进行分析，测量离子的质荷比和强度，从而确定固体表面所含元素的种类和数量。

1. 溅射

离子探针的正和负二次离子质谱图可直接提供表面化学组成；当细聚焦的一次离子束扫描时，就可以得到样品表面二维化学成分像。按操作条件的不同，离子探针可以分为两类离子探针。一类为静态 SIMS (static SIMS，SSIMS)，所用一次束流密度很弱，约 10^{-9} A/cm^2。此时表面一个单原子层寿命达几个小时，主要用于获取样品表面最顶层化学成分而又不破坏表面成分和结构。另一类为动态 SIMS (dynamic SIMS，DSIMS)，所用一次束流密度很大，约 1A/cm^2，引起单层寿命很短，约 10^{-3}s。用于连续地剥蚀样品表层而检测到较顶层的体相物质成分，并可进行组分浓度的深度剖析。用聚焦扫描束的动态 SIMS，还可进行三维成像分析。在半导体和集成电路分析中应用得最成功。为了正确地解释二次离子质谱图，必须了解这个发射(溅射)过程。

被加速的一次离子束照射到固体表面上，打出二次离子和中性粒子等，这个现象称作溅射。溅射过程可以看成是单个入射离子和组成固体的原子之间独立的、一连串的碰撞所产生的。图 12.1 所示为入射的一次离子与固体表面的碰撞情况。入射离子一部分与表面发生弹性或非弹性碰撞后改变运动方向，飞向真空，这叫做一次离子散射(图 12.1 中黑色粒子)；另外有一部分离子在单次碰撞中将其能量直接交给表面原子，并将表面原子逐出表面，使之以很高能量发射出去，这叫做反弹溅射(图 12.1 中白色粒子)；然而在表面上大量发生的是一次离子进入固体表面，并通过一系列的级联碰撞而将其能量消耗在晶格上，最后注入到一定深度(通常为几个原子层)。固体原子受到碰撞，一旦获得足够的能量就会离开晶格点阵，并再次与其他原子碰撞，使离开晶格的原子增加，其中一部分影响到表面，当这些受到影响的表面或近表面的原子具有逸出固体表面所需的能量和方向时，它们就按一定的能量分布

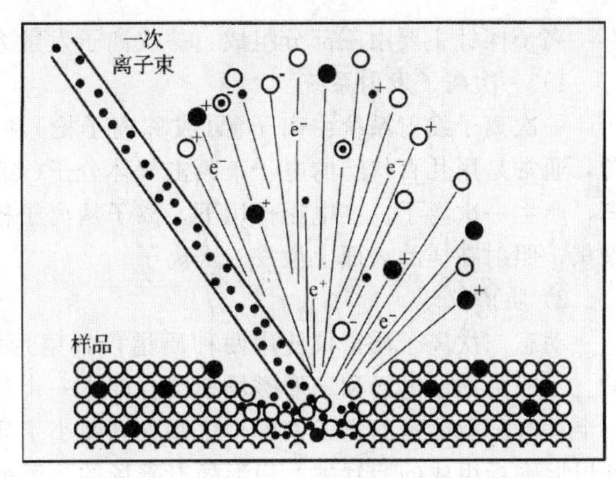

图 12.1 离子与固体表面的相互作用

和角度分布发射出去。通常只有2～3个原子层中的原子可以逃逸出来，因此二次离子的发射深度在1nm左右。可见，来自发射区的发射粒子无疑代表着固体近表面区的信息，这正是离子探针能进行表面分析的基础。

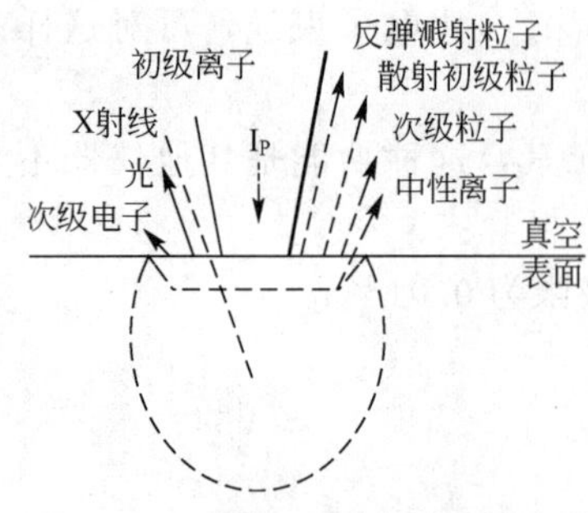

图 12.2 离子与表面相互作用时表面产生的发射现象

一次离子照射到固体表面引起溅射的产物种类很多，如图12.2所示，其中二次离子只占总溅射产物的很小一部分(占0.01%～1%)。影响溅射产额的因素很多，一般来说，入射离子原子序数越大，即入射离子越重，溅射产额越高；随着入射离子能量越大，溅射产额增高，但当入射离子能量很高时，它射入晶格的深度加大将造成深层原子不能逸出表面，溅射产额反而下降。

2. 离子探针的结构

离子探针的基本结构如图12.3所示。

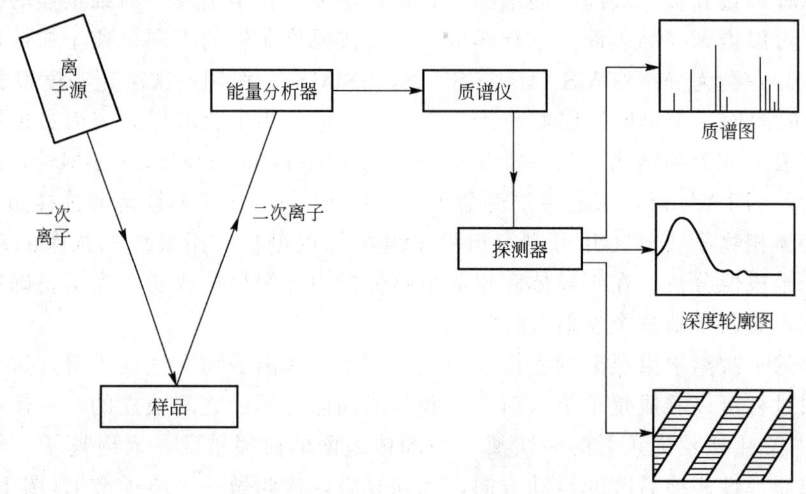

图 12.3 离子探针的基本结构

离子探针主要由三部分组成：一次离子发射系统、质谱仪和二次离子探测器。

1) 一次离子发射系统

一次离子发射系统由离子源(或称离子枪)和透镜组成。离子源是发射一次离子的装置，通常是用几百伏特的电子束轰击气体分子(如惰性气体氦、氖、氩等)，使气体分子电离，产生一次离子。在电压作用下，离子从离子枪内射出，再经过几个电磁透镜使离子束聚焦，照射在样品表面上激发二次离子。

2) 质谱仪

动态二次离子质谱仪使用两种质谱仪，扇形磁场形和四极结构，其中前者是最常用的。一般由扇形电场和扇形磁场相结合产生一个双焦装置。磁分析器自身将彩色失真引进一个具有分散能量的离子束中，这些失真减小了质量分辨。在一系列的由一个扇形静电场和扇形磁场组成的装置中，扇形静电磁场的分散能量恰恰能补偿磁铁的能量分散。光谱仪调整从扇形静电场到扇形磁场所需位置的跨接，如图12.4所示。

当离子束通过磁场时，离子在直角处受力，即垂直于运动方向和磁场方向。式(12-1)表明磁场(B)、离子加速电压(V)、荷质比(m/q)及离子在磁场中的运动轨迹的曲率半径(r)之间的关系。

$$m/q=\frac{B^2}{2V}\cdot r^2 \qquad (12-1)$$

那么

$$r=\sqrt{\frac{2mV}{qB^2}} \qquad (12-2)$$

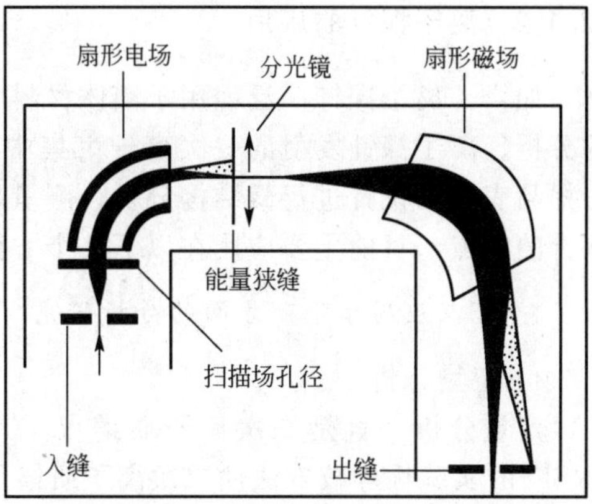

图 12.4 双焦结构的质谱仪示意图

可见荷质比相同的离子具有相同的运动半径。所以经过扇形磁场后，离子按 m/q 聚焦在一起，同 m/q 的离子聚焦在出口狭缝处的成像面上。

四极质量分析器发明于 1953 年，如图 12.5 所示，许多的分析仪，包括 SIMS，采用四极形式。理想状态下，极杆具有双曲线形，但是这种几何形状能够近似成空间环形杆。

图 12.5 四极结构原理图

典型的四极质谱仪极杆的直径是 1cm，长 20cm。离子从左以相对低能进入极杆(0～25 eV)。自从离子能够具有比 25eV 更宽的能力范围后，扇形静电场形式则优于四极形式。在杆上的交流电压和直流电压引起离子在进入四极时发生振荡。具有恒定电压的离子以单一的荷质比进行稳定的振荡并通过极杆，其他具有不稳定振荡的离子就会击打在极杆上。交流电压和直流电压的交变频率保持恒定，扫描电压扫描质子谱。

3) 二次离子探测器

最常用的二次离子质谱仪共有四个探测器，这些包括离子计数器电子倍增管、法拉第罩和两个离子成像探测器。如图 12.6 所示为这些探测器的装置示意图。离子计数器电子倍增管是最灵敏的探测器，必须保护起来，以防备强电子束。当过来的离子信号太高时，法拉第罩探测器就会移动螺线管盖住电子倍增管。二次离子的记录和观察系统与电子探针相似，可在阴极射线管上显示二次离子像，给出某元素的面分布图，或在记录仪上画出所有元素的二次离子质谱图。

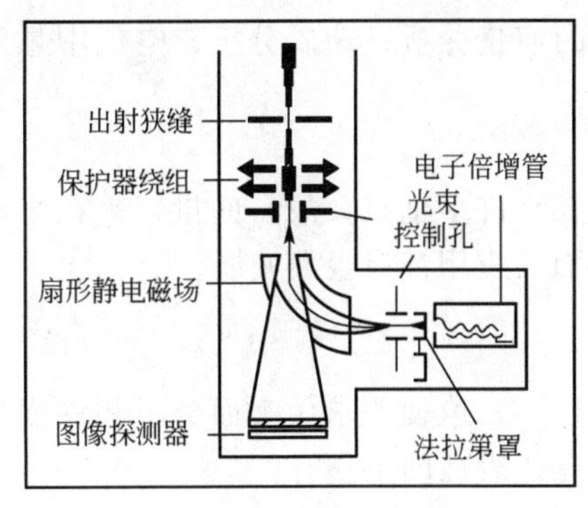

图 12.6 二次离子探测器

12.1.2 离子探针的应用

如今，离子探针广泛地用于固体材料的痕量元素的分析，尤其用于半导体和薄膜方面的分析。离子探针发射的一次离子束集中在直径不超 1μm 的范围内。通过控制离子束撞击样品表面的位置进行微结构分析，测量显微镜扫描范围内的元素的侧向分布。根据离子探针的特点，目前主要应用在以下几个方面。

1. 可以应用于下列方面的分析研究

1）定量分析

定量分析一直是二次离子质谱仪工作者追求的目标。近几年采用相对灵敏度因子(RSF)的实验标样校准法使二次离子质谱仪定量分析精度可达 10%～20%。为了使二次离子质谱仪定量分析更广泛、更常规化，人们主要在两个方面做了大量工作。一方面不断给出各种基体中越来越多元素的相对灵敏度因子，努力寻找影响相对灵敏度因子的因素，为此做了大量巡回检测工作。定量分析的另一方面是关于参考物质(标样)。定量分析重复性和精度的要求对二次离子质谱仪标样提出了越来越苛刻的条件。在应用方面，有机物或聚合物杂质定量分析是一个活跃话题，克服多层结构以及界面定量分析中的基体效应是一个难点。

2）表面分析

表面分析包括单分子层的分析，诸如催化、腐蚀、吸附和扩散等一些表面现象均通过二次离子质谱仪获得了成功的分析研究。

3）深度剖面分析

此处是深度大于 50nm 的分析。在诸如薄膜分析、扩散和离子等有关研究中，二次离子质谱仪是测定杂质和同位素的深度浓度分布最有效的表面分析工具。在不断剥离的情况下进行二次离子质谱仪分析，就可以得到各种成分的深度分布信息。

4）面分析

通过离子成像法可以提供关于元素横向分布的信息和适当条件下单定量信息。目前离子成像已经用于研究晶界析出物、冶金和单晶的效应、横向扩散、矿物相的特征以及表面杂质分布等。二次离子质谱仪成像还用于共聚物、催化剂、生物样品等有机样品分析。

5）微区分析

微区分析(区域直径小于 25μm 的微区)用于元素的痕量分析、杂质分析、空气中悬浮粒子的分析等。

6）体分析

体分析，即对固体一般特性的分析。由于离子探针有许多优点，故自问世以来在半导体、金属、矿物、环境保护、同位素和催化剂各个方面的应用都有很大发展。

2. 在半导体材料方面的应用

由于半导体材料纯度要求很高，要求分析的区域最小，迫切要求做表面分析和深度分析，因此也是最适合离子探针发挥作用的领域，其中有代表性的工作有：

(1) 表面、界面和体材料的杂质分析；

(2) 离子注入浓度及掺杂的测定；

(3) 在失效分析方面的应用。

3. 在金属材料方面的应用

离子探针在金属材料的表面薄层深度和微量分析方面应用是很广泛的。

(1) 测定各种钢材和合金表面的钝化膜、渗氮层、氧化膜中的成分；

(2) 测定各种金属之间的相互扩散、渗透，了解其性质；

(3) 测定钢和金属的析出相、夹杂物、碳化物的成分、稀土元素以及硼、磷等在钢材晶界上的偏析；

(4) 测定注入到金属表层中的掺杂元素的深度分布；

(5) 测定金属表面的沾污和沾物的成分。

4. 在地质矿物方面的应用

由于离子探针不需要预先分离样品，样品消耗量少，并可以直接利用电学方法加以记录，因此在地质方面有着广泛的应用：

(1) 测定陨石中微量元素含量及其分布，以及同位素的丰度比。

(2) 测定月球上的稀土元素、碱土元素并与地球上的元素进行对比。

(3) 测定长石中的氧、氟化锂中的氟、云母中的钾的扩散。

(4) 测定矿物表面的氧化层的成分，找出最佳的选矿工艺。

5. 在生物样品方面的应用

(1) 测定牙齿和软骨组织中的微量元素的含量和锂的同位素丰度比。

(2) 研究牙齿中的氟含量与龋齿的关系。

(3) 分析叶子中钙、钾、硼、钠、镁、锰等常见元素的含量，以便研究元素含量的影响。

6. 在陶瓷工业中的应用

(1) 测定磷硅玻璃、氮化硼、硼硅玻璃中的微量元素含量及其分布。

(2) 分析稀土元素在水口砖中的扩散，与稀土浇注结瘤的关系。

12.2 低能电子衍射

现代物理已经探明自然界中存在波粒二象性，即物质同时具有波和粒子性。电子就是极好的例子，当撞击固体物体时，物体表面的原子内有序排列的电子就会发生衍射，就像波衍射一样，并且相互干涉产生衍射花样。由于样品物质与电子的强烈相互作用，常常使参与衍射的样品体积只是表面一个原子层；即使是稍高能量(≥100eV)的电子，也限于2～3层原子，分别以二维的方式参与衍射，仍不足以构成真正的三维衍射，只是使花样复杂一些而已。低能电子衍射的这个重要特点，使它成为固体表面结构分析的极为有效的工具。对衍射图形进行记录和分析能告诉我们物质表面原子的排列。

12.2.1 低能电子衍射的实验装置

如图12.7所示为低能电子衍射的实验装置，其中的电子枪形成具有有限动能分布的电子束。只有弹性散射电子能够产生衍射图样，低能(次级)电子被能量滤波网放置在荧光板前，用于展示衍射图案。

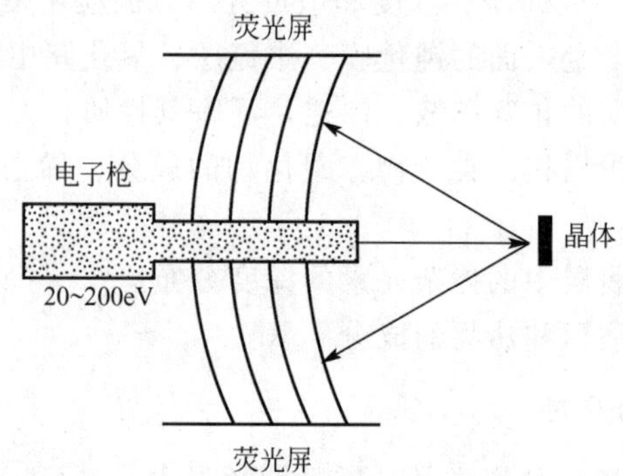

图 12.7　低能电子衍射的实验装置

12.2.2　低能电子衍射的基本原理

根据波粒二象性原理，电子束同样可以认为在样品上的电子波具有连续性。这些波将分散在高浓度电子区域，即表面原子上，表面原子因此被假设为点散射。

电子束的波长由德布罗意关系式给出：

$$\lambda = h/p \tag{12-3}$$

式中　p——电势。

$$p = mv = \sqrt{2mE_k} = \sqrt{2meV} \tag{12-4}$$

式中　m——电子质量(kg)；

v——速率(m/s)；

E_k——动能；

e——电荷；

V——加速电压，即电荷电势。

那么由式(12-3)和式(12-4)可以推出波长为

$$\lambda = \frac{h}{\sqrt{2meV}} \tag{12-5}$$

式中，$h = 6.62 \times 10^{-34}$ J·s；$e = 1.60 \times 10^{-19}$ C；$m = 9.11 \times 10^{-31}$ kg。

上面的推导用在低能电子衍射装置中的电子束波长就相当于原子间距，这一点对要观测的原子结构所相关的衍射结果是必要条件。

首先考虑由散射质点构成的一维周期点列(原子间距为 a)，波长为 λ 电子束垂直于原子链入射。图 12.8 所示为最简单的固体顶层原子的电子束散射图案，如果考虑两个相邻原子的背反射方向与入射方向所成的角为 θ，从图中很容易看到，在表面法线方向有一光程差 δ，光程差的大小为 $a\sin\theta$。当散射光束最终在检波器中相遇并发生干涉时，干涉一定等于波长的整数倍，即

$$\delta = a\sin\theta = n\lambda \tag{12-6}$$

式中　λ——波长；

n——整数(…，-1，0，1，2，…)。

对于两个独立的散射中心，衍射强度在零和最大值之间缓慢变化，若值为零，是相消干涉，此时，$d=(n+1/2)\lambda$；若为最大值时，是全相长干涉，此时 $d=n\lambda$。在这种情况下，具有大的散射周期阵列，然而，衍射强度只有在布拉格条件下才有意义(在布拉格衍射中，使入射光能量几乎全部转移到零级或+1 级(或−1 级))。这时，就完全满足了式(12-4)。图 12.9 表示布拉格条件下的衍射强度曲线。

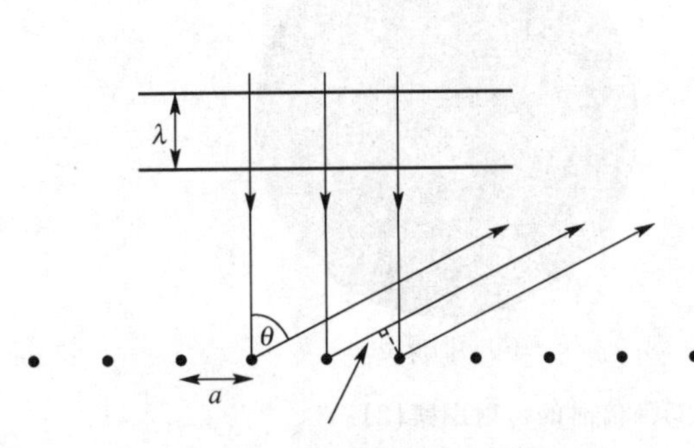

图 12.8　一维周期点列图案

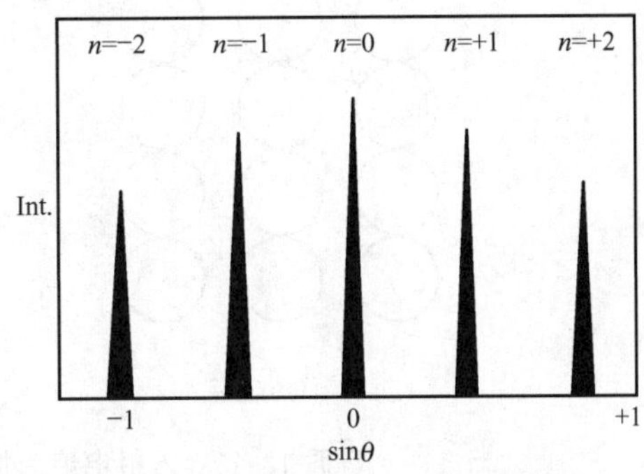

图 12.9　布拉格条件下的衍射强度

从简单的一维图案得到以下几点：

(1) 图案关于 $\theta=0$ 对称(或 $\sin\theta=0$)；

(2) $\sin\theta$ 与$\frac{1}{\sqrt{V}}$成正比(因为 λ 与$\frac{1}{\sqrt{V}}$成正比)；

(3) $\sin\theta$ 与晶格参数 a 成反比。

以上三点综合起来，即所有表面结构衍射形式都表现为对称反射，并且是中心对称，衍射角与电子能的平方根和表面晶格的间距都成反比。

观察晶格(*fcc*(110))表面在低能电子衍射下的图案。图 12.10(a)是表面原子结构的平面图，就像是从低能电子衍射的电子枪的位置观察到的一样(尽管放大很多倍)。主电子束会投射在这个表面，好像就在当前的视点放电一样，从而衍射光束将在背离方向上发生表面散射。图 12.10(b)表明衍射光束如何散射在荧光屏上。图案表明，正交对称的结构与基底表面的是一样的，只不过在真正空间结构的反方向上给拉紧了而已。图案是关于中心光束点(000)处对称，这一点也是衍射图案下的中心点，其对应的返回与衍射电子束垂直的晶体表面(即在一维图案下 $n=0$ 的情况)。

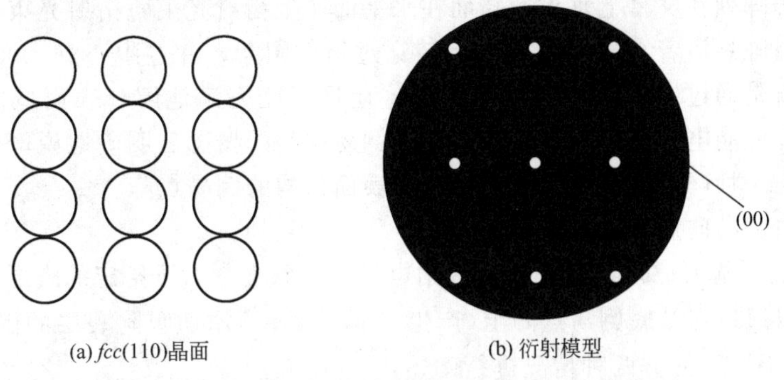

(a) *fcc*(110)晶面　　(b) 衍射模型

图 12.10　*fcc*(110)表面在低能电子衍射下的模型(1)

以上的衍射模型图示表明，仅在一阶情况下的电子束，也就是在低能衍射图案下，$n=1$ 其衍射角为 θ，相对于入射在衍射屏上的衍射光束，θ 足够小。如果入射电子能量是上述情况的两倍，衍射图案将如图 12.11 所示，其中一些二级点就可以见到，整个衍射图案明显朝向中心点收缩。

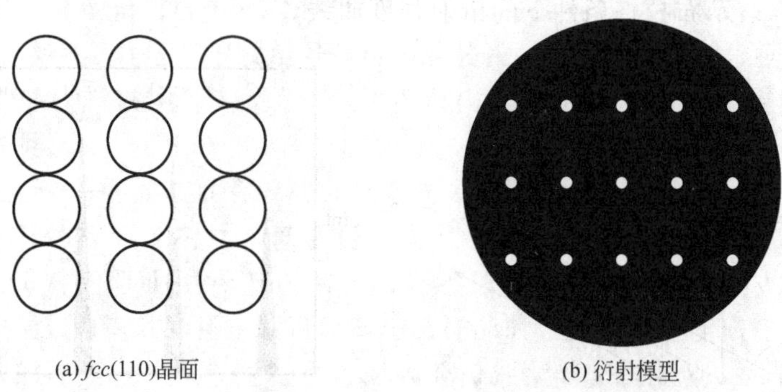

(a) *fcc*(110)晶面　　(b) 衍射模型

图 12.11　入射电能为情况(1)两倍时的衍射图案(2)

图 12.12 是用低能电子衍射仪探测 Cu(110)的实际衍射样品，图 12.12(a)是电子束能量在 90eV 情况下的衍射图案，图 12.12(b)是电子束能量在 140eV 情况下的衍射图案。图中中心阴影是电子枪，衍射图案的中心点就在电子枪的左侧。

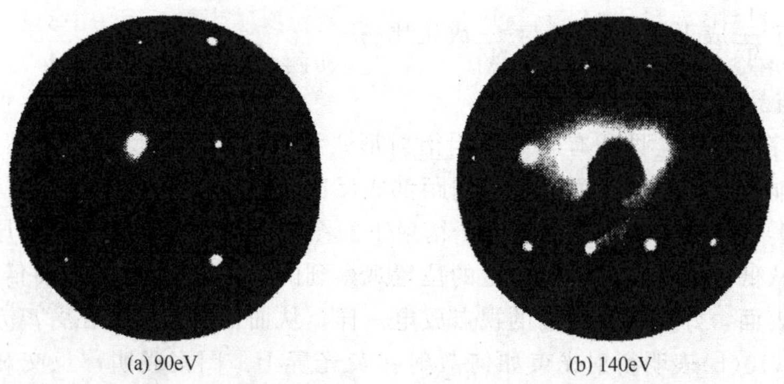

(a) 90eV　　(b) 140eV

图 12.12　用低能电子衍射仪 Cu(110)的实际衍射样品

就这种简单的低能电子衍射图案而论，根据表面原子列散布情况解释衍射图案是可能的。例如，原子阵列在屏幕上垂直运转而在水平面产生衍射光束，衍射光束与原子阵列垂直，这就导致点阵列沿着水平线的方向运转穿过衍射图案，并过中心点(000)处。远的是分散的，近的就是通过中心的衍射光束。但这还远不能完满地解释表面低能电子衍射图案。更好的解释低能电子衍射的理论包括使用倒易空间的概念。明确地说，所看到的低能电子衍射图案是一种(具有刻度)代表虚拟二维表面结构的倒易点阵。

倒易点阵由倒易向量定义：

$\boldsymbol{a}_1^*$ 和 $\boldsymbol{a}_2^*$ 代表基矢；$\boldsymbol{b}_1^*$ 和 $\boldsymbol{b}_2^*$ 代表吸附电子。大致上，对于给定的表层结构的低能电子衍射图案可以通过在基底倒易点阵上(产生于 $\boldsymbol{a}_1^*$ 和 $\boldsymbol{a}_2^*$)添加吸附表层的倒易点阵(产生于 $\boldsymbol{b}_1^*$ 和 $\boldsymbol{b}_2^*$)获得。下面分两种情况进行阐述：

(1) 由图 12.13 所示的 *fcc*(100)表面结构的平面图及其衍射图案(即倒易点阵)可通过

两向量的平行关系，求出这些倒易向量，推导过程见表 12-1。

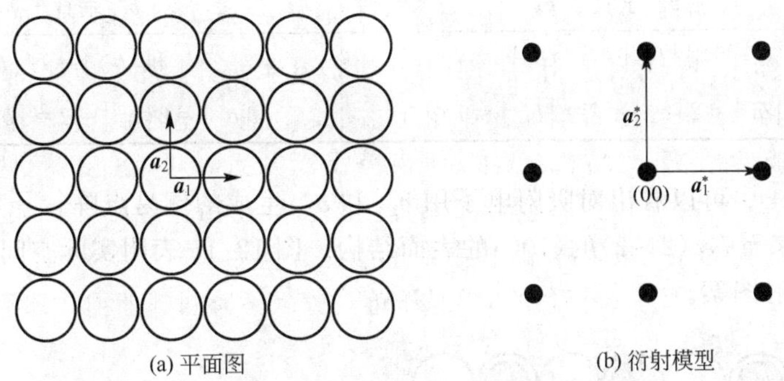

(a) 平面图 (b) 衍射模型

图 12.13 *fcc*(100)表面结构的平面图及其衍射图案(1)

表 12-1 推导过程(1)

	$\boldsymbol{a}_1^*$ 垂直于 $\boldsymbol{a}_2$	$\boldsymbol{a}_2^*$ 垂直于 $\boldsymbol{a}_1$
⇒	$\boldsymbol{a}_1^*$ 平行于 $\boldsymbol{a}_1$	$\boldsymbol{a}_2^*$ 平行于 $\boldsymbol{a}_2$
⇒	$\boldsymbol{a}_1^*$ 和 $\boldsymbol{a}_1$ 之间的夹角 A 为 0	$\boldsymbol{a}_2$ 和 $\boldsymbol{a}_2^*$ 之间的夹角 A 为 0
⇒	则 $\lvert a_1^* \rvert = 1/\lvert a_1 \rvert$	和 $\lvert a_2^* \rvert = 1/\lvert a_2 \rvert$
⇒	如果令 $\lvert a_1 \rvert = 1$，则 $\lvert a_1^* \rvert = 1$	那么有 $\lvert a_2 \rvert = \lvert a_1 \rvert = 1$，因此 $\lvert a_2^* \rvert = 1$

现在增加吸附电子层，吸附了物质的 2×2 的原始结构的 fcc(100)表面结构的平面图及其衍射图案(即倒易点阵)如图 12.14 所示。因而具有和上述倒易向量相同的逻辑性，则推导过程和上述的倒易向量相同，见表 12-2。

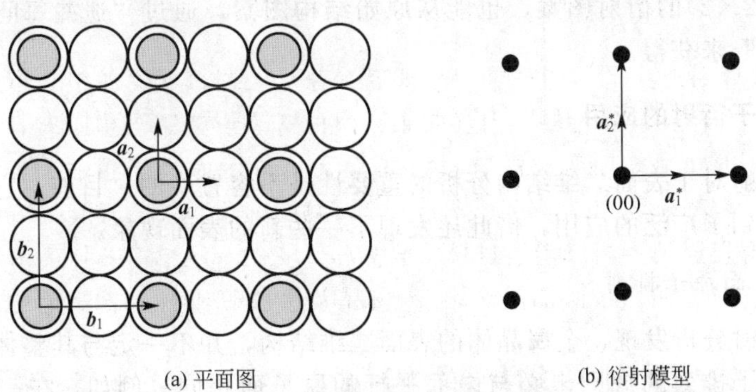

(a) 平面图 (b) 衍射模型

图 12.14 *fcc*(100)表面结构的平面图及其衍射图案(2)

表 12-2 推导过程(2)

	$\boldsymbol{b}_1^*$ 垂直于 $\boldsymbol{b}_2$	$\boldsymbol{b}_2^*$ 垂直于 $\boldsymbol{b}_1$
⇒	$\boldsymbol{b}_1^*$ 平行于 $\boldsymbol{b}_1$	$\boldsymbol{b}_2^*$ 平行于 $\boldsymbol{b}_2$
⇒	$\boldsymbol{b}_1^*$ 和 $\boldsymbol{b}_1$ 之间的夹角 b 为 0	$\boldsymbol{b}_2$ 和 $\boldsymbol{b}_2^*$ 之间的夹角 b 为 0

续表

	b_1^* 垂直于 b_2	b_2^* 垂直于 b_1
⇒	则 $\|b_1^*\|=1/\|b_1\|$	和 $\|b_2^*\|=1/\|b_2\|$
⇒	$\|b_1\|=2\|a_1\|=2\Rightarrow\|b_1^*\|=1/2$	$b_2\|=2\|a_2\|=2\Rightarrow\|b_2^*\|=1/2$

则从图 12.14 中可以看出对吸附电子用 $\boldsymbol{b}_1^*$ 和 $\boldsymbol{b}_2^*$ 生成的倒易点阵。

(2) 同样地来看 *bcc*(2×2)的(100)的表面结构。图 12.15 表明实际空间的 *bcc*(2×2)的结构和相应的衍射图案。

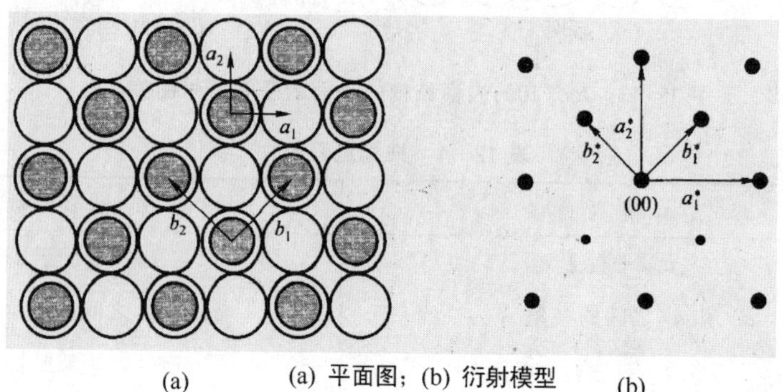

(a) (a) 平面图；(b) 衍射模型 (b)

图 12.15 *bcc*(100)表面结构的平面图及其衍射图案(3)

除了下述两种情况，在大多数情况下，分析方法与 *bcc* 结构(2×2)的相似。

(1) $|\boldsymbol{b}_1|=|\boldsymbol{b}_2|=\sqrt{2}$；则 $|\boldsymbol{b}_1^*|=|\boldsymbol{b}_2^*|=1/\sqrt{2}$；

(2) 吸附电子层的向量相对于基底的向量成 45°角。

注意到 *bcc*(2×2)的衍射图案，也能从原始结构图案，通过“遗漏每间隔一个吸附电子衍生的衍射点”来获得。

12.2.3 低能电子衍射的应用

低能电子衍射对于表面二维结构分析的重要性是不容置疑的，目前，它已在材料研究的许多领域中得到了广泛的应用，借此还发现了一些新的表面现象。

1. 晶体的表面原子排列

低能电子衍射分析发现，金属晶体的表面二维结构，并不一定与其整体相一致。也就是说，表面上原子排列的规则未必与内部平行的原子面相同。例如，在一定的温度范围内，某些贵金属(Au、Pt、Pd 等)和半导体材料(如 Si、Ge)的表面二维结构具有稳定的、不同于整体内部原子的平移对称性。Si 在 800℃左右退火后，解理的或抛光的(111)表面发生了“改组”，出现所谓“Si(111)—7”超结构；曾经有人认为这可能是由于表面上有一薄层 Fe_3Si_3 的缘故。后来用俄歇电子能谱测量证明表面是“清洁”的，它确实是硅本身的一种特性。Ge 的(111)表面可能有几种不同的超结构，并已发现在表面结构和表面电子状态之间有着直接的联系。另外许多金属，包括 Ni、Cu、W、A1、Cr、Nb、Ta、Fe、Mo、V 等，表面与内层平行晶面的结构相同。

如果表面存在某种程度的长程有序结构，例如，有一些大的刻面或规则间隔的台阶，也能成功地利用低能电子衍射加以鉴别。

2. 气相沉积表面膜的生长

低能电子衍射对于研究表面膜生长过程是十分合适的，从而可以探索它与基底结构、缺陷和杂质的关系。例如，金属通过蒸发沉积在另一种晶体表面的外延生长，在初始阶段，附着原子排列的二维结构常常与基底的表面结构有关。通常，它们先是处于基底的点阵位置上形成有序排列，其平移矢量是基底点阵间距的整数倍，取决于沉积原子的尺寸、基底点阵常数和化学键性质。只有当覆盖超过一个原子单层或者发生了热激活迁移之后，才出现外延材料本身的结构。

3. 氧化膜的形成

表面氧化膜的形成是一个复杂的过程。从氧原子吸附开始，通过氧与表面的反应，最后生成三维的氧化物。利用低能电子衍射详细地研究了镍表面的氧化，但至今还有一些新的现象正被陆续发现。当镍的(110)面暴露于氧气气氛时，随着表面吸附的氧原子渐渐增多，已发现有五个不同超结构转变阶段，两个阶段之间则为无序的或混合的结构。

4. 气体吸附和催化

气体吸附是目前低能电子衍射最重要的应用领域。在物理吸附方面，花样显示了吸附层的“二维相变”。“气体”—“液体”—“晶体”，并对许多理论假设所预示的结果进行了验证。关于化学吸附现象，已经用低能电子衍射分析了一百多个系统，催化过程则是化学吸附的一种自然推广，虽然在低能电子衍射仪中难以模拟高压等实际环境条件，但已取得了不少重要的结果。例如，几种气体在催化剂表面的组合吸附结构常常比单一气体的吸附复杂得多，这反映了它们之间的相互作用，催化剂对不同气体原子间的结合具有促进的作用。

通过测量和评价衍射浓度，低能电子衍射仪能提供表面结构的所有信息。如今，随着基于数字采集技术的计算机控制视频技术的成熟发展，使得低能衍射仪能够进行快速、可靠、方便、广泛、自动地测量。其测量精度可达 10^{-12}m。相当复杂的具有 10～20 个或更多结构参数的表面都可以定量地求出。越来越多的半自动结构检测过程被用来确定正确的结构。最后，但并非不重要的是，最近发展预示，局部表面结构的图像能用全息的方法根据衍射强度来构建。

12.3 俄歇电子能谱仪

俄歇电子能谱仪产生于 20 世纪的 60 年代末，其名字源于法国物理学家比尔·俄歇在 20 世纪中期，第一次观察到的效应而命名的，它是一种极为有效的表面分析技术。用俄歇电子能谱仪研究材料表面有其独到之处：①可以分析原子序数≥3 的元素；②其很高的侧向分辨率(＜0.1μm)可用于研究表面微区组成，如显示和比较单个矿物表面不同晶畴和形貌特征、鉴定亚微米级物相的存在；③结合离子溅射技术研究组成深度剖面可以得到矿物近表面组成随深度的变化。因此俄歇电子能谱仪对于在原子尺度上理解矿物间反应机制是很重要的。

12.3.1 工作原理

俄歇能谱仪的工作过程：

(1) 原子电离作用(通过移动核心电子)；

(2) 电子辐射(即俄歇过程)；

(3) 对发射的俄歇电子分析。

最后一个步骤仅是简单地用高灵敏度的仪器检测带电粒子的技术问题，利用附加的条件，辐射电子的动能能够检测出来。因此，俄歇能谱的测量作用主要由前两个步骤决定。

具体地讲，当一个具有足够能量的入射电子使原子内层电离时，该空穴立即就被另一电子通过 $L_1 \rightarrow K$ 跃迁所填充。这个跃迁多余的能量 $E_K - E_{L1}$ 如使 L_2 能级上的电子产生跃迁，这个电子就从该原子发射出去称为俄歇电子。这个俄歇电子的能量约等于 $E_K - E_{L1} - E_{L2}$。这种发射过程称为 KL_1L_2 跃迁。此外，类似的还会有 KL_1L_1、LM_1M_2、MN_1N_1 等。从上述过程可以看出，至少有两个能级和三个电子参与俄歇过程，所以氢原子和氦原子不能产生俄歇电子。同样孤立的锂原子因为最外层只有一个电子，也不能产生俄歇电子。但是在固体中价电子是共用的，所以在各种含锂化合物中也可以看到从锂发生的俄歇电子。

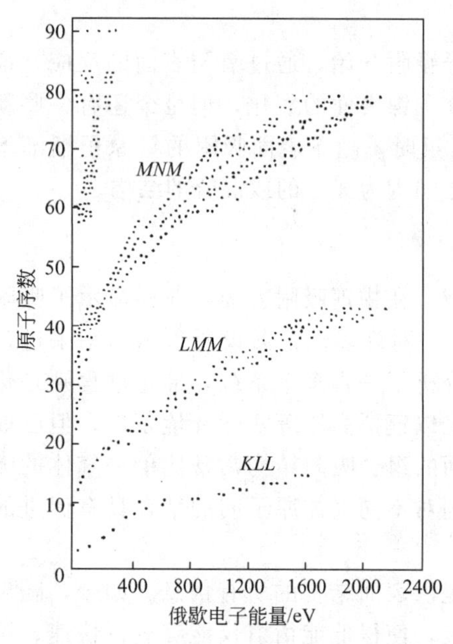

图 12.16 主要的俄歇电子能量

俄歇电子的特点是：

(1) 俄歇电子的能量是靶物质所特有的，与入射电子束的能量无关。如图 12.16 所示为主要的俄歇电子能量。可见对于 $Z=3\sim14$ 的元素，最突出的俄歇效应是由 KLL 跃迁形成的，对 $Z=14\sim40$ 的元素是 LMM 跃迁，对 $Z=40\sim79$ 的元素是 MNN 跃迁。大多数元素和一些化合物的俄歇电子能量可以从手册中查到。

(2) 俄歇电子只能从 2nm 以内的表层深度中逃逸出来，因而带有表层物质的信息，即对表面成分非常敏感。正因如此，俄歇电子特别适用于进行表面化学成分分析。

12.3.2 俄歇电子能谱仪的组成

俄歇能谱仪包括电子光学系统、电子能量分析器、样品安置系统、离子枪、超高真空系统。以下分别对其进行介绍。

1. 电子光学系统

电子光学系统主要由电子激发源(热阴极电子枪)、电子束聚焦(电磁透镜)和偏转系统(偏转线圈)组成。电子光学系统的主要指标是入射电子束能量、束流强度和束直径三个指标。其中俄歇电子能谱仪分析的最小区域基本上取决于入射电子束的最小束斑直径；探测灵敏度取决于束流强度。这两个指标通常有些矛盾，因为束径变小将使束流强度显著下降，因此一般需要折中。

2. 电子能量分析器

电子能量分析器是俄歇电子能谱仪的心脏，其作用是收集并分开不同的动能的电子。由于俄歇电子能量极低，必须采用特殊的装置才能达到仪器所需的灵敏度。目前几乎所有的俄歇电子能谱仪都使用一种叫做筒镜分析器的装置，如图 12.17 所示。

分析器的主体是两个同心的圆筒。样品和内筒同时接地，在外筒上施加一个负的偏转电压，内筒上开有圆环状的电子入口和出口，激发电子枪放在镜筒分析器的内腔中(也可以放在镜筒分析器外)。由样品上发射的具有一定能量的电子从入口位置进入两圆筒夹层，因外筒加有偏转电压，最后使电子从出口进入检测器。若连续地改变外筒上的偏转电压，就可在检测器上依次接收到具有不同能量的俄歇电子，从能量分析器输出的电子经电子倍增器、前置放大器后进入脉冲计数器，最后由 $X-Y$ 记录仪或荧光屏显示俄歇谱、俄歇电子数目 N 随电子能量 E 的分布曲线。

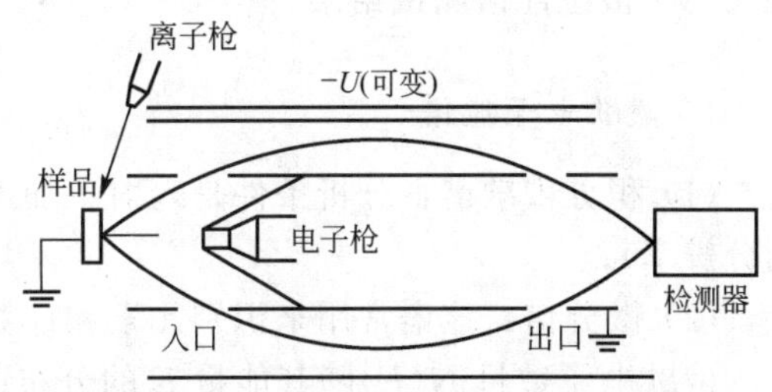

图 12.17 圆筒镜面能量分析器结构示意图

若将筒镜分析器与电子束扫描电路结合起来可以形成扫描俄歇显微镜，电子枪的工作方式与扫描电镜类似，两级透镜把电子束斑缩小到 3μm，扫描系统控制使电子束在样品上和显像管荧光屏上产生同步扫描，筒镜分析器探测到的俄歇电子信号经电子倍增器放大后用来对荧光屏光栅进行调制，如此便可得到俄歇电子像。

3. 样品安置系统

样品安置系统一般包括样品导入系统、样品台、加热或冷却附属装置等。为了减少更换样品所需的时间及保持样品室内高真空，俄歇电子能谱仪采用旋转式样品台，能同时装 6～12 个样品，根据需要将待分析样品送至检测位置。俄歇电子能谱仪的样品要求能经得住真空环境，在电子束照射下不产生严重分解。有机物质和易挥发物质不能进行俄歇分析，粉末样品可压块成型后放入样品室。

4. 离子枪

离子枪由离子源和离子束聚焦透镜等部分组成，有如下功能：①清洁试样表面，用于分析的样品要求十分清洁，在分析前常用溅射离子枪对样品进行表面清洗，以除去附着在样品表面的污物；②逐层刻蚀试样表面，进行试样组成的深度剖面分析。一般采用差分式氩离子枪，即利用差压抽气使离子枪中气体压强比分析室高 10^3 倍左右。这样当离子枪工作时，分析室仍可处于高真空度。离子束能量可在 0.5～5keV 范围内调节，束斑直径由 0.1～5mm 可调。为排除溅射缺口边缘的影响，溅射刻蚀区域应比入射电子束斑的直径大很多。离子束也可在大范围内扫描。

5. 超高真空系统

这是俄歇电子能谱仪的一个重要组成部分。因为高的真空度能使试样表面在测量过程中的沾污减少到最低程度，从而得到正确的表面分析结果。目前商品俄歇电子能谱仪的高真空度可达 10^{-10} Torr 左右。如果没有足够的真空度，气体粒子将粘附到表面上，在 10^{-6} Torr 下大约 1s 就可以吸附一个单层。即使在 10^{-10} Torr 的真空中，在 30min 内也会在活性表面上吸附相当数量的碳和氧，几乎接近一个单层。所以如何防止真空系统的环境污染是很重要的问题。

12.3.3 俄歇能谱测试结果

1. 俄歇电子能谱

(1) 积分俄歇谱：分析条件是入射束加速电压 30kV；束流 24mA；束斑直径 1μm（侧向分辨率）；

(2) 微分谱：该谱常用来识别元素和计算固体近表面原子组成。

俄歇电子数目 $N(E)$ 随其能量 E 的分布曲线称为俄歇电子能谱。一般情况下，俄歇电子能谱是叠加在缓慢变化的、非弹性散射电子形成的背底上，称为积分俄歇谱。俄歇电子峰有很高的背底，有的峰还不明显，不易探测和分辨。为此通常采用电子能量分布的一次微分谱，即 $N'(E)=\mathrm{d}N(E)/\mathrm{d}E$ 来显示俄歇电子峰。这时俄歇电子峰形成正负两个峰，一般负值大于正峰。微分谱的特点是灵敏、背底扣除问题自动得到解决、峰明锐且易辨识，如图 12.18 所示为针铁矿在 30～1030eV 范围的积分与微分俄歇谱。

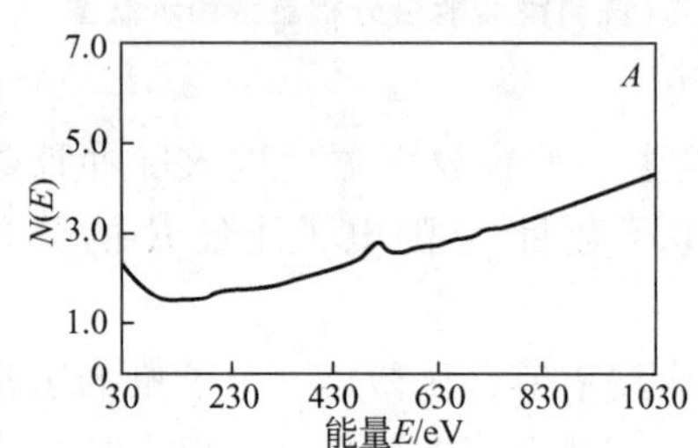

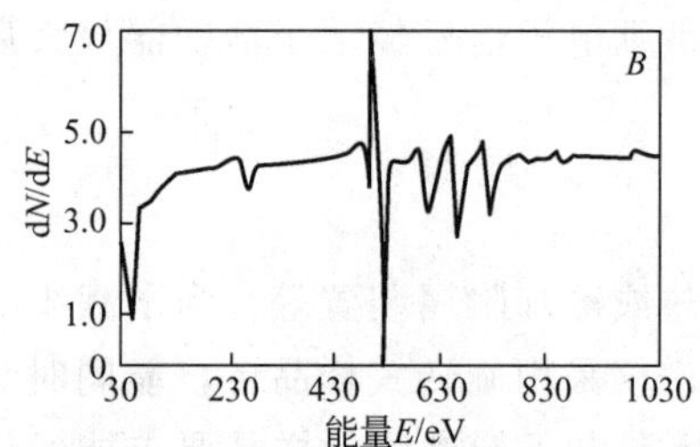

图 12.18 针铁矿在 30～1030eV 范围的俄歇谱

2. 俄歇电子像

若调整电子能量分析器，使其仅检测制定元素的俄歇能量范围，让细聚焦的入射电子束在试样表面沿指定直线或区域扫描，同步探测俄歇电子信号，就能获得俄歇线扫描图或俄歇电子图像。利用俄歇图像和电子显微图像相比较，也可得到元素分布与表面形貌的相关性。

12.3.4 俄歇电子能谱仪的应用

通过正确测定和解释俄歇电子能谱仪的特征能量、强度、峰位移、谱线形状和宽度等信息，能直接或间接地获得固体表面的组成、浓度、化学状态等多种情况。

1. 定性分析

定性分析主要是利用俄歇电子的特征能量值来确定固体表面的元素组成。能量的确定在积分谱中是指扣除背底后谱峰的最大值，在微分谱中通常规定负峰对应的能量值。习惯上用微分谱进行定性分析。元素周期表中由 Li 到 U 的绝大多数元素和一些典型化合物的俄歇积分谱和微分谱已汇编成标准俄歇电子能谱仪手册，因此由测得的俄歇谱来鉴定探测体积内的元素组成是比较方便的。随着原子序数 Z 的增加，俄歇谱线变得复杂并出现重叠。当表面有较多元素同时存在时，这种重叠现象会增多，如 Cr 与 O、F、Fe、Mn、Cu、Ni 等。可以采用谱扣除技术进行解决(扣除相同测试条件下纯元素的谱线)。与标准谱进行对照时，除重叠现象外还需注意如下情况：

(1) 由于化学效应或物理因素引起峰位移或谱线形状变化引起的差异；

(2) 由于与大气接触或在测量过程中试样表面被沾污而引起的沾污元素的峰。

2. 微区分析

利用俄歇能谱面分布或线分布进行的分析就是微区分析，故不再重述。

3. 状态分析

对元素的结合状态的分析称为状态分析。俄歇电子能谱仪的状态分析是利用俄歇峰的化学位移，谱线变化(包括峰的出现或消失)、谱线宽度和特征强度变化等信息。根据这些变化可以推知被测原子的化学结合状态。一般而言，由俄歇电子能谱仪解释元素的化学状态比 X 射线光电子能谱仪更困难。实践中往往需要对多种测试方法的结果进行综合分析后才能作出正确的判断。

4. 深度剖面分析

利用俄歇电子能谱仪可以得到元素在原子尺度上的深度方向的分布，为此通常采用惰性气体离子溅射的深度剖面法。由于溅射速率取决于被分析的元素，离子束的种类、入射角、能量和束流密度等多种因素，溅射速率数值很难确定，一般经常用溅射时间表示深度变化。

5. 界面分析

用俄歇电子能谱仪研究元素的界面偏聚时，首先必须暴露界面(如晶界面、相界面、颗粒和基体界面等)。一般是利用样品冲断装置，在超高真空中使试样沿界面断裂，得到新鲜的清洁断口，然后在尽量短的时间间隔内，对该断口进行俄歇分析。对于在室温不易沿界面断裂的试样，可以采用充氢或液氮冷却等措施。如果这样还达不到要求，则只能采取金相法切取横截面，磨平、抛光或适当腐蚀显示组织特征，然后再进行俄歇图像分析。

6. 定量分析

俄歇电子能谱仪定量分析的依据是俄歇谱线强度。表示强度的方法有：在微分谱中一般指正、负两峰间距离，称峰到峰高度，也有人主张用负峰尖和背底间距离表示强度。

12.3.5 俄歇电子能谱学的现状与发展

近几年来能谱仪的研制工作取得了巨大的进展。普鲁顿等人研制出了多用途表面分析仪系统，与此同时还研制出电子发射器定位系统(EELS)、X 射线波段移相器，惯性传感器系统(ISS)和电子程序评价系统(EPES)等极重要的辅助工具，在完全计算机化的系统的实际运算中，综合地使用了俄歇电子能谱仪和这些辅助工具。

最后提到的是深度分辨率 ΔZ 研究的最新成果，即通过选择最佳的溅射条件，并且利用特殊的离子枪，获得了表面之下 $Z<500\mu m$ 时，深度分辨率 $\Delta Z=3nm$ 的结果。美国材料与试验协会(ASTM)等机构通过多次校准实验，使俄歇电子能谱仪达到了国际标准。

虽然近几年来俄歇电子能谱学领域的研究和仪器的研制取得了巨大的成就，但仍然存在着大量的有待进一步解决的问题：

(1) 俄歇电子能谱仪的关键问题是确定表面的实际成分。对于低能俄歇峰值，例如，选择溅射偏析，则 S_D 大于 1 个单层。目前已有人设计同时使用电子发射器定位系统和电子程序评价系统这两种辅助方法，尝试解决这个问题。

(2) 另一个主要问题是表面糙性以及如何评价糙性的影响，有人提出用铁研磨这种新方法解决这个问题。

(3) 俄歇电子能谱仪的定量化分析需要可靠的参数，如 σ_i、γ^{BA}、λ、本底、能量、角度等相关参数的数据库。

(4) 确定深度取样的校正系数方面的数据。塔努玛等人多年来一直努力改进 λ 的理论值，但直至现在这些理论值还未得到验证，该研究呼唤新的改进型实验方法去验证这些理论数据。

(5) 需要可靠的标准样品。

(6) 非破坏性深度剖面问题，运用高能俄歇迁移法有可能解决这个问题。

(7) 与俄歇电子能谱仪性能一致的其他能谱仪技术可能提高俄歇电子能谱仪的灵敏度范围。

12.4 场离子显微镜与原子力显微镜

12.4.1 场离子显微镜

场离子显微镜最初是用来观察金属表面的成像，后来发展成为导体材料的分析显微镜，如今还包括了一维、二维、三维成分分析。实际上，所有形式的场离子显微镜包括低温样品冷却和内部图像增强，以及通常所用的利用原子成像的方法。场离子显微镜是 1951 年 E. E. Mueller 与 K. Bahadur 发明的，经由场离子显微镜，人们第一次观察到原子。它将原子直接成像，能清晰地显示样品表层的原子排列和缺陷，并在此基础上进一步发展到利用原子探针鉴定其中单个原子的化学状态。场离子显微镜的好处不仅在于它具有原子大小的分辨率和单个原子的灵敏度，还因为它可以很容易地应用场蒸发的办法得到原子级的清洁和完整的表面(如果没有这种可能，所谓原子数量级的灵敏度和原子数量级的分辨率也就没有任何实用意义了)。因为许多表面现象都是原子对称，所以场离子显微镜的作用也就显而易见了。

1. 场离子显微镜的原理与结构

此仪器的特点是将样品以针尖的形式架在一绝缘台上，在高度真空腔室内，冷却到 20～100K，场离子影像会产生在样本前方约 50mm 的微频板及荧光屏上，如图 12.19(a) 所示。为了产生场离子影像，少量影像气体被导入此真空系统，影像气体的种类决定于待测物质的种类，通常使用氖、氦、氢和氩。影像气体原子被样品上的高压(正电)电离，投射在屏幕上，因而产生场离子影像，如图 12.19(b)所示，产生影像的几个步骤概略地表示在图中。样品附近的影像原子受强力电场极化，因而被吸引向样品的顶点，影像原子与样品间发生一系列碰撞，影像原子失去一部分动能，逐渐适应样品的低温。如果电场足够强，影像原子因量子力学的穿隧效应而场离子化，所产生的离子由样品表面呈辐射方向射向微频板与荧光屏，位于荧幕前的微频板的影像放大器将每一个入射离子转换为 $10^3 \sim 10^4$ 个电子，这些电子被加速射向荧幕因而产生可目视的影像。在图中，每一个亮点就是一个原子的影像。

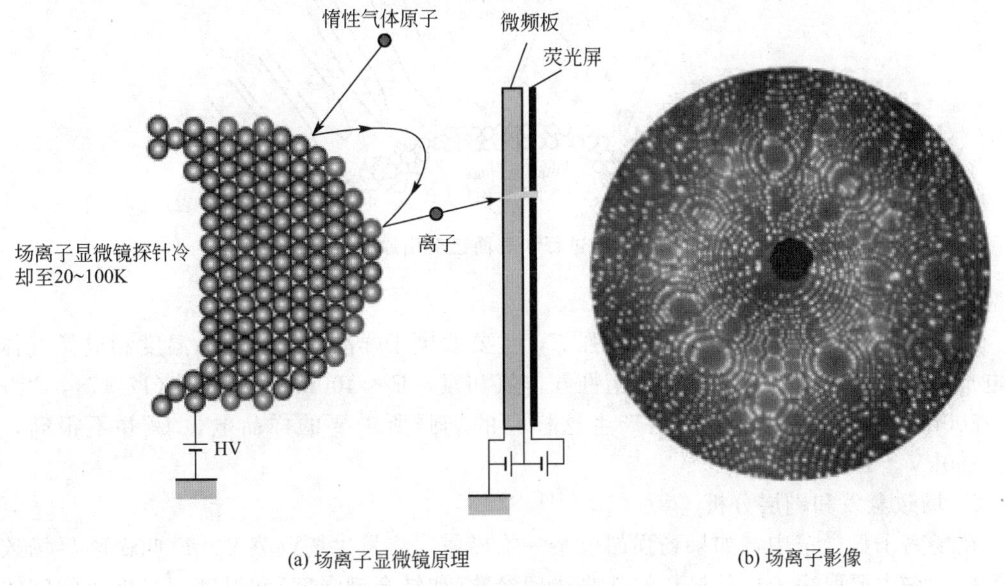

(a) 场离子显微镜原理　　(b) 场离子影像

图 12.19　场离子显微镜原理与影像

2. 场离子显微镜的实验技术

1）场致电离和原子成像

如果样品细丝被加上数值为 U 的正电位，它与接地的阴极之间将存在一个发散的电场，并且在曲率半径 r 极小的尖端表面附近产生的场强为最高：

$$E \approx \frac{U}{5r} \tag{12-7}$$

当成像气体进入容器后，受到自身动能的驱使会有一部分达到阳极附近，在极高的电位梯度作用下气体原子发生极化，使中性原子的正、负电荷分离而成为一个电偶极子。极化原子被电场加速并撞击样品表面，由于样品处于深低温，所以气体原子在表面经历若干次弹跳的过程中也将被冷却而逐步丧失其能量，如图 12.20 所示。

尽管单晶样品的尖端表面近似的呈半球形，可是由于原子单位的不可分性使得这一表面实质上是由许多原子平面的台阶所组成，处于台阶边缘的原子(图 12.20 中画有剖线的原子)总是突出于平均的半球形表面而具有更小的曲率半径，在其附近的场强也更高。当弹跳中的极化原子陷入突出原子上方某一高场区域时，若气体原子的外层电子能态符合样品中原子的空能级能态，该电子将有较高的概率因“隧道效应”而穿过表面位垒进入样品，气体原子则发生场致电离变为带正电的离子。此时，成像气体的离子由于受到电场的加速而径向地射出，当它们撞击观察荧光屏时，即可激发光信号。

显然，在突出原子的高场区域内极化原子最易发生电离，由这一区域径向地投射到观察屏的“铅笔锥管”内，其中集中着大量射出的气体离子，因此图像中出现的每一个亮点

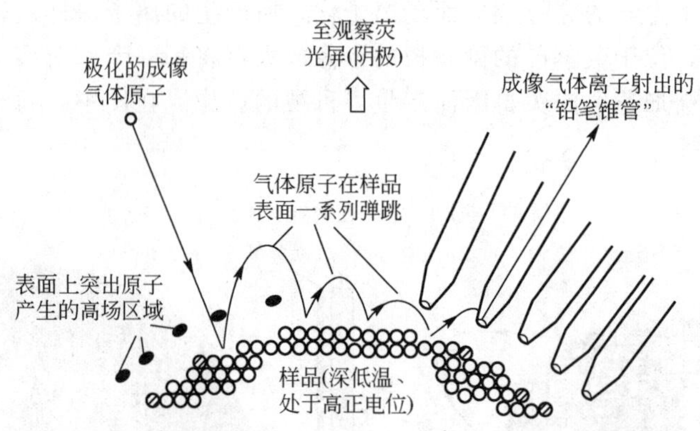

图 12.20 场致电离过程和表面上突出原子像亮点的形成

对应着样品尖端表面的一个突出原子。

使极化气体电离所需要的成像场强 E，主要取决于样品材料、样品温度和成像气体外层电子的电离激发能。对于常用的惰性气体氦和氖，$E_i \approx 400\text{mV}$。根据式(12-7)，当 $r=10\sim300\text{nm}$ 时，在尖端表面附近产生这样高的场强所需要的样品电位 U 并不很高，仅为5～50kV。

2）场致蒸发和剥层分析

在场离子显微镜中，如果场强超过某一临界值，将发生场致蒸发。E_e 叫做临界场致蒸发场强，它主要取决于样品材料的某些物理参数(如结合键强度)和温度。当极化的气体原子在样品表面弹跳时，其负极端总是朝向阳极，因而在表面附近存在带负电的"电子云"对样品原子起到拉曳作用，而使之电离，并通过"隧道效应"或热激活过程穿越表面位垒而逸出，即样品原子以正离子形式被蒸发，并在电场的作用下射向观察屏。某些金属的蒸发场强 E_e 见表 12-3。

表 12-3 某些金属的蒸发场强

金属	难熔金属	过渡族金属	Sn	Al
E_e/(mV/cm)	400～500	300～400	220	160

显然，表面吸附的杂质原子将首先被蒸发，因而利用场致蒸发可以净化样品的原始表面。由于表面的突出原子具有较高的位能，总是比那些不处于台阶边缘的原子更容易产生蒸发，它们也正是最有利于引起场致电离的原子。所以，当一个处于台阶边缘的原子被蒸发之后，与它相邻的一个或几个原子将突出于表面，并随后逐个地被蒸发；据此，场致蒸发可以用来对样品进行剥层分析，显示原子排列的三维结构。

为了获得稳定的场离子图像，除了必须将样品深冷以外，表面场强必须保持在低于 E_t 而高于 E_i 的水平。对于不同的金属，通过选择适当的成像气体和样品温度，目前已能实现大多数金属的清晰场离子成像，其中难熔金属被研究得最多，显然，使 Sn 和 Al 这样的金属稳定成像是困难的。采用较低的气体压强，以适当降低表面"电子云"密度，虽许可以缓和场致蒸发，但同时又使像点亮度减弱，曝光时间增长，因而必须引入高增益的像增强装置。提高场离子显微镜像亮度可采用下面两种方法之一：

(1) 利用外光电像增强器。

(2) 在场离子显微镜中装微通道板(MCP)把微弱的离子像变成很强的电子像。

3. 原子探针场离子显微镜的简介

场离子显微镜虽然可以分辨单个原子，然而在遇到一些异常的亮点时，尽管根据经验知道它们是一种异种原子，但无法知道它们是什么原子。1967 年 E. E. Mueller 试图用场蒸发加质谱的方法来鉴定它们，这就形成原子探针场离子显微镜(Atomic Probe Field - Ion Micros - copy，APFIM)，根据所用质谱计的类型，APFIM 可分飞行时间(Time of Flight，ToF)型和磁偏转型，前者又分直线型和偏转型，现在又有脉冲激光激发型，使其能够应用于广泛的材料探测中。

4. 场离子显微镜的应用

场离子显微镜技术的主要优点在于表面原子的直接成像。通常只有其中约 10%左右的台阶边缘原子给出像亮点；在某些理想情况下，台阶平面的原子也能成像，但衬度较差。对于单晶样品，图像的晶体学位向特征是十分明显的，台阶平面或极点的指数化纯粹是简单的几何方法。

由于参与成像的原子数量有限，实际分析体积仅约 $10^{-21}m^3$，因而场离子显微镜只能研究在大块样品内分布均匀和密度较高的结构细节，因而观察到某一现象的概率有限。例如，若位错的密度为 $10^8/cm^{-2}$，则在 $10^{-10}cm^2$ 的成像表面内将难以被发现。对于结合键强度或熔点较低的材料，由于蒸发场强太低，不易获得稳定的图像；多元合金的图像，常常因为浓度起伏等造成图像的某种不规则性，其中组成元素的蒸发场强也不相同，图像不稳定，分析较困难。此外，在成像场强作用下，样品经受着极高的机械应力(如果 $E_i=47.5mV/cm^2$，应力高达 $10kN/mm^2$)，这可能使样品发生组织结构的变化，如位错形核或重新排列会产生高密度的假象空位或形变孪晶等，甚至引起样品的崩裂。

尽管场离子显微镜技术存在着上述一些困难和限制，由于它能直接给出表面原子的排列图像，在材料科学许多理论问题的研究中，不失为一种独特的分析手段。

1) 点缺陷的直接观察

空位或空位集合、间隙或置换的溶质原子等点缺陷，目前还只有场离子显微镜可以使它们直接成像；在图像中，它们表现为缺少一个或若干个聚集在一起的像亮点，或者出现某些衬度不同的像点，问题在于很可能出现假象。例如，荧光屏的疵点以及场致蒸发，都会产生虚假的空位点；同时，在大约 1000 个像亮点若发现十几个空位，也不是一件容易的事情，如果空位密度高，又难以计数完全。所以，目前虽不能给出精确的定量信息，但在淬火空位、辐照空位、离子注入等方面，场离子显微镜提供了比较重要的分析资料。

2) 位错

鉴于前述的困难，场离子显微镜不太可能用来研究形变样晶内的位错排列及其交互作用。但是，当有位错在样品尖端表面露头时，其场离子图像所出现的变化却是与位错的模型非常符合的。

3) 界面缺陷

界面原子结构的研究是场离子显微镜最早的，也是十分成功的应用之一。例如，现有的界构造理论在很大程度上依赖于它的许多观察结果，因为图像可以清晰地显示界面两侧原子的排列和位向的关系。

其他如亚晶界、孪晶界和层错界面等，场离子显微镜都给出了界面缺陷的许多细节结构图像。

4）合金或两相系

为了在原子分辨的水平上研究沉淀或有序化转变过程，必须区分不同元素的原子类别，显然把原子探针的方法应用于这一目的将是十分适宜的，因为单靠像点亮度的差别有时是不一定可靠的。有关无序-有序转变中结构的变化，反相畴界的点阵缺陷以及细小的畴尺寸(约 7nm)的观察，都是非常成功的例子。

总的来说，场离子显微镜有自身的独特性能，是研究材料结构、表面反应、化学组成、相变以及扩散的有力工具之一。

12.4.2 原子力显微镜

1986 年，为了观察绝缘材料表面的原子图像，IBM 的宾尼与斯坦福大学的 C. F. Quate 和 C. Gerber 合作，发明了原子力显微镜。当时原子力显微镜的横向分辨率达到 2nm，纵向分辨率达到 0.01nm，放大倍数高达 100 万倍以上，而且原子力显微镜对工作环境和样品制备的要求比电镜的低得多，因此立即得到了广泛的重视。最早的原子力显微镜主要是作为观察样品表面形貌的显微镜使用的。由于表面的高低起伏状态能够准确地以数值的形式获取，原子力显微镜也作为检查表面粗糙度和测量仪器来使用。目前通过控制并检测针尖-样品之间的相互作用力，原子力显微镜已经发展成为扫描力显微镜家族，不仅可以以高分辨率表征样品表面形貌，而且可以分析研究与作用力相对应的各种表面性质。另外，利用探针尖锐的针尖，可以操纵原子和进行纳米加工，因此原子力显微镜与扫描隧道显微镜一起在纳米科学与技术中发挥着日益重要的作用。

1. 原子力显微镜的原理

原子力显微镜的理论基础与扫描隧道显微镜相同，是基于量子力学理论中的隧道效应。在了解了扫描隧道显微镜工作原理后知道，扫描隧道显微镜工作时要监测针尖和样品之间隧道电流的变化，因此它只能直接观察导体和半导体的表面结构。如果要观察非导电材料，就要在其表面覆盖一层导电膜，而导电膜的存在往往掩盖了样品表面的结构细节，使扫描隧道显微镜在原子级水平研究表面结构这一优点不复存在。然而人们感兴趣的研究对象多是不导电的，扫描隧道显微镜在应用上就有较大的局限性。原子力显微镜是在扫描隧道显微镜的基础上发展起来的，两者各有异同，它可以用来研究导体、半导体和绝缘体，弥补了扫描隧道显微镜的某些不足，成为人们研究物质表面结构的有力的实验技术，所以说原子力显微镜是扫描隧道显微镜的“同胞兄弟”。

扫描隧道显微镜的发明取得极大成功后，宾尼博士作为访问学者到美国加利福尼亚州的斯坦福大学工作，他与 Quate 教授一起，思考如何弥补扫描隧道显微镜不能直接观察非导电样品的缺陷。他们首先想到，能否利用扫描隧道显微镜检测隧道电流变化的方法，来检测原子间力的变化呢？如果能够检测出样品表面力的等势面，不就能以表面力的形貌而得到表面的图像了吗？这一新奇的想法，促成了世界上第一台原子力显微镜于 1986 年诞生。

如图 12.21 所示，将一个对微弱力极其敏感的微悬臂的一端与压电陶瓷 1 固定在一起，另一端有一微小针尖，当针尖与样品轻轻接触(即接近至原子级间距)，针尖与样品表面原子存在极其微弱的排斥力(10^{-8}～10^{-6} N/nm)，通过扫描时控制这种力的恒定，带有针尖的微悬臂将对应于针尖与样品表面的原子间作用力的等势面在垂直于样品表面的方向起伏运动。在微悬臂针尖的上方有一个扫描隧道显微镜的装置，利用隧道电流检测法可测得微悬臂对应于各扫描点的位置变化，从而获得样品表面形貌的信息。从图 12.21 中可以看到，微悬臂实际上充当了扫描隧道显微镜的样品，借助它间接而又真实地反映了任意性质材料表面的形貌情况。微悬臂的针尖与样品的相互作用过程有点类似于电唱机的针尖在接触唱片时，针尖随唱片表面沟槽的深浅而起伏运动，从而“感觉”出唱片上储存的音乐信息。所不同的是原子力显微镜中针尖对样品表面的接触作用力要小得多，否则会破坏样品的表面，由于原子力显微镜不需要在针尖与样品间形成回路，突破了样品要具有导电性的限制，因而有着更加广泛的应用领域。

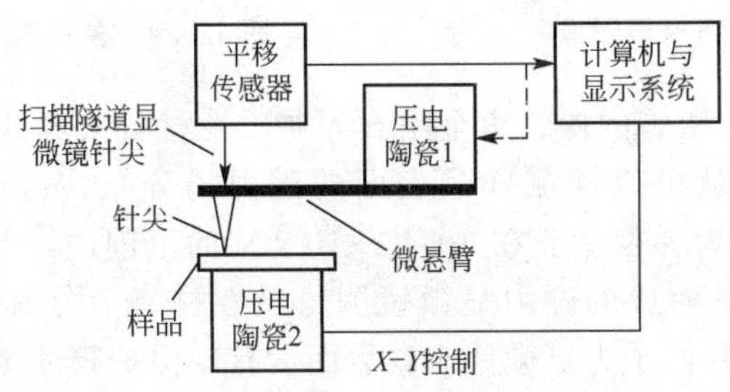

图 12.21 AFM 结构原理示意图

原子力显微镜的关键部分是力敏感元件和力敏感元件的检测装置，其余部分与扫描隧道显微镜并无原理上的区别。力敏感元件由微悬臂及粘附在其上面的针尖组成，针尖接近样品并与其表面原子相互作用，该作用力使微悬臂发生形变或使其运动状态发生变化，由检测装置检测这些变化，最后就可获得作用力的信息，供计算机扫描成像。

针尖-样品之间的各种相互作用力可以概括为短程排斥力和长程吸引力。当样品相对针尖沿着 X、Y 方向扫描时，由于表面的高低起伏使得针尖-样品之间的距离发生变化，引起针尖-样品之间相互作用力的变化，从而使微悬臂形变发生改变。当激光束照射到微悬臂的背面，再反射到位置灵敏的光电检测器时，检测器不同象限收到的激光强度差值，同微悬臂的形变量形成一定的比例关系。反馈回路根据检测器的信号与预置值的差值，不断调整针尖-样品之间的距离，并且保持针尖-样品之间的作用力不变，就可以得到表面形貌像，这种测量模式称为恒力模式。图 12.22 所示为 $CaCO_3$ 结晶体的原子力显微镜图像。

2. 原子力显微镜的应用

(1) 由于原子力显微镜与扫描隧道显微镜相比的最大优点是不要求样品具有导电性，因而原子力显微镜在研究绝缘体和非良导体样品时具有很大的优越性，弥补了扫描隧道显微镜在这方面的不足。用原子力显微镜已经获得了包括导体和绝缘体在内的不同材料的原子级分辨率图像，如层状化合物的石墨、二硫化钼和氮化硼；等离子晶体的氟化锂(大气环境)；还在大气和水覆盖下获得了云母片上外延生长的金膜表面的原子图像。如图 12.23 所示为高序石墨原子图像，图 12.24 所示为多孔硅的高分子图像。

图 12.22 $CaCO_3$ 结晶体的原子力显微镜图

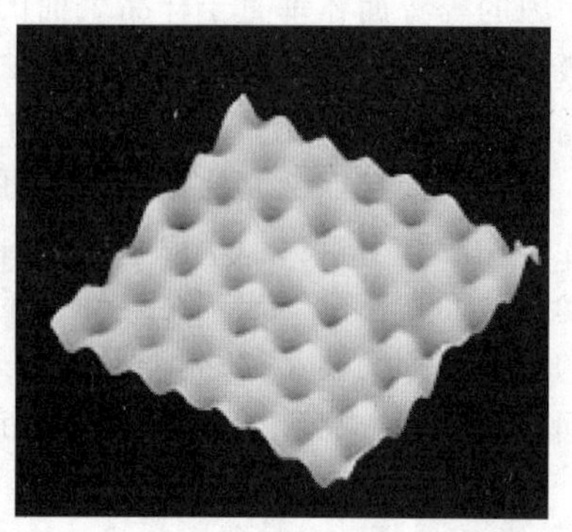
图 12.23　高序石墨原子图像

图 12.24　多孔硅的高分子图像

(2) 如果把原子力显微镜的探针由金刚石等非磁性材料换成铁、镍等磁性材料，运行时采用非接触模式，它就可以探测样品表面的磁力场分布，这就是所谓的磁力显微镜(MFM)。材料磁畴的磁力梯度一般在 $10^{-11}\sim10^{-1}$N 的范围内，与范德瓦尔斯力差不多，所以由原子力显微镜改进而成的磁力显微镜测量磁性材料十分有效。日本电报电话公司(NTT)的研究人员用这种原子力显微镜观察表面镀有碳保护膜的盘片，得到盘表面粘滞力以及有润滑层和没润滑层时表面摩擦力的分布。这是两个对提高磁盘极限密度十分重要的微摩擦学特性。美国 IBM 的研究人员还用原子力显微镜对磁粉涂布的硬磁盘片上的润滑层进行了测量，得到了润滑剂在盘片中的分布情况，对磁性材料而言，不论从技术角度还是从基础研究出发，形貌和磁性信息之间的相互关系是很重要的，用原子力显微镜或磁力显微镜可以测出形貌、磁畴分布以及一些化学信息。同理，让微悬臂的针尖带有电荷，当针尖在样品表面以非接触模式扫描时，其振动振幅受样品表面电荷静电力的影响，以这种方式来成像的显微镜叫做静电力显微镜(EFM)，它可以测量出 10^{-10}N 的静电力，用来研究微电子电路在极小尺度上的电特性。例如，微电子工业中使用的硅片，由于掺杂原子的分布及其浓度对芯片的性能影响很大，利用静电力显微镜可以进行电容测量的特点来观察硅片上掺杂原子的分布。

(3) 在接触模式的原子力显微镜中，针尖与样品作用时因样品表面摩擦力的变化和表面形貌的变化，微悬臂除了会在纵向产生弯曲外，还会使其平面发生横向位移(扭曲)。利用这个性质，可以通过增加探测装置，测量微悬臂在成像过程中的弯曲与扭曲来测量两种力，即表面力和摩擦力。这种扩充了功能的原子力显微镜叫做横向力显微镜(LFM)，横向力显微镜可以同时地、独立地采集形貌图像和摩擦力数据，使用时以颜色的深浅来表示摩擦力的大小可获得摩擦力图像。近年来，在纳米数量级上的摩擦力研究中，横向力显微镜是一种非常有效而又不可多得的工具，它在纳米摩擦学的研究中起着越来越重要的作用。

(4) 轻敲模式的原子力显微镜可应用于对液体环境中生物分子成像，这种技术的发展很受生物工作者的欢迎。利用原子力显微镜对单链、双链、三螺旋 DNA，甚至对 DNA 与蛋白复合物的研究表明，采用可靠的样品制备和成像方法，原子力显微镜可得到比电子显微镜更高的分辨率和可重复的结果。在原子力显微镜对 DNA 分子的研究中，云母是最常用的基底，而随着液体中的原子力显微镜成像技术的发展，在生理条件下，DNA 分子可以在丙醇、丁醇、干燥空气、水或一些缓冲液中成像，测量得的 DNA 宽度一般是 5～9nm，还可以用同一扫描探针在空气或丙醇中剪切和修饰 DNA 分子。此外，原子力显微镜还可有效地对染色体和癌细胞的表面成像，成为生物、医学的研究领域中的有效工具，如图 12.25 所示。

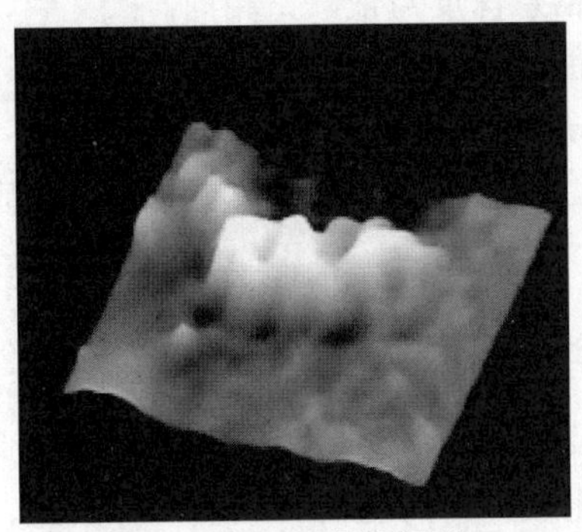
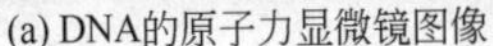
(a) DNA的原子力显微镜图像

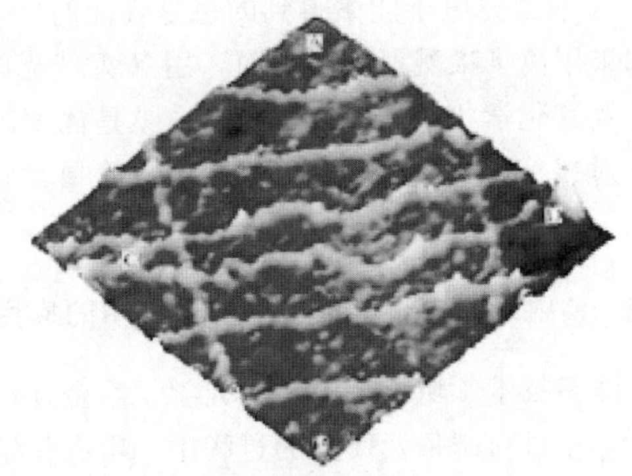
(b) DNA操纵的原子力显微镜图像

图 12.25 原子力显微镜在生物医学中的应用

12.5 X 射线光电子能谱仪

X 射线光电子能谱(X - ray Photoelectron Spectrom，XPS)法在表面分析领域中是一种崭新的方法。虽然用 X 射线照射固体材料并测量由此引起的电子动能的分布早在 20 世纪初就有报道，但当时可达到的分辨率还不足以观测到光电子能谱上的实际光峰。直到 1958 年，以 Siegbahn 为首的一个瑞典研究小组首次观测到光峰现象，并发现此方法可以用来研究元素的种类及其化学状态，故而取名化学分析电子能谱(Eletron Spectroscopy for Chemical Analysis，ESCA)。目前 XPS 和 ESCA 已公认为是同义词而不再加以区别。

X 射线光电子能谱法的主要特点是它能在不太高的真空度下进行表面分析研究，这是其他方法都做不到的。当用电子束激发时，如用俄歇电子能谱法，必须使用超高真空，以防止样品上形成碳的沉积物而掩盖被测表面。X 射线比较柔和的特性使我们有可能在中等真空程度下对表面观察几个小时而不会影响测试结果。此外，化学位移效应也是 X 射线光电子能谱法不同于其他方法的另一特点，即采用直观的化学知识即可解释 X 射线光电子能谱中的化学位移，相比之下，采用俄歇电子能谱法解释起来就困难得多。

12.5.1 X 射线光电子能谱的测量原理

用单色的 X 射线照射样品，具有一定能量的入射光子同样品原子相互作用，光致电离产生了光电子，这些光电子从产生之处输运到表面，然后克服逸出功而发射，这就是 X 射线光电子发射的三个步骤。用能量分析器分析光电子的动能，得到的就是 X 射线光电子能谱。

根据测得的光电子动能可以确定表面存在什么元素以及该元素原子所处的化学状态，这就是 X 射线光电子能谱的定性分析；根据具有某种能量的光电子的数量，便可知道某种元素在表面的含量，这就是 X 射线光电子能谱的定量分析。为什么得到的是表面信息呢？这是因为光电子发射过程的后两步，与俄歇电子从产生处输运到表面，然后克服逸出功而发射出去的过程是完全一样的，只有深度极浅范围内产生的光电子才能够能量无损地输运到表面，用来进行分析的光电子能量范围与俄歇电子能量范围大致相同。所以和俄歇谱一样，从X射线光电子能谱得到的也是表面的信息，信息深度与俄歇谱相同。

如果用离子束溅射剥蚀表面，用X射线光电子能谱进行分析，两者交替进行，还可得到元素及其化学状态的深度分布，这就是深度剖面分析。

X射线光电子能谱的测量原理很简单，它是建立在Einstein光电发射定律基础之上的。

12.5.2 X射线光电子能谱在材料研究中的应用与分析

在许多技术领域，如电子、光学、冶金、化工及医学等，材料研究占有不可缺少的重要地位。在材料制备及使用的过程中，常有化学变化在材料的表面区域发生。因此，材料科学与工程的许多领域都包含对材料的表面化学研究。作为最常用的表面表征技术之一的X射线光电子能谱，在材料研究中有着广泛的应用。

X射线光电子能谱测试能够提供对材料研究非常有用的丰富的信息。它可用来检测固体材料表面及体相(通过合适的取样方法)所存在的化学元素。除了氢和氦，所有元素都可通过X射线光电子能谱来检测。在大部分情况下，X射线光电子能谱所提供的定性分析结果是明确可靠的。X射线光电子能谱还是一种很有用的半定量分析技术。在材料研究中，由X射线光电子能谱测量所得的化学组成对建立组分—过程—性能的关系非常有价值。通过对电子结合能及俄歇参数的分析，X射线光电子能谱实验可提供材料中元素的化学价态信息，这对于研究材料的化学性能及其变化是非常有效的。

X射线光电子能谱之所以成为材料研究中不可缺少的工具，是因为它具有如下一些综合的优点：

(1) X射线光电子能谱是一种表面灵敏的技术，它所检测到的绝大部分信号来自材料最上层不到10nm的薄层，所以用X射线光电子能谱来研究材料中与表面有关的现象是非常合适的。

(2) X射线光电子能谱可以用来分析元素的化学价态，对于研究材料的表面化学尤其有用。

(3) X射线光电子能谱不但可用于导体，而且可用于非导体，比俄歇电子能谱应用范围广。

(4) X射线光电子能谱可检测轻元素，比氦重的所有元素也都可用X射线光电子能谱来分析。从这一点上来说，X射线光电子能谱比那些靠X射线检测的技术(如电子探针微量分析及X射线荧光谱)占有优势，在研究聚合物及含轻元素的无机材料(如碳化物和氮化物)时特别有用。

(5) X射线光电子能谱对材料的损坏程度较低，和那些用带电粒子作为探针的技术，如俄歇电子能谱及二次离子质谱相比，X射线光电子能谱在分析过程中能够较好地保存材料的表面化学组成。

(6) X射线光电子能谱数据比较容易定量化，它是表面分析中最常用的定量分析技术之一。在这方面X射线光电子能谱比表面分析中另一种常用的技术二次离子质谱，显得优越。

1. X射线光电子能谱谱线的定性分析与俄歇峰的利用

根据测量所得光电子谱峰位置，可以确定表面存在哪些元素以及这些元素存在于什么化合物中，这就是定性分析。定性分析可借助于手册进行，最常用的手册就是 Perkin - Elmer 公司的X射线光电子谱手册。在此手册中有在 MgK_{α} 和 AlK_{α} 照射下从 Li 开始各种元素的标准谱图，谱图上有光电子谱峰和俄歇峰的位置，还附有化学位移的数据。图 12.26 和图 12.27 就是 Cu 的标准谱图。对照实测谱图与标准谱图，不难确定表面存在的元素及其化学状态。

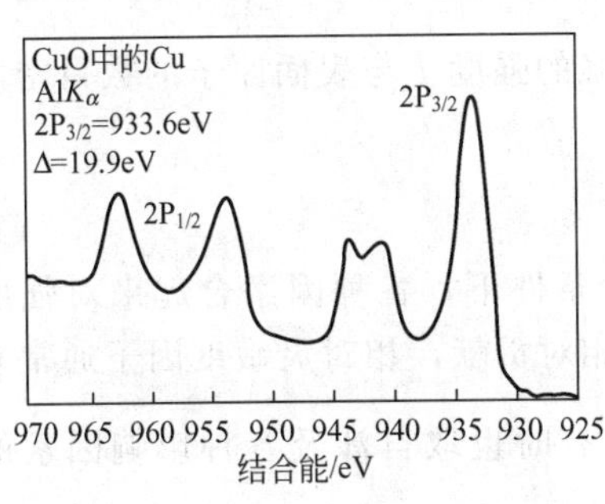

(a)

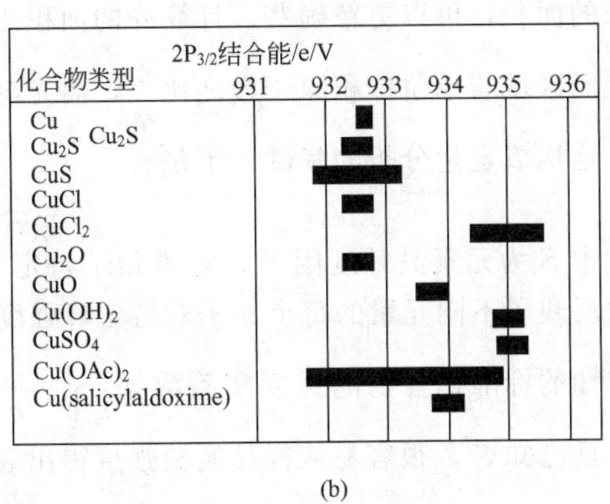

(b)

图 12.26 Cu 的化学状态区域图(1)

定性分析所利用的谱峰，当然应该是元素的主峰(也就是该元素最强最尖锐的峰)。有时会遇到含量少的某元素主峰与含量多的另一元素的非主峰相重叠的情况，造成识谱的困难。这时可利用“自旋-轨道耦合双线”，也就是不仅看一个主峰，还要看与其 n、l 相同但 j 不同的另一峰，这两峰之间的距离及其强度比是与元素有关的，并且对于同一元素，两峰的化学位移又是非常一致的，所以可根据两个峰(双线)的情况来识别谱图。

伴峰的存在与谱峰的分裂会造成识谱的困难，因此要进行正确的定性分析，必须正确鉴别各种伴峰及正确判定谱峰分裂现象。

一般进行定性分析首先进行全扫描(整个X射线光电子能量范围扫描)，以鉴定存在的元素，然后再对所选择的谱峰进行窄扫描，以鉴定化学状态。在X射线光电子能谱谱图中，C_{1s}、O_{1s}、C(KLL)、O(KLL)的谱峰通常比较明显，应首先鉴别出来，并鉴别其伴线。然后由强到弱逐步确定测得的光电子谱峰，最后用“自旋-轨道耦合双线”核对所得结论。

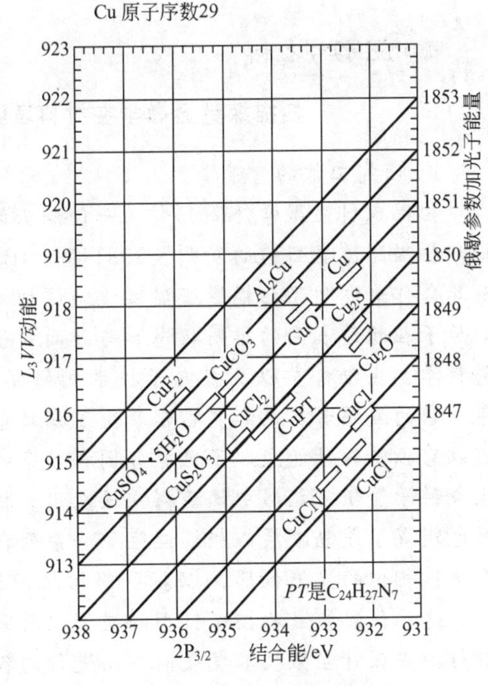

图 12.27 Cu 的化学状态区域图(2)

在X射线光电子能谱中，除光电子谱峰外，还存在X射线产生的俄歇峰。对某些元素，俄歇主峰相当强也比较尖锐。俄歇峰也携带着化学信息，如何合理利用它是一重要问题。

2. 定量分析与半定量分析

X射线光电子能谱与俄歇谱的定量分析有不少共同之处，X射线光电子能谱定量分析主要采用灵敏度因子法，本节只讨论这种方法。定量分析的任务是根据光电子谱峰强度，确定样品表面元素的相对含量。光电子谱峰强度可以是峰的面积，也可以是峰的高度，一般用峰的面积，可以更精确些。计算峰的面积要正确地扣除背底。元素的相对含量可以是试样表面区域与单位体积原子数之比$\frac{\eta_i}{\eta_j}$，而光电子峰的强度I与表面原子的数目密度η成正比，这构成定量分析的基础。于是有

$$I=\eta S \tag{12-8}$$

式中S为元素灵敏度因子，它概括了特定实验条件下，各种因素合起来对强度的影响，它反映了不同元素的每个原子对特定峰强度的相对贡献，相对灵敏度因子通常来自于成分已知的标准化合物的强度实验数据$\left(S_i=\frac{I_i}{\eta_i}\right)$，有时也取自涉及各种影响因素的计算值。一旦已知$S_i$，很容易从样品实验强度得出表面不同元素的原子数之比

$$\frac{\eta_1}{\eta_2}=\frac{I_1/s_2}{I_2/s_2} \tag{12-9}$$

此外，光电子能谱还能提供下列信息：化学价态和化学结构鉴定、深度分布、理论研究。

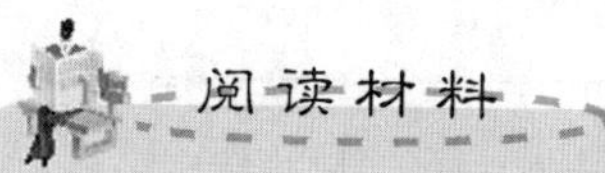
阅读材料

扫描探针显微学在材料表面纳米级结构研究中的新进展

1. 研究工作的背景

扫描探针显微学(SPM)作为一门新兴的学科领域，其历史可追溯到20世纪80年代初期扫描隧道显微镜的发明。1981年，IBM公司苏黎世实验室的科学家宾尼和罗雷尔及其合作者发明了扫描隧道显微镜。这种新型显微仪器的诞生，使人类能够实时地观测到原子在物质表面的排列状态和与表面电子行为有关的物理化学性质，对表面科学、材料科学、生命科学以及微电子技术的研究有着重大意义和重要应用价值。为此，1986年，它的发明者宾尼和罗雷尔获得了诺贝尔物理学奖。在短短的几年里，扫描隧道显微镜以它独特的性能激起了世界各国科学家的极大兴趣和热情，在表面科学、材料科学及生命科学等研究领域中均获得广泛应用。相应地，扫描隧道显微镜仪器本身及其相关仪器也获得了蓬勃发展，相继诞生了一系列在工作模式、组成结构及主要性能与扫描隧道显微镜相似的显微仪器，以获取用扫描隧道显微镜无法获取的有关表面结构的各种信息。这些仪器组成扫描探针型的显微仪器家族，成为人们认识微观世界的有力工具。目前与扫描探针显微技术发展同步而进行的各项研究统称为扫描探针显微学，其研究领域

不断扩大，在诸如纳米级乃至原子级的水平上研究物质表面的原子和分子的几何结构及与电子行为有关的物理、化学性质，在纳米尺度上研究物质的特性，在新型材料的研究和开发中发挥着非常重要的作用。

基于扫描隧道显微镜的基本原理，目前已发展起来的扫描探针显微镜(SPM)有原子力显微镜(AFM)、磁力显微镜(MFM)、弹道电子发射显微镜(BEEM)、光子扫描隧道显微镜(PSTM)、扫描电容显微镜(SCaM)、扫描近场光学显微镜(SNOM)、扫描近场声显微镜(SNAM)、扫描近场热显微镜、扫描电化学显微镜(SECM)等。这些显微技术都是利用探针与样品的不同相互作用，来探测表面或界面在纳米尺度上表现出的物理性质和化学性质，各有其适用范围和优势。例如，扫描隧道显微镜是基于量子理论中的隧道效应原理研制而成。扫描隧道显微镜图像不仅包括材料表面的形貌信息，而且包含样品表面电子态密度信息。它的分辨率能达到原子级。然而它只限于直接观测导体或半导体的表面结构。对于非导体材料须在其表面覆盖一层导电膜。导电膜的存在往往掩盖了表面的结构细节，而使扫描隧道显微镜失去了能在原子尺度上研究表面结构这一优势。原子力显微镜探测的是针尖和样品之间的短程的原子间相互作用力。从理论上讲，由于原子力的等高图比态密度的等高图更忠实于真实的表面形貌，原子力显微镜所观察的图像比扫描隧道显微镜像更易于解释。由于它分辨率高，而且不受样品导电性的影响，其研究对象几乎不受什么局限，因此得到了广泛的应用。不仅如此，它还可直接观察记录在溶液体系中液-固界面的一些生物或化学反应过程。因此，最近几年，它在生命科学、材料科学等方面的应用不断增加，已成为普遍关注的热点。作为由原子力显微镜发展起来的磁力显微镜，是研究磁性物质的一种很新的实验技术。与原子力显微镜不同的是，磁力显微镜采用的探针是一磁性探针，通过检测针尖离开样品表面 10～20nm 范围内磁力这一长程作用力的变化，而得到样品表面磁畴结构的信息。它具有高分辨率，不破坏样品及样品无需特别制备等特点。近年来，在研究磁记录体系、磁性薄膜磁畴结构以及铁磁学基本再现等方面，磁力显微镜越来越显示出其重要性和优越性。而利用磁力显微镜对有机铁磁体以及生物分子磁性的研究也逐渐引起广泛重视。

2. 研究内容和意义

中国科学院化学研究所从 20 世纪 80 年代中期开始以扫描探针显微镜为工具，通过对本领域前沿课题的分析，再结合自己的学科优势，在纳米级水平上研究物质的微观结构及其与电、磁、力等相互作用有关的新现象和新效应。在表面物理化学和相关性等方面开展了广泛、深入并富有成效的研究活动。我们对一系列无机、有机、矿物和生物材料的表面精细结构进行了实验研究，如首次用扫描隧道显微镜和原子力显微镜研究了氮氧自由基有机铁磁体，C_{60} Langmuir－Blodgett 膜、BEDT－TTF 电荷转移复合物、聚苯胺等有机固体，无机材料中的高温超导体和磁性材料的表面结构，红细胞、变性 DNA、胰岛素、多肽、烟草花叶病毒等生物材料，方铅矿、辉银矿、辉钼矿、黝锡矿等矿物，以及纳米硅、宇宙尘埃等。这些研究结果在极高分辨率水平上解释了材料表面结构与样品制备、形成条件的关系，在实验方法和研究成果上具有明显的创新性。

1) C_{60} 及 C_{70} Langmuir－Blodgett 膜表面结构的扫描隧道显微镜研究

材料是人类赖以生存和发展的物质基础，新材料的开发与研究是当前国际上非常热门的一大研究方向。有机材料由于其优良的性能和广泛的应用前景，越来越受到各行各业的重视。C_{60}是1985年发现的一种碳的同素异形体，由于它特殊的结构和性质，在诸如超导、纳米化学、高分子、催化剂、润滑剂、光电开关元件等领域均具有非常诱人的应用前景，成为从多学科角度进行研究的重要材料。1990年，美国科学家首次获得了在真空及大气环境下C_{60}分子的扫描隧道显微镜图像，所用样品为C_{60}粉末，真空升华至基底上进行观察。对C_{60}LB膜的扫描隧道显微镜研究则未见报道。在室温大气环境下，对转移到Au(100)表面的C_{60}LB膜的扫描隧道显微镜研究表明，C_{60}在受压成膜时，分子形状会产生一些形变，且分子半径较X射线粉末衍射数据小，这可解释为疏水性球形分子在溶液铺展及成膜压缩过程中产生聚集所造成的表观现象。在对以同样方法制备的C_{70}混合花生酸体系(混合比1∶1)LB膜的扫描隧道显微镜研究中，发现存在3类不同的区域：纯C_{70}区、纯花生酸区以及二者的混合区(混合比1∶1)。这是同类研究中国际上首次报告的成果。

2) 有机磁性薄膜的磁力显微镜研究

随着科技的进步，人们发现了许多与磁现象有关的生物生命现象。外磁场可诱导DNA、多肽取向的研究也有报道，这些都是典型的有机和生物磁性现象。有机铁磁体具有能够进行分子设计、化学合成或选择不同的自旋相互作用来调整材料的磁性和磁各向异性等优点。关于有机磁体的研究已逐步成为现代化学中的研究热点。尽管电子自旋共振(ESR)技术及SQUID方法已用来测量有机磁体的宏观磁性质，但是这些技术不能用来测定材料表面的局域磁行为，不能取得磁畴结构的信息。中国科学院化学研究所研究者们利用磁力显微镜成功地观察到合成的2-(4-十六烷氧基苯基)-4，4，5，5-四甲基-4，5-二氢-1H-咪唑-1-羰基-氧气物LB膜的拟一维条带状磁畴结构，其宽度为900nm，长度为2500nm。并估算出每个条状畴中包含的化合物的分子数约为56000个。分子的磁矩来源于化合物中的硝基，这些分子磁矩可能在LB膜的制备过程中发生自发极化，或在扫描过程中通过磁力显微镜的铁磁针尖的作用而形成平行排列的条带磁畴，该研究直接证明了有机LB膜磁性的存在，排除了微量铁离子污染的可能性。这一研究表明，磁力显微镜是研究若干分子层厚的薄膜的磁信号的一种非常有前途的方法。可以预见，在未来的有机和生物分子磁性研究领域，由于高灵敏度和高分辨率，磁力显微镜必将在其中扮演很重要的角色。

3) 碱金属在半导体表面吸附行为的研究

研究碱金属在半导体表面吸附行为对于理解金属/半导体界面的性质具有重要意义。这一体系的研究在国外已开展了20余年，但一些理论和间接实验结果有相互矛盾之处，关于电荷在碱金属/半导体界面的转移存在有两种截然不同的观点，对于钠原子在GaAs(110)表面的吸附位、吸附行为等问题的研究也一直悬而未决。根据扫描隧道显微镜和低能电子衍射实验结果，研究者们无歧义地确定了钠原子的吸附位，并详细研究了表面结构随着表面覆盖度的不同而产生的变化，以及钠原子在Si(111)表面吸附所引起的表面重构，引起了国际同行的重视。

4) 红细胞表面精细结构的研究

由于扫描探针显微镜技术具有高分辨率、对表面的检测不产生损伤效应以及适用于不同环境中成像的特点，使得其在生物材料的表面精细结构研究中具有极大的潜力，具有难以为其他方法替代的作用。近年来，扫描探针显微镜对于核酸、蛋白、细胞结构的应用研究取得了很大的进展。例如，采用生物标记技术对DNA特殊位点定位和物理测序的研究，在缓冲液体系中对DNA/RNA和酶的相互作用过程的观察等，均标志着原子力显微镜技术在这一领域的一些重要进展。实验室的原子力显微镜实验证实了扫描电镜中观察到的红细胞聚集特性，而且进一步发现固定的红细胞表面的形态大致为直径7.2μm、高度1.0μm左右的面包圈形式。通过采用分区观测方法，实现了对单个细胞表面的直接观测，首次得到红细胞全表面的精细结构，分辨率达到纳米级。结果显示红细胞表面具有大量纳米尺度的沟槽，并且覆盖有纳米尺度的颗粒。这很可能就是脂-球蛋白镶嵌模型中的主体蛋白和周围蛋白，为进一步研究红细胞的结构提供了良好基础。该结果被选为1995年第四期《Scanning Microscopy》的封面照片。

5）深入探讨显微原理和发展显微技术

扫描探针显微学近年来发展迅速，是一个非常活跃的学科领域，这也具体表现在对显微原理的深入探讨和显微技术的不断发展和完善上。我们自行研制的第一台激光原子力显微镜，与中国科学院物理研究所合作研制的低温扫描隧道显微镜很好地反映了这一趋势。这些新型显微仪器集精密机械、电子、光学、计算机技术等多学科知识于一体，其性能达到国际先进水平，并且分别于1992年12月和1993年5月通过中国科学院组织的院级鉴定。这些新型系列显微仪器的研制成功，不仅从无到有，代表了我国在这一高技术领域的研究水平，而且为深入开展扫描探针显微学的应用研究奠定了必要的物质基础。

3. 展望

毫无疑问，扫描探针显微学这一新的微观分析方法一经与材料科学中的重要内容相结合，将对材料表面的物理和化学性质的深刻认识产生积极的推动作用。如何拓展扫描探针显微技术的研究范围和内容，不失时机地在材料科学、生物学、表面科学、纳米科技等学科的前沿领域抢先取得突破，对于促进我国在这一领域工作的开展以及取得国际水平的研究结果都具有非常重要的意义。

资料来源：白春礼，林璋. 扫描探针显微学在材料表面纳米级结构研究中的新进展. 物理，1999(01)：27－30.

小　结

本章主要介绍了离子探针、低能电子衍射、俄歇电子能谱仪、场离子显微镜、原子力显微镜、X射线光电子能谱仪的原理及结构，以及这些测试方法在材料研究及分析方面的应用。

关键术语

离子探针　低能电子衍射　俄歇电子能谱仪　场离子显微镜　原子力显微镜　X射线光电子能谱仪

附录1 物理常数

电子电荷 e	4.80296×10^{-10} 静电单位 e. s. u. = 1.602×10^{-19} C
电子静止质量 m	9.109534×10^{-31} kg $=9.109\times10^{-31}$ kg
单位原子量的原子质量 $1/N$	$1.66042\times10-24$ g $=1.660\times10^{-27}$ kg
光速 c	2.997925×10^{10} cm/s $=2.998\times10^{8}$ m/s
普朗克常数 h	6.626176×10^{-34} J·s $=6.626\times10^{-34}$ J·s
玻耳兹曼常数 k	$1.68.662\times10^{-23}$ J/K
阿伏伽德罗常数 N_A	6.022045×10^{23} g/mol $=6.023\times10^{23}$ g/mol

附录 2　质量吸收系数 μ_m 及密度 ρ

元素	原子序	密度 ρ/(g/cm)	质量吸收系数/(cm^2/g)				
			Mo - K_α λ=0.07107nm	Cu - K_α λ=0.15418nm	Co - K_α λ=0.17903nm	Fe - K_α λ=0.19373nm	Cr - K_α λ=0.22909nm
B	5	2.3	0.45	3.06	4.67	5.80	9.37
C	6	2.22(石墨)	0.70	5.50	8.50	10.73	17.9
N	7	1.1649×10^{-3}	1.10	8.51	13.6	17.3	27.7
O	8	1.3318×10^{-3}	1.50	12.7	20.2	25.2	40.1
Mg	12	1.74	4.38	40.6	60.0	75.7	120.1
Al	13	2.70	5.30	48.7	73.4	92.8	149
Si	14	2.33	6.70	60.3	94.1	116.3	192
P	15	1.82(黄)	7.98	73.0	113	141.1	223
S	16	2.07(黄)	10.03	91.3	139	175	273
Ti	22	4.54	23.7	204	304	377	603
V	23	6.0	26.5	227	339	422	77.3
Cr	24	7.19	30.4	259	392	490	89.9
Mn	25	7.43	33.5	284	731	63.6	99.4
Fe	26	7.87	38.3	324	59.5	72.8	114.6
Co	27	8.9	41.6	354	65.9	80.6	125.8
Ni	28	8.90	47.4	49.2	75.1	93.1	145
Cu	29	8.96	49.7	52.7	79.8	98.8	154
Zn	30	7.13	54.8	59.0	88.5	109.4	169
Ga	31	5.91	57.3	63.3	94.3	116.5	179
Ge	32	5.36	63.4	69.4	104	128.4	196
Zr	40	6.5	17.2	143	211	260	391
Nb	41	8.57	18.7	153	225	279	415
Mo	42	10.2	20.2	164	242	299	439
Rh	45	12.44	25.3	198	293	361	522
Pd	46	12.0	26.7	207	308	376	545
Ag	47	10.49	28.6	223	332	402	585
Cd	48	8.65	29.9	234	352	417	608
Sn	50	7.30	33.3	265	382	457	681
Sb	51	6.62	35.3	284	404	482	727
Ba	56	3.5	45.2	359	501	599	819
La	57	6.19	47.9	378	—	632	218
Ta	73	16.6	100.7	164	246	305	440
W	74	19.3	105.4	171	258	320	456
Ir	77	22.5	117.9	194	292	362	498
Au	79	19.32	128	214	317	390	537
Pb	82	11.34	141	241	354	429	585

附录3 原子散射因数 f

轻原子或离子	$\frac{\sin\theta}{\lambda}$ / nm^{-1}											
	0.0	1.0	2.0	3.0	4.0	5.0	6.0	7.0	8.0	9.0	10.0	11.0	12.0
B	5.0	3.5	2.4	1.9	1.7	1.5	1.4	1.2	1.2	1.0	0.9	0.7	
C	6.0	4.6	3.0	2.2	1.9	1.7	1.6	1.4	1.3	1.16	1.0	0.9	
N	7.0	5.8	4.2	3.0	2.3	1.9	1.65	1.54	1.49	1.39	1.29	1.17	
Mg	12.0	10.5	8.6	7.25	5.95	4.8	3.85	3.15	2.55	2.2	2.0	1.8	
Al	13.0	11.0	8.95	7.75	6.6	5.5	4.5	3.7	3.1	2.65	2.3	2.0	
Si	14.0	11.35	9.4	8.2	7.15	6.1	5.1	4.2	3.4	2.95	2.6	2.3	
P	15.0	12.4	10.0	8.45	7.45	6.5	5.65	4.8	4.05	3.4	3.0	2.6	
S	16.0	13.6	10.7	8.95	7.85	6.85	6.0	5.25	4.5	3.9	3.35	2.9	
Ti	22	19.3	15.7	12.8	10.9	9.5	8.2	7.2	6.3	5.6	5.0	4.6	4.2
V	23	20.2	16.6	13.5	11.5	10.1	8.7	7.6	6.7	5.9	5.3	4.9	4.4
Cr	24	21.1	17.4	14.2	12.1	10.6	9.2	8.0	7.1	6.3	5.7	5.1	4.6
Mn	25	22.1	18.2	14.9	12.7	11.1	9.7	8.4	7.5	6.6	6.0	5.4	4.9
Fe	26	23.1	18.9	15.6	13.3	11.6	10.2	8.9	7.9	7.0	6.3	5.7	5.2
Co	27	24.1	19.8	16.4	14.0	12.1	107	9.3	8.3	7.3	6.7	6.0	5.5
Ni	28	25.0	20.7	17.2	14.6	12.7	11.2	9.8	8.7	7.7	7.0	6.3	5.8
Cu	29	25.9	21.6	17.9	15.2	13.3	11.7	10.2	9.1	8.1	7.3	6.6	6.0
Zn	30	26.8	22.4	18.6	15.8	13.9	12.2	10.7	9.6	8.5	7.6	6.9	6.3
Ga	31	27.8	23.3	19.3	16.5	14.5	12.7	11.2	10.0	8.9	7.9	7.3	6.7
Ge	32	28.8	24.1	20.0	17.1	15.0	13.2	11.6	10.4	9.3	8.3	7.6	7.0
Nb	41	37.3	31.7	26.8	22.8	20.2	18.1	16.0	14.3	12.8	11.6	10.6	9.7
Mo	42	38.2	32.6	27.6	23.5	20.3	18.6	16.5	14.8	13.2	12.0	10.9	10.0
Rh	45	41.0	35.1	29.9	25.4	22.5	20.2	18.0	16.1	14.5	13.1	12.0	11.0
Pd	46	41.9	36.0	30.7	26.2	23.1	20.8	18.5	16.6	14.9	13.6	12.3	11.3
Ag	47	42.8	36.9	31.5	25.9	23.8	21.3	19.0	17.1	15.3	14.0	12.7	11.7
Cd	48	34.7	37.7	32.2	27.5	24.4	21.8	19.6	17.6	15.7	14.3	13.0	12.0
In	49	44.7	38.6	33.0	28.1	25.0	22.4	20.1	18.0	16.2	14.7	13.4	12.3
Sn	50	45.7	39.5	33.8	28.7	25.6	22.9	20.6	18.5	16.6	15.1	13.7	12.7
Sb	51	46.7	40.4	34.6	29.5	26.3	23.5	21.1	19.0	17.0	15.5	14.1	13.0
La	57	52.6	45.6	39.3	33.8	29.8	26.9	24.3	21.9	19.7	17.9	16.4	15.0
Ta	73	67.8	59.5	52.0	45.3	39.9	36.2	32.9	29.8	27.1	24.7	22.6	20.9
W	74	68.8	60.4	52.8	46.1	40.5	36.8	33.5	30.4	27.6	25.2	23.0	21.3
Pt	78	72.6	64.0	56.2	48.9	43.1	39.2	35.6	32.5	29.5	27.0	24.7	22.7
Pb	82	76.5	67.5	59.5	51.9	45.7	41.6	37.6	34.6	31.5	28.8	26.4	24.5

附录 4　各种点阵的结构因数 F_{HKL}^2

<table>
<tr><th>点阵类型</th><th>简单点阵</th><th>底心点阵</th><th>体心立方点阵</th><th>面心立方点阵</th><th>密积六方点阵</th></tr>
<tr><td rowspan="4">结构因数
F_{HKL}^2</td><td rowspan="4">f^2</td><td rowspan="2">$H+K=$
偶数时，
f^2</td><td rowspan="2">$H+K+L=$
偶数时，
$4f^2$</td><td rowspan="2">H、K、L
奇偶性相同时，
$16f^2$</td><td>$H+2K=3n$(n 为整数)，
$L=$奇数时，
0</td></tr>
<tr><td>$H+2K=3n$，
$L=$偶数时，
$4f^2$</td></tr>
<tr><td rowspan="2">$H+K=$
奇数时，
0</td><td rowspan="2">$H+K+L=$
奇数时，
0</td><td rowspan="2">H、K、L
奇偶性不同时，
0</td><td>$H+2K=3n+1$，
$L=$奇数时，
$3f^2$</td></tr>
<tr><td>$H+2K=3n+1$，
$L=$偶数时，
f^2</td></tr>
</table>

附录 5 粉末法的多重性因数 P_{hkl}

指数 晶系	$h00$	$0k0$	$00l$	hhh	$hk0$	$hk0$	$0kl$	$k0l$	hhl	hkl
立方晶系	6			8	12	24①			24	48①
六方和菱方晶系	6		2		6	12①	12①		12①	24①
正方晶系	4		2		4	8①	8		8	16①
斜方晶数	2	2	2			4	4	4		8
单斜晶数	2	2	2			4	4	2		4
三斜晶系	2	2	2			2	2	2		2

① 指通常的多重性因数。在某些晶体中具有此种指数的两族晶面，其晶面间距相同，但结构因数不同，因而每族晶面的多重性因数应为上列数值的一半。

附录 6　角因数 $\frac{1+\cos^2\theta}{\sin^2\theta\cos\theta}$

θ/(°)	0.0	0.1	0.2	0.3	0.4	0.5	0.6	0.7	0.8	0.9
2	1639	1486	1357	1239	1138	1048	968.9	898.3	835.1	778.4
3	727.2	680.9	638.8	600.5	565.6	533.6	504.3	477.3	452.3	429.3
4	408.0	388.2	369.9	352.7	336.8	321.9	308.0	294.9	282.6	271.1
5	206.3	250.1	240.5	231.4	222.9	214.7	207.1	199.8	192.9	186.3
6	180.1	174.2	168.5	163.1	158.0	153.1	148.4	144.0	139.7	135.6
7	131.7	128.0	124.4	120.9	117.6	114.4	111.4	108.5	105.6	102.9
8	100.3	97.80	95.37	93.03	90.78	88.60	86.51	84.48	82.52	80.63
9	78.79	77.0	75.31	73.66	72.05	70.49	68.99	67.53	66.12	64.74
10	63.41	62.12	60.87	59.65	58.46	57.32	56.20	55.11	54.06	53.03
11	52.04	51.06	50.12	49.19	48.30	47.43	46.58	45.75	44.94	44.16
12	43.39	42.64	41.91	41.20	40.50	39.82	39.16	38.51	37.88	37.27
13	36.67	36.08	35.50	34.94	34.39	33.85	33.33	32.81	32.31	31.82
14	31.34	30.87	30.41	39.96	29.51	29.08	28.66	28.24	27.83	27.44
15	27.05	26.66	26.29	25.92	25.56	25.21	24.86	24.52	24.19	23.86
16	23.54	23.23	22.92	22.61	22.32	22.02	21.74	21.46	21.18	20.91
17	20.64	20.38	20.12	19.87	19.62	19.38	19.14	18.90	18.67	18.44
18	18.22	18.00	17.78	17.57	17.36	17.15	16.95	16.75	16.56	16.36
19	16.17	15.99	15.80	15.62	15.45	15.27	15.10	14.93	14.76	14.60
20	14.44	14.28	14.12	13.97	13.81	13.66	13.52	13.37	13.23	13.09
21	12.95	12.81	12.68	12.54	12.41	12.28	12.15	12.03	11.91	11.78
22	11.66	11.54	11.43	11.31	11.20	11.09	10.98	10.87	10.76	10.65
23	10.55	10.45	10.35	10.24	10.15	10.05	9.951	9.857	9.763	9.671
24	9.579	9.489	9.400	9.313	9.226	9.141	9.057	8.973	8.891	8.810
25	8.730	8.651	8.573	8.496	8.420	8.345	8.271	8.198	8.126	8.054
26	7.984	7.951	7.846	7.778	7.711	7.645	7.580	7.515	7.452	7.389
27	7.327	7.266	7.205	7.145	7.086	7.027	6.969	6.912	6.856	6.800
28	6.745	6.692	6.637	6.584	6.532	6.480	6.429	6.379	6.329	6.279
29	6.230	6.183	6.135	6.088	6.042	5.995	5.950	5.905	5.861	5.817
30	5.774	5.731	5.688	5.647	5.605	5.564	5.524	5.484	5.445	5.406
31	5.367	5.329	5.292	5.254	5.218	5.181	5.145	5.110	5.075	5.040
32	5.006	4.972	4.939	4.906	4.873	4.841	4.809	4.777	4.746	4.715
33	4.685	4.655	4.625	4.595	4.566	4.538	4.509	4.481	4.453	4.426
34	4.399	4.372	4.346	4.320	4.294	4.268	4.243	4.218	4.193	4.169
35	4.145	4.121	4.097	4.074	4.052	4.029	4.006	3.984	3.962	3.941
36	3.919	3.898	3.877	3.857	3.836	3.816	3.797	3.777	3.758	3.739
37	3.721	3.701	3.683	3.665	3.647	3.629	3.612	3.594	3.577	3.561
38	3.544	3.527	3.513	3.497	3.481	3.465	3.449	3.434	3.419	3.404
39	3.389	3.375	3.361	3.347	3.333	3.320	3.306	3.293	3.280	3.268

（续）

θ/(°)	0.0	0.1	0.2	0.3	0.4	0.5	0.6	0.7	0.8	0.9
40	3.255	3.242	3.230	3.218	3.206	3.194	3.183	3.171	3.160	3.149
41	3.138	3.127	3.117	3.106	3.096	3.086	3.076	3.067	3.057	3.048
42	3.038	3.029	3.020	3.012	3.003	2.994	2.986	2.978	2.970	2.962
43	2.954	2.946	2.939	2.932	2.925	2.918	2.911	2.904	2.897	2.891
44	2.884	2.878	2.872	2.866	2.860	2.855	2.849	2.844	2.838	2.833
45	2.828	2.824	2.819	2.814	2.810	2.805	2.801	2.797	2.793	2.789
46	2.785	2.782	2.778	2.775	2.772	2.769	2.766	2.763	2.760	2.757
47	2.755	2.752	2.750	2.748	2.746	2.744	2.742	2.740	2.738	2.737
48	2.736	2.735	2.733	2.732	2.731	2.730	2.730	2.729	2.729	2.728
49	2.728	2.728	2.728	2.728	2.728	2.728	2.729	2.729	2.730	2.730
50	2.731	2.732	2.733	2.734	2.735	2.737	2.738	2.740	2.741	2.743
51	2.745	2.747	2.749	2.751	2.753	2.755	2.758	2.760	2.763	2.766
52	2.769	2.772	2.775	2.778	2.782	2.785	2.788	2.792	2.795	2.799
53	2.803	2.807	2.811	2.815	2.820	2.824	2.828	2.833	2.838	2.843
54	2.848	2.853	2.858	2.863	2.868	2.874	2.879	2.885	2.890	2.896
55	2.902	2.908	2.914	2.921	2.927	2.933	2.940	2.946	2.953	2.960
56	2.967	2.974	2.981	2.988	2.996	3.004	3.011	3.019	3.026	3.034
57	3.042	3.050	3.059	3.067	3.075	3.084	3.092	3.101	3.110	3.119
58	3.128	3.137	3.147	3.156	3.166	3.175	3.185	3.195	3.205	3.215
59	3.225	3.235	3.246	3.256	3.267	3.278	3.289	3.300	3.311	3.322
60	3.333	3.345	3.356	3.368	3.380	3.392	3.404	3.416	3.429	3.441
61	3.454	3.466	3.479	6.492	3.505	3.518	3.532	3.545	3.559	3.573
62	3.587	3.601	3.615	3.629	3.643	3.658	3.673	3.688	3.703	3.718
63	3.733	3.749	3.764	3.780	3.796	3.812	3.828	3.844	3.861	3.878
64	3.894	3.911	3.928	3.946	3.963	3.980	3.998	4.016	4.034	4.052
65	4.071	4.090	4.108	4.127	4.147	4.166	4.185	4.205	4.225	4.245
66	4.265	4.285	4.306	4.327	4.348	4.369	4.390	4.412	4.434	4.456
67	4.478	4.500	4.523	4.546	4.569	4.592	4.616	4.640	4.664	4.688
68	4.712	4.737	4.762	4.787	4.812	4.838	4.864	4.890	4.916	4.943
69	4.970	4.997	5.024	5.052	5.080	5.109	5.137	5.166	5.195	5.224
70	2.254	5.284	5.315	5.345	5.376	5.408	5.440	5.471	5.504	5.536
71	5.569	5.602	5.636	5.670	5.705	5.740	5.775	5.810	5.846	5.883
72	5.919	5.956	5.994	6.032	6.071	6.109	6.149	6.189	6.229	6.270
73	6.311	6.352	6.394	6.437	6.480	6.524	6.568	6.613	6.658	6.703
74	6.750	6.797	6.844	6.892	6.941	6.991	7.041	7.091	7.142	7.194
75	7.247	7.300	7.354	7.409	7.465	7.521	7.578	7.636	7.694	7.753
76	7.813	7.874	7.936	7.999	8.063	8.128	8.193	8.259	8.327	8.395
77	8.465	8.536	8.607	8.680	8.754	8.829	8.905	8.982	9.061	9.142
78	9.223	9.305	9.389	9.474	9.561	9.649	9.739	9.831	9.924	10.02
79	10.12	10.21	10.31	10.41	10.52	10.62	10.73	10.84	10.95	11.06
80	11.18	11.30	11.42	11.54	11.67	11.80	11.93	12.06	12.20	12.34
81	12.48	12.63	12.78	12.93	13.08	13.24	13.40	13.57	13.74	13.92
82	14.10	14.28	14.47	14.66	14.86	15.07	15.28	15.49	15.71	15.94

（续）

θ/(°)	0.0	0.1	0.2	0.3	0.4	0.5	0.6	0.7	0.8	0.9
83	16.17	16.41	16.66	16.91	17.17	17.44	17.72	18.01	18.31	18.61
84	18.93	19.25	19.59	19.94	20.30	20.68	21.07	21.47	21.89	22.32
85	22.77	23.24	23.73	24.24	24.78	25.34	25.92	26.52	27.16	27.83
86	28.53	29.27	30.04	30.86	31.73	32.64	33.60	34.63	35.72	36.88
87	38.11	39.43	40.84	42.36	44.00	45.76	47.68	49.76	52.02	54.50

附录 7　某些物质的特征温度 Θ

物质	Θ/K	物质	Θ/K	物质	Θ/K	物质	Θ/K
Ag	210	Cr	485	Na	202	Tl	96
Al	400	Cu	453	Ni	375	W	310
Au	175	Fe	285	Pb	88	Zn	235
Bi	100	Ir	126	Pd	275	金刚石	～2000
Ca	230	K	320	Pt	230		
Cd	168			Sn(白)	130		
Co	410	Mo	380	Ta	245		

附录8 $\frac{1}{2}\left(\frac{\cos^2\theta}{\sin\theta}+\frac{\cos^2\theta}{\theta}\right)$的数值

θ/(°)	0.0	0.1	0.2	0.3	0.4	0.5	0.6	0.7	0.8	0.9
10	5.572	5.513	5.456	5.400	5.345	5.291	5.237	5.185	5.134	5.084
11	5.034	4.986	4.939	4.892	4.846	4.800	4.756	4.712	4.669	4.627
12	4.585	4.544	4.504	4.464	4.425	4.386	4.348	4.311	4.274	4.238
13	4.202	4.167	4.133	4.098	4.065	4.032	3.999	3.967	3.935	3.903
14	3.872	3.842	3.812	3.782	3.753	3.724	3.695	3.667	3.639	3.612
5	3.584	3.558	3.531	3.505	3.479	3.454	3.429	3.404	3.379	3.355
6	3.331	3.307	3.284	3.260	3.237	3.215	3.192	3.170	3.148	3.127
7	3.105	3.084	3.063	3.042	3.022	3.001	2.981	2.962	2.942	2.922
8	2.903	2.884	2.865	2.847	2.828	2.810	2.792	2.774	2.756	2.738
9	2.721	2.704	2.687	2.670	2.653	2.636	2.620	2.604	2.588	2.572
20	2.556	2.540	2.525	2.509	2.494	2.479	2.464	2.449	2.434	2.420
1	2.405	2.391	2.376	2.362	2.348	2.335	2.321	2.307	2.294	2.280
2	2.267	2.254	2.241	2.228	2.215	2.202	2.189	2.177	2.164	2.152
3	2.140	2.128	2.116	2.104	2.092	2.080	2.068	2.056	2.045	2.034
4	2.022	2.011	2.000	1.989	1.978	1.967	1.956	1.945	1.934	1.924
5	1.913	1.903	1.892	1.882	1.872	1.861	1.851	1.841	1.831	1.821
6	1.812	1.802	1.792	1.782	1.773	1.763	1.754	1.745	1.735	1.726
7	1.717	1.708	1.699	1.690	1.681	1.672	1.663	1.654	1.645	1.637
8	1.628	1.619	1.611	1.602	1.594	1.586	1.577	1.569	1.561	1.553
9	1.545	1.537	1.529	1.521	1.513	1.505	1.497	1.489	1.482	1.474
30	1.466	1.459	1.451	1.444	1.436	1.429	1.421	1.414	1.407	1.400
1	1.392	1.385	1.378	1.371	1.364	1.357	1.350	1.343	1.336	1.329
2	1.323	1.316	1.309	1.302	1.296	1.289	1.282	1.276	1.269	1.263
3	1.256	1.250	1.244	3.237	1.231	1.225	1.218	1.212	1.206	1.200
4	1.194	1.188	1.182	1.176	1.170	1.164	1.158	1.152	1.146	1.140
5	1.134	1.128	1.123	1.117	1.111	1.106	1.100	1.094	1.088	1.083
6	1.078	1.072	1.067	1.061	1.056	1.050	1.045	1.040	1.034	1.029
7	1.024	1.019	1.013	1.008	1.003	0.998	0.993	0.988	0.982	0.977
8	0.972	0.967	0.962	0.958	0.953	0.948	0.943	0.938	0.933	0.928
9	0.924	0.919	0.914	0.909	0.905	0.900	0.895	0.891	0.886	0.881
40	0.877	0.872	0.868	0.863	0.859	0.854	0.850	0.845	0.841	0.837
1	0.832	0.828	0.823	0.819	0.815	0.810	0.806	0.802	0.798	0.794
2	0.789	0.785	0.781	0.777	0.773	0.769	0.765	0.761	0.757	0.753
3	0.749	0.745	0.741	0.737	0.733	0.729	0.725	0.721	0.717	0.713
4	0.709	0.706	0.702	0.698	0.694	0.690	0.687	0.683	0.679	0.676

（续）

θ/(°)	0.0	0.1	0.2	0.3	0.4	0.5	0.6	0.7	0.8	0.9
5	0.672	0.668	0.665	0.661	0.657	0.654	0.650	0.647	0.643	0.640
6	0.636	0.632	0.629	0.625	0.622	0.619	0.615	0.612	0.608	0.605
7	0.602	0.598	0.595	0.591	0.588	0.585	0.582	0.578	0.575	0.572
8	0.569	0.565	0.562	0.559	0.556	0.553	0.549	0.546	0.543	0.540
9	0.537	0.534	0.531	0.528	0.525	0.522	0.518	0.515	0.512	0.509
50	0.506	0.504	0.501	0.498	0.495	0.492	0.489	0.486	0.483	0.480
1	0.477	0.474	0.472	0.469	0.466	0.463	0.460	0.458	0.455	0.452
2	0.449	0.447	0.444	0.441	0.439	0.436	0.433	0.430	0.428	0.425
3	0.423	0.420	0.417	0.415	0.412	0.410	0.407	0.404	0.402	0.399
4	0.397	0.394	0.392	0.389	0.387	0.384	0.382	0.379	0.377	0.375
5	0.372	0.370	0.367	0.365	0.363	0.360	0.358	0.356	0.353	0.351
6	0.349	0.346	0.344	0.342	0.339	0.337	0.335	0.333	0.330	0.328
7	0.326	0.346	0.322	0.319	0.317	0.315	0.313	0.311	0.309	0.306
8	0.304	0.302	0.300	0.298	0.296	0.294	0.292	0.290	0.288	0.286
9	0.284	0.282	0.280	0.278	0.276	0.274	0.272	0.270	0.268	0.266
60	0.264	0.262	0.260	0.258	0.256	0.254	0.252	0.250	0.279	0.247
1	0.245	0.243	0.241	0.239	0.237	0.236	0.234	0.232	0.230	0.229
2	0.227	0.225	0.223	0.221	0.220	0.218	0.216	0.215	0.213	0.211
3	0.209	0.208	0.206	0.204	0.203	0.201	0.199	0.198	0.196	0.195
4	0.193	0.191	0.190	0.188	0.187	0.185	0.184	0.182	0.180	0.179
5	0.177	0.176	0.174	0.173	0.171	0.170	0.168	0.167	0.165	0.164
6	0.163	0.161	0.160	0.158	0.157	0.155	0.154	0.152	0.151	0.150
7	0.148	0.147	0.146	0.144	0.143	0.141	0.140	0.139	0.138	0.136
8	0.135	0.134	0.132	0.131	0.130	0.128	0.127	0.126	0.125	0.123
9	0.122	0.121	0.120	0.119	0.117	0.116	0.115	0.114	0.112	0.111
70	0.110	0.109	0.108	0.107	0.106	0.104	0.103	0.102	0.101	0.100
1	0.099	0.098	0.097	0.096	0.095	0.094	0.092	0.091	0.090	0.089
2	0.088	0.087	0.086	0.085	0.084	0.083	0.082	0.081	0.080	0.079
3	0.078	0.077	0.076	0.075	0.075	0.074	0.073	0.072	0.071	0.070
4	0.069	0.068	0.067	0.066	0.065	0.065	0.064	0.063	0.062	0.061
5	0.060	0.059	0.059	0.058	0.057	0.056	0.055	0.055	0.054	0.053
6	0.052	0.052	0.051	0.050	0.049	0.048	0.048	0.047	0.046	0.045
7	0.045	0.044	0.043	0.043	0.042	0.041	0.041	0.040	0.039	0.039
8	0.038	0.037	0.037	0.036	0.035	0.035	0.034	0.034	0.033	0.032
9	0.032	0.031	0.031	0.030	0.029	0.029	0.028	0.028	0.027	0.027
80	0.026	0.026	0.025	0.025	0.024	0.023	0.023	0.023	0.022	0.022
1	0.021	0.021	0.020	0.020	0.019	0.019	0.018	0.018	0.017	0.017
2	0.017	0.016	0.016	0.015	0.015	0.015	0.014	0.014	0.013	0.013
3	0.013	0.012	0.012	0.012	0.011	0.011	0.010	0.010	0.010	0.010
4	0.009	0.009	0.009	0.008	0.008	0.008	0.007	0.007	0.007	0.007
5	0.006	0.006	0.006	0.006	0.005	0.005	0.005	0.005	0.005	0.004
6	0.004	0.004	0.004	0.003	0.003	0.003	0.003	0.003	0.003	0.002
7	0.002	0.002	0.002	0.002	0.002	0.002	0.001	0.001	0.001	0.001
8	0.001	0.001	0.001	0.001	0.001	0.001	0.001	0.000	0.000	0.000

附录 9　立方系晶面间夹角

{hkl}	{hkl}	HKL 与 hkl 晶面(或晶向)间夹角的数值/(°)									
100	100	0	90								
	110	45	90								
	111	54.73		90							
	210	26.57	64.43								
	211	35.27	65.90								
	221	48.19	70.53								
	310	18.44	71.56	90							
	311	25.24	72.45								
	320	33.69	56.31	90							
	321	36.70	57.69	74.50							
	322	43.31	60.98								
	410	14.03	75.97	90							
	411	19.47	76.37								
110	110	0	60	90							
	111	35.27	90								
	210	18.44	50.77	71.56							
	211	30	54.73	73.22	90						
	221	19.47	45	76.37	90						
	310	26.57	47.87	63.43	77.08						
	311	31.48	64.76	90							
	320	11.31	53.96	66.91	78.69						
	321	19.11	40.89	55.46	67.79	79.11					
	322	30.97	46.69	80.13	90						
	410	30.97	46.69	59.03	80.13						
110	411	33.55	60	70.53	90						
	331	13.27	49.56	71.07	90						
111	111	0	70.53	90							
	210	39.23	75.04	78.90							
	211	19.47	61.87								
	221	15.81	54.73	79.98							
	310	43.10	68.58								
	311	29.50	58.82	72.02	90						
	320	36.81	80.79	81.95							
	321	22.21	51.89								
	322	11.42	65.16	74.21							
	410	45.57	65.16	82.39							
	411	35.27	57.02								
	331	21.99	48.53								

（续）

{*hkl*}	{*hkl*}	*HKL* 与 *hkl* 晶面(或晶向)间夹角的数值/(°)									
210	210	0	36.87	53.13	66.42	78.46	90				
	211	24.09	43.09	56.79	79.48	90					
	221	26.57	41.81	53.40	63.43	72.65	90				
	310	8.13	31.95	45	64.90	73.57	81.87				
	311	19.29	47.61	66.14	82.25						
	320	7.12	29.75	41.91	60.25	68.15	75.64	82.88			
	321	17.02	33.21	53.30	61.44	68.99	83.13	90			
	322	29.80	40.60	49.40	64.29	77.47	83.77				
	410	12.53	29.80	40.60	49.40	64.29	77.47	83.77			
	411	18.43	42.45	50.57	71.57	77.83	83.95				
	331	22.57	44.10	59.14	72.07	84.11					
211	211	0	33.56	48.19	60	70.53	80.41				
	221	17.72	35.26	47.12	65.90	74.21	82.18				
	310	25.35	49.80	58.91	75.04	82.59					
	311	10.02	42.39	60.50	75.75	90					
	320	25.07	37.57	55.52	63.07	83.50					
	321	10.90	29.21	40.20	49.11	56.94	70.89	77.40	83.74	90	
	322	8.05	26.98	53.55	60.33	72.72	78.58	84.32			
	410	26.98	43.13	53.55	60.33	72.72	78.58				
	411	15.80	39.67	47.66	54.73	61.24	73.22	84.48			
	331	20.51	41.47	68.00	79.20						
221	221	0	27.27	38.94	63.61	83.62	90				
	310	32.51	42.45	58.19	65.06	83.95					
	311	25.24	45.29	59.83	72.45	84.23					
	320	22.41	42.30	49.67	68.30	79.34	84.70				
	321	11.49	27.02	36.70	57.69	63.55	74.50	79.74	84.89		
	322	14.04	27.21	49.70	66.16	71.13	75.96	90			
	410	36.06	43.31	55.53	60.98	80.69					
	411	30.20	45	51.06	56.64	66.87	71.68	90			
	331	6.21	32.73	57.64	67.52	85.61					
310	310	0	25.84	36.86	53.13	72.54	84.26	90			
	311	17.55	40.29	55.10	67.58	79.01	90				
	320	15.25	37.87	52.13	58.25	74.76	79.90				
	321	21.62	32.31	40.48	47.46	53.73	59.53	65.00	75.31	85.15	90
	322	32.47	46.35	52.15	57.53	72.13	76.70				
	410	4.40	23.02	32.47	57.53	72.13	76.70	85.60			
	411	14.31	34.93	58.55	72.65	81.43	85.73				
	331	29.48	43.49	54.52	64.20	90					
311	311	0	35.10	50.48	62.97	84.78					
	320	23.09	41.18	54.17	65.28	75.47	85.20				
	321	14.77	36.31	49.86	61.08	71.20	80.73				
	322	18.08	36.45	48.84	59.21	68.55	85.81				
	410	18.08	36.45	59.21	68.55	77.33	85.81				
	411	5.77	31.48	44.72	55.35	64.76	81.83	90			
	331	25.95	40.46	51.50	61.04	69.77	78.02				

（续）

{hkl}	{hkl}	HKL 与 hkl 晶面(或晶向)间夹角的数值/°									
320	320	0	22.62	46.19	62.51	67.38	72.08	90			
	321	15.50	27.19	35.38	48.15	53.63	58.74	68.25	77.15	85.75	90
	322	29.02	36.18	47.73	70.35	82.27	90				
	410	19.65	36.18	42.27	47.73	57.44	70.35	78.36	82.27		
	411	23.77	44.02	79.18	70.92	86.25					
	331	17.37	45.58	55.07	63.55	79.00					
321	321	0	21.79	31.00	38.21	44.42	50.00	60	64.62	73.40	85.90
	322	13.52	24.84	32.58	44.52	49.59	63.02	71.08	78.79	82.55	86.28
	410	24.84	32.58	44.52	49.59	54.31	63.02	67.11	71.08	82.55	86.28
	411	19.11	35.02	40.89	46.14	50.95	55.46	67.79	71.64	79.11	86.39
	331	11.18	30.87	42.63	52.18	60.63	68.42	75.80	82.95	90	
322	322	0	19.75	58.03	61.93	76.39	86.63				
	410	34.56	49.68	53.97	69.33	72.90					
	411	23.85	42.00	46.99	59.04	62.78	66.41	80.13			
	331	18.93	33.42	43.97	59.95	73.85	80.39	86.81			
410	410	0	19.75	28.07	61.93	76.39	86.63	90			
	411	13.63	30.96	62.78	73.39	80.13	90				
	331	33.42	43.67	52.26	59.95	67.08	86.81				
411	411	0	27.27	38.94	60	67.12	86.82				
	331	30.10	40.80	57.27	64.37	77.51	83.79				
331	331	0	26.52	37.86	61.73	80.91	86.98				

附录 10　常见晶体的标准电子衍射花样

1. 体心立方晶体的标准电子衍射花样

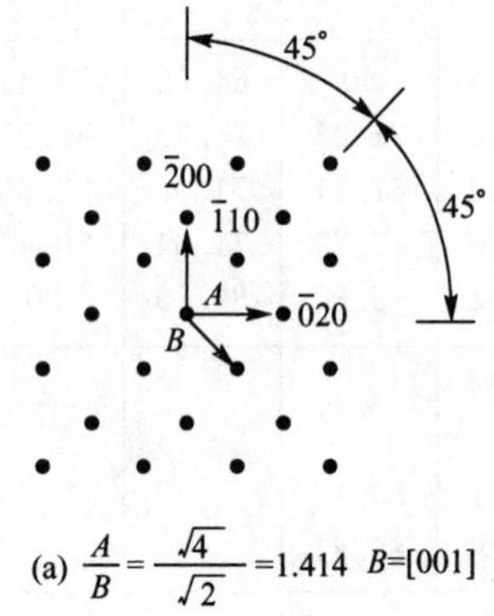

(a) $\frac{A}{B}=\frac{\sqrt{4}}{\sqrt{2}}=1.414$　$B=[001]$

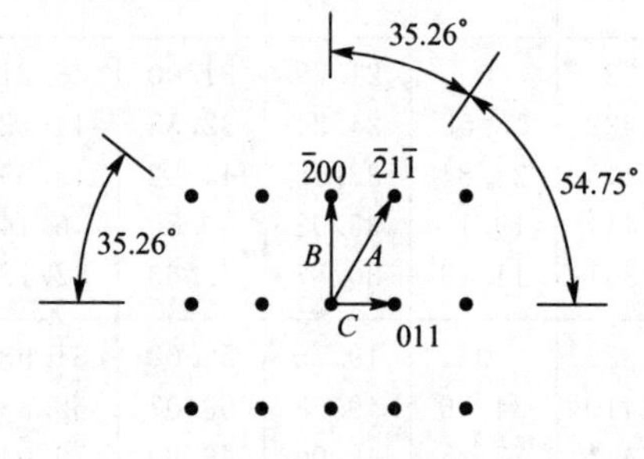

(b) $\frac{A}{C}=\frac{\sqrt{6}}{\sqrt{2}}=1.732$　$\frac{B}{C}=\frac{\sqrt{4}}{\sqrt{2}}=1.414$　$B=[011]$

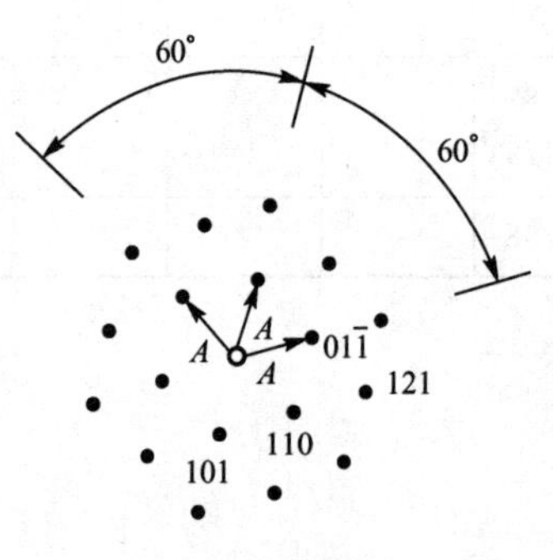

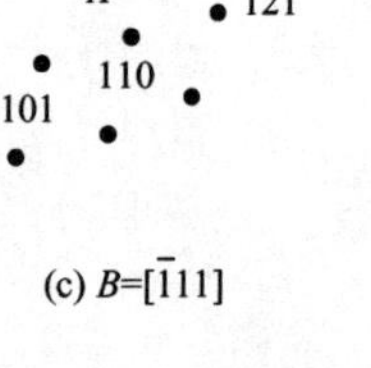

(c) $B=[\bar{1}11]$

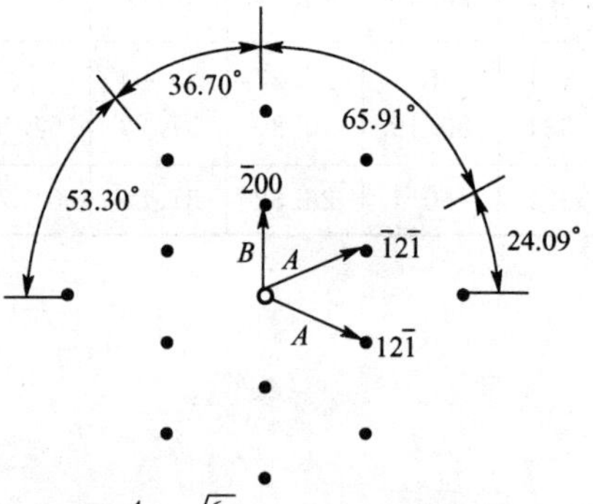

(d) $\frac{A}{B}=\frac{\sqrt{6}}{\sqrt{4}}=1.225$　$B=[012]$

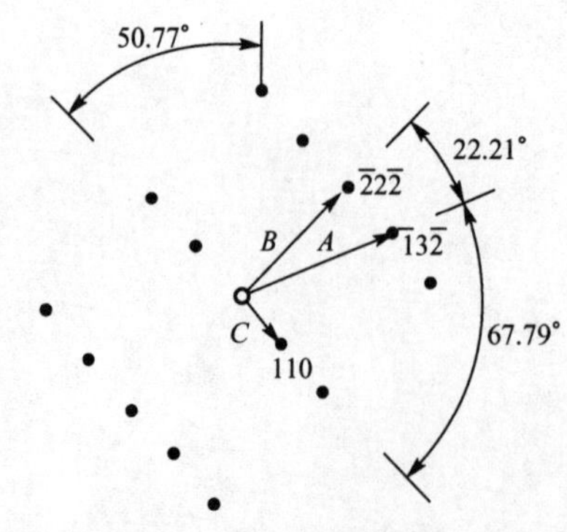

(e) $\frac{A}{C}=\frac{\sqrt{14}}{\sqrt{2}}=2.646$　$\frac{B}{C}=\frac{\sqrt{12}}{\sqrt{2}}=2.450$

$B=[\bar{1}12]$

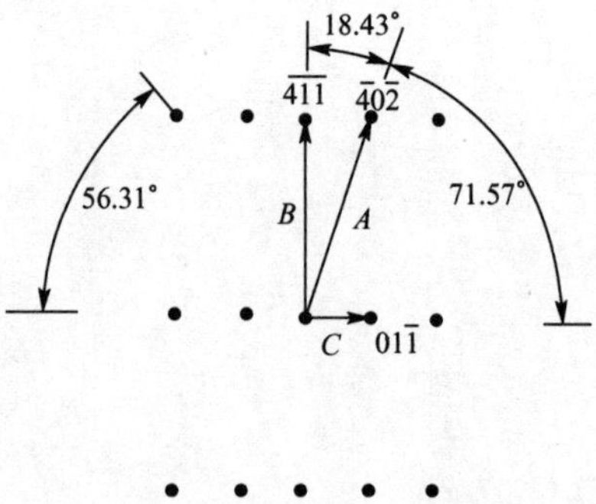

(f) $\frac{A}{C}=\frac{\sqrt{20}}{\sqrt{2}}=3.162$　$\frac{B}{C}=\frac{\sqrt{18}}{\sqrt{2}}=3.00$

$B=[\bar{1}22]$

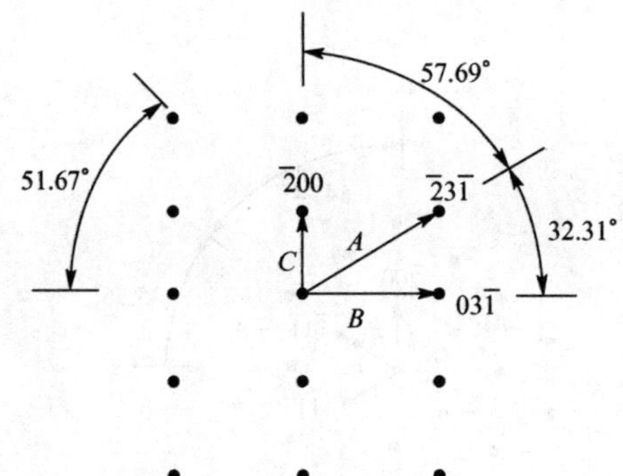

(g) $\frac{A}{C}=\frac{\sqrt{14}}{\sqrt{4}}=1.871$ $\frac{B}{C}=\frac{\sqrt{10}}{\sqrt{4}}=1.581$
$B=[013]$

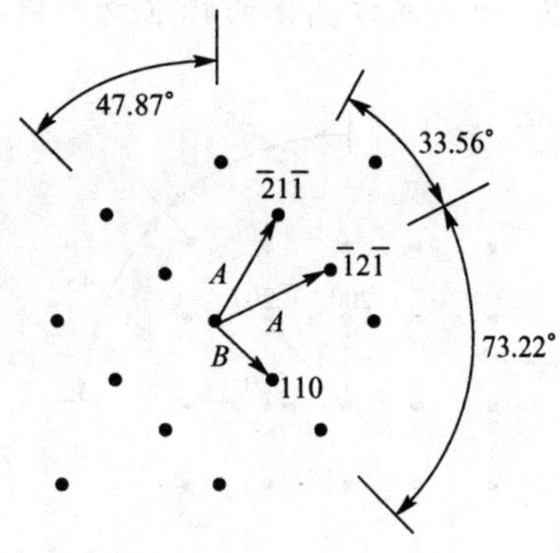

(h) $\frac{A}{B}=\frac{\sqrt{6}}{\sqrt{2}}=1.732$ $B=[\bar{1}13]$

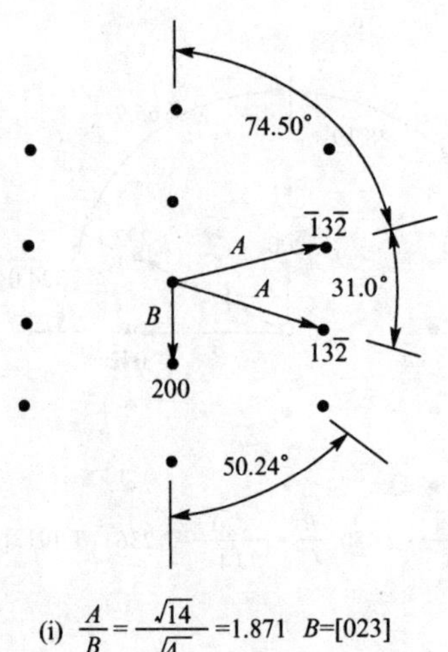

(i) $\frac{A}{B}=\frac{\sqrt{14}}{\sqrt{4}}=1.871$ $B=[023]$

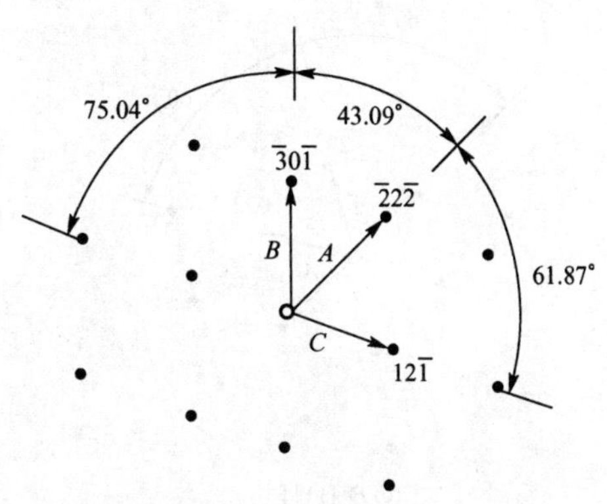

(j) $\frac{A}{C}=\frac{\sqrt{12}}{\sqrt{6}}=1.414$ $\frac{B}{C}=\frac{\sqrt{10}}{\sqrt{6}}=1.291$
$B=[\bar{1}23]$

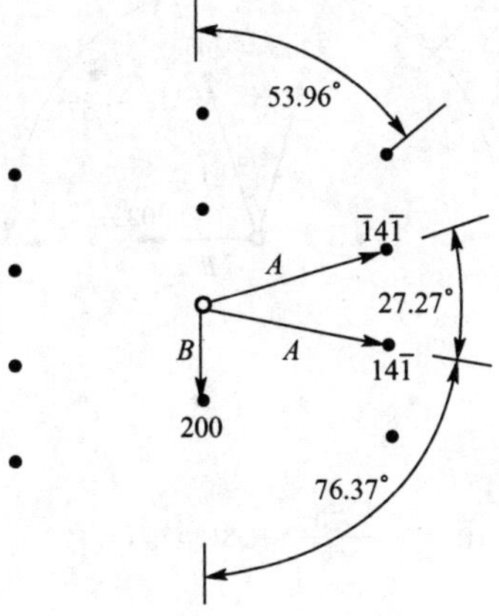

(k) $\frac{A}{B}=\frac{\sqrt{18}}{\sqrt{4}}=2.121$ $B=[014]$

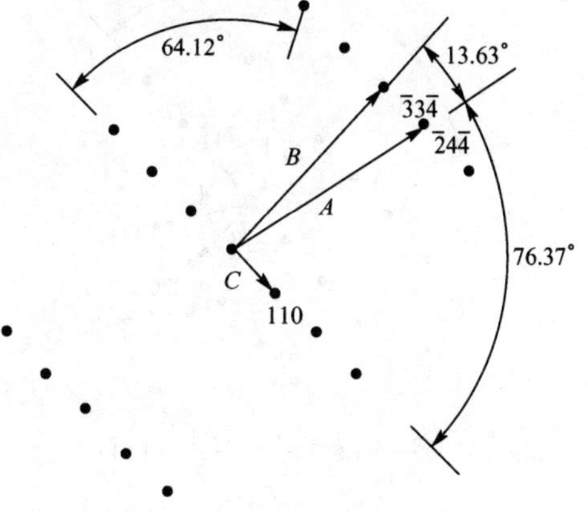

(l) $\frac{A}{C}=\frac{\sqrt{36}}{\sqrt{2}}=4.243$ $\frac{B}{C}=\frac{\sqrt{34}}{\sqrt{2}}=4.123$ $B=[223]$

2. 面心立方晶体的标准电子衍射花样

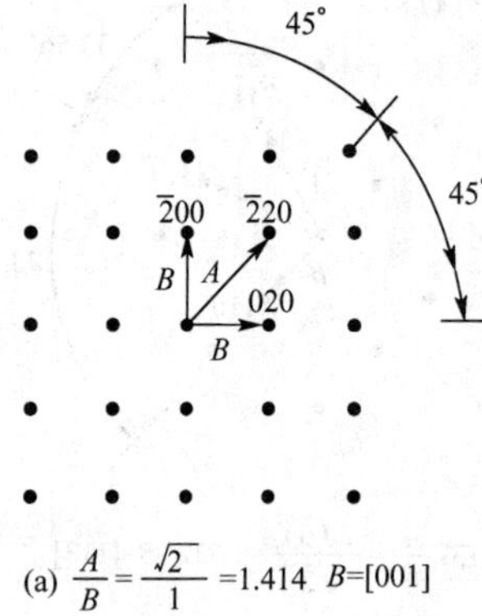

(a) $\frac{A}{B}=\frac{\sqrt{2}}{1}=1.414$ $B=[001]$

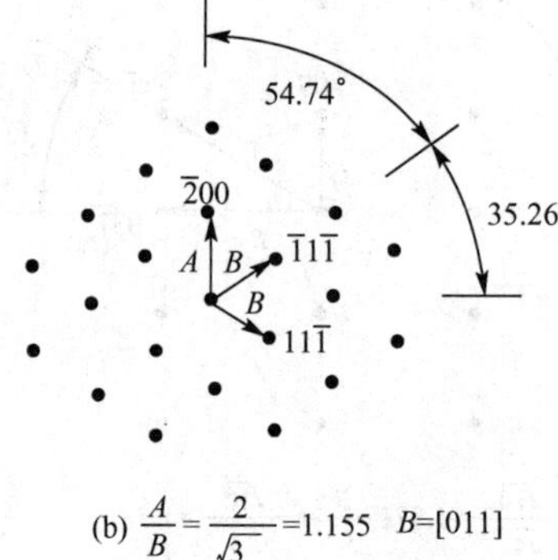

(b) $\frac{A}{B}=\frac{2}{\sqrt{3}}=1.155$ $B=[011]$

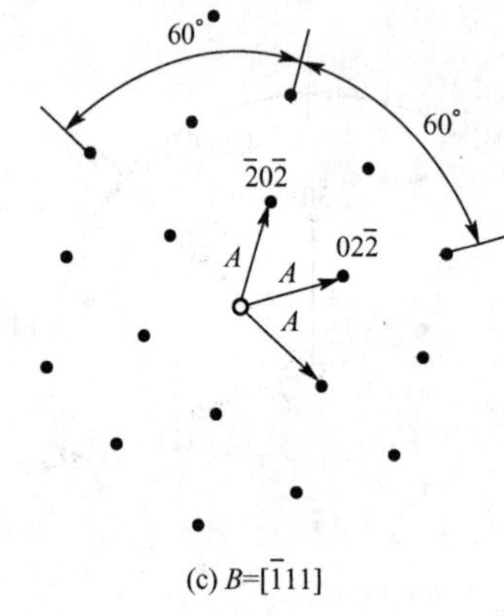

(c) $B=[\bar{1}11]$

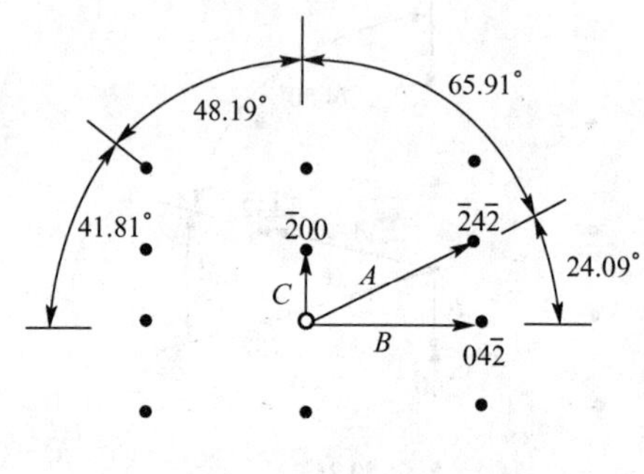

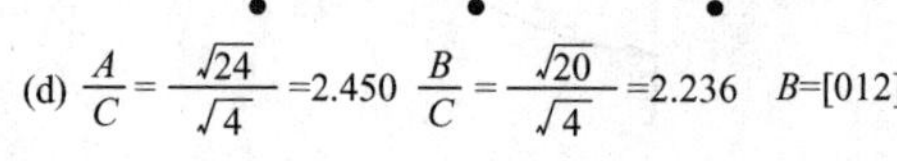

(d) $\frac{A}{C}=\frac{\sqrt{24}}{\sqrt{4}}=2.450$ $\frac{B}{C}=\frac{\sqrt{20}}{\sqrt{4}}=2.236$ $B=[012]$

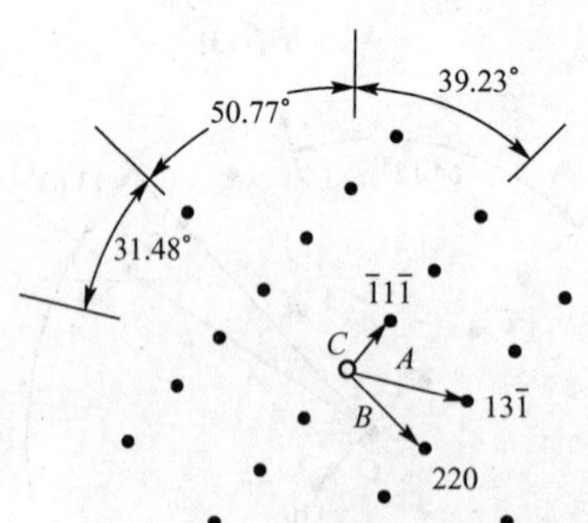

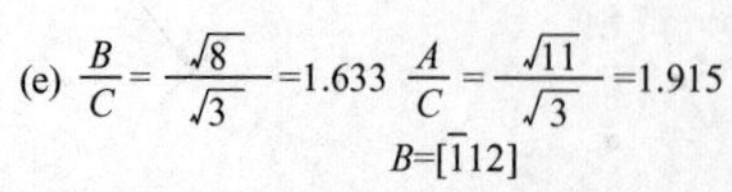

(e) $\frac{B}{C}=\frac{\sqrt{8}}{\sqrt{3}}=1.633$ $\frac{A}{C}=\frac{\sqrt{11}}{\sqrt{3}}=1.915$

$B=[\bar{1}12]$

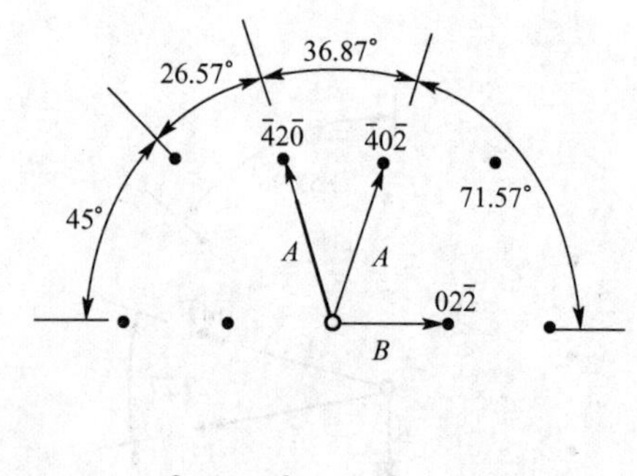

(f) $\frac{A}{B}=\frac{\sqrt{20}}{\sqrt{8}}=1.581$ $B=[\bar{1}22]$

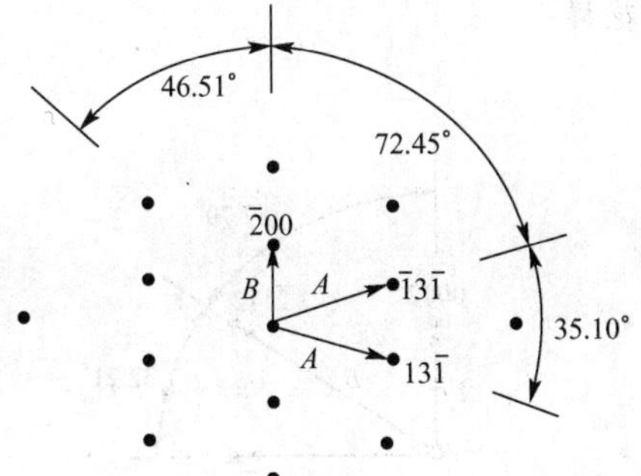

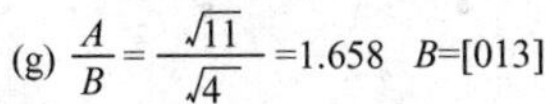
(g) $\frac{A}{B}=\frac{\sqrt{11}}{\sqrt{4}}=1.658$ $B=[013]$

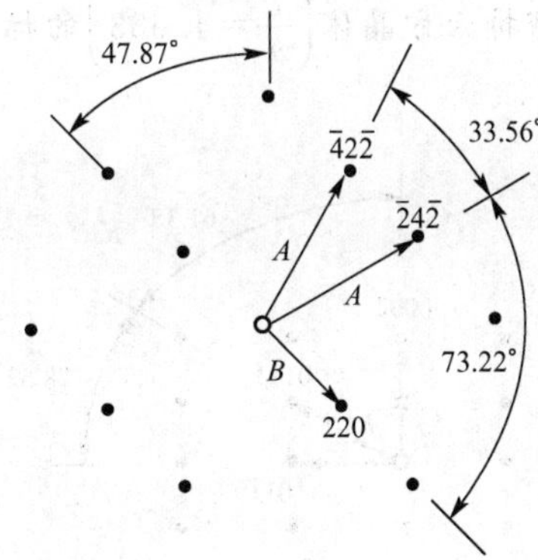

(h) $\frac{A}{B}=\frac{\sqrt{24}}{\sqrt{8}}=1.732$ $B=[\bar{1}13]$

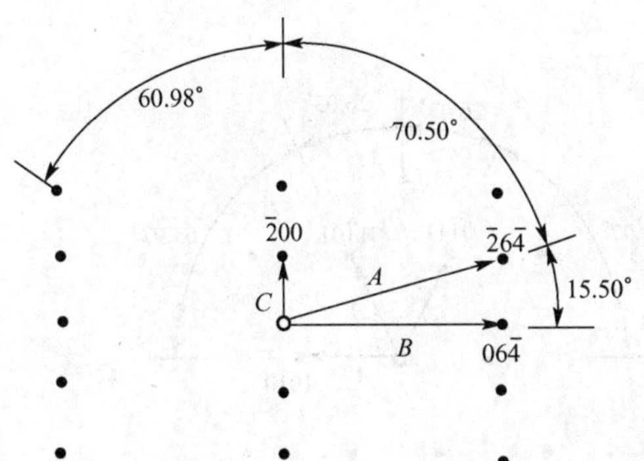

(i) $\frac{A}{C}=\frac{\sqrt{56}}{\sqrt{4}}=3.242$ $\frac{B}{C}=\frac{\sqrt{52}}{\sqrt{4}}=3.606$

$B=[023]$

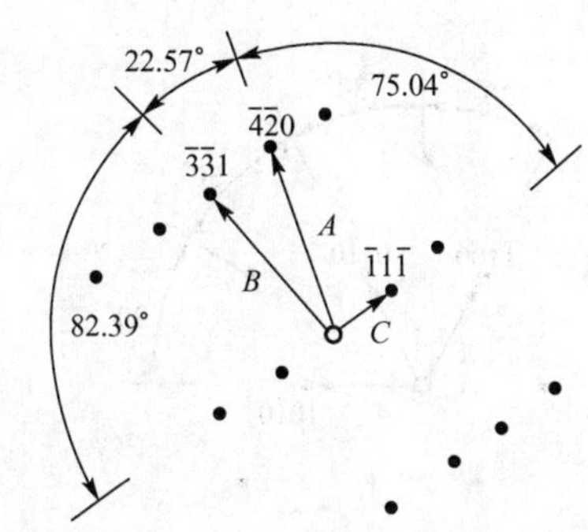

(j) $\frac{A}{C}=\frac{\sqrt{20}}{\sqrt{3}}=2.582$ $\frac{B}{C}=\frac{\sqrt{19}}{\sqrt{3}}=2.517$

$B=[\bar{1}23]$

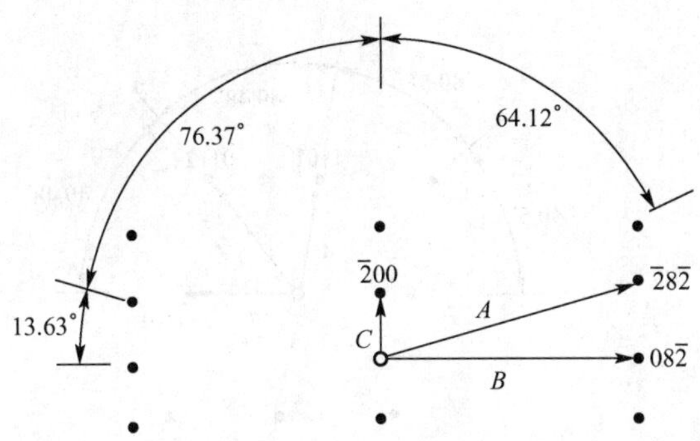

(k) $\frac{A}{C}=\frac{\sqrt{72}}{\sqrt{4}}=4.243$ $\frac{B}{C}=\frac{\sqrt{68}}{\sqrt{4}}=4.123$ $B=[014]$

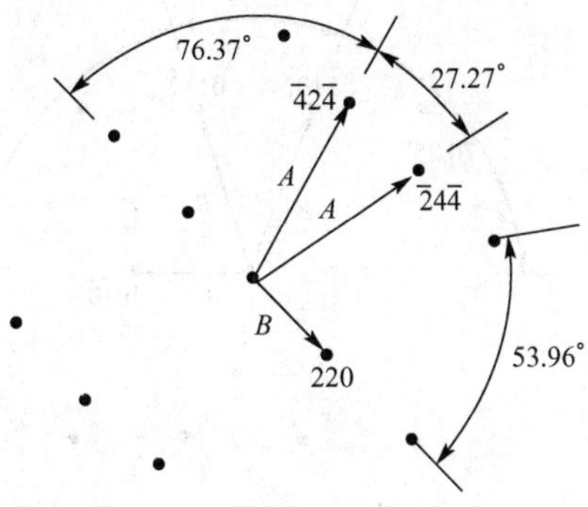

(l) $\frac{A}{B}=\frac{\sqrt{36}}{\sqrt{8}}=2.121$ $B=[\bar{2}23]$

3. 密排六方晶体$\left(\dfrac{c}{a}=1.633\right)$的标准电子衍射花样

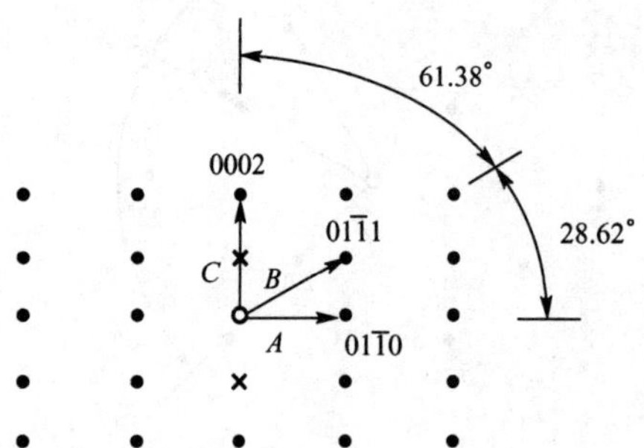

(a) $\dfrac{C}{A}=1.09$ $\dfrac{B}{A}=1.139$ $B=[2\bar{1}\bar{1}0]$

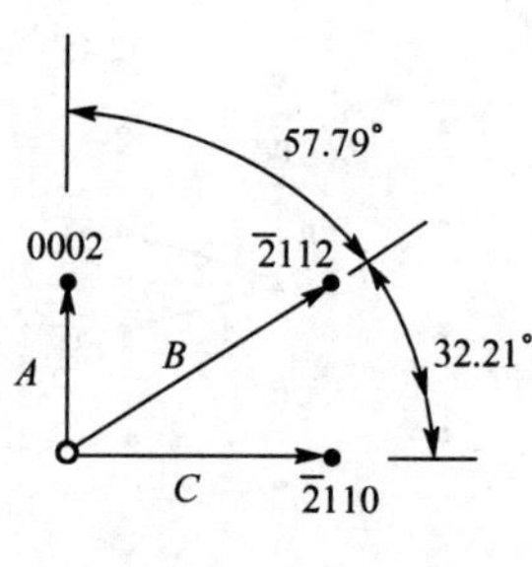

(b) $\dfrac{C}{A}=1.587$ $\dfrac{B}{A}=1.876$ $B=[01\bar{1}0]$

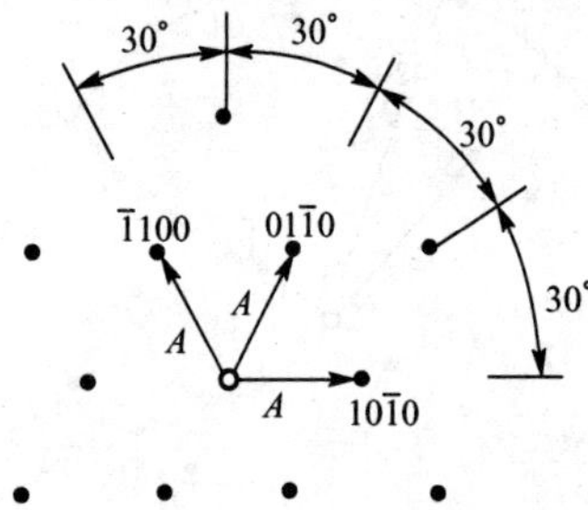

(c) $B=[0001]$

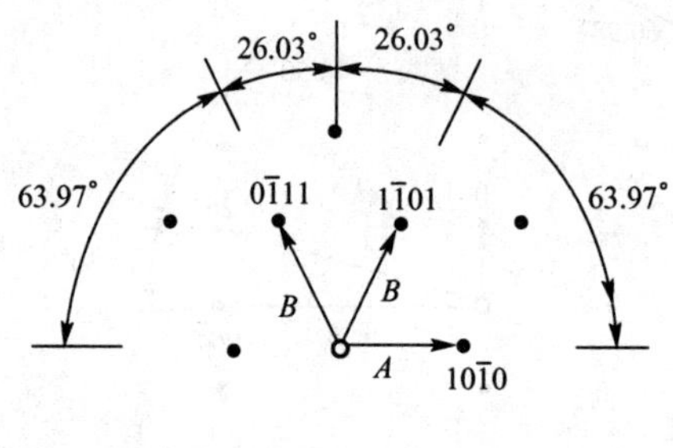

(d) $\dfrac{B}{A}=1.139$ $B=[1\bar{2}1\bar{3}]$

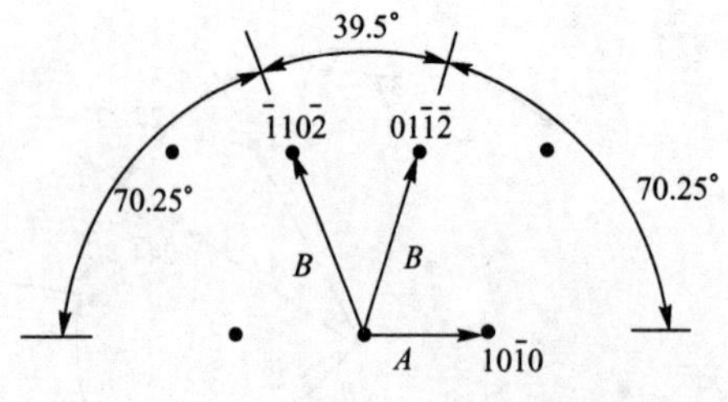

(e) $\dfrac{B}{A}=1.480$ $B=[\bar{2}4\bar{2}3]$

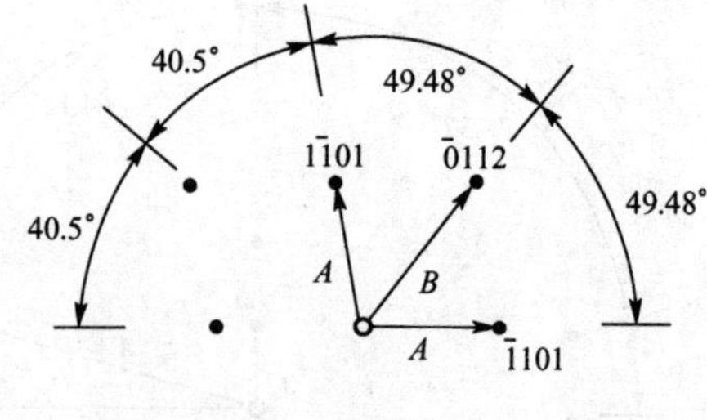

(f) $\dfrac{B}{A}=1.299$ $B=[01\bar{1}1]$

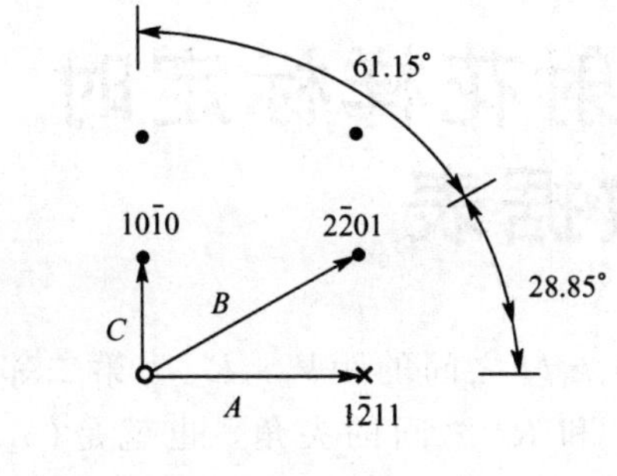

(g) $\frac{A}{C}=1.816$ $\frac{B}{C}=2.073$ $B=[\bar{1}2\bar{1}6]$

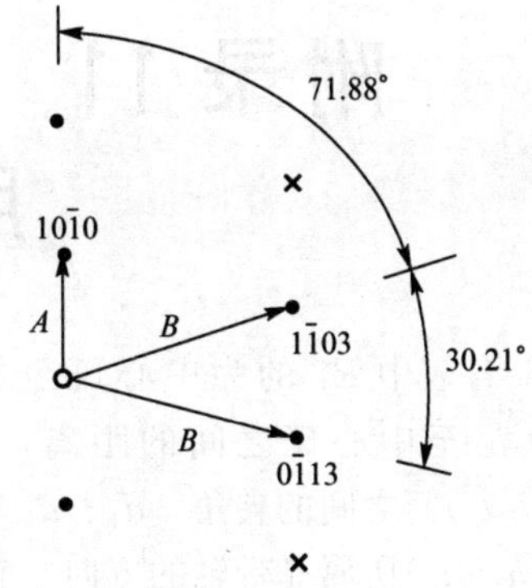

(h) $\frac{B}{A}=1.917$ $B=[\bar{1}2\bar{1}1]$

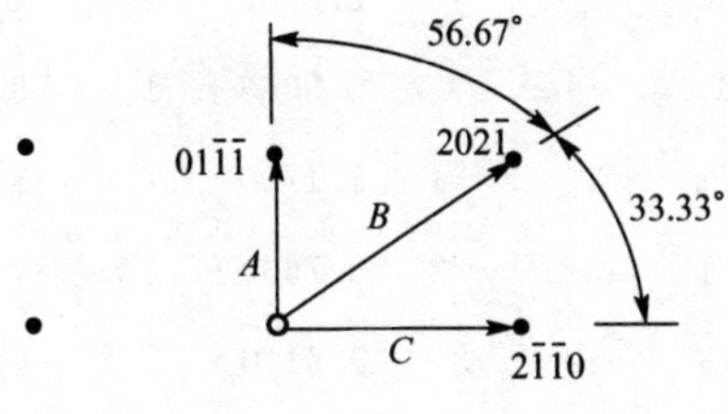

(i) $\frac{C}{A}=1.520$ $\frac{B}{A}=1.820$ $B=[01\bar{1}2]$

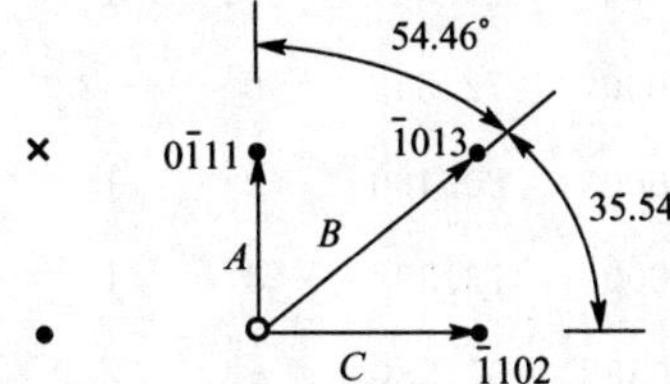

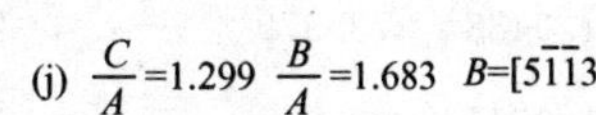
(j) $\frac{C}{A}=1.299$ $\frac{B}{A}=1.683$ $B=[5\bar{1}\bar{1}3]$

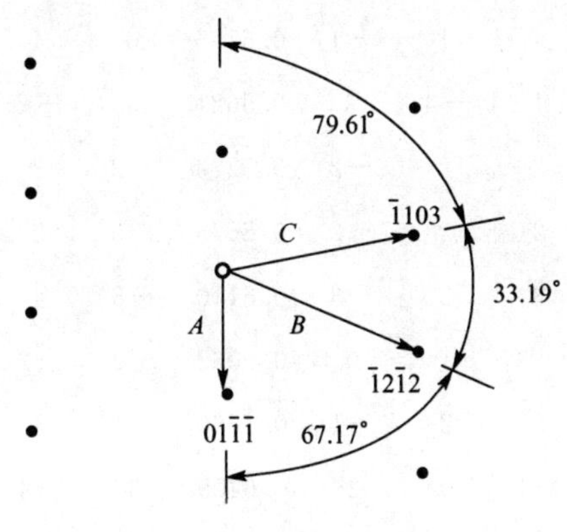

(k) $\frac{B}{A}=1.797$ $\frac{C}{A}=1.684$ $B=[7\bar{2}\bar{5}3]$

附录 11 电子衍射花样标定时所用的数据表

各表中 R_1 的为中心斑至最邻近晶面斑点 $h_1k_1l_1$ 之间的距离，R_2 为第二邻近斑点 $h_2k_2l_2$ 至中心斑之间的距离，$R_2>R_1$。θ 为 R_1 和 R_2 之间的夹角，也就是$(h_1k_1l_1)$和$(h_2k_2l_2)$面之间的夹角。d_1、d_2 分别为$(h_1k_1l_1)$和$(h_2k_2l_2)$晶面的面间距。$[uvw]$ 为$(h_1k_1l_1)$和$(h_2k_2l_2)$所属晶带轴的方向，它和入射电子束方向 B 重合。

马氏体(体心立方晶系)：

序号	R_2/R_1	θ	h_1	k_1	l_1	d_1	h_2	k_2	l_2	d_2	[u	v	w]
1	1.000	90.000	1	1	0	2.0266	−1	1	0	2.0266	0	0	1
2	1.000	60.000	−1	1	0	2.0266	−1	0	1	2.0266	1	1	1
3	1.000	72.542	0	−3	1	0.9063	3	−1	0	0.9063	1	3	9
4	1.000	80.406	2	1	−1	1.1700	−1	2	−1	1.1700	1	3	5
5	1.000	73.398	3	1	−2	0.7660	−1	3	−2	0.7660	2	4	5
6	1.0488	67.580	−4	2	0	0.6409	−3	−2	3	0.6110	3	6	7
7	1.0488	84.529	−4	2	0	0.6409	−2	−3	3	0.6110	3	6	8
8	1.0488	73.379	−4	2	0	0.6409	−3	−3	2	0.6110	2	4	9
9	1.0541	96.051	−4	1	1	0.6755	0	−4	2	0.6409	3	4	8
10	1.0541	77.829	1	4	−1	0.6755	−4	2	0	0.6409	1	2	9
11	1.0541	71.565	4	1	−1	0.6755	0	4	−2	0.6409	1	4	8
12	1.0742	69.019	1	−4	3	0.5621	5	−2	−1	0.5233	5	8	9
13	1.0801	72.025	2	2	−2	0.8273	−2	3	−1	0.7660	2	3	5
14	1.0801	90.000	2	2	−2	0.8273	−3	2	−1	0.7660	1	4	5
15	1.0871	85.203	3	2	−3	0.6110	−3	4	−1	0.5621	5	6	9
16	1.0954	68.583	−3	1	0	0.9063	−2	−2	2	0.8273	1	3	4
17	1.1339	67.792	3	2	−1	0.7660	−1	4	−1	0.6755	1	2	7
18	1.1402	116.010	−4	0	2	0.6409	3	−4	1	0.5621	4	5	8
19	1.1402	84.968	−4	0	2	0.6409	1	−4	3	0.5621	4	7	8
20	1.1677	71.856	3	−3	2	0.6110	5	1	−2	0.5233	2	8	9
21	1.1832	114.997	−3	0	1	0.9063	2	−3	1	0.7660	3	5	9
22	1.1832	94.848	−3	0	1	0.9063	1	−3	2	0.7660	3	7	9
23	1.1952	83.135	1	3	2	0.7660	−4	2	0	0.6409	2	4	7

（续）

序号	R_2/R_1	θ	h_1	k_1	l_1	d_1	h_2	k_2	l_2	d_2	[u	v	w]
24	1.1952	96.864	2	3	−1	0.7660	−4	2	0	0.6409	1	2	8
25	1.1952	68.988	2	−3	1	0.7660	4	0	−2	0.6409	3	4	6
26	1.1952	90.000	1	−3	2	0.7660	4	0	−2	0.6409	3	5	6
27	1.2247	114.095	2	0	0	1.4330	−1	2	−1	1.1700	0	1	2
28	1.2910	97.417	1	2	−1	1.1700	−3	1	0	0.9063	1	3	7
29	1.2910	75.037	1	−2	1	1.1700	3	0	−1	0.9063	1	2	3
30	1.3038	76.697	−4	2	0	0.6409	−3	−3	4	0.4915	4	8	9
31	1.3416	107.346	0	−3	1	0.9063	4	1	−1	0.6755	1	2	6
32	1.3540	75.748	2	2	−2	0.8273	−3	3	−2	0.6110	1	5	6
33	1.3628	83.983	2	−3	1	0.7660	4	1	−3	0.5621	4	5	7
34	1.3628	96.017	1	3	−2	0.7660	−5	1	0	0.5621	1	5	8
35	1.4142	81.870	−3	0	1	0.9063	0	−4	2	0.6409	2	3	6
36	1.4142	106.430	−3	1	0	0.9063	0	−4	2	0.6409	1	3	6
37	1.4142	90.000	0	−1	1	2.0266	2	0	0	1.4330	0	1	1
38	1.4142	71.683	−4	1	1	0.6755	−2	−4	4	0.4777	4	7	9
39	1.4639	78.745	1	−3	2	0.7660	5	−1	−2	0.5233	4	6	7
40	1.4720	90.000	2	2	−2	0.8273	−4	3	−1	0.5621	2	5	7
41	1.4720	76.911	2	2	−2	0.8273	−3	4	−1	0.5621	3	4	7
42	1.5275	90.000	2	1	−1	1.1700	−2	3	−1	0.7660	1	2	4
43	1.5275	96.264	1	−2	1	1.1700	3	1	−2	0.7660	3	5	7
44	1.5275	70.893	2	1	−1	1.1700	−1	3	−2	0.7660	1	5	7
45	1.5584	95.259	3	−2	1	0.7660	3	4	−3	0.4915	1	6	9
46	1.5811	102.170	2	2	−2	0.8273	−5	2	−1	0.5233	1	6	7
47	1.5811	90.000	2	0	0	1.4330	0	3	−1	0.9063	0	1	3
48	1.6036	79.736	3	−2	1	0.7660	4	2	−4	0.4777	3	8	7
49	1.6036	95.111	2	−3	1	0.7660	4	2	−4	0.4777	5	6	8
50	1.6036	105.501	3	−2	1	0.7660	2	4	−4	0.4777	2	7	8
51	1.6125	90.000	−3	0	1	0.9063	1	−4	3	0.5621	2	5	6
52	1.6475	90.000	3	1	2	0.7660	−3	5	−2	0.4649	4	6	9
53	1.6833	101.422	2	2	−2	0.8273	−5	3	0	0.4915	3	5	8
54	1.7321	84.478	1	−2	1	1.1700	4	1	−1	0.6755	1	5	9

（续）

序号	R_2/R_1	θ	h_1	k_1	l_1	d_1	h_2	k_2	l_2	d_2	[u	v	w]
55	1.7321	73.221	−1	1	0	2.0266	−2	−1	1	1.1700	1	1	3
56	1.7321	96.631	−3	1	0	0.9063	−1	−5	2	0.5233	1	3	8
57	1.7321	104.326	1	−3	2	0.7660	5	1	−4	0.4422	5	7	8
58	1.7795	90.000	2	2	−2	0.8273	−5	3	−2	0.4649	1	7	8
59	1.8257	79.480	1	−2	1	1.1700	4	0	−2	0.6409	2	3	4
60	1.8257	90.000	1	2	−1	1.1700	−4	2	0	0.6409	1	2	5
61	1.8708	105.501	2	0	0	1.4330	−1	3	−2	0.7660	0	2	3
62	1.8708	79.736	2	2	−2	0.8273	−4	5	−1	0.4422	4	5	9
63	1.8898	103.107	2	−3	1	0.7660	4	3	−5	0.4053	6	7	9
64	1.8974	83.949	−3	1	0	0.9063	−2	−4	4	0.4777	2	6	7
65	1.9149	94.993	2	1	−1	1.1700	−3	3	−2	0.6110	1	7	9
66	1.9272	94.251	1	−3	2	0.7660	6	0	−4	0.3974	6	8	9
67	1.9494	84.111	0	−3	1	0.9063	6	−1	−1	0.4649	2	3	9
68	1.9579	99.802	2	2	−2	0.8273	−6	3	−1	0.4226	2	7	9
69	2.0412	80.601	2	2	−2	0.8273	−5	4	−3	0.4053	1	8	9
70	2.0817	94.592	1	−2	1	1.1700	4	1	−3	0.5621	5	7	9
71	2.0976	79.007	0	−3	1	0.9063	6	−2	−2	0.4321	4	3	9
72	2.1213	103.633	2	0	0	1.4330	−1	4	−1	0.6755	0	1	4
73	2.2361	77.079	0	−1	1	2.0266	3	−1	0	0.9063	1	3	3
74	2.2361	79.695	−3	1	0	0.9063	−3	−5	4	0.4053	2	6	9
75	2.3805	81.950	1	−2	1	1.1700	5	0	−3	0.4915	3	4	5
76	2.4495	97.821	2	1	−1	1.1700	−4	4	−2	0.4777	1	4	6
77	2.4495	90.000	−1	1	0	2.0266	−2	−2	2	0.8273	1	1	2
78	2.4900	85.393	−3	0	1	0.9063	1	−6	5	0.3640	3	8	9
79	2.5495	90.000	2	0	0	1.4330	0	5	−1	0.5621	0	1	5
80	2.5495	101.310	2	0	0	1.4330	−1	4	−3	0.5621	0	3	4
81	2.6458	79.106	−1	1	0	2.0266	−3	2	1	0.7660	1	1	5
82	2.6458	97.238	2	1	−1	1.1700	−4	5	−1	0.4422	2	3	7
83	2.7080	90.000	1	−2	1	1.1700	6	2	−2	0.4321	1	4	7
84	2.7386	100.520	2	0	0	1.4330	−1	5	−2	0.5233	0	2	5
85	2.9155	90.000	2	0	0	1.4330	0	5	−3	0.4915	0	3	5

（续）

序号	R_2/R_1	θ	h_1	k_1	l_1	d_1	h_2	k_2	l_2	d_2	[u	v	w]
86	2.9439	83.498	1	2	−1	1.1700	−6	4	0	0.3974	2	3	8
87	2.9439	83.498	1	−2	1	1.1700	6	0	−4	0.3974	4	5	6
88	3.000	90.000	0	−1	1	2.0266	4	−1	−1	0.6755	1	2	2
89	3.0822	99.336	2	0	0	1.4330	−1	6	−1	0.4649	0	1	6
90	3.2146	90.000	1	−2	1	1.1700	7	2	−3	0.3640	2	5	8
91	3.2406	98.876	2	0	0	1.4330	−1	5	−4	0.4422	0	4	5
92	3.3166	81.329	−1	1	0	2.0266	−3	−2	3	0.6110	3	3	5
93	3.3166	84.232	1	2	−1	1.1700	−7	4	−1	0.3528	1	4	9
94	3.3665	84.317	2	1	−1	1.1700	−4	6	−4	0.3476	1	6	8
95	3.5119	84.553	1	−2	1	1.1700	7	0	−5	0.3332	5	6	7
96	3.5119	84.553	2	2	−1	1.1700	−4	7	−3	0.3332	2	5	9
97	3.5355	90.000	2	0	0	1.4330	0	7	−1	0.4053	0	1	7
98	3.6056	82.029	−1	1	0	2.2066	−4	−3	1	0.5621	1	1	7
99	3.6742	97.821	2	0	0	1.4330	−1	7	−2	0.3900	0	2	7
100	3.8079	90.000	2	0	0	1.4330	0	7	−3	0.3763	0	3	7
101	3.8730	82.582	0	−1	1	2.2066	5	−2	−1	0.5233	3	3	5
102	3.9370	97.296	2	0	0	1.4330	−1	6	−5	0.3640	0	5	6
103	4.0620	97.070	2	0	0	1.4330	−1	7	−4	0.3528	0	4	7
104	4.0620	97.070	2	0	0	1.4330	−1	8	−1	0.3528	0	1	8
105	4.0825	85.316	1	−2	1	2.0266	8	0	−6	0.2866	6	7	8
106	4.1231	90.000	−1	1	0	1.4330	−3	−3	4	0.4915	2	2	3
107	4.1231	83.035	−1	1	0	1.4330	−4	−3	3	0.4915	3	3	7
108	4.2426												
109	4.3012												
110	4.3012												
111	4.5277												
112	4.5826												
113	4.6368												
114	4.6368												
115	4.6547												

参考文献

[1] 范雄．金属 X 射线学［M］．北京：机械工业出版社，1989．

[2] 马世良．金属 X 射线衍射学［M］．西安：西北工业大学出版社，1997．

[3] 陈世朴，王永瑞．金属电子显微分析［M］．北京：机械工业出版社，1982．

[4] 谈育煦．金属电子显微分析［M］．北京：机械工业出版社，1994．

[5] 张定铨，材料中残余应力的 X 射线衍射分析和作用［M］．西安：西安交通大学出版社，1999．

[6] 漆璇，戎咏华．X 射线衍射与电子显微分析［M］．上海：上海交通大学出版社，1997．

[7] 杨于兴，漆璿．X 射线衍射分析(修订版)［M］．上海：上海交通大学出版社，1994．

[8] 周上琪．X 射线衍射分析原理方法应用［M］．重庆：重庆大学出版社，1991．

[9] 马咸尧．X 射线衍射与电子显微分析基础［M］．武汉：华中理工大学出版社，1993．

[10] 周玉，武高辉．材料分析测试技术［M］．哈尔滨：哈尔滨工业大学出版社，1998．

[11] 王成国，等．材料分析测试方法［M］．上海：上海交通大学出版社，1994．

[12] 曹茂盛，李大勇，荆天辅．材料近代分析测试方法［M］．哈尔滨：哈尔滨工业大学出版社，1999．

[13] 常铁军，等．材料近代分析测试方法［M］．哈尔滨：哈尔滨工业大学出版社，1999．

[14] 刘世宏，等．X 射线光电子能谱分析［M］．北京：科学出版社，1993．

[15] 李树堂．金属 X 射线衍射与电子显微分析技术［M］．北京：冶金工业出版社，1980．

[16] 周玉．材料分析方法［M］．2 版．北京：机械工业出版社，2004．

北京大学出版社材料类相关教材书目

序号	书　名	标准书号	主　编	定价	出版日期
1	金属学与热处理	7-5038-4451-5	朱兴元，刘　忆	24	2007.7
2	材料成型设备控制基础	978-7-301-13169-5	刘立君	34	2008.1
3	锻造工艺过程及模具设计	978-7-5038-4453-5	胡亚民，华　林	30	2012.3
4	材料成形 CAD/CAE/CAM 基础	978-7-301-14106-9	余世浩，朱春东	35	2008.8
5	材料成型控制工程基础	978-7-301-14456-5	刘立君	35	2009.2
6	铸造工程基础	978-7-301-15543-1	范金辉，华　勤	40	2009.8
7	铸造金属凝固原理	978-7-301-23469-3	陈宗民，于文强	43	2014.1
8	材料科学基础（第 2 版）	978-7-301-24221-6	张晓燕	44	2014.6
9	无机非金属材料科学基础	978-7-301-22674-2	罗绍华	53	2013.7
10	模具设计与制造	978-7-301-15741-1	田光辉，林红旗	42	2013.7
11	造型材料	978-7-301-15650-6	石德全	28	2012.5
12	材料物理与性能学	978-7-301-16321-4	耿桂宏	39	2012.5
13	金属材料成形工艺及控制	978-7-301-16125-8	孙玉福，张春香	40	2013.2
14	冲压工艺与模具设计(第 2 版)	978-7-301-16872-1	牟　林，胡建华	34	2013.7
15	材料腐蚀及控制工程	978-7-301-16600-0	刘敬福	32	2010.7
16	摩擦材料及其制品生产技术	978-7-301-17463-0	申荣华，何　林	45	2010.7
17	纳米材料基础与应用	978-7-301-17580-4	林志东	35	2013.9
18	热加工测控技术	978-7-301-17638-2	石德全，高桂丽	40	2013.8
19	智能材料与结构系统	978-7-301-17661-0	张光磊，杜彦良	28	2010.8
20	材料力学性能（第 2 版）	978-7-301-25634-3	时海芳，任　鑫	40	2015.5
21	材料性能学	978-7-301-17695-5	付　华，张光磊	34	2012.5
22	金属学与热处理	978-7-301-17687-0	崔占全，王昆林等	50	2012.5
23	特种塑性成形理论及技术	978-7-301-18345-8	李　峰	45	2019.7
24	材料科学基础	978-7-301-18350-2	张代东，吴　润	36	2012.8
25	材料科学概论	978-7-301-23682-6	雷源源，张晓燕	36	2013.12
26	DEFORM-3D 塑性成形 CAE 应用教程	978-7-301-18392-2	胡建军，李小平	34	2012.5
27	原子物理与量子力学	978-7-301-18498-1	唐敬友	28	2012.5
28	模具 CAD 实用教程	978-7-301-18657-2	许树勤	28	2011.4
29	金属材料学	978-7-301-19296-2	伍玉娇	38	2013.6
30	材料科学与工程专业实验教程	978-7-301-19437-9	向　嵩，张晓燕	25	2011.9
31	金属液态成型原理	978-7-301-15600-1	贾志宏	35	2011.9
32	材料成形原理	978-7-301-19430-0	周志明，张　弛	49	2011.9
33	金属组织控制技术与设备	978-7-301-16331-3	邵红红，纪嘉明	38	2011.9
34	材料工艺及设备	978-7-301-19454-6	马泉山	45	2011.9
35	材料分析测试技术	978-7-301-19533-8	齐海群	28	2014.3
36	特种连接方法及工艺	978-7-301-19707-3	李志勇，吴志生	45	2012.1
37	材料腐蚀与防护	978-7-301-20040-7	王保成	38	2014.1
38	金属精密液态成形技术	978-7-301-20130-5	戴斌煜	32	2012.2
39	模具激光强化及修复再造技术	978-7-301-20803-8	刘立君，李继强	40	2012.8
40	高分子材料与工程实验教程	978-7-301-21001-7	刘丽丽	28	2012.8
41	材料化学	978-7-301-21071-0	宿　辉	32	2015.5
42	塑料成型模具设计	978-7-301-17491-3	江昌勇，沈洪雷	49	2012.9
43	压铸成形工艺与模具设计	978-7-301-21184-7	江昌勇	43	2015.5
44	工程材料力学性能	978-7-301-21116-8	莫淑华，于久灏等	32	2013.3
45	金属材料学	978-7-301-21292-9	赵莉萍	43	2012.10
46	金属成型理论基础	978-7-301-21372-8	刘瑞玲，王　军	38	2012.10
47	高分子材料分析技术	978-7-301-21340-7	任　鑫，胡文全	42	2012.10
48	金属学与热处理实验教程	978-7-301-21576-0	高聿为，刘　永	35	2013.1
49	无机材料生产设备	978-7-301-22065-8	单连伟	36	2013.2
50	材料表面处理技术与工程实训	978-7-301-22064-1	柏云杉	30	2014.12
51	腐蚀科学与工程实验教程	978-7-301-23030-5	王吉会	32	2013.9
52	现代材料分析测试方法	978-7-301-23499-0	郭立伟，朱　艳等	36	2015.4
53	UG NX 8.0+Moldflow 2012 模具设计模流分析	978-7-301-24361-9	程　钢，王忠雷等	45	2014.8

如您需要更多教学资源如电子课件、电子样章、习题答案等，请登录北京大学出版社第六事业部官网 www.pup6.cn 搜索下载。

如您需要浏览更多专业教材，请扫下面的二维码，关注北京大学出版社第六事业部官方微信（微信号：pup6book），随时查询专业教材、浏览教材目录、内容简介等信息，并可在线申请纸质样书用于教学。

感谢您使用我们的教材，欢迎您随时与我们联系，我们将及时做好全方位的服务。联系方式：010-62750667，童编辑，13426433315@163.com，pup_6@163.com，lihu80@163.com，欢迎来电来信。客户服务 QQ 号：1292552107，欢迎随时咨询。